浙江省高职院校"十四五"重点立项建设教材

高职高专土建专业"互联网+"创新规划教材

建筑工程安全技术与管理实务

第三版

主　编　◎沈万岳
副主编　◎江晨晖　叶　飞
参　编　◎杜　力　干学宏　梁　群
　　　　　邹雪辉
主　审　◎刘学应

内 容 简 介

本书以《建筑与市政工程施工现场专业人员职业标准》(JGJ/T 250—2011)为参考标准,围绕安全员职业岗位职责,为培养 6 项专项能力而编写。这 6 项专项能力包括安全生产管理与预防控制能力、施工安全技术措施与控制能力、施工机械与安全用电管理能力、文明施工环境保护消防安全技术与管理能力、施工安全事故应急救援能力和收录施工安全技术资料能力。

全书共分 13 章,包括安全生产管理、基坑支护和土方作业安全技术、脚手架工程安全技术、高处作业安全技术、垂直运输机械安全技术、其他建筑机械安全技术、拆除工程安全技术、施工现场临时用电安全技术、文明施工与环境保护、季节性施工安全技术、安全事故管理、建设工程安全生产法律法规和施工现场安全技术资料等内容。为方便教学和复习,每章配有课程标准、章节导读、特别提示、本章小结和思考与拓展题模块,以便有效地理解和总结。

本书除可供高职高专院校建设水利类工程专业的学生使用外,还可供其他高校土建类专业的学生使用,也可供监理单位、施工单位、建设(开发)单位及建设管理部门的工程管理人员使用和参考。

图书在版编目(CIP)数据

建筑工程安全技术与管理实务 / 沈万岳主编. 3 版. -- 北京:北京大学出版社, 2024.8. -- (高职高专土建专业"互联网+"创新规划教材). -- ISBN 978-7-301-35291-5

I. TU714

中国国家版本馆 CIP 数据核字第 2024DL3676 号

书　　　名	建筑工程安全技术与管理实务(第三版)
	JIANZHU GONGCHENG ANQUAN JISHU YU GUANLI SHIWU (DI-SAN BAN)
著作责任者	沈万岳　主编
策 划 编 辑	刘健军
责 任 编 辑	于成成
数 字 编 辑	蒙俞材
标 准 书 号	ISBN 978-7-301-35291-5
出 版 发 行	北京大学出版社
地　　　址	北京市海淀区成府路 205 号　100871
网　　　址	http://www.pup.cn　新浪微博:@北京大学出版社
电 子 邮 箱	编辑部 pup6@pup.cn　总编室 zpup@pup.cn
电　　　话	邮购部 010-62752015　发行部 010-62750672　编辑部 010-62750667
印 刷 者	北京飞达印刷有限责任公司
经 销 者	新华书店
	787 毫米×1092 毫米　16 开本　26 印张　621 千字
	2012 年 9 月第 1 版　2021 年 1 月第 2 版
	2024 年 8 月第 3 版　2024 年 8 月第 1 次印刷
定　　　价	65.00 元

未经许可,不得以任何方式复制或抄袭本书之部分或全部内容。
版权所有,侵权必究
举报电话: 010-62752024　电子邮箱: fd@pup.cn
图书如有印装质量问题,请与出版部联系,电话: 010-62756370

第三版前言

安全是人类最重要和最基本的需求。安全生产既是人们生命健康的保证，也是企业生存与发展的基础，更是社会稳定和经济发展的前提条件。随着社会的发展和新材料、新技术、新工艺、新设备的大量使用，安全生产工作遇到前所未有的问题和挑战。搞好安全工作，应该把安全生产工作放在各项工作的首位，确保每个员工的健康与安全。

建筑行业仅次于交通行业、采矿业，成为第三大危险性行业，建筑施工安全生产管理的任务十分繁重。但是，目前还是有相当一部分施工现场的安全隐患屡见不鲜，讲安全只停留在口头上，"说起来重要，干起来次要，关键时刻找不到"，安全投入严重不足，导致安全事故层出不穷，不仅带来惨痛的人员伤亡和财产损失，还给社会带来不稳定的因素。

要实现建筑业的安全生产，首先要使广大行业员工懂得安全生产的重要性和必要性，认真学习和执行国家颁布实施的一系列安全生产的法律法规，依法治安，依法管安。其次，要求全体员工熟练掌握安全生产技术，不断提高安全管理的水平，用科学的方法解决建设工程中的安全问题。要实现这些目标，离不开安全教育的普及和完善。

目前，在许多建设类院校中，与安全生产技术和管理相关的课程开设情况并不令人满意，主要表现在教材缺乏或内容陈旧，学习内容不全面、不系统，课时安排较少甚至没有，师资队伍缺乏，学生不重视等。这些已经严重影响和制约了我国建筑业安全技术和管理水平的发展。因此对于走向施工现场的毕业生，要求他们掌握安全技术与管理知识，为每一个施工现场的安全施工保驾护航，编写一本与时俱进的建筑工程安全技术与管理方面的教材来强化安全教育显得尤为重要。

本书依据我国安全生产方面现行的法律法规和技术标准编写，涵盖了建筑工程安全生产技术与管理的具体要求，以建筑工程技术专业为主要研究对象，力求达到内容全面、体系完整、知识新颖、着眼发展。此外，本书在修订时还融入了党的二十大报告内容，突出职业素养的培养，全面贯彻党的二十大精神。同时以"互联网+"思维在书中增加了二维码，拓展学习资料、视频等内容。读者可以通过手机"扫一扫"功能，扫描书中的二维码，即可在课堂内外进行相应知识点的拓展学习，节省了搜集、整理学习资料的时间，使学习不再枯燥。通过本书的学习，能够使读者对建筑工程安全技术与管理的知识有一个较为全面的了解，满足建筑业安全生产的需要。

本书的编写思路是利用理论与实践的结合，突出以下特点：能让学生边学边做，充分体现"做中学，学中做"；教材内容贴近岗位工作实际，通过学习本书能直接达到工作岗位的能力要求；激发学生自主学习的动力，引导学生进一步探索。本书由浙江建设职业技术学院沈万岳主编、浙江建设职业技术学院江晨晖、安徽粮食工程职业学院叶飞副主编，杭州市建筑工程监理有限公司杜力，浙江建设职业技术学院干学宏、邹雪辉，杭州市城市建设投资集团有限公司梁群参编。浙江水利水电学院刘学应主审,全书由沈万岳负责统稿。

本书具体章节编写分工为:叶飞编写第 1 章;杜力编写第 2 章,杭州市建筑工程监理有限公司还为本书的编写提供了大量的工程实例;沈万岳编写第 3、4、5、8、9 章;江晨晖编写第 6、10 章;干学宏编写第 7 章;梁群编写第 11 章;邹雪辉编写第 12、13 章。浙江建设职业技术学院宣国年老师和河南建筑职业技术学院李林老师对本书的编写工作也提供了很大的帮助,在此一并表示感谢!

本书第一版由浙江建设职业技术学院沈万岳主编,浙江水利水电学院刘学应副主编,浙江建设职业技术学院沙玲、张小建、孙群伦、蔡祖炼,杭州市建筑工程监理有限公司杜力,浙江省住房和城乡建设厅干部学校邹雪辉参编。

本书第二版由浙江建设职业技术学院沈万岳主编、江晨晖副主编,杭州市建筑工程监理有限公司杜力,浙江建设职业技术学院干学宏、邹雪辉,杭州市城市建设投资集团有限公司梁群参编。

由于编者经验和水平有限,时间仓促,疏漏和不足之处在所难免,恳请使用本书的师生和读者不吝指正。

编 者

2023 年 12 月

目 录

第1章 安全生产管理 — 001

- 1.1 概论 — 2
- 1.2 安全管理基本知识 — 4
- 1.3 建筑工程职业健康安全与环境管理的特点 — 19
- 1.4 建筑施工现场安全生产的基本要求 — 20
- 1.5 安全管理措施 — 24
- 1.6 施工企业安全生产评价 — 53
- 1.7 职业健康安全管理体系 — 64
- 1.8 《绿色施工导则》简介 — 65
- 本章小结 — 66
- 思考与拓展题 — 66

第2章 基坑支护和土方作业安全技术 — 068

- 2.1 土方工程安全控制技术 — 70
- 2.2 基础工程安全控制技术 — 73
- 2.3 基坑支护 — 75
- 本章小结 — 82
- 思考与拓展题 — 82

第3章 脚手架工程安全技术 — 083

- 3.1 脚手架的分类及基本要求 — 84
- 3.2 扣件式钢管脚手架 — 87
- 3.3 悬挑式脚手架 — 107
- 3.4 门式钢管脚手架 — 112
- 3.5 碗扣式钢管脚手架 — 116
- 3.6 附着式升降脚手架 — 120
- 3.7 承插型盘扣式钢管支架 — 125
- 3.8 高处作业吊篮 — 128
- 3.9 满堂式脚手架 — 131
- 3.10 模板支架 — 134
- 本章小结 — 136

思考与拓展题 …………………………………………………………………………………136

第 4 章　高处作业安全技术 …………………………………………………………………138

　4.1　高处作业概述 …………………………………………………………………………139
　4.2　临边高处作业 …………………………………………………………………………143
　4.3　洞口高处作业 …………………………………………………………………………145
　4.4　攀登高处作业 …………………………………………………………………………148
　4.5　悬空高处作业 …………………………………………………………………………149
　4.6　操作平台高处作业 ……………………………………………………………………150
　4.7　交叉高处作业 …………………………………………………………………………152
　4.8　"三宝"防护 …………………………………………………………………………153
　4.9　高处坠落案例分析 ……………………………………………………………………162
　4.10　高处作业检查评定应用训练 …………………………………………………………165
　本章小结 ……………………………………………………………………………………168
　思考与拓展题 ………………………………………………………………………………168

第 5 章　垂直运输机械安全技术 ……………………………………………………………169

　5.1　塔式起重机 ……………………………………………………………………………171
　5.2　施工升降机 ……………………………………………………………………………190
　5.3　物料提升机 ……………………………………………………………………………200
　本章小结 ……………………………………………………………………………………210
　思考与拓展题 ………………………………………………………………………………210

第 6 章　其他建筑机械安全技术 ……………………………………………………………211

　6.1　一般规定 ………………………………………………………………………………212
　6.2　手持式电动工具 ………………………………………………………………………213
　6.3　起重吊装机械 …………………………………………………………………………214
　6.4　木工机械 ………………………………………………………………………………221
　6.5　钢筋机械 ………………………………………………………………………………223
　6.6　混凝土机械 ……………………………………………………………………………228
　6.7　气瓶 ……………………………………………………………………………………232
　6.8　机动翻斗车 ……………………………………………………………………………233
　6.9　潜水泵 …………………………………………………………………………………234
　6.10　打桩机械 ………………………………………………………………………………234
　6.11　土方、夯土机械 ………………………………………………………………………235
　6.12　水磨石机 ………………………………………………………………………………238
　6.13　砂轮机 …………………………………………………………………………………238
　6.14　空气压缩机（空压机） ………………………………………………………………239
　6.15　施工机具检查评定应用训练 …………………………………………………………240

| 本章小结 | 244 |
| 思考与拓展题 | 244 |

第7章　拆除工程安全技术　245

7.1	拆除工程一般规定	246
7.2	拆除工程的准备工作	247
7.3	拆除工程安全施工管理	247
7.4	拆除工程文明施工管理	251
本章小结		252
思考与拓展题		252

第8章　施工现场临时用电安全技术　253

8.1	外电防护	255
8.2	接地与接零保护系统	256
8.3	配电线路	260
8.4	配电箱与开关箱	263
8.5	现场照明	270
8.6	配电室与配电装置	274
8.7	用电档案	276
8.8	手持式电动工具安全用电常识	281
8.9	临时用电案例分析	283
8.10	施工用电检查评定应用训练	285
本章小结		289
思考与拓展题		289

第9章　文明施工与环境保护　290

9.1	文明施工与环境保护概述	291
9.2	文明施工的组织与管理	292
9.3	现场文明施工的基本要求	294
9.4	文明施工检查	295
9.5	施工现场环境保护	307
9.6	职业健康基本知识	312
本章小结		315
思考与拓展题		315

第10章　季节性施工安全技术　316

10.1	雷电常识与雷电防护	317
10.2	季节性施工安全技术概述	320
本章小结		324

| 思考与拓展题 | 324 |

第11章 安全事故管理 — 325

- 11.1 事故的概念 — 326
- 11.2 事故的分类 — 328
- 11.3 事故报告 — 331
- 11.4 事故处理 — 332
- 11.5 事故应急救援 — 337
- 本章小结 — 349
- 思考与拓展题 — 349

第12章 建设工程安全生产法律法规 — 351

- 12.1 安全生产法律法规体系 — 352
- 12.2 国家相关安全生产法律 — 355
- 12.3 国务院有关建设工程的安全生产行政法规 — 358
- 12.4 住房和城乡建设部等部门有关安全的规章条文 — 364
- 12.5 安全生产的行业标准及安全技术规范 — 376
- 本章小结 — 378
- 思考与拓展题 — 378

第13章 施工现场安全技术资料 — 379

- 13.1 安全生产管理制度 — 380
- 13.2 安全生产责任与目标管理 — 381
- 13.3 施工组织设计 — 384
- 13.4 分部（分项）工程安全技术交底 — 386
- 13.5 安全检查 — 387
- 13.6 安全教育 — 389
- 13.7 班组安全活动 — 392
- 13.8 工伤事故处理 — 392
- 13.9 施工安全日志 — 393
- 13.10 施工许可证明和产品合格证 — 395
- 13.11 文明施工 — 395
- 13.12 安全管理 — 397
- 13.13 安全检查评分方法 — 401
- 13.14 安全检查评定等级 — 403
- 本章小结 — 404
- 思考与拓展题 — 404

参考文献 — 407

第1章

安全生产管理

课程标准

课程内容	知识要点	教学目标
安全生产管理与预防控制	安全管理基本知识，建筑工程职业健康安全与环境管理的特点，建筑施工现场安全生产的基本要求，安全管理措施，施工企业安全生产评价，职业健康安全管理体系，《绿色施工导则》简介	掌握安全生产方针、安全责任制、安全培训教育、安全技术交底、安全检查、安全技术措施审查。 熟悉施工企业安全生产评价，施工现场危险源辨识和管理。 了解职业健康安全管理体系和《绿色施工导则》

章节导读

建筑工程安全生产管理是一个系统工程，需运用多种学科的理论和办法，从各个不同学科的侧面，研究工程中造成人体伤害的有害因素，从而保护从业人员的安全与健康。随着建筑工程个性化的加强，高层、超高层、地下建筑工程的涌现，工程结构、施工工艺的复杂化，新材料、新技术、新工艺、新设备等的广泛应用，给建筑工程安全技术与管理带来了新的挑战。同时，随着党的二十大报告中国家治理体系和治理能力现代化深入推进，社会主义市场经济体制更加完善的提出，传统建筑工程安全生产管理模式也将受到挑战。因此，目前应充分发挥市场机制，调动社会、企业的力量，加强安全生产管理以及安全技术的研究与运用，探索建筑工程安全生产管理的新模式，除了施工企业要对安全全面自控外，其他单位如监理单位、安全中介机构等，也应从多角度、多层次对建筑工程安全生产管理实施监督，从而有效遏制或减少安全事故。

特别提示

造成建筑业安全事故频发的原因十分复杂，除了建筑施工活动高空、交叉作业多，施工过程易受自然环境影响等客观因素外，还和我国建筑业目前竞争过度激烈，施工企业利润水平较低，安全投入不足，建筑工人文化素质低、安全意识、维权意识相对较差等原因密切相关！

1.1 概　论

从 1998 年以来，我国建筑工程施工事故起数和死亡人数波动较大，表明安全形势依然严峻（如图 1.1 所示）。这说明尽管我们在安全生产方面做了大量工作，但仍然存在一些难以控制的风险因素。这可能与建筑行业的快速发展、大规模工程的增加以及人员密集、高强度的工作环境等有关。建筑施工事故的发生原因复杂多样，包括技术不合格、管理不规范、安全意识淡薄、操作错误等。这些因素交织在一起，形成了建筑施工事故的发展格局。部分建筑施工企业在安全管理方面存在薄弱环节，如安全生产制度不健全、培训不足、安全设施不完善等，都导致了事故发生的可能性增加。一些施工工人对安全意识不够重视，违规操作、无视安全规范的行为较为常见，也增加了事故发生的风险。随着技术的创新和工艺的进步，新兴材料和新型设备的应用也带来了新的安全隐患和风险。这要求在技术发展的同时，加强安全监管和风险评估。

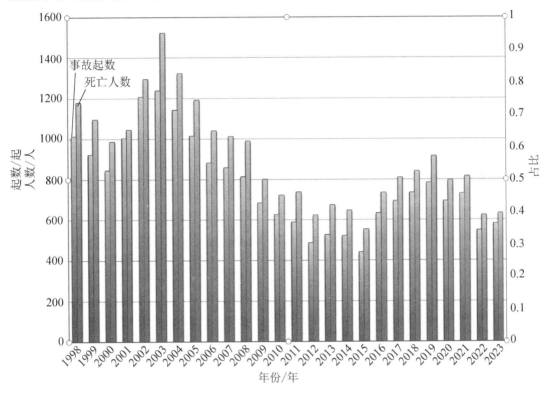

图1.1　1998—2023年全国共发生房屋市政工程安全生产事故起数和死亡人数统计

综上所述，建筑施工事故的发展趋势显示出一定的复杂性和多变性，为改变这一趋势，需要我们从多方面加强企业安全管理，提升工人的安全意识和技能水平，加强技术创新与安全保障的结合，建立健全的安全制度和标准，注重安全培训和宣传教育，加强监督和检查力度，形成全社会共同推动安全生产的氛围和机制。只有通过综合措施的落实，才能保障建筑施工行业的安全和可持续发展。

当前要深刻领会国家对抓好安全生产工作的重大政治要求，认真落实党中央、国务院决策部署，进一步树牢安全发展理念，强化底线思维，坚持人民至上、生命至上，更好统筹发展和安全，把防范化解住房城乡建设领域重大安全风险作为一项重要政治责任，从坚定拥护"两个确立"、坚决做到"两个维护"的政治高度，不折不扣抓好贯彻落实。要清醒认识当前安全生产面临的形势和新情况，深刻吸取事故教训，以"时时放心不下"的责任感彻底排查整治城镇燃气、自建房、房屋市政工程、城市管理等重点领域风险隐患，切实提高隐患排查整改质量，压实关键岗位人员安全责任，坚持"严管重罚"，加强安全生产监管执法和专业检查，拿出过硬措施做好安全生产工作，坚决防范遏制重特大事故发生。

1.2 安全管理基本知识

1.2.1 安全管理的相关概念

安全是指免除了不可接受的损害风险的一种状态，即消除能导致人员伤害、疾病、死亡，或造成设备财产破坏、损失，以及危害环境的条件。安全是相对危险而言的，在现实条件下，实现绝对的安全是不可能的，我们所说的安全是指相对安全。安全工作就是力求减少事故的发生和损失。

安全生产是指使生产过程处于避免人身伤害、设备损坏及其他不可接受的损害风险（危险）的状态。

不可接受的损害风险（危险）通常是指超出了法律法规和规章的要求，超出了方针、目标和企业规定的其他要求，超出了人们普遍接受（通常是隐含）的要求。

安全控制是对生产过程中涉及的计划、组织、监控、调节和改进等一系列致力于满足安全生产的因素所进行的管理活动。

安全员（Safety Supervisor）是指在建筑工程施工现场，协助项目经理，从事施工安全管理、检查、监督和施工安全问题处理等工作的专业人员。

危险是指造成事故的一种现实或潜在的条件。

危险度是指在一项活动或一种情况下，各种危险的可能性及其后果的量度，是对失败的相对可能性的主观估计。

危险源（Hazards）是指在施工生产过程中可能导致职业伤害或疾病、财产损失、工作环境破坏或环境污染的根源或状态。危险源可分为危险因素和有害因素。危险因素是强调突发性和瞬间作用的因素，有害因素强调在一定时期内的慢性损害和累积作用。危险源是安全控制的主要对象，因此，也有人把安全控制称为危险控制或安全风险控制。在实际生活和生产过程中的危险源是以多种多样的形式存在的，危险源导致的事故可归结为能量的意外释放或有害物质的泄漏。根据危险源在事故发生、发展中的作用，将危险源分为两大类，即第一类危险源和第二类危险源。可能发生意外释放的能量或危险物质称为第一类危险源（如"炸药"是能够产生能量的物质；"压力容器"是拥有能量的载体），能量或危险物质的意外释放是事故发生的物理本质，通常把产生能量的能量源或拥有能量的载体作为第一类危险源来处理。造成约束、限制能量措施失效或破坏的各种不安全因素称为第二类危险源（如"电缆绝缘层""脚手架""起重机钢绳"等）。在生产、生活中，为了利用能源，人们制造了各种机器设备，让能量按照人们的意图在系统中流动、转换和做功，而这些设备又可看成是限制、约束能量的工具。正常情况下，生产过程的能量或危险物质受到约束或限制时，不会发生意外释放，即不会发生事故。但是，一旦这些约束或限制能量或危险物质的措施受到破坏或失效（故障），则将发生事故。第二类危险源包括人的不安全行为、物的不安全状态和不良环境条件3个方面。事故的发生是两类危险源共同作用的结果，第一类危险源是事故发生的前提，第二类危险源的出现是第一类危险源导致事故的必要条件。在事故的发生和发展过程中，两类危险源相互依存，相辅相成。第一类危险源是事故的主体，决定事故的严重程度，第二类危险源出现的难易，决定事故发生的可能性大小。

1.2.2 我国的安全生产方针

安全生产方针是政府对安全生产工作的总要求，它是安全生产工作的方向。我国的安全生产方针是"安全第一、预防为主、综合治理"。在社会主义建设中必须遵循这一方针，这是因为保护劳动者的安全健康是国家的一项基本政策。

1. 安全第一的含义

（1）"安全第一"是把人身的安全放在首位，安全为了生产，生产必须保证人身安全，充分体现了"以人为本"的理念。离开生产活动，安全就失去了意义，没有安全保障，生产就不能顺利进行。因此必须将安全生产放在第一位，必须把保护劳动者在生产劳动中的生命安全和健康放在首要位置。

（2）抓生产首先抓安全，组织和指挥生产时，要认真全面地分析生产过程中存在和可能产生的危险有害因素的种类、数量、性质、来源、危害程度、危害途径及后果，可能产生危险有害作用的过程、设备、场所、物料和环境，为制定预防措施提供依据。搞安全、防事故，首先要知道哪些有危险，然后有针对性地采取预防措施，危险预知是第一位的。

特别提示

"安全第一"源起何处？谁率先提出的"安全第一"公理呢？最早提出"安全第一"公理的是美国人。1906年，美国US钢铁公司生产事故迭发，亏损严重，濒临破产。公司董事长B. H. 凯理在多方查找原因的过程中，对传统的生产经营方针"产量第一、质量第二、安全第三"产生怀疑。经过全面计算事故造成的直接经济损失、间接经济损失，凯理得出了结论：是事故拖垮了企业。凯理力排众议，不顾股东的反对，把公司的生产经营方针来个"本末倒置"，变成了"安全第一、质量第二、产量第三"。凯理首先在下属单位伊利诺伊制钢厂做试点，本来打算是不惜投入抓安全的，不曾想事故少了后，产品质量提高了，产量上去了，成本反而下来了。因此，凯理将此公理全面推广。"安全第一"公理立见奇效，US钢铁公司由此走出了困境。

（3）当生产任务和安全工作发生矛盾时，应按"生产服从安全"的原则处理，把安全作为保障生产顺利进行的前提条件，确保安全才进行生产。

（4）在评价生产工作时，安全有"一票否决权"，不抓好安全生产的领导是不称职的领导。

（5）各岗位上的生产人员，必须首先接受安全教育，并经考核合格后才能上岗。

2. 预防为主的含义

所谓"预防为主"，就是要把预防生产安全事故的发生放在安全生产工作的首位。"预防为主"是实现"安全第一"的最重要手段，采取正确的措施和方法进行安全控制，从而减少甚至消除事故隐患，尽量把事故消灭在萌芽状态，这是安全控制最重要的思想。对安全生产的管理，主要不是在发生事故后去组织抢救，进行事故调查，找原因、追责任、堵漏洞，而是谋事在先，尊重科学，探索规律，采取有效的事前控制措施，千方百计预防事故的发生，做到防患于未然。虽然人类在生产活动中还不可能完全杜绝生产安全事故的发生，但只要思想重视，预防措施得当，事故特别是重大恶性事故是可以大大减少的。预防为主，就要坚持培训教育为主。在提高生产经营单位主要负责人、安全管理干部和从业人员的安全素质上下功夫，最大限度地减少"三违"（违章指挥、违章作业、违反劳动纪律）的现象，努力做到"三不伤害"（不伤害自己，不伤害他人，不被他人伤害）。

特别提示

两千多年前的荀子说过，"进忠有三术：一曰防；二曰救；三曰戒。先其未然谓之防，发而止之谓之救，行而责之谓之戒。防为上，救次之，戒为下。"此段话荀子说了 3 种办法，第一种办法是在事情没有发生之前就预设警戒，防患于未然，这叫预防；第二种办法是在事情或者征兆刚出现时就及时采取措施加以制止，防微杜渐，防止事态扩大，这叫补救；第三种办法是在事情发生后再行责罚教育，这叫惩戒。荀子认为这 3 种办法，预防为上策，补救是中策，惩戒是下策。

3. 综合治理的含义

现阶段我国的安全生产工作出现这样的严峻形势，原因是多方面的，既有安全监管体制不完善、法律制度不健全的原因，也有科技发展落后的原因，还与整个民族安全文化素质有密切的关系等。因此要搞好安全生产工作就要在完善安全生产管理的体制机制、加强安全生产法制建设、推动安全科学技术创新、弘扬安全文化等方面进行综合治理。

1.2.3 安全管理基本原则

安全管理

安全管理是企业生产管理的重要组成部分，是一门综合性的系统科学。安全管理是对生产中的一切人、物、环境的状态进行管理与控制，是一种动态管理。施工现场的安全管理，主要是组织实施企业安全管理规划、指导、检查和决策，是保证生产处于最佳安全状态的根本环节。施工现场安全管理的内容，大体可归纳为安全组织管理，场地与设施管理，行为控制和安全技术管理 4 个方面。为有效地将生产因素的状态控制好，在实施安全管理过程中，必须正确处理 5 种关系，坚持安全管理基本原则。

1. 正确处理 5 种关系

1）安全与危险并存

安全与危险在同一事物的运动中既是相互对立的，又是相互依赖而存在的。因为有危险，所以才要进行安全管理，以防止危险。安全与危险并非是等量并存、平静相处的。随着事物的运动变化，安全与危险每时每刻也都在变化，进行着此消彼长的斗争。事物的状态将向斗争的胜方倾斜。可见，在事物的运动中，都不会存在绝对的安全或危险。保持生产的安全状态，必须采取多种措施，以预防为主。危险因素是客观地存在于事物运动之中的，自然是可知的，是可以控制的。

2）安全与生产的统一

生产是人类社会存在和发展的基础。如果生产中的人、物、环境都处于危险状态，那么生产就无法顺利进行。因此，安全是生产的客观要求，就生产的目的性而言，组织好安全生产就是对国家、人民和社会最大的负责。生产有了安全保障，才能持续、稳定发展。生产活动中事故层出不穷，生产势必陷于混乱甚至瘫痪状态。当生产与安全发生矛盾，危及职工生命或国家财产时，把生产活动停下来整治、消除危险因素以后，生产形势会变得更好。"安全第一"的提法，绝非把安全摆到生产之上，忽视安全自然也是一种错误。

3）安全与质量的包含

从广义上看，质量包含安全工作质量，安全概念也包含着质量，两者交互作用，互为因果。安全第一，质量第一，两个第一并不矛盾。安全第一是从保护生产因素的角度提出的，而质量第一则是从关心产品成果的角度强调的。安全为质量服务，质量需要安全保证。生产过程丢掉哪一头，都要陷于失控状态。

4）安全与速度互保

生产的蛮干、乱干，在侥幸中求得的快，缺乏真实与可靠，一旦酿成不幸，非但无速度可言，反而会延误时间。速度应以安全作保障，安全就是速度。我们应追求安全加速度，竭力避免安全减速度。安全与速度成正比例关系。一味强调速度，置安全于不顾的做法是极其有害的。当速度与安全发生矛盾时，暂时减缓速度，保证安全才是正确的做法。

5）安全与效益的兼顾

安全技术措施的实施，定会改善劳动条件，调动职工的积极性，提高劳动热情，带来经济效益，足以使原来的投入得到补偿。从这个意义上说，安全与效益完全是一致的，安全促进了效益的增长。在安全管理中，投入要适度、适当，精打细算，统筹安排，既要保证安全生产，又要保证经济合理，还要考虑是否力所能及。

2. 坚持安全管理基本原则

1）管生产同时管安全

安全寓于生产之中，并对生产发挥促进与保证作用。因此，安全与生产虽有时会出现矛盾，但从安全生产管理的目标出发，两者表现出高度的一致和完全的统一。安全管理是生产管理的重要组成部分，安全与生产在实施过程中，两者存在密切的联系，是进行共同管理的基础。管生产同时管安全，不仅是对各级领导人员明确安全管理责任，更是对一切与生产有关的机构、人员，明确了业务范围内的安全管理责任。由此可见，一切与生产有关的机构、人员，都必须参与安全管理并在管理中承担责任。认为安全管理只是安全部门的事，是一种片面的、错误的认识。各级人员安全生产责任制度的建立，管理责任的落实，体现了管生产同时管安全的原则。

2）坚持安全管理的目的性

安全管理可以有效地控制人的不安全行为和物的不安全状态，消除或避免事故，达到保护劳动者的安全与健康的目的。没有明确目的的安全管理是一种盲目行为。盲目的安全管理，充其量只能算作花架子，劳民伤财，危险因素依然存在。在一定意义上，盲目的安全管理，只能纵容威胁人的安全与健康的状态，使其向更为严重的方向发展或转化。

3）必须贯彻预防为主的方针

安全第一是从保护生产力的角度和高度出发的，表明在生产范围内，安全与生产的关系，肯定安全在生产活动中的位置和重要性。进行安全管理不是处理事故，而是在生产活动中，针对生产的特点，对生产因素采取管理措施，有效地控制不安全因素的发展与扩大，把可能发生的事故，消灭在萌芽状态，以保证生产活动中人的安全与健康。贯彻预防为主，首先要明确对生产中不安全因素的认识，端正消除不安全因素的态度，选准消除不安全因素的时机。在安排与布置生产内容的时候，针对施工生产中可能出现的危险因素，采取措施予以消除是最佳选择。在生产活动过程中，经常检查，及时发现不安全因素，采取措施，明确责任，尽快地、坚决地予以消除，是安全管理应有的鲜明态度。

4）坚持"四全"动态管理

安全管理不是少数人和安全机构的事，而是一切与生产有关的人共同的事。缺乏全员的参与，安全管理不会有生气，不会出现好的管理效果。当然，这并非否定安全管理第一责任人和安全机构的作用。生产组织者在安全管理中的作用固然重要，全员性参与管理也十分重要。安全管理涉及生产活动的方方面面，从开工到竣工交付的全部生产过程和生产时间，以及一切变化着的生产因素。因此，生产活动中必须坚持"四全"（全员、全过程、全方位、全天候）的动态安全管理。只抓住一时一事、一点一滴，简单草率、一阵风式的安全管理，是走过场、形式主义，不是我们提倡的安全管理作风。

5）安全管理重在控制

进行安全管理的目的是预防、消灭事故，防止或消除事故伤害，保护劳动者的安全与健康。安全管理基本原则的前4项主要内容，都是为了达到安全管理的目的，但是对生产因素状态的控制，与安全管理目的的关系更直接，显得尤为突出。因此，对生产中人的不安全行为和物的不安全状态的控制，必须看作是动态的安全管理的重点。事故的发生，是因为人的不安全行为运动轨迹与物的不安全状态运动轨迹的交叉。从事故发生的原理来看，也说明了应该把对生产因素状态的控制，当作安全管理的重点，而不能把约束当作安全管理的重点，这是因为约束缺乏带有强制性的手段。

6）在管理中发展、提高

既然安全管理是在变化着的生产活动中的管理，是一种动态过程，那么安全管理就意味着是不断发展、不断变化的，以适应变化的生产活动，来消除新的危险因素。然而更为重要的是其在变化中要不间断地摸索新的规律，总结管理、控制的办法与经验，指导新的变化后的管理，从而不断地上升到新的高度。

7）"三同时"原则

"三同时"原则是指生产经营单位在新建、改建、扩建工程和技术改造工程项目中，劳动安全卫生设施与主体工程必须同时设计、同时施工、同时投入和使用。这一原则要求生产建设工程项目在投产使用时，必须要有相应符合国家规定标准的劳动安全卫生设施与之配套使用，使劳动条件符合安全卫生要求。

8）"三级安全教育"原则

"三级安全教育"原则是指对新入厂的员工按照国家的有关规定经过公司级、部门级和班组级安全教育并考核合格后才能上岗作业，未经三级安全教育的人员不得上岗作业。建筑工地三级安全教育是指公司、项目经理部、施工班组 3 个层次的安全教育,三级安全教育是安全工作的一项基本制度。

此外还有"3E"原则:强制管理、教育培训、工程技术。

1.2.4 安全管理的范围

安全管理的中心问题,是保护生产活动中人的安全与健康,保证生产顺利进行。宏观的安全管理包括劳动保护、安全技术和工业卫生,这 3 个方面相互联系又相互独立。

(1)劳动保护侧重于以政策、规程、条例、制度等形式规范操作或管理行为,从而使劳动者的安全与健康,得到应有的法律保障。

(2)安全技术侧重于对"劳动手段和劳动对象"的管理,包括预防伤亡事故的工程技术和安全技术规范、规定、标准、条例等,以规范物的状态,减轻或消除对人的危险。

(3)工业卫生侧重于对工业生产中高温、粉尘、振动、噪声、毒物的管理,通过防护、医疗、保健等措施,防止劳动者的安全与健康受到有害因素的侵害。

从生产管理的角度,安全管理应概括为,在进行生产管理的同时,通过采用计划、组织、技术等手段,依据并适应生产中人、物、环境因素的运动规律,使其积极方面充分发挥,而又利于控制事故不致发生的一切管理活动。如在生产管理过程中实行作业标准化,组织安全专检,安全、合理地进行作业现场布置,推行安全操作资格确认制度,建立与完善安全生产管理制度等。

针对生产中人、物或环境因素的状态,有侧重采取控制人的具体不安全行为或物和环境的具体不安全状态的措施,往往会收到较好的效果。这种具体的安全控制措施,是实现安全管理的有力保障。

1.2.5 施工安全控制

1. 施工安全控制的特点

1)控制面广

由于建设工程规模较大,生产工艺复杂、工序多,在建造过程中流动作业多,高处作业多,作业位置多变,遇到的不确定因素多,因此安全控制工作涉及范围大,控制面广。

2)控制的动态性

(1)建设工程项目的单件性。这一特性使得每项工程所处的条件不同,所面临的危险因素和防范措施也会有所改变。员工在转移工地后,熟悉一个新的工作环境需要一定的时间,有些工作制度和安全技术措施也会有所调整,员工同样有个熟悉的过程。

(2)建设工程项目施工的分散性。因为现场施工是分散在施工现场的各个部位,尽管有各种规章制度和安全技术交底的环节,但是面对具体的生产环境时,仍然需要自己的判断和处理,有经验的人员还必须适应不断变化的情况。

3)控制的交叉性

建设工程项目是开放系统,受自然环境和社会环境影响很大,安全控制需要把工程系统和环境系统及社会系统结合起来。

4）控制的严谨性

安全状态具有触发性，其控制措施必须严谨，否则一旦失控，就会造成损失和伤害。

2．施工安全控制的目标

施工安全控制的目标是减少和消除生产过程中的事故，保证人员健康、安全和财产免受损失，具体可包括以下几个目标。

（1）减少或消除人的不安全行为的目标。

（2）减少或消除设备、材料的不安全状态的目标。

（3）改善生产环境和保护自然环境的目标。

（4）安全管理的目标。安全管理的目标包括生产安全事故控制指标，安全达标及文明施工实现目标等，安全管理的目标应予量化。

① 生产安全事故控制指标：杜绝死亡、避免重伤，一般事故应有控制指标。

② 安全达标目标：根据工程特点，按部位制定安全达标的具体目标。

③ 文明施工实现目标：根据作业条件的要求，制定文明施工的具体方案和实现文明工地的目标。

3．施工安全控制的程序

施工安全控制的程序如图 1.2 所示。

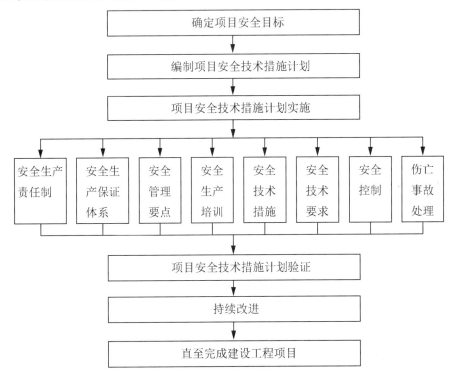

图 1.2 施工安全控制的程序

(1)确定项目安全目标。按"目标管理"方法在以项目经理为首的项目管理系统内进行分解,从而确定每个岗位的安全目标,实现全员安全控制。

(2)编制项目安全技术措施计划。对生产过程中的不安全因素,用技术手段加以消除和控制,并用文件化的方式表示,这是落实"预防为主"方针的具体体现,是进行工程项目安全控制的指导性文件。

(3)项目安全技术措施计划实施。其包括建立健全安全生产责任制,设置安全生产保证体系,进行安全生产培训,沟通和交流信息,通过安全控制使生产作业的安全状况处于受控状态等。

(4)项目安全技术措施计划验证。其包括安全检查、纠正不符合情况,并做好检查记录工作。根据实际情况补充和修改项目安全技术措施计划。

(5)持续改进,直至完成建设工程项目的所有工作。

4. 施工安全控制的基本要求

(1)施工单位必须取得建设行政主管部门颁发的安全生产许可证后才可承揽业务。

(2)各类人员必须具备相应的执业资格才能上岗。

(3)所有新员工必须经过三级安全教育,即进厂、进车间和进班组的安全教育。

(4)特殊工种(以下简称特种)作业人员必须持有特种作业操作资格证书,并严格按规定定期进行复查。

(5)对查出的安全隐患要做到"五定",即定整改责任人、定整改措施、定整改完成时间、定整改完成人、定整改验收人。

(6)施工单位必须把好安全生产"六关",即措施关、交底关、教育关、防护关、检查关、改进关。

(7)施工现场安全设施齐全,并符合国家及地方有关规定。

(8)施工机械(特别是现场安设的起重设备等)必须经安全检查合格后方可使用。

5. 施工安全控制的方法

1)危险源辨识与风险评价

(1)危险源辨识的方法包括以下两个。

① 专家调查法。专家调查法是通过向有经验的专家咨询、调查,辨识、分析和评价危险源的一类方法,其优点是简便、易行,缺点是受专家的知识、经验和占有资料的限制,可能出现遗漏。常用的有头脑风暴法和德尔菲法。

头脑风暴法是通过专家创造性的思考,从而产生大量的观点、问题和议题的方法。其特点是多人讨论,集思广益,可以弥补个人判断的不足,常采取专家会议的方式来相互启发、交换意见,使危险、危害因素的辨识更加细致、具体。此方法常用于目标比较单纯的议题,如果涉及面较广,包含因素多,则可以分解目标,再对单一目标或简单目标使用本方法。

德尔菲法是采用背对背的方式对专家进行调查,其特点是避免了集体讨论中的从众性倾向,更代表专家的真实意见。此方法要求对调查的各种意见进行汇总统计处理,再反馈给专家反复征求意见。

② 安全检查表法。安全检查表（Safety Check List，SCL）实际上就是实施安全检查和诊断项目的明细表。运用已编制好的安全检查表，进行系统的安全检查，辨识工程项目存在的危险源。安全检查表的内容一般包括分类项目、检查内容及要求、检查以后处理意见等。可以用"是""否"做回答或"√""×"符号做标记，同时注明检查日期，并由检查人员和被检单位同时签字。

安全检查表法的优点是简单易懂、容易掌握，可以事先组织专家编制检查项目，使安全检查做到系统化、完整化。缺点是一般只能做出定性评价。

（2）风险评价是评估危险源带来的风险大小及确定风险是否可容许的一个过程。根据评价结果对风险进行分级，按不同级别的风险有针对性地采取风险控制措施。以下介绍两种常用的风险评价方法。

① 方法 1。将安全风险的大小用事故发生的可能性（p）与发生事故后果的严重程度（f）的乘积来衡量，即

$$R=pf$$

式中　R——风险的大小；

　　　p——事故发生的可能性；

　　　f——发生事故后果的严重程度。

根据上述的估算结果，可按表 1-1 对风险的大小进行分级。

表 1-1　风险分级表

风险值	风险等级	备注
30～36	特别重大风险	Ⅴ级
18～25	重大风险	Ⅳ级
9～16	中等风险	Ⅲ级
3～8	一级风险	Ⅱ级
1～2	低风险	Ⅰ级

② 方法 2。将可能造成安全风险的危险性用事故发生的可能性（L）、人员暴露于危险环境中的频繁程度（E）和事故后果的严重程度（C）3 个自变量的乘积来衡量，即

$$D=LEC$$

式中　D——危险性；

　　　L——事故发生的可能性，按表 1-2 所给的定义取值；

　　　E——人员暴露于危险环境中的频繁程度，按表 1-3 所给的定义取值；

　　　C——事故后果的严重程度，按表 1-4 所给的定义取值。

此方法因为引用了 L、E、C 3 个自变量，故也称为 LEC 方法。

表 1-2　事故发生的可能性（L）

分数值	事故发生的可能性	分数值	事故发生的可能性
10	完全可以预料	0.5	很不可能，可以设想
6	相当可能	0.2	极不可能

续表

分数值	事故发生的可能性	分数值	事故发生的可能性
3	可能，但不经常	0.1	实际不可能
1	可能性极小，完全意外		

表1-3 人员暴露于危险环境中的频繁程度（E）

分数值	人员暴露于危险环境中的频繁程度	分数值	人员暴露于危险环境中的频繁程度
10	连续暴露	2	每月一次暴露
6	每天工作时间内暴露	1	每年几次暴露
3	每周一次或偶然暴露	0.5	非常罕见暴露

表1-4 事故后果的严重程度（C）

分数值	事故后果的严重程度	分数值	事故后果的严重程度
100	10人以上死亡	7	严重
40	3～9人死亡	3	重大，伤残
15	1～2人死亡	1	引人注意

根据经验，危险性分值在20分以下为可忽略风险；危险性分值在20（不含）～70分之间为可容许风险；危险性分值在70（不含）～160分之间为中度风险；危险性分值在160（不含）～320分之间为重大风险；危险性分值大于320分的为不容许风险，见表1-5。

表1-5 危险性等级划分

危险性（D）分值	危险程度	危险性（D）分值	危险程度
>320	不容许风险，不能继续作业	20<D≤70	可容许风险，需要注意
160<D≤320	重大风险，需要立即整改	≤20	可忽略风险，可以接受
70<D≤160	中度风险，需要整改		

2）危险源的控制方法

（1）第一类危险源的控制方法。

① 防止事故发生的方法：消除危险源、限制能量或危险物质、对危险源进行隔离。

② 避免或减少事故损失的方法：隔离、个体防护、设置薄弱环节，使能量或危险物质按人们的意图释放，制定避难与援救措施。

危险源

（2）第二类危险源的控制方法。

① 减少设备、系统故障，增加安全系数，提高可靠性，设置安全监控系统。

② 故障安全设计。其包括故障消极方案（即故障发生后，设备、系统处于最低能量状态，直到采取校正措施之前不能运转），故障积极方案（即故障发生后，在没有采取校正措施之前使设备、系统处于安全的能量状态之下），故障正常方案（即保证在采取校正措施之前，设备、系统正常发挥功能）。

3）危险源控制的策划原则

（1）尽可能完全消除有不可接受风险的危险源，如用安全品取代危险品。

（2）如果是不可能消除有重大风险的危险源，应努力采取降低风险的措施，如使用低压电器等。

（3）在条件允许时，应使工作适合于人，如考虑降低人的精神压力和体能消耗。

（4）应尽可能利用技术进步来改善安全控制措施。

（5）应考虑保护每个工作人员的措施。

（6）将技术管理与程序控制结合起来。

（7）应考虑如机械安全防护装置的维护计划的要求。

（8）在各种措施还不能绝对保证安全的情况下，作为最终手段，还应考虑使用个人防护用品。

（9）应有可行、有效的应急方案。

（10）预防性测定指标是否符合监视控制措施计划的要求。

不同的组织可根据不同的风险量来选择合适的控制策略。风险控制策划见表1-6。

表1-6　风险控制策划

风　险	措　　施
可忽略	不采取措施且不必保留文件记录
可容许	不需要另外的控制措施，应考虑投资效果更佳的解决方案或不增加额外成本的改进措施，需要监视来确保控制措施得以维持
中度	努力降低风险，但应仔细测定并限定预防成本，并在规定的时间期限内实现降低风险的措施。在中度风险场合，必须进一步地评价，更准确地确定伤害的可能性，以确定是否需要改进控制措施
重大	直至风险降低后才能开始工作。为降低风险有时必须配给大量的资源。当风险涉及正在进行中的工作时，应采取应急措施
不容许	只有当风险已经降低时，才能开始或继续工作。如果无限的资源投入也不能降低风险，就必须禁止工作

1.2.6　安全控制理论

1. 海因里希事故因果连锁理论

海因里希提出的事故因果连锁理论是用来阐明导致伤亡事故的各种原因及与事故间的关系。

事故因果连锁理论认为，人员伤亡的发生是事故的结果；事故的发生是由人的不安全行为和物的不安全状态造成的；人的不安全行为或物的不安全状态是由人的缺点造成的；人的缺点是由不良环境诱发，或者是由先天的遗传因素造成的。构成伤亡事故的5个因素包括以下内容。

（1）遗传及社会环境。遗传因素可能造成鲁莽、固执的性格；社会环境因素可能妨碍教育、助长性格上的缺点发展。

（2）人的缺点。人的缺点是指先天的缺点如过激、神经质、轻率等，以及后天的缺点如缺乏安全生产知识和技能等。

（3）人的不安全行为或物的不安全状态。人的不安全行为或物的不安全状态是指那些曾经引起事故或可能引起事故的人的行为或机械设备、物料的状态。

（4）事故。事故是指由于物体、物质、人或放射线的作用或反作用，使人员受到伤害或可能受到伤害的，出乎意外的失去控制的事件。

（5）伤害。伤害是由于事故产生的人身伤害。

伤亡事故是由以上5个因素按顺序发展的结果，像多米诺骨牌一样发生连锁反应。假如移去一颗骨牌（如人的不安全行为），则伤害就不会发生。

海因里希认为，企业安全工作的中心就是防止人的不安全行为，消除建设机械等物的不安全状态，中断事故连锁的进程从而避免事故的发生。

2. 现代事故因果连锁理论

博德（Frank Bird）在海因里希事故因果连锁理论的基础上，提出了现代事故因果连锁理论。该理论强调管理因素作为背后的原因，在事故中占有重要作用。

1）管理缺陷

现代事故因果连锁理论中一个最重要的因素是安全管理。安全管理者应该懂得管理的基本理论和原则。控制是管理机制（计划、组织、指导、协调及控制）中的一种机能。安全管理中的控制主要是指损失控制，其中包括对人的不安全行为，物的不安全状态的控制，它是安全管理工作的核心。

2）基本原因

为了从根本上预防事故，必须查明事故的基本原因，并针对查明的基本原因采取对策。基本原因包括个人原因和工作条件原因。个人原因包括缺乏知识或技能，行为动机不正确，身体上或精力上的问题。工作条件原因包括操作规程不健全，设备、材料不合格，施工环境差等因素。只有找出这些基本原因，才能有效地控制事故的发生。

3）直接原因

人的不安全行为或物的不安全状态是发生事故的直接原因。但是，直接原因不过是像基本原因那样，是深层原因征兆的一种表面现象。在实际工作中，如果只抓住了作为表面现象的直接原因而不深究其背后隐藏的深层原因，就永远不能从根本上杜绝事故的发生。

4）事故

从实用的目的出发，我们往往把事故定义为最终导致人员的伤亡，财物的损失，不希望发生的事件。但是，越来越多的人员从能量的观点把事故看成是人的身体或构筑物、设备与超过其阈值的能量的接触，或人体与妨碍正常生理活动的物质的接触。于是，防止事故就是防止接触。为了防止接触，可以通过改进装置、材料及设施防止能量释放，通过训练提高工人识别危险的能力，佩戴个人保护用品等来实现。

5）伤害、损坏、损失

伤害包括工伤、职业病及对人员精神方面、神经方面或全身心的不利影响。人员伤害及财产损坏统称为损失。在许多情况下，通过采取恰当的措施，可以使事故造成的损失最大限度地减少，如对受伤人员进行正确、迅速的抢救等。

 **特别提示**

如果我们把人的不安全行为与物的不安全状态统称为现场失误，把企业领导和安全工作人员的管理欠缺统称为管理失误，那么，现代事故因果连锁理论的核心就是对现场失误的背后原因进行深入的研究，结论为现场失误是由管理失误造成的。

3. 能量意外释放理论

大多数伤亡事故都是因为过剩的能量，或干扰人体与外界正常能量交换的危险物质的意外释放而引起的。这种过剩的能剩或危险物质的释放，都是由人的不安全行为或物的不安全状态所造成的，即人的不安全行为或物的不安全状态使得能量或危险物质失去了控制，是能量或危险物质释放的导火线。各种形式的能量是构成伤害的直接原因。能量一般分为势能、动能、化学能、电能、原子能、辐射能、声能、生物能等。

为了防止事故的发生，具体有以下措施：用安全的能源代替不安全的能源，限制能量，防止能量积蓄（如建筑物的避雷装置等），缓慢地释放能量（如减压装置等），设置屏蔽措施（如设置安全围栏、安全网等），在时间或空间上把能量与人隔离；信息形式屏蔽（如挂安全警告牌等）。

4. 轨迹交叉理论

一起事故的发生，除了人的不安全行为之外，一定还存在着某种物的不安全状态，只有两种因素同时出现，才能发生事故。轨迹交叉理论认为，在事故发展进程中，人的因素运动轨迹与物的因素运动轨迹的交点就是事故发生的时间和空间，即人的不安全行为和物的不安全状态发生于同一时间、同一空间或两者相遇，则将在此时间、空间内发生事故。

 **特别提示**

轨迹交叉理论作为一种事故致因理论，强调人的因素和物的因素在事故致因中占有同样重要的地位。按照该理论，可以通过避免人与物两种状态同时出现来预防事故的发生。

人的因素运动轨迹是，由遗传、社会环境或管理缺陷等原因造成心理上、生理上的弱点，导致安全意识低下、缺乏知识和技能引发人的不安全行为。

物的因素运动轨迹是，由设计、制造缺陷，使用、维护、保养过程中潜在的故障、毛病等引起物的不安全状态。

1.2.7 安全警示标志

安全警示标志包括安全色和安全标志。

（1）安全色的定义。安全色是特定的表达安全信息含义的颜色。它以形象而醒目的信息语言向人们提供表达禁止、警告、指令、提示等的安全信息，包括红色、黄色、蓝色和绿色。

① 红色。它很醒目，使人们在心理上产生兴奋和刺激性，红色光光波较长，不易被尘雾所散射，在较远的地方也容易辨认。红色的注目性非常高，视认性也很好，因此用其表示危险、禁止和紧急停止的信号。

② 黄色。它对人眼能产生比红色更高的明度，黄色与黑色组成的条纹是视认性最高的色彩，特别能引起人们的注意，因此被选用为警告色。凡是警告人们要注意的器件、设备及环境等都应以黄色表示。

③ 蓝色。它的注目性和视认性虽然都不太好，但与白色相配合使用效果不错，特别是在太阳光直射的情况下，因而被选用为指令标志的颜色，表示人们必须遵守的规定。

④ 绿色。它的注目性和视认性虽然不高，但确是新鲜、年轻、青春的象征，使人产生和平、永远、生长、安全等心理效应，因此用绿色表示给人们提供允许、安全的信息。

在日常生活中，可将安全色与对比色共同使用，以达到更加醒目的效果，对比色包括黑、白两种颜色，两者搭配含义如下。

① 红色与白色相间条纹，表示禁止人们进入危险的环境。

② 黄色与黑色相间条纹，表示提示人们特别注意。

③ 蓝色与白色相间条纹，表示必须遵守规定。

④ 绿色与白色相间条纹，与提示标志牌同时使用，更为醒目地提示人们。

（2）安全标志的分类。其分为禁止标志、警告标志、指令标志和提示标志4类。

禁止标志是禁止人们不安全行为的图形标志，其基本形状是带斜杠的圆边框，如图1.3所示。圆环和斜杠为红色，图形符号为黑色，衬底为白色。

图 1.3 禁止标志

警告标志是提醒人们对周围环境引起注意，以避免可能发生危险的图形标志。警告标志的基本形式是正三角形边框，如图1.4所示。三角形边框及图形为黑色，衬底为黄色。

指令标志是强调人们必须做出某种动作或采取防范措施的图形标志。指令标志的基本形式是圆形边框，如图1.5所示。图形符号为白色，衬底为蓝色。

(a) 当心塌方　　(b) 当心坑洞　　(c) 当心坠落　　(d) 当心落物

(e) 当心触电　　(f) 当心电缆　　(g) 当心扎脚　　(h) 当心火灾

图 1.4　警告标志

(a) 必须系安全带　　(b) 必须戴安全帽　　(c) 必须戴防尘口罩

图 1.5　指令标志

(a) 紧急出口　(b) 可动火区

图 1.6　提示标志

提示标志是向人们提供某种信息（如表明安全设施或场所）的图形标志。提示标志的基本形式是正方形边框，如图 1.6 所示。图形符号为白色，衬底为绿色。

（3）使用安全标志的相关规定。安全标志在安全技术管理中的作用非常重要。在设置安全标志方面，相关法律法规已有很多规定。如《中华人民共和国安全生产法》第三十五条规定："生产经营单位应当在有较大危险因素的生产经营场所和有关设施、设备上，设置明显的安全警示标志。"《建设工程安全生产管理条例》第二十八条规定："施工单位应当在施工现场入口处、施工起重机械、临时用电设施、脚手架、出入通道口、楼梯口、电梯井口、孔洞口、桥梁口、隧道口、基坑边沿、爆破物及有害危险气体和液体存放处等危险部位，设置明显的安全警示标志。安全警示标志必须符合国家标准。"

（4）施工现场安全标志的设置要求。

① 施工现场醒目处设置注意安全、禁止吸烟、必须系安全带、必须戴安全帽、必须穿防护服等标志。

② 施工现场及道路坑、沟、洞处设置当心坑洞标志。

③ 施工现场较宽的沟、坑及高空分离处设置禁止跨越标志。

④ 未固定设备、未经验收合格的脚手架及未安装牢固的构件设置禁止攀登标志。

⑤ 吊装作业区域设置警戒标志线并设置禁止通行、禁止入内、禁止停留、当心吊物、当心落物、当心坠落等标志。

⑥ 高处作业、多层作业下方设置禁止通行、禁止放置易燃物、禁止停留等标志。

⑦ 高处通道及地面安全通道设置安全通道标志。

⑧ 高处作业位置设置必须系安全带、禁止抛物、当心坠落、当心落物等标志。

⑨ 梯子入口及高空梯子通道设置注意安全、当心坠落等标志。
⑩ 电源及配电箱设置当心触电等标志。
⑪ 电气设备试检验或接线操作时，设置禁止合闸标志。
⑫ 临时电缆（地面或架空）设置当心电缆标志。
⑬ 氧气瓶、乙炔气瓶存放点设置禁止烟火、当心火灾等标志。
⑭ 仓库及临时存放易燃易爆物品地点设置禁止吸烟、禁止带火种等标志。
⑮ 射线作业按规定设置安全警戒标志线，并设置当心电离辐射标志。
⑯ 滚、剪板等机械设备设置当心机械伤人、注意安全等标志。
⑰ 施工道路设置当心车辆及其他限速、限载等标志。
⑱ 施工现场及办公室设置火灾报警电话标志。
⑲ 施工现场"四口"作业处应设置防护栏杆并设置当心滑跌、当心坠落等标志。

1.3 建筑工程职业健康安全与环境管理的特点

施工现场是施工生产因素的集中点，其动态特点是多工种立体作业、生产设施的临时性、作业环境多变性和人机的流动性。施工现场中直接从事生产作业的人员密集，机、料集中，存在着多种危险因素。因此，施工现场属于事故多发的作业现场。以下是建筑工程职业健康安全与环境管理的特点。

（1）建筑产品的固定性、生产的流动性及受外部环境影响因素多，决定了职业健康安全与环境管理的复杂性，稍有考虑不周就会出现问题。
① 建筑产品生产过程中生产人员、工具与设备的流动性，主要表现为以下几个方面。
a. 同一工地不同建筑之间流动。
b. 同一建筑不同建筑部位上流动。
c. 一个建设工程项目完成后，又要向另一新项目动迁的流动。
② 建筑产品受外部环境影响因素多，主要表现为以下几个方面。
a. 露天作业多。
b. 气候条件变化的影响。
c. 工程地质和水文条件的变化。
d. 地理条件和地域资源的影响。
（2）建筑产品的多样性和生产的单件性决定了职业健康安全与环境管理的多变性。建筑产品的多样性决定了生产的单件性。每一个建筑产品都要根据其特定要求进行施工，主要表现如下。
① 不能按同一图纸、同一施工工艺、同一生产设备进行批量重复生产。
② 施工生产组织及机构变动频繁，生产经营的"一次性"特征特别突出。
③ 生产过程中试验性研究课题多，所碰到的新材料、新技术、新工艺、新设备给职业健康安全与环境管理带来不少难题。

因此，对于每个建设工程项目都要根据其实际情况，制订健康安全与环境管理计划，不可相互套用。

（3）建筑产品生产过程的连续性和分工性决定了职业健康安全与环境管理的协调性。

建筑产品不能像其他许多工业产品一样可以分解为若干部分同时生产，而是必须在同一固定场地按严格程序连续生产，上一道工序不完成，下一道工序不能进行（如基础→主体→屋顶），上一道工序生产的结果往往会被下一道工序所掩盖，而且每一道工序由不同的人员和单位来完成。因此，在职业健康安全与环境管理中要求各单位和各专业人员横向配合和协调，共同注意产品生产过程中接口部分的职业健康安全和环境管理的协调性。

（4）建筑产品的委托性决定了职业健康安全与环境管理的不符合性。

建筑产品在建造前就确定了买主，按建设单位特定的要求委托进行生产建造。而建设工程市场在供大于求的情况下，业主经常会压低标价，造成产品的生产单位对职业健康安全与环境管理的费用投入减少，使得不符合职业健康安全与环境管理有关规定的现象时有发生。这就要求建设单位和生产组织都必须重视对职业健康安全和环境管理费用的投入，不可不符合相关要求。

（5）建筑产品生产的阶段性决定了职业健康安全与环境管理的持续性。

一个建设工程项目从立项到投产使用要经历 5 个阶段，即设计前的准备阶段（包括项目的可行性研究和立项）、设计阶段、施工阶段、使用前的准备阶段（包括竣工验收和试运行）、保修阶段。这 5 个阶段都要十分重视项目的安全和环境问题，持续不断地对项目各个阶段可能出现的安全和环境问题实施管理。否则，一旦在某个阶段出现安全和环境问题就会造成投资的巨大浪费，甚至造成建设工程项目的夭折。

（6）建筑产品的时代性和社会性决定了职业健康安全与环境管理的经济性。

① 时代性。建筑产品是政治、经济、文化、风俗的历史记录，表现了不同时代的艺术风格和科学文化水平，反映出一定社会的、道德的、文化的、美学的艺术效果，成为可供人们观赏和旅游的景观。

② 社会性。建筑产品应适应可持续发展的要求，工程设计、施工质量的好坏，影响的不仅仅是使用者，而是整个社会尤其是可持续发展的环境。

③ 经济性。建设工程不仅应考虑建造成本的消耗，还应考虑其寿命期内的使用成本消耗。环境管理注重工程使用期内的成本，如能耗、水耗、维护、保养、改建的费用。通过比较分析，可以判定工程是否符合经济要求，一般采用生命周期法作为对其进行管理的参考。另外环境管理要求节约资源，以减少资源消耗来降低环境污染，两者本质是完全一致的。

1.4 建筑施工现场安全生产的基本要求

经过多年工程实践经验的总结，我国制定了一系列行之有效的安全生产基本规章制度，主要有以下内容。

1. 安全生产 6 大纪律

（1）进入现场必须戴好安全帽，扣好帽带，并正确使用个人劳动防护用品。

（2）高处悬空作业无安全设施的，必须戴好安全带、扣好保险钩。

（3）高处作业时，不准往下或向上乱抛材料和物品。

（4）各种电动机械设备必须有可靠有效的安全接零（地）和防雷装置，方能开动使用。

(5)不懂电气和机械的人员,严禁使用和玩弄机电设备。

(6)吊装区域非操作人员严禁入内,吊装机械必须完好,吊臂垂直下方严禁站人。

2. 施工现场"五要"

(1)施工要围挡。

(2)围挡要美化。

(3)防护要齐全。

(4)排水要有序。

(5)图牌要规范。

3. 安全生产"十大禁令"

(1)严禁穿木屐、拖鞋、高跟鞋及不戴安全帽人员进入施工现场作业。

(2)严禁一切人员在提升架、提升机的吊篮下或吊物下作业、站立、行走。

(3)严禁非专业人员私自开动任何施工机械及驳接、拆除电线、电气。

(4)严禁在操作现场(包括车间、工地)玩耍、吵闹和从高处抛掷材料、工具、砖石等一切物件。

(5)严禁土方工程的掏空取土及不按规定放坡或在不加支撑的深基坑内开挖施工。

(6)严禁在不设栏杆或无其他安全措施的高处作业。

(7)严禁在未设安全措施的同一部位上同时进行上下交叉作业。

(8)严禁带小孩进入施工现场(包括车间、工地)作业。

(9)严禁在靠近高压电源的危险区域内进行冒险作业及不穿绝缘鞋进行水磨石等作业,严禁用手直接提拿灯头。

(10)严禁在有危险品、易燃易爆品的场所和木工棚、仓库内吸烟、生火。

4. 10项安全技术措施

(1)按规定使用"三宝"。

(2)机械设备安全防护装置一定要齐全、有效。

(3)塔式起重机等起重设备必须有符合要求的安全保险装置,严禁带病运转、超载作业和使用中维护保养。

(4)架设用电线路必须符合相关规定,电气设备必须要有安全保护装置(接地、接零和防雷等)。

(5)电动机械和手动工具必须设置漏电保护装置。

(6)脚手架的材料及搭设必须符合相关技术规程的要求。

(7)各种缆风绳及其设施必须符合相关技术规程的要求。

(8)在建工程的桩孔口、楼梯口、电梯口、通道口、预留洞口等必须设置安全防护设施。

(9)严禁赤脚、穿拖鞋或高跟鞋进入施工现场,高处作业不准穿硬底鞋和带钉及易滑的鞋。

(10)施工现场的危险区域应设安全警示标志,夜间要设红灯警示。

5. 防止违章操作和事故发生的 10 项操作规定

（1）新工人未经三级安全教育，复工换岗人员和进入新工地人员未经安全岗位教育，不得上岗操作。

（2）特种人员和机械操作工等未经专门的安全技术培训，无有效的安全操作证书，严禁施工操作。

（3）施工环境和作业对象情况不清，施工前无安全措施或安全技术交底不清楚，严禁操作。

（4）新技术、新工艺、新设备、新材料、新岗位无安全措施，未进行安全培训教育和交底，严禁操作。

（5）安全帽、安全带等作业所必要的个人防护用品必须落实，不盲目操作。

（6）脚手架、吊篮、塔式起重机、井字架、龙门架、外用电梯、起重机械、电焊机、钢筋机械、木工机械、搅拌机、打桩机等设施设备和现浇混凝土模板支撑，搭设安装后，未经相关人员验收合格，并签字认可，严禁操作。

（7）作业场所安全防护措施不落实，安全隐患不排除，威胁人身和财产安全时，严禁操作。

（8）凡上级或管理干部违章指挥，有冒险作业情况时，不盲目操作。

（9）高处作业、带电作业、禁火区作业、易燃易爆作业、爆破性作业、有中毒或窒息危险的作业和科研实验等其他危险作业的，均应由上级指派人员，并经安全技术交底，未经指派批准、未经安全技术交底和无安全防护措施，不盲目操作。

（10）隐患未排除，有伤害自己、伤害他人或被他人伤害的不安全因素存在时，不盲目操作。

6. 防止触电伤害的 10 项基本安全操作要求

（1）非电工严禁私拆乱接电气线路、插头、插座、电气设备、电灯等。

（2）使用电气设备前必须检查线路、插头、插座、漏电保护装置是否完好。

（3）电气线路或机具发生故障时，应由电工处理，非电工不得自行修理或排除故障。对配电箱、开关箱进行检查、维修时，必须将其前一级相应的电源开关分闸断电，并悬挂停电标志牌，严禁带电作业。

（4）使用振捣器等手持电动机械和其他电动机械从事潮湿作业时，要由电工接好电源，安装漏电保护器，电压应符合要求，操作者必须穿戴好绝缘鞋、绝缘手套后再进行作业。

（5）搬迁或移动电气设备必须先切断电源。

（6）搬运钢筋、钢管及其他金属物时，严禁触碰电线。

（7）禁止在电线上挂晒物料。

（8）禁止使用照明器取暖、烘烤，禁止擅自使用电炉等大功率电器和其他电加热器。

（9）在架空输电线路附近施工时，应停止输电，不能停电时，应有隔离措施，并保持安全距离，防止触碰。

（10）电线必须架空，不得在地面、施工楼面随意乱拖，若必须经过地面、楼面时应有过路保护，人、车及物料不准踏、碾、磨电线。

7．防止机械伤害的"一禁、二必须、三定、四不准"

（1）严禁不懂电气和机械的人员使用和摆弄机电设备。

（2）机电设备应完好，必须有可靠有效的安全防护装置。

（3）机电设备停电、停工休息时，必须拉闸关机，开关箱按要求上锁。

（4）机电设备应做到定人操作、定人保养、定人检查。

（5）机电设备应做到定机管理、定期保养。

（6）机电设备应做到定岗位和岗位职责。

（7）机电设备不准带病运转。

（8）机电设备不准超负荷运转。

（9）机电设备不准在运转时维修保养。

（10）机电设备运行时，操作人员不准将手、头、身体伸入运转的机械行程范围内。

8．气割、气焊的"十不烧"

（1）焊工必须持证上岗，无金属焊接、切割特种作业证书的人员，不准进行气割、气焊作业。

（2）凡属一、二、三级动火范围的气割、气焊，未经办理动火审批手续，不准进行气割、气焊。

（3）焊工不了解气割、气焊现场周围的情况，不准进行气割、气焊。

（4）焊工不了解焊件内部是否安全时，不准进行气割、气焊。

（5）各种装过可燃性气体、易燃液体和有毒物质的容器，未经彻底清洗或采取有效的安全防护措施之前，不准进行气割、气焊。

（6）用可燃材料做保温层、冷却层、隔热层的部位，或火星能溅到的地方，在未采取切实可靠的安全措施之前，不准进行气割、气焊。

（7）气割、气焊部位附近有易燃易爆物品，在未做清理或采取有效的安全措施之前，不准进行气割、气焊。

（8）有压力或封闭的管道、容器，不准进行气割、气焊。

（9）附近有与明火作业相抵触的工种作业时，不准进行气割、气焊。

（10）与外单位相连的部位，在没有弄清险情，或明知存在危险而未采取有效的安全防范措施之前，不准进行气割、气焊。

9．防止车辆伤害的10项基本安全操作规定

（1）未经劳动、公安等部门培训合格持证人员，不熟悉车辆性能者不得驾驶车辆。

（2）应坚持做好车辆的日常保养工作，车辆制动器、喇叭、转向系统、灯光等影响安全的部件如运作不良，不准出车。

（3）严禁翻斗车、自卸车车厢乘人，严禁人货混装，车辆载货应不超载、超高、超宽，捆扎应牢固可靠，应防止车内物体失稳跌落伤人。

（4）乘坐车辆应坐在安全处，头、手、身体不得露出车厢外，要避免车辆启动、制动时跌倒。

(5)车辆进出施工现场,在场内掉头、倒车,在狭窄场地行驶时应有专人指挥。

(6)车辆进入施工现场要减速,并做到"四慢",即道路情况不明要慢,线路不良要慢,起步、会车、停车要慢,在狭路、桥梁弯路、坡路、叉道、行人拥挤地点及出入大门时要慢。

(7)临近机动车道的作业区和脚手架等设施,以及在道路中的路障应加设安全色标、安全标志和防护措施,并要确保夜间有充足的照明。

(8)装卸车作业时,若车辆停在坡道上,应在车轮两侧用楔形木块加以固定。

(9)人员在场内机动车道应避免右侧行走,并做到不平排结队而行。避让车辆时,禁止避让于两车交会之中,不站于旁有堆物无法退让的死角。

(10)机动车辆不得牵引无制动装置的车辆,牵引物体时物体上不得有人,人不得进入正在牵引的物与车之间。坡道上牵引时,车和被牵引物下方不得有人停留和作业。

1.5 安全管理措施

安全管理是为施工项目实现安全生产开展的管理活动,其目的是落实安全管理决策与目标,消除一切事故,避免事故伤害,减少事故损失。安全管理措施是安全管理的方法与手段,管理的重点是对生产各因素状态的约束与控制。根据施工生产的特点,安全管理措施带有鲜明的行业特色。

完善安全生产管理体制,建立健全安全管理制度、安全管理机构和安全生产责任制是安全管理的重要内容,也是实现安全生产目标管理的组织保证。

为适应社会主义市场经济的需要,1993年国务院将原来的"国家监察、行政管理、群众监督"的安全生产管理体制,发展和完善为"企业负责、行业管理、国家监察、群众监督"。同时,又考虑到许多事故的发生原因,是由于劳动者不遵守安全生产规章制度、违章违纪,因此又增加了"劳动者遵章守纪"这一条内容。国务院2004年1月9日颁发的《国务院关于进一步加强安全生产工作的决定》(国发〔2004〕2号)中又指出,努力构建"政府统一领导、部门依法监管、企业全面负责、群众参与监督、全社会广泛支持"的安全生产工作格局。这样就建立起了更加符合社会主义市场经济条件下的安全生产管理体制。

1.5.1 安全生产责任制

1. 安全生产责任制的概念

安全生产责任制

安全生产责任制是各项安全管理制度的核心,是企业岗位责任制的一个重要组成部分,是企业安全管理中最基本的制度,是保障安全生产的重要组织措施。

安全生产责任制是根据"管生产必须管安全""安全生产、人人有责"等原则,明确规定各级领导、各职能部门、岗位、各工种人员在生产活动中应负的安全职责的管理制度。

2. 建立和实施安全生产责任制的目的

建立和实施安全生产责任制,可以把安全与生产从组织领导上统一起来,把管生产必须管安全的原则从制度上固定下来,从而增强各级人员的安全责任,使安全管理纵向到底,横向到边,专管成线,群管成网,责任明确,协调配合,共同努力,真正把安全生产工作落到实处。

3. 安全生产责任制的要求

《建筑施工安全检查标准》(JGJ 59—2011)中对安全生产责任制的要求如下。

工程项目部应建立以项目经理为第一责任人的各级管理人员安全生产责任制;安全生产责任制应经责任人签字确认;按安全生产管理目标和项目管理人员的安全生产责任制,应进行安全生产责任目标分解;应建立对安全生产责任制和责任目标的考核制度;按考核制度,应对项目管理人员定期进行考核。

特别提示

有3个庙,这3个庙离河边都比较远。庙里的和尚怎么解决吃水问题呢?第一个庙,和尚挑水的路比较长,一个人一天挑了一缸就累了,不干了。于是庙里的3个和尚商量,咱们来个接力赛吧,每人挑一段路,第一个和尚从河边挑到半路停下来休息,第二个和尚继续挑,又转给第三个和尚,挑到缸边灌进去,空桶回来再接着挑,大家都不累,水很快就挑满了。这是协作的办法,也叫"机制创新"。第二个庙,老和尚把3个徒弟都叫来,说我们立下了新的庙规,要引进竞争机制。3个和尚都去挑水,谁挑得多,晚上吃饭加一道菜;谁挑得少,吃白饭,没菜。3个和尚都拼命去挑,一会儿水就挑满了。这个办法叫"管理创新"。第三个庙,3个小和尚商量,天天挑水太累,咱们想想办法。山上有竹子,把竹子砍下来连在一起,打通所有竹节,然后买了一个辘轳,第一个和尚把一桶水摇上去,第二个和尚专管倒水,第三个和尚在地上休息,3个人轮流换班,一会儿水就灌满了。这个办法叫"技术创新"。由此出现"3个和尚水多得吃不完"的新局面,为什么会这样呢?因为所有这些创新都不可能离开一条,让每个和尚都承担起责任,这是根本的根本。岗位作为承担安全责任的最小单位,需要系统地决定其责任边界和安全责任的大小、范围。无论什么人,也无论他的身份、学识、资历,只要他在某一个岗位上,他就应该承担这个岗位的安全责任。

4. 建筑施工企业各职能部门的安全生产责任

(1) 安全管理部门。

① 积极宣传和贯彻国家、行业和地方颁布实施的各项安全生产的法律法规,并督促本企业严格执行。

② 严格执行本企业的各项安全规章制度,并监督检查公司范围内安全生产责任制的执行情况,制订定期安全工作计划和方针目标,并负责贯彻实施。

③ 协助有关领导组织施工活动中的定期和不定期安全检查,及时制止各种违章指挥和冒险作业,保障建筑施工的安全进行。

④ 组织制定或修改安全生产的各项管理制度，负责审查企业内部的各项安全操作规程，并对其执行情况进行监督检查。

⑤ 组织全员职工进行安全教育，特别是组织特种作业人员的培训考核等管理工作。

⑥ 组织开展危险源的辨识与防范措施的落实，督促企业各分公司和项目部逐级建立安全生产管理机构和配备安全管理人员。

⑦ 参与新建、改建、扩建工程项目的施工组织设计、会审、审查和竣工验收等工作；参与安全技术措施、文明施工措施、施工方案等会审工作；参与安全生产例会，及时收集信息，预测事故发生的可能性。

⑧ 参加暂设电气工程的施工组织设计和安装验收，提出具体意见，并监督执行；参加自制的中小型机具设备及其他设备在维修后投入使用前的验收，合格后批准使用。

⑨ 参与一般及大、中、异型特殊脚手架的安装验收，及时发现问题，监督有关部门或人员解决落实。

⑩ 深入基层调查研究不安全动态，提出整改意见，制止违章作业，有权下达停工令和依据相关规定进行处罚。

⑪ 协助有关领导监督安全保证体系的正常运转，对削弱安全管理工作的部门，要及时汇报领导，督促解决。

⑫ 做好专控劳动防护用品的管理工作，并监督其使用。

⑬ 在安全条件下，对所有进入施工现场的单位或个人进行审查和监督，发现不符合施工现场安全技术与管理规定的，有权责令其改正或撤离。

⑭ 督促项目部按规定及时领取和发放劳动防护用品，并指导员工正确使用。

⑮ 主持因工伤亡事故的内部调查，进行伤亡事故统计、分析，并按规定及时上报，对伤亡事故和重大未遂事故的责任者提出处理意见。

⑯ 采纳安全生产的合理化建议，不断改进施工现场的安全技术和管理水平。

⑰ 落实本企业安全技术资料的收集、整理和归档等管理工作。

（2）技术部门。

① 认真学习、贯彻执行国家和上级有关安全技术及安全操作规程的规定，组织施工生产中的安全技术措施的制定与实施。

② 在编制施工组织设计和专业性方案时，要在每个环节中贯彻安全技术措施，确定后的方案，若有变更，应及时组织修订和审查。

③ 检查施工组织设计和施工方案中安全技术措施的实施情况，对施工中涉及安全方面的技术性问题，提出解决办法。

④ 对新材料、新技术、新工艺、新设备，必须制定相应的安全技术措施和安全操作规程。

⑤ 对改善劳动条件、减轻笨重体力劳动、消除噪声等方面的治理进行调查研究，提出解决的技术和组织方案。

⑥ 参与伤亡事故中技术性问题的调查，分析事故原因，从技术上提出防范措施。

（3）计划部门。

① 在编制年、季、月、旬生产计划时，必须树立"安全第一"的思想，均衡组织生产，保障安全工作与生产任务协调一致，并将安全生产工作计划纳入生产计划优先安排。

② 坚持按照安全、合理的要求安排施工程序和施工组织，并充分考虑职工的劳逸结合，认真编制各项施工作业计划。

③ 在检查生产计划实施情况的同时，还要检查项目中安全技术措施的执行情况，对施工重要的安全防护设施、设备的实施工作（如支拆脚手架、安全网等）要纳入计划，并列为正式工序，给予作业时间和资源的保证。

④ 在生产任务与安全保障发生矛盾时，必须优先解决安全保障工作的实施。

（4）劳动人事部门。

① 认真落实国家和省、市有关劳动保护的法规，严格执行有关人员的劳动保护待遇，并监督实施情况。

② 严格执行国家和省、市特种作业人员持证上岗作业的有关规定，适时组织特种作业人员的培训工作，并向主管领导通报情况。

③ 对职工（含分包单位员工）进行定期的教育考核，将安全技术知识列为员工培训考核、评级的内容之一。对新招收的工人（含分包单位员工）要组织入场教育和资格审查，保证参与施工的人员具备相应的安全技能要求。

④ 参与因工伤亡事故的调查，从用工方面分析事故原因，提出防范措施，并认真执行对事故责任者的处理意见和决定。

⑤ 根据国家和省、市有关安全生产的方针、政策及企业实际情况，足额配备具有一定文化程度、技术和实践经验的安全管理人员，保证安全管理人员的素质。

⑥ 组织对新调入、新入场和转岗的施工和管理人员的安全培训教育工作。

⑦ 按照国家和省、市有关规定，负责审查安全管理人员和其他人员的职业资格，有权向主管领导建议调整和补充安全管理人员或其他人员。

（5）教育培训部门。

① 组织与施工生产有关的学习班时，要安排安全技术与管理的教育内容。

② 各专业主办的各类学习班，要设置职业健康和劳动保护课程。

③ 将安全教育纳入职工培训教育计划，负责组织并落实职工的安全培训教育工作，并严格考核制度。

④ 建立受训人员的培训档案，严格培训管理制度。

（6）工会。

① 向全体员工宣传国家、行业或地方的安全生产方针、政策、法律法规和相关标准，以及企业的安全生产规章制度，对员工进行遵规守章的安全意识和职业健康安全教育。

② 监督企业的安全生产情况，参与安全生产的检查和评判。

③ 发现违章指挥，强令工人冒险作业，或存在事故隐患和职业危害的情况，有权代表职工向企业主要负责人或现场负责人提出解决意见，如无效，应支持和组织职工停止施工，并向有关行政主管部门报告。

④ 把本单位安全生产和职业健康的议题，纳入职工代表大会的议程，并作出具体的决议。

⑤ 组织职工开展安全生产评选和竞赛活动，充分发挥全体职工的积极性，为安全生产献计献策，不断提高安全生产的技术和管理水平。

⑥ 鼓励职工举报安全隐患，并对职工的举报进行核实和及时上报。

⑦ 督促和协助企业负责人严格执行国家有关劳动保护的规定，不断改善职工的劳动条件。

⑧ 参加安全事故和职业病的调查工作，协助查清事故原因，总结经验教训，做到"四不放过"。

⑨ 有权代表职工和家属对事故责任人提出控告，追究其相应的责任，以维护职工的合法权益。

（7）项目经理部。

① 项目经理部是安全生产工作的载体，具体组织实施项目安全生产、文明施工、环境保护工作，对本工程项目的安全生产负全面责任。

② 贯彻落实各项安全生产的法律法规、规章制度，组织实施各项安全管理工作，完成各项考核指标。

③ 建立并完善安全生产责任制和安全考核评价体系，积极开展各项安全活动，监督、控制分包单位严格执行安全生产的规章制度，履行安全职责。

④ 发生伤亡事故及时上报有关部门，并做好事故现场保护，积极抢救伤员，认真配合事故调查组开展伤亡事故的调查和分析，按照"四不放过"的原则，落实整改防范措施，对责任人员进行处理。

（8）总承包单位。

总承包单位除应承担本企业相应的安全生产责任外，对分包单位还应承担以下责任。

① 审查分包单位的安全生产保证体系，对不具备安全生产条件的，不予发包。

② 必须签订分包合同，并且在分包合同中明确各自的安全责任。

③ 施工前，应对分包单位进行详细的安全技术交底，并经双方签字确认。

④ 加强施工过程中的监督管理，发现违章操作和冒险作业时，应立即勒令其停止作业进行整改，必要时解除其分包资格。

⑤ 凡总承包单位的产值中包括分包单位完成的产值的，总承包单位要统计上报分包单位的安全事故情况，并按分包合同的规定，确定相应的责任。

（9）分包单位。

① 服从总承包单位的管理，接受总承包单位的安全检查，严格执行总承包单位有关安全生产的规章制度。

② 认真执行安全生产的各项法规、规章制度及安全操作规程，合理安排班组人员工作，对本单位人员在生产中的安全和健康负责。

③ 严格履行各项劳务用工手续，做好本单位人员的岗位安全培训，经常组织学习安全操作规程，监督本单位人员遵守劳动、安全纪律，做到不违章指挥，制止违章作业。

④ 根据总承包单位的交底向本单位各工种人员进行详细的书面安全技术交底，针对当天任务、作业环境等情况，做好班前安全例会，监督其执行情况，发现问题，及时纠正、解决。

⑤ 必须保持本单位人员的相对稳定，人员变更须事先经总承包单位的认可，新来人员应按规定办理各种手续，并经三级安全教育后方准上岗。

⑥ 参加总承包单位组织的安全生产和文明施工检查，并及时检查本单位人员作业现场安全生产状况，发现问题，及时纠正，重大隐患应立即上报有关部门和领导。

⑦ 发生因工伤亡事故，要保护好现场，做好伤者抢救工作，并立即上报总承包单位有关领导。

⑧ 特种作业人员必须经相关部门培训合格后，持证上岗。

5. 建筑施工企业主要人员的安全生产责任

（1）企业法人代表。

企业是安全生产的责任主体，实行法人代表责任制。企业法人代表的安全生产责任包括以下方面。

① 建立健全本单位的安全生产责任制。

② 组织制定本单位的安全生产规章制度和操作规程。

③ 保证本单位安全生产投入的有效实施。

④ 督促、检查本单位的安全生产工作，及时消除安全事故隐患。

⑤ 组织制定并实施本单位的生产安全事故应急预案，组织开展应急预案培训、演练和宣传教育。

⑥ 及时、如实报告生产安全事故。

（2）企业主要负责人。

企业经理和主管生产的副经理对本企业的劳动保护和安全生产负全面领导责任，其主要责任如下。

① 认真贯彻执行劳动保护和安全生产的政策、法规和规章制度。

② 定期分析研究、解决安全生产中的问题，定期向企业职工代表大会报告企业安全生产情况和措施。

③ 制定安全生产工作规划和企业的安全责任制等制度，建立健全安全生产保证体系。

④ 保证安全生产投入的有效实施。

⑤ 组织审批安全技术措施计划并贯彻实施。

⑥ 定期组织安全检查和开展安全竞赛等活动，及时消除安全隐患。

⑦ 落实对职工的安全、遵章守纪及劳动保护法制教育。

⑧ 督促各级管理人员和各职能部门的职工做好本职范围内的安全工作。

⑨ 总结与推广安全生产先进经验。

⑩ 及时、如实报告生产安全事故，主持伤亡事故的调查分析，提出处理意见和改进措施，并督促实施。

⑪ 与企业法人代表共同组织制定企业的生产安全事故应急预案，组织演练和实施。

（3）企业技术负责人（企业总工程师）。

① 对本企业劳动保护和安全生产的技术工作负领导责任。

② 组织编制和审批施工组织设计，以及专项安全施工方案。

③ 负责提出改善劳动条件的技术和组织措施，并付诸实施。

④ 负责对职工进行安全技术培训。

⑤ 编制和审查企业的安全操作技术规程,及时解决施工中的安全技术问题。
⑥ 参加重大伤亡事故的调查分析,提出技术鉴定意见和改进措施。
⑦ 组织并落实安全技术交底工作,并履行签字认可手续。
⑧ 负责安全技术资料的编制和审查等管理工作。

(4)项目经理。

① 对承包工程项目生产经营过程中的安全生产负全面领导责任。
② 贯彻落实安全生产方针、政策、法规和各项规章制度,结合工程项目特点及施工全过程的情况,制定本项目部各项安全生产管理制度,或提出要求并监督其实施。
③ 在组织承包工程项目,聘用管理人员时,必须本着"安全第一"的原则,根据工程特点确定安全工作的管理体制和人员分工,并明确各部门和人员的安全责任和考核指标,支持、指导安全管理人员的工作。
④ 健全和完善用工管理手续,录用分包单位必须及时向有关部门申报,严格用工制度与管理,适时组织上岗安全教育,要对分包单位人员的健康与安全负责,加强劳动保护工作。
⑤ 组织落实施工组织设计中的安全技术措施,监督工程项目施工中安全技术交底制度和设备、设施验收制度的实施。
⑥ 定期对施工现场组织安全生产检查,发现施工生产中不安全因素,应制定措施,及时解决。对上级提出的安全技术与管理方面的问题,要定时、定人、定措施予以解决。
⑦ 发生因工伤亡事故,要做好现场保护与抢救工作,及时上报,组织、配合事故的调查,认真落实既定的防范措施,吸取事故教训。
⑧ 对分包单位加强文明安全管理,并对其进行检查和评定。

(5)项目技术负责人。

① 对工程项目生产经营中的安全生产负技术责任。
② 贯彻落实安全生产方针、政策,严格执行安全技术标准规范和规程。结合工程项目特点,主持工程项目的安全技术交底和开工前的全面安全技术交底。
③ 参加或组织编制项目施工组织设计,编制和审查施工方案时,要制定安全技术措施,保证其具有可行性与针对性,并及时检查、监督、落实。
④ 工程项目应用的新材料、新技术、新工艺、新设备,要及时上报,经批准后方可实施,同时要组织上岗人员的安全技术培训,认真执行相应的安全技术措施与安全操作工艺要求,预防施工中因易燃易爆物品引起的火灾、中毒或因新工艺实施中可能造成的事故。
⑤ 主持安全防护设备和设施的验收,发现设备、设施的不正确情况应及时采取措施。严格控制不合标准要求的防护设备、设施投入使用。
⑥ 参加企业和项目部组织的安全生产检查,对施工中存在的不安全因素,从技术方面提出整改意见和办法予以消除。
⑦ 参与因工伤亡事故的调查,从技术上分析事故原因,提出防范措施、意见。
⑧ 加强分包单位的安全评定及文明施工的检查评定。

(6)安全员。

① 在企业安全管理部门的领导下,负责施工现场的安全管理工作。

② 做好安全生产的宣传教育工作，组织好安全生产、文明施工达标活动，经常性地开展安全检查。

③ 掌握施工进度及生产情况，及时发现施工中的安全隐患，遇有危及人身安全或财产损失的情况，应立刻上报有关部门和人员，并督促整改，必要时提出停工通知。

④ 按照施工组织设计中的安全技术措施，督促有关人员执行。

⑤ 协助有关部门做好新工人、特种作业人员、变换工种人员的安全技术、安全法规及安全知识的培训考核工作。

⑥ 制止违章指挥、违章作业的现象，发现相关现象立即向有关人员报告。

⑦ 组织或参与进入施工现场的劳动防护用品、设施、器具、机械设备的检验、检测及验收工作。

⑧ 参与本工程发生的伤亡事故的调查、分析、整改方案（或措施）的制定及事故登记和报告等工作。

（7）施工员。

① 认真执行上级有关安全生产的规定，对所管辖班组（特别是分包单位）的安全生产负直接领导责任。

② 认真执行安全技术措施及安全操作规程，针对生产任务特点，向班组（包括分包单位）进行书面安全技术交底，履行签字手续，并对规程、措施、交底要求的执行情况经常检查，随时纠正违章作业行为。

③ 经常检查所管辖班组的作业环境及各种设备、设施的安全状况，发现问题及时纠正解决。对施工中的重点、特殊部位，必须检查作业人员及安全设备、设施的技术状况是否符合安全要求，严格执行安全技术交底，落实安全技术措施，做到不违章指挥。

④ 每周或不定期组织一次所管辖班组学习安全操作规程的培训，开展安全教育活动，接受安全部门或人员的安全监督检查，及时处理安全隐患，保证安全施工。

⑤ 对分管工程项目使用符合审批手续的新材料、新技术、新工艺、新设备，要组织作业工人进行安全技术培训。若在施工中发现问题，应立即停止使用，并上报有关部门或领导。

⑥ 参加所管辖工程施工现场的脚手架、物料提升机、塔式起重机、外用电梯、模板支架、临时用电设备线路的检查验收，合格后方准使用。

⑦ 发现因工伤亡事故要保护好现场，立即上报。

（8）质量员。

① 贯彻执行相关安全生产的法规、标准规范和规程，正确认识安全与质量的关系。

② 督促班组人员遵守安全技术措施和有关安全技术操作规程，有责任制止违章指挥和违章作业。

③ 发现事故隐患，应责令施工人员进行整改，或者停止作业，并及时汇报给项目技术负责人和安全员进行处理，并跟踪整改落实情况。

④ 发生事故后，要立即上报，并保护好现场，参与调查与分析。

（9）材料员。

① 贯彻执行有关安全生产的法规、标准规范和规程，树立良好的工作作风，做好本职工作。

② 熟悉建筑施工安全防护用品、设施、器具的有关标准、性能参数、检验、检测和质量鉴别方法。

③ 对采购的安全防护用品、设施、器具、材料、配件的质量负有直接的安全责任，禁止采购影响安全的不合格材料和用品。

④ 做好安全防护用品、施工机具等入库的保养、保管、发放、检查等管理工作，对不合格的产品有权拒绝其进入施工现场。

⑤ 查验采购产品的生产许可证、质量合格证、安监证或复检报告。

⑥ 配合安监部门做好安全防护用品的抽检工作，发现质量问题及时向有关人员反映，确保安全防护用品的安全、可靠。

（10）班组长。

① 遵守安全生产的规章制度，对本班组的安全生产负领导责任。

② 认真遵守安全操作规程和有关安全生产制度。根据本班组人员的技能、体能和思想等实际情况，合理安排工作，认真执行安全技术交底制度，有权拒绝违章作业。

③ 组织做好日常安全生产管理，开好班前、班后安全会，支持班组安全员的工作，对新工人进行三级安全教育，并在未熟悉工作环境之前，指定专人帮助其做好本身的安全工作。

④ 组织本班组人员学习安全规程和制度，服从指挥，不违章蛮干，不擅自动用机械、电气、脚手架等设备。

⑤ 班前对所使用的机具、设备、防护用具及作业环境进行安全检查，发现问题立即采取措施，及时消除事故隐患。对不能解决的问题要采取临时控制措施，并及时上报。

⑥ 发生因工伤亡事故立即组织抢救和上报，并保护好事故现场，事后要组织全体人员认真分析，总结教训，提出防范措施。

⑦ 听从专职安全员的指导，接受改进意见，教育全班组人员坚守岗位，严格执行安全规程和制度。

⑧ 充分调动全班组人员的积极性，提出促进安全生产和改善劳动条件的合理化建议。

（11）操作工人。

① 认真学习，严格执行安全技术操作规程，模范遵守安全生产规章制度。

② 自觉接受安全技术培训，认真学习和掌握本工种的安全技术操作规程及相关安全知识，努力提高安全技能。

③ 积极参加安全活动，认真执行安全技术交底，不违章作业，服从安全员的指导。

④ 发扬团结友爱精神，在安全生产方面做到互相帮助、互相监督，对新工人要积极传授安全生产知识，维护一切安全设施和防护用品，做到正确使用，不准拆改。

⑤ 对不安全作业要积极提出意见，并有权拒绝违章指令。

⑥ 正确使用防护用品和安全设施、工具，爱护安全标志，进入施工现场要戴好安全帽，高空作业系好安全带。

⑦ 随时检查工作岗位的环境和使用的工具、材料、电气、机械设备，做好文明施工和所负责机具的维护保养工作，发现隐患要及时处理或上报。

⑧ 发生因工伤亡事故，要保护好现场并立即上报。

通过以上叙述，应当比较容易地看出：安全生产管理绝对不是某一个部门或某几个部门的任务,更不是某一个人(如安全员)或某几个人的事情,而是建筑施工企业各部门以及全员参与的一项管理任务。

特别提示

有一句老话,叫"一个和尚挑水吃,两个和尚抬水吃,三个和尚没水吃"。之所以会出现这种局面,就是因为一个和尚的时候,他必须独自承担起供水的责任。两个和尚的时候,每个人也都无法逃脱供水的责任。但是,三个和尚的时候,就会出现某一个和尚偷懒耍滑的情况。这就是问题的症结。

1.5.2 建设工程各方责任主体的安全责任

我国在1998年开始实施的《中华人民共和国建筑法》中就规定了有关部门和单位的安全生产责任。2003年国务院通过并在2004年开始实施的《建设工程安全生产管理条例》,对各级部门和建设工程有关单位的安全责任有了更为明确的规定,主要规定如下。

1. 建设单位的安全责任

(1)建设单位应当向施工单位提供施工现场及毗邻区域内供水、排水、供电、供气、供热、通信、广播电视等地下管线资料,气象和水文观测资料,相邻建筑物和构筑物、地下工程的有关资料,并保证资料的真实、准确、完整。

(2)建设单位不得对勘察、设计、施工、工程监理等单位提出不符合建设工程安全生产法律、法规和强制性标准规定的要求,不得压缩合同约定的工期。

(3)建设单位在编制工程概算时,应当确定建设工程安全作业环境及安全施工措施所需费用。

(4)建设单位不得明示或者暗示施工单位购买、租赁、使用不符合安全施工要求的安全防护用具、机械设备、施工机具及配件、消防设施和器材。

(5)建设单位在申请领取施工许可证时,应当提供建设工程有关安全施工措施的资料。

依法批准开工报告的建设工程,建设单位应当自开工报告批准之日起15日内,将保证安全施工的措施报送建设工程所在地的县级以上地方人民政府建设行政主管部门或者其他有关部门备案。

(6)建设单位应当将拆除工程发包给具有相应资质等级的施工单位。建设单位应当在拆除工程施工15日前,将下列资料报送建设工程所在地的县级以上地方人民政府建设行政主管部门或者其他有关部门备案。

① 施工单位资质等级证明。

② 拟拆除建设物、构筑物及可能危及毗邻建筑的说明。

③ 拆除施工组织方案。

④ 堆放、清除废弃物的措施。

2．勘察单位的安全责任

勘察单位应当按照法律、法规和工程建设强制性标准进行勘察，提供的勘察文件应当真实、准确，满足建设工程安全生产的需要。勘察单位在勘察作业时，应当严格执行操作规程，采取措施保证各类管线、设施和周边建筑物、构筑物的安全。

3．设计单位的安全责任

设计单位应当按照法律、法规和工程建设强制性标准进行设计，防止因设计不合理导致生产安全事故的发生。

设计单位应当考虑施工安全操作和防护的需要，对涉及施工安全的重点部位和环节在设计文件中注明，并对防范生产安全事故提出指导意见。

采用新结构、新材料、新工艺的建设工程和特殊结构的建设工程，设计单位应当在设计中提出保障施工作业人员安全和预防生产安全事故的措施建议。

4．工程监理单位的安全责任

工程监理单位应当审查施工组织设计中的安全技术措施或者专项施工方案是否符合工程建设强制性标准。

工程监理单位在实施监理过程中，发现存在安全事故隐患的，应当要求施工单位整改；情况严重的，应当要求施工单位暂时停止施工，并及时报告建设单位。施工单位拒不整改或者不停止施工的，工程监理单位应当及时向有关主管部门报告。

工程监理单位和监理工程师应当按照法律、法规和工程建设强制性标准实施监理，并对建设工程安全生产承担监理责任。

5．施工单位的安全责任

（1）施工单位从事建设工程的新建、扩建、改建和拆除等活动，应当具备国家规定的注册资本、专业技术人员、技术装备和安全生产等条件，依法取得相应等级的资质证书，并在其资质等级许可的范围内承揽工程。

（2）施工单位主要负责人依法对本单位的安全生产工作全面负责。施工单位应当建立健全安全生产责任制度和安全生产教育培训制度，制定安全生产规章制度和操作规程，保证本单位安全生产条件所需资金的投入，对所承担的建设工程进行定期和专项安全检查，并做好安全检查记录。施工单位对列入建设工程概算的安全作业环境及安全施工措施所需费用，应当用于施工安全防护用具及设施的采购和更新、安全施工措施的落实、安全生产条件的改善，不得挪作他用。

（3）施工单位应当设立安全生产管理机构，配备专职安全生产管理人员。

（4）施工单位应当在施工组织设计中编制安全技术措施和施工现场临时用电方案。

（5）施工单位应当在施工现场入口处、施工起重机械、临时用电设施、脚手架、出入通道口、楼梯口、电梯井口、孔洞口、桥梁口、隧道口、基坑边沿、爆破物及有害危险气体和液体存放处等危险部位，设置明显的安全警示标志。安全警示标志必须符合国家标准。

施工单位应当根据不同施工阶段和周围环境及季节、气候的变化，在施工现场采取相应的安全施工措施。施工现场暂时停止施工的，施工单位应当做好现场防护，所需费用由责任方承担，或者按照合同约定执行。

（6）施工单位应当将施工现场的办公、生活区与作业区分开设置，并保持安全距离，办公、生活区的选址应当符合安全性要求。职工的膳食、饮水、休息场所等应当符合卫生标准。施工单位不得在尚未竣工的建筑物内设置员工集体宿舍。

施工现场临时搭建的建筑物应当符合安全使用要求。施工现场使用的装配式活动房屋应当具有产品合格证。

（7）施工单位对因建设工程施工可能造成损害的毗邻建筑物、构筑物和地下管线等，应当采取专项防护措施。

施工单位应当遵守有关环境保护法律、法规的规定，在施工现场采取措施，防止或者减少粉尘、废气、废水、固体废物、噪声、振动和施工照明对人和环境的危害和污染。

在城市市区内的建设工程，施工单位应当对施工现场实行封闭围挡。

（8）施工单位应当在施工现场建立消防安全责任制度，确定消防安全责任人，制定用火、用电、使用易燃易爆材料等各项消防安全管理制度和操作规程，设置消防通道、消防水源，配备消防设施和灭火器材，并在施工现场入口处设置明显标志。

（9）施工单位应当向作业人员提供安全防护用具和安全防护服装，并书面告知危险岗位的操作规程和违章操作的危害。

（10）施工单位采购、租赁的安全防护用具、机械设备、施工机具及配件，应当具有生产（制造）许可证、产品合格证，并在进入施工现场前进行查验。

施工现场的安全防护用具、机械设备、施工机具及配件必须由专人管理，定期进行检查、维修保养，建立相应的资料档案，并按照国家有关规定及时报废。

（11）施工单位在使用施工起重机械和整体提升脚手架、模板等自升式架设设施前，应当组织有关单位进行验收，也可以委托具有相应资质的检验检测机构进行验收；使用承租的机械设备和施工机具及配件的，由施工总承包单位、分包单位、出租单位和安装单位共同进行验收。验收合格的方可使用。《特种设备安全监察条例》规定的施工起重机械，在验收前应当经有相应资质的检验检测机构监督检验合格。

施工单位应当自施工起重机械和整体提升脚手架、模板等自升式架设设施验收合格之日起 30 日内，向建设行政主管部门或者其他有关部门登记。登记标志应当置于或者附着于该设备的显著位置。

（12）施工单位的主要负责人、项目负责人、专职安全生产管理人员应当经建设行政主管部门或者其他有关部门考核合格后方可任职。

施工单位应当对管理人员和作业人员每年至少进行一次安全生产教育培训，其教育培训情况记入个人工作档案。安全生产教育培训考核不合格的人员，不得上岗。

（13）施工单位在采用新技术、新工艺、新设备、新材料时，应当对作业人员进行相应的安全生产教育培训。

（14）施工单位应当为施工现场从事危险作业的人员办理意外伤害保险。意外伤害保险费由施工单位支付。实行施工总承包的，由总承包单位支付意外伤害保险费。意外伤害保险期限自建设工程开工之日起至竣工验收合格止。

（15）施工单位应当制定本单位生产安全事故应急救援预案，建立应急救援组织或者配备应急救援人员，配备必要的应急救援器材、设备，并定期组织演练。

（16）施工单位应当根据建设工程施工的特点、范围，对施工现场易发生重大事故的部位、环节进行监控，制定施工现场生产安全事故应急救援预案。

（17）施工单位发生生产安全事故，应当按照国家有关伤亡事故报告和调查处理的规定，及时、如实地向负责安全生产监督管理的部门、建设行政主管部门或者其他有关部门报告；特种设备发生事故的，还应当同时向特种设备安全监督管理部门报告。

（18）发生生产安全事故后，施工单位应当采取措施防止事故扩大，保护事故现场。需要移动现场物品时，应当做出标记和书面记录，妥善保管有关证物。

6. 其他有关单位的安全责任

（1）为建设工程提供机械设备和配件的单位，应当按照安全施工的要求配备齐全有效的保险、限位等安全设施和装置。

（2）出租的机械设备和施工机具及配件，应当具有生产（制造）许可证、产品合格证。出租单位应当对出租的机械设备和施工机具及配件的安全性能进行检测，在签订租赁协议时，应当出具检测合格证明。禁止出租检测不合格的机械设备和施工机具及配件。

（3）在施工现场安装、拆卸施工起重机械和整体提升脚手架、模板等自升式架设设施，必须由具有相应资质的单位承担。

安装、拆卸施工起重机械和整体提升脚手架、模板等自升式架设设施，应当编制拆装方案、制定安全施工措施，并由专业技术人员现场监督。

施工起重机械和整体提升脚手架、模板等自升式架设设施安装完毕后，安装单位应当自检，出具自检合格证明，并向施工单位进行安全使用说明，办理验收手续并签字。

特别提示

企业是一张纵横交错的安全责任网，安全责任不能挂空挡，每一项工作的安全责任，都要有对应的岗位和职务，要让岗位上履行职务的人承担直接责任。不能让岗位在安全责任面前出现空缺，即使是后勤辅助岗位也一样。必须建立以安全责任为导向的考核机制、激励机制、监督制约机制，调动各种手段，具体落实安全责任，夯实安全管理的基础。

1.5.3 安全教育

《中华人民共和国建筑法》第四十六条规定："建筑施工企业应当建立健全劳动安全生产教育培训制度，加强对职工安全生产的教育培训；未经安全生产教育培训的人员，不得上岗作业。"《建设工程安全生产管理条例》第三十六条规定："施工单位的主要负责人、项目负责人、专职安全生产管理人员应当经建设行政主管部门或者其他有关部门考核合格后方可任职。施工单位应当对管理人员和作业人员每年至少进行一次安全生产教育培训，其教育培训情况记入个人工作档案。安全生产教育培训考核不合格的人员，不得上岗。"第三十七条规定："作业人员进入新的岗位或者新的施工现场前，应当接受安全生产教育培训。未经教育培训或者教育培训考核不合格的人员，不得上岗作业。"

1. 安全教育的特点与目的

安全教育既是施工企业安全管理工作的重要组成部分，也是施工现场安全生产的一个重要方面，安全教育具有以下几个特点。

1）安全教育的全员性

安全教育的对象是企业所有从事生产活动的人员，因此，从企业经理、项目经理，到一般管理人员及普通工人，都必须接受安全教育。安全教育是企业所有人员上岗前的先决条件，任何人不得例外。

2）安全教育的长期性

安全教育是一项长期性的工作，这个长期性体现在3个方面。

（1）安全教育贯穿于每个职工工作的全过程。从新工人进企业开始，就必须接受安全教育，甚至在以后的工作中，仍要不断地、反复地接受着各种类型的安全教育，这种全过程的安全教育是确保职工安全生产的基本前提条件。

（2）安全教育贯穿于整个工程施工的全过程。从施工队伍进入现场开始，就必须对职工进行入场安全教育，使每个职工了解并掌握本工程施工的安全生产特点；在工程的每个重要节点，要对职工进行施工转折时期的安全教育；在节假日前后，要对职工进行安全思想教育，稳定情绪；在突击加班赶进度或工程临近收尾时，要对员工进行有针对性的教育，消除麻痹大意思想等。

（3）安全教育贯穿于施工企业生产的全过程。有生产就有安全问题，安全与生产是不可分割的统一体。哪里有生产，哪里就要讲安全；哪里有生产，哪里就要进行安全教育。企业的生存靠生产，没有生产就没有发展，就无法生存，而没有安全，生产也无法长久进行。因此，只有把安全教育贯穿于施工企业生产的全过程，把安全教育看成是关系到企业生存、发展的大事，生产工作才能做得扎扎实实，才能促进企业的发展。

安全教育的长期性所体现的这3个全过程告诉我们，安全教育的任务"任重而道远"，不应该也不可能是一劳永逸的，这就需要经常性地进行安全教育，才能减少并避免事故的发生。

3）安全教育的专业性

施工现场生产所涉及的范围广、内容多。安全生产既有管理性要求，也有技术性要求，两者相结合使得安全教育具有专业性要求。教育者既要有充实的理论知识，又要有丰富的实践经验，这样才能使安全教育做到深入浅出、通俗易懂，并且收到良好的效果。

安全教育的目的是，通过对企业各级领导、管理人员及工人的安全培训教育，使他们学习并了解安全生产和劳动保护的法律、法规、标准，掌握安全知识与技能，运用先进的、科学的方法，避免并制止生产中的不安全行为，消除一切不安全因素，防止事故发生，实现安全生产。

2. 安全教育的类别

1）按教育的内容分类

安全教育按教育的内容分类，主要有5个方面的内容，即安全法制教育、安全思想教育、安全知识教育、安全技能教育和事故案例教育。这些内容在进行安全教育时，是互相结合、互相穿插、各有侧重的，从而形成了安全教育生动、触动、感动、带动的连锁效应，为安全生产打下了基础。

（1）安全法制教育。安全法制教育就是通过对职工进行安全生产、劳动保护方面的法律、法规的宣传教育，促使每个职工从法制的角度去认识搞好安全生产的重要性，明确遵章守法、遵章守纪是每个职工应尽职责。而违章违规的本质也是一种违法行为，轻则会受到批评教育，造成严重后果的，还将受到法律的制裁。

作为劳动者，既有劳动的权利，也有遵守劳动安全法规的义务。要通过学法、知法来守法，守法的前提首先是"从我做起"，自己不违章违纪，其次是要同一切违章违纪的不安全行为做斗争，以制止并预防各类事故的发生，实现安全生产的目的。

（2）安全思想教育。安全思想教育就是通过对职工进行深入细致的思想政治工作，帮助职工端正思想，提高他们对安全生产重要性的认识。在提高思想认识的基础上，才能正确地理解并积极贯彻执行党和国家的安全生产方针、政策。企业要从政治高度方面来对待安全生产工作，使每个职工都清醒地认识到，安全生产是一项关系到国家经济发展、社会稳定、企业兴旺和家庭及个人幸福的大事。

各级管理人员，特别是领导干部要加强对职工的安全思想教育，要从关心、爱护、保护人的生命与健康的角度出发，重视安全生产，做到不违章指挥。工人要增强自我保护意识，施工过程中要做到互相关心、互相帮助、互相督促，共同遵守安全生产规章制度，做到不违章操作。

（3）安全知识教育。安全知识教育是一种最基本、最普通和经常性的安全教育活动。安全知识教育就是要让职工了解施工生产中的安全注意事项、劳动保护要求，掌握一般安全基础知识。从内容看，安全知识是生产知识的一个重要组成部分，因此，在进行安全知识教育时，其往往是结合生产知识交叉进行的。

安全知识教育要求做到因人施教、浅显易懂，不搞"填鸭式"的硬性教育，因为教育对象大多数是文化程度不高的操作工人，特别要注意教育的方式、方法，注重教育的实际效果。如对新工人进行安全知识教育时，新工人往往没有对施工现场现状有一个感性的认识，因此，需要在工作一个阶段，有了现场感性认识后，再重复进行安全教育，从而加深对安全知识教育的理解能力。

安全知识教育的主要内容有，本企业生产的基本情况，施工流程及施工方法，施工中的主要危险区域及其安全防护的基本常识，施工设施、设备、机械的有关安全常识，电气设备安全常识，车辆运输安全常识，高处作业安全知识，施工过程中有毒有害物质的辨别及防护知识，防火安全的一般要求及常用消防器材的使用方法，特殊类专业（如桥梁、隧道、深基础、异形建筑等）施工的安全防护知识，工伤事故的简易施救方法和报告程序及保护事故现场等规定，个人劳动防护用品的正确穿戴、使用常识等。

（4）安全技能教育。安全技能教育是在安全知识教育基础上，进一步开展的特殊安全教育，安全技能教育的侧重点是在安全操作技术方面。它是通过结合本工种特点、要求，以培养安全操作能力而进行的一种专业安全技术教育。其主要内容包括安全技术、安全操作规程和劳动卫生规定等。

根据安全技能教育的对象不同，这种教育主要可分为以下两种。

① 对一般工种进行的安全技能教育。即除国家规定的特种作业人员以外，对其余所有工种，如钢筋工、木工、混凝土工、瓦工等的教育。

② 对特种作业人员的安全技能教育。特种作业人员需要由专门机构进行安全技术教育培训，并对受教育者进行考试，合格后方可持证从事该工种的作业。同时，还必须每三年进行审证复训。因此，安全技能教育也是特种作业人员上岗前及定期培训教育的主要内容。

（5）事故案例教育。事故案例教育是通过对一些典型事故进行原因分析，来教育职工，使他们引以为戒，不重蹈覆辙。事故案例教育是一种独特的安全教育方法，它是通过运用反面事例，进行正面宣传，以教育职工遵章守纪，确保安全生产。因此，进行事故案例教育时，应注意以下几点。

① 事故应具有典型性。要注意收集具有典型性的事故，对职工进行安全教育。典型性事故一般是施工现场常见的、有代表性的事故，这些事故往往是由违章原因引起的，如进入现场不戴安全帽、翻爬脚手架、高空抛物等。从这些事故中说明一个道理，"不怕一万，就怕万一"，违章作业不出事故是偶然性的，而出事故是必然性的，侥幸心理要不得。

② 事故应具有教育性。选择事故案例应当以教育职工遵章守纪为主要目的，指出违章违纪必然要导致事故。不要过分渲染事故的恐怖性、不可避免性，减少事故的负面影响，从而才能真正起到教育的积极作用和警钟长鸣的效果。

当然，以上安全教育的内容往往不是单独进行的，而是根据对象、要求、时间等不同的情况，有机地结合开展的。

2）按受教育者的对象分类

安全教育按受教育者的对象分类，可分为领导干部的安全教育、新工人的三级安全教育、变换工种的安全教育等。

（1）领导干部的安全教育。加强对企业领导干部的安全教育，是社会主义市场经济条件下，安全生产工作的一项重要举措。要通过对企业领导干部的安全教育，全面提高他们的安全管理水平，使他们真正从思想上树立起安全生产意识，增强安全生产责任心，摆正安全与生产、安全与进度、安全与效益的关系，为进一步实现安全生产和文明施工打下基础。

（2）新工人的三级安全教育。1963年国务院明确规定必须对新工人进行三级安全教育，此后，中华人民共和国住房和城乡建设部（以下简称住建部）又多次对三级安全教育提出了具体要求。

三级安全教育是每个刚进企业的新工人必须接受的安全生产方面的基本教育。三级一般是指公司（企业）、项目部（或工程处、施工队、工区）、班组这三级。由于企业的所有制性质、内部组织结构的不同，因此三级安全教育的名称也可以不同，但必须要确保这三个层次安全教育工作的到位。因为这三个层次的安全教育内容，体现了企业安全教育有分工、抓重点的特点。三级安全教育是为了使新工人能尽快地了解安全生产的方针、政策、法律、规章，逐步适应施工现场安全生产的基本要求，重点是遵章守纪、自我保护和提高防范事故的能力。三级安全教育一般是由企业的安全、教育、劳动、技术等部门配合进行的。受教育者必须经过考试，合格后才准予进入生产岗位。考试不合格者不得上岗工作，必须重新补课并进行补考，合格后方可工作。

为加深新工人对三级安全教育的认识,一般规定,在新工人上岗工作六个月后,还要进行安全知识复训,即安全再教育。复训内容可以从原先的三级安全教育的内容中有重点地选择,复训后再进行考核。考核成绩要登记到个人的职工劳动保护教育卡上,不合格者不得上岗工作。

施工企业必须给每一名职工建立职工劳动保护(安全)教育卡,教育卡应记录三级安全教育、变换工种安全教育等的教育及考核情况,并由教育者与受教育者双方签字后入册,作为企业及施工现场安全管理资料备查。

公司的安全培训教育时间不得少于15学时。其主要内容是:国家和地方有关安全生产、劳动保护的方针、政策、法律法规、标准规范及规章;企业及其上级部门(主管局、集团、总公司、办事处等)印发的安全管理规章制度;安全生产与劳动保护工作的目的、意义和任务等。

项目部的安全培训教育时间不得少于15学时。其主要内容是:建设工程施工生产的特点;施工现场的一般安全管理规定、要求;施工现场主要事故类别,常见多发性事故的特点、规律及预防措施,事故教训;本工程项目施工的基本情况(工程类型、现场环境、施工阶段、作业特点等),施工中可能存在不安全因素的危险作业部位及应当注意的安全事项等。

班组安全培训教育时间不得少于20学时,班组教育又称为岗位教育。其主要内容是:本工种作业的安全技术操作要求;本班组施工生产概况,包括工作性质、职责、范围等;本人及本班组在施工过程中,所使用、所遇到的各种生产设备、设施、电气设备、机械、工具的性能、作用、操作要求、安全防护要求;个人使用和保管的各类劳动防护用品的正确穿戴、使用方法及劳动防护用品的基本原理与主要功能;发生伤亡事故或其他事故,如火灾、爆炸、设备及管理事故等,应采取的措施(救助抢险、保护现场、报告事故等)要求;事故案例剖析、劳动纪律和岗位讲评等。

特别提示

根据《施工企业安全生产管理规范》(GB 50656—2011)中规定,建筑施工企业新上岗操作工人必须进行岗前教育培训,教育培训应包括以下内容:①安全生产法律法规和规章制度;②安全操作规程;③针对性的安全防范措施;④违章指挥、违章作业、违反劳动纪律产生的后果;⑤预防、减少安全风险以及紧急情况下应急救援的基本措施。

(3)变换工种的安全教育。施工现场变化大,动态管理要求高,随着工程进度的发展,部分工人的工作岗位会发生变化,转岗现象较普遍。这种工种之间的互相转换,有利于施工生产的需要。但是,如果安全管理工作没有跟上,安全教育不到位,就可能给转岗工人带来伤害事故。因此,必须对他们进行转岗安全教育。根据住建部的规定,企业待岗、转岗、换岗的职工,在重新上岗前,必须接受一次安全教育,时间不得少于20学时。其主要内容是:本工种作业的安全技术操作规程;本班组施工生产的概况介绍;施工区域内各种生产设施、设备、工具的性能、作用、安全防护要求等。总之,要确保每一个变换工种的职工,在重新上岗工作前,都要掌握将要工作的岗位的安全技能要求。

3）按教育的时间分类

安全教育按教育的时间分类，可以分为经常性的安全教育、季节性施工的安全教育、节假日加班的安全教育等。

（1）经常性的安全教育。经常性的安全教育是施工现场开展安全教育的主要形式，可以起到提醒、告诫职工遵章守纪，加强责任心，消除麻痹思想的目的。

经常性的安全教育形式多样，可以利用班前会进行教育，也可以采取大小会议进行教育，还可以用其他形式，如安全知识竞赛、演讲、展览、黑板报、广播、播放录像等。总之，要做到因地制宜，因材施教，不摆花架子，不搞形式主义，注重实效，才能使教育收到效果。经常性的安全教育主要内容有以下几个方面。

① 安全生产法规、标准规范、规定。
② 企业及上级部门的安全管理新规定。
③ 各级安全生产责任制及管理制度。
④ 安全生产先进经验介绍，最近的典型事故教训。
⑤ 施工新技术、新工艺、新材料、新设备的使用及有关安全技术方面的要求。
⑥ 最近安全生产方面的动态情况，如新的法律法规、标准、规章的出台，安全生产通报、批示等。
⑦ 本单位近期安全工作回顾、讲评等。

总之，经常性的安全教育必须做到经常化（规定一定的期限）、制度化（作为企业、项目安全管理的一项重要制度）。教育的内容要突出一个"新"字，即要结合当前工作的最新要求进行教育；要做到一个"实"字，即要使教育不流于形式，注重实际效果；要体现一个"活"字，即要把安全教育搞成活泼多样、内容丰富的一种安全活动。这样，才能使安全教育深入人心，才能为广大职工所接受，才能起到促进安全生产的效果。

（2）季节性施工的安全教育。季节性施工主要是指夏季与冬期施工。季节性施工的安全教育，主要是指针对季节变化，导致环境不同，使人对自然的适应能力变得迟缓而采取的教育。因此，必须对安全管理工作进行重新调整和组合，同时，也要对职工进行有针对性的安全教育，使之适合自然环境的变化，以确保安全生产。

① 夏季施工安全教育。夏季高温、炎热、多雷雨，是触电、雷击、坍塌等事故的高发期。闷热的气候容易造成中暑，高温使得职工夜间休息不好，打乱了人体的"生物钟"，往往容易使人乏力、走神、瞌睡，较易引起伤害事故。南方沿海地区在夏季还经常受到台风、暴雨和大潮汛的影响，也容易对大型施工机械设备、设施产生损伤及造成施工区域，特别是基坑等的坍塌。多雨潮湿的环境，人的衣着单薄、身体裸露部位多，使人的电阻值减小，导电电流增加，容易引发触电事故。因此，夏季施工安全教育的重点有以下几个方面。

a. 加强用电安全教育。讲解常见触电事故发生的原理，预防触电事故发生的措施，触电事故的一般解救方法，以加强职工的自我保护意识。

b. 讲解雷击事故发生的原因，避雷装置的避雷原理，预防雷击的方法。

c. 大型施工机械设备、设施常见事故案例，预防此类事故发生的措施。

d. 基础施工阶段的安全防护常识，如基坑开挖的安全，支护安全。

e. 劳动保护工作的宣传教育。合理安排好作息时间，注意劳逸结合，白天上班避开中午高温时间，"做两头、歇中间"，保证职工有充沛的精力。

② 冬期施工安全教育。冬期气候干燥、寒冷且常常伴有大风，受北方寒流影响，施工区域出现霜冻，造成作业面及道路结冰打滑，既影响了生产的正常进行，又给安全带来隐患。同时，为了施工需要和取暖，使用明火、接触易燃易爆物品的机会增多，又容易发生火灾、爆炸和中毒事故。寒冷使人们衣着笨重、反应迟钝，动作不灵敏，也容易发生事故。因此，冬期施工安全教育应从以下几方面进行。

a. 针对冬期施工特点，避免冰雪结冻引发的事故。如施工作业面应采取必要的防雨雪结冰及防滑措施，个人要提高自身的安全防范意识，及时消除不安全因素。

b. 加强防火安全宣传。分析施工现场常见火灾事故发生的原因，讲解预防火灾事故发生的措施，扑救火灾的方法，必要时可采取现场演示，如消防灭火演习等，来教育职工正确使用消防器材。

c. 安全用电教育。冬期用电与夏季用电的安全教育要求的侧重点不同，夏季着重于防触电事故，冬期则着重于防电气火灾。因此，应教育工人懂得施工中电气火灾发生的原因。要求做到不擅自乱拉乱接电线及用电设备；不超负荷使用电气设备，免得引起电气线路发热燃烧；不使用大功率的灯具，如利用碘钨灯照射易燃易爆及可燃物品或用其取暖；生活区域也要注意用电安全。

d. 冬期气候寒冷，人们习惯于关闭门窗，而施工作业点也一样，在深基坑、地下管道、沉井、涵洞及地下室内作业时，应加强对作业人员的自我保护意识教育。既要避免在这种环境中，进行有毒有害物质（固体、液态及挥发性强的气体）作业，对人体造成的伤害，也要防止施工作业点原先就存在的各种危险因素，如泄漏、跑、冒并积聚的有毒气体、易燃易爆气体、有害的其他物质等。要教会职工识别一般中毒症状，学会解救中毒人员安全的基本常识。

（3）节假日加班的安全教育。节假日期间，大部分单位及职工已经放假休息，因此也往往影响到加班职工的思想和工作情绪，造成思想不集中，注意力分散，这给安全生产带来了不利因素。加强对这部分职工的安全教育，是非常必要的。教育的内容包括以下几个方面。

① 重点做好安全思想教育，稳定职工工作情绪，使他们集中精力，轻装上阵。鼓励表扬职工节假日坚守工作岗位的优良作风，全力以赴做好本职工作。

② 班组长要做好上岗前的安全教育，可以结合安全技术交底内容进行，工作过程中要互相督促、互相提醒，共同注意安全。

③ 重点做好当天作业用到的各类设施、设备及危险作业点的安全防护工作，对较易发生事故的薄弱环节，应进行专门的安全教育。

3. 安全教育的形式

开展安全教育应当结合建筑施工的生产特点，采取多种形式，有针对性地进行，目前安全教育的形式主要有以下几个方面。

（1）会议形式，如安全知识讲座、座谈会、报告会、先进经验交流会、事故教训现场会、展览会、知识竞赛等。

(2)报刊形式,如安全生产方面的书报杂志、企业自编自印的安全刊物及安全宣传小册子。

(3)张挂形式,如安全宣传横幅、标语、标志、图片、黑板报等。

(4)音像制品形式,如电视录像片等。

(5)固定场所展示形式,如劳动保护教育室、安全生产展览室等。

(6)文艺演出形式。

(7)现场观摩演示形式,如安全操作方法、消防演习、触电急救方法演示等。

4. 安全教育的要求

(1)广泛开展安全生产的宣传教育,使全体员工真正认识到安全生产的重要性和必要性,懂得安全生产和文明施工的科学知识,牢固树立"安全第一"的思想,自觉地遵守各项安全生产法律法规和规章制度。

(2)把安全知识、安全技能、设备性能、操作规程、安全法规等作为安全教育的主要内容。

(3)建立经常性的安全教育考核制度,考核成绩要记入员工档案。

(4)企业的下列人员上岗前还应满足下列要求:企业主要负责人、项目负责人和专职安全生产管理人员必须经安全生产知识和管理能力考核,依法取得安全生产考核合格证书;企业的技术和相关管理人员必须具备与岗位相适应的安全管理知识和能力,依法取得必要的岗位资格证书;电工、电焊工、架子工、司炉工、爆破工、机操工、起重工、机械司机、机动车辆司机等特种作业人员,除一般安全教育外,还要经过专业安全技能培训,经考试合格持证后,方可独立操作。

> **特别提示**
>
> 《施工企业安全生产管理规范》(GB 50656—2011)中有如下规定。
>
> (1)施工企业安全生产教育培训应贯穿于生产经营的全过程,教育培训包括计划编制、组织实施和人员持证审核等工作内容。
>
> (2)施工企业安全生产教育培训计划应依据类型、对象、内容、时间安排、形式等需求进行编制。
>
> (3)安全教育和培训的类型应包括各类上岗证书的初审、复审培训,三级教育(企业、项目、班组)、岗前教育、日常教育、年度继续教育。
>
> (4)施工企业应结合季节施工要求及安全生产形势对从业人员进行日常安全生产教育培训。
>
> (5)施工企业每年应按规定对所有从业人员进行安全生产继续教育,教育培训应包括下列内容。
>
> ① 新颁布的安全生产法律法规、安全技术标准规范和规范性文件。
>
> ② 先进的安全生产技术和管理经验。
>
> ③ 典型事故案例分析。

1.5.4 安全技术交底

安全技术交底是施工负责人向施工作业人员进行责任落实的法律要求，要严肃认真地进行，不能流于形式。交底内容不能过于简单，千篇一律，应按分部分项工程和针对具体的作业条件进行。

建筑施工各有关单位应组织开展分级、分层次的安全技术交底和安全技术实施验收活动，并明确参与交底和验收活动的技术人员和管理人员。安全技术交底应依据国家有关法律法规和标准、工程设计文件、施工组织设计和安全技术规划、专项施工方案和安全技术措施、安全技术管理文件等的要求进行。安全技术交底应符合下列规定。

（1）安全技术交底的内容应针对施工过程中潜在的危险因素，明确安全技术措施内容和作业程序要求。

（2）危险等级为Ⅰ级、Ⅱ级的分部分项工程、机械设备及设施安装拆卸的施工作业，应单独进行安全技术交底。

安全技术交底的内容应包括工程项目和分部分项工程的概况，施工过程中的危险部位和环节及可能导致生产安全事故的因素，针对危险因素采取的具体预防措施，作业中应遵守的安全操作规程以及应注意的安全事项，作业人员发现事故隐患应采取的措施，发生事故后应及时采取的避险和救援措施等。

安全技术交底应有书面记录，交底双方履行签字手续，书面记录由交底者、被交底者和安全管理者三方共同留存备查。

1.5.5 安全检查

工程项目安全检查的目的是消除隐患、防止事故、改善劳动条件及提高员工安全生产意识，是安全控制工作的一项重要内容。通过安全检查可以发现工程中的危险因素，以便有计划地采取措施，保证安全生产。施工项目的安全检查应由项目经理组织，定期进行。

1. 安全检查的类型

安全检查可分为日常性检查、专业性检查、季节性检查、节假日前后的检查和不定期检查。

（1）日常性检查。日常性检查即经常的、普遍的检查。企业一般每年进行1～4次；工程项目组、车间、科室每月至少进行一次；班组每周、每班次都应进行检查。专职安全技术人员的日常性检查应该有计划，针对重点部位要周期性地进行检查。

（2）专业性检查。专业性检查是针对特种作业、特种设备、特殊场所进行的检查，如电焊、气焊、起重设备、运输车辆、锅炉压力容器、易燃易爆场所等。

（3）季节性检查。季节性检查是指根据季节特点，为保障安全生产的特殊要求所进行的检查。如春季风大，要着重防火、防爆；夏季高温多雨、雷、电，要着重防暑、防汛、防雷击、防触电；冬季温度低，要着重防寒、防冻等。

（4）节假日前后的检查。节假日前后的检查是针对节假日期间容易产生麻痹思想的特点而进行的安全检查，包括节假日前的安全生产综合检查和节假日后的遵章守纪检查等。

（5）不定期检查。不定期检查是指在工程或设备开工和停工前、检修中、工程或设备竣工及试运转时进行的安全检查。

2. 安全检查的主要形式

（1）每周或每旬由主要负责人带队组织定期的安全大检查。

（2）施工班组每天上班前由班组长和安全值日人员组织的班前安全检查。

（3）季节更换前由安全生产管理人员和专职安全人员、安全值日人员等组织的季节劳动保护安全检查。

（4）由安全管理小组、职能部门人员、专职安全人员和专业技术人员组织的对电气、机械设备、脚手架、登高设施、高处作业、用电安全、消防保卫等的专项安全检查。

（5）由安全管理小组、专兼职安全人员和安全值日人员进行日常的安全检查。

（6）塔式起重机、井架、龙门架、脚手架、电气设备、吊篮、现浇混凝土模板及支撑等设施、设备在安装搭设完成后，由专业人员对其进行安全验收、检查。

特别提示

《施工企业安全生产管理规范》（GB 50656—2011）中有如下规定。

施工企业安全检查的形式应包括各管理层的自查、互查以及对下级管理层的抽查等。

① 工程项目部每天应结合施工动态，实行安全巡查。

② 总承包工程项目部应组织各分包单位每周进行安全检查。

③ 施工企业每月应对工程项目施工现场安全生产情况至少进行一次检查，并应针对检查中发现的倾向性问题、安全生产状况较差的工程项目，组织专项检查。

④ 施工企业应针对承建工程所在地区的气候与环境特点，组织季节性的安全检查。

3. 安全检查的注意事项

（1）安全检查要深入基层、紧紧依靠职工，坚持领导与群众相结合的原则，组织好检查工作。

（2）建立检查的组织领导机构，配备适当的检查力量，挑选具有较高技术业务水平的专业人员参加。

（3）做好检查的各项准备工作，包括思想、业务知识、法规政策、设备和奖金的准备。

（4）明确检查的目的和要求。既要严格要求，又要防止一刀切，从实际出发，分清主、次矛盾，力求实效。

（5）把自查与互查有机结合起来，基层以自检为主，企业内相应部门间互相检查，取长补短，相互学习和借鉴。

（6）坚持查改结合。检查不是目的，只是一种手段，整改才是最终目的。发现问题，要及时采取切实有效的防范措施。

（7）建立检查档案。结合安全检查表的实施，逐步建立健全检查档案，收集基本的数据，掌握基本安全状况，为及时消除隐患提供数据，同时也为以后的职业健康安全检查奠定基础。

（8）在制定安全检查表时，应根据用途和目的具体确定安全检查表的种类。安全检查表的主要种类有，设计用安全检查表、厂级安全检查表、车间安全检查表、班组及岗位安全检查表、专业安全检查表等。制定安全检查表要在安全技术部门的指导下，充分依靠职工来进行。初步制定出来的安全检查表，要经过群众的讨论，反复试行，再加以修订，最后由安全技术部门审定后方可正式实行。

4. 安全检查的主要内容

（1）查思想。主要检查企业的领导和职工对安全生产工作的认识。

（2）查管理。主要检查工程的安全生产管理是否有效。主要内容有安全生产责任制、安全技术措施计划、安全组织机构、安全保证措施、安全技术交底、安全教育、持证上岗、安全设施、安全标志、操作规程、违规行为、安全记录等。

（3）查隐患。主要检查作业现场是否符合安全生产、文明生产的要求。

（4）查整改。主要检查对过去提出问题的整改情况。

（5）查事故处理。对生产安全事故的处理应达到查明事故原因，明确责任并对责任者做出处理，明确和落实整改措施等要求。同时还应检查对伤亡事故是否做到及时报告、认真调查、严肃处理。

（6）查违章指挥和违章作业。安全检查后应编制安全检查报告，说明已达标项目、未达标项目、存在问题、原因分析、纠正和预防措施。

 **特别提示**

《施工企业安全生产管理规范》（GB 50656—2011）中有如下规定。

施工企业安全检查应包括下列内容。

① 安全管理目标的实现程度。

② 安全生产职责的履行情况。

③ 各项安全生产管理制度的执行情况。

④ 施工现场管理行为和实物状况。

⑤ 生产安全事故、未遂事故和其他违规违法事件的报告调查、处理情况。

⑥ 安全生产法律法规、标准规范和其他要求的执行情况。

5. 安全检查的方法

安全检查常用的有一般检查法和安全检查表法。

（1）一般检查法。常采用看、听、嗅、问、查、测、验、析等方法。

① 看。看现场环境和作业条件，看实物和实际操作，看记录和资料等。

② 听。听汇报、听介绍、听反映、听意见或批评、听机械设备的运转响声或承重物发出的微弱声等。

③ 嗅。用鼻子对挥发物、腐蚀物、有毒气体进行辨别。

④ 问。详细询问，寻根究底。
⑤ 查。查明问题、查对数据、查清原因，追查责任。
⑥ 测。测量、测试、监测。
⑦ 验。进行必要的试验或化验。
⑧ 析。分析生产安全事故的隐患、原因。

（2）安全检查表法。安全检查表法是一种原始的、初步的定性分析方法，它通过事先拟定的安全检查表或清单，对安全生产进行初步的诊断和控制。安全检查表通常包括检查项目、回答问题、存在问题、改进措施、检查措施、检查人等内容。

6. 项目经理部安全检查的主要规定

（1）定期对安全控制计划的执行情况进行检查、记录、评价和考核，对作业中存在的不安全行为和隐患，签发安全整改通知，由相关部门制定整改方案，落实整改措施，实施整改后应予复查。

（2）根据施工过程的特点和安全目标的要求确定安全检查的内容。

（3）安全检查应配备必要的设备或器具，确定检查负责人和检查人员，并明确检查的方法和要求。

（4）检查应采取随机抽样、现场观察和实地检测的方法，并记录检查结果，纠正违章指挥和违章作业。

（5）对检查结果进行分析，找出安全隐患，确定危险程度。

（6）编写安全检查报告并上报。

 特别提示

《施工企业安全生产管理规范》（GB 50656—2011）中有如下规定。

（1）施工企业安全检查和改进管理应包括安全检查的内容、形式、类型、标准、方法、频次、整改、复查，以及安全生产管理评价与持续改进等工作内容。

（2）施工企业应定期对安全生产管理的适宜性、符合性和有效性进行评估，应确定改进措施，并对其有效性进行跟踪验证和评价。发生下列情况时，企业应及时进行安全生产管理评估。

① 适用法律法规发生变化。
② 企业组织机构和体制发生重大变化。
③ 发生生产安全事故。
④ 其他影响安全生产管理的重大变化。

（3）施工企业应建立并保存安全检查和改进活动的资料与记录。

 案例分析

某公司负责承建一座大型公共建筑，结构形式为框架剪力墙结构。结构施工完毕进入设备安装阶段，在进行地下一层冷水机组吊装时，发生了设备坠落事件。设备机组重4t，采用人字桅杆吊运，施工人员将设备运至吊装孔滚杠上，再将设备起升离开滚杠20cm，将

滚杆撤掉。施工人员缓慢向下启动倒链时,倒链的销钉突然断开,致使设备坠落,造成损坏,直接经济损失30万元。经过调查,事故发生的原因是施工人员在吊装前没有对吊装索具设备进行详细检查,没有发现倒链的销钉已被修理过,并不是原装销钉。施工人员没有在滚杆撤掉前进行动态试吊,就进行了正式吊装。

【问题】
(1)本次事故主要是由安全检查不到位引起的。安全检查的方法有哪些?如何应用?
(2)安全检查的主要内容有哪些?
(3)施工现场安全检查有哪些主要形式?

1.5.6 分(供)包安全生产管理

分(供)包安全生产管理应包括分(供)包单位选择、施工过程管理、评价等工作内容。

建筑施工企业应依据安全生产管理责任和目标,明确对分(供)包单位及人员的选择、清退标准、合同条款约定和履约过程控制的管理要求。

建筑施工企业对分(供)包单位的安全生产管理应符合下列要求:①选择合法的分(供)包单位;②与分(供)包单位签订安全协议;③对分(供)包单位施工过程中的安全生产实施检查和考核;④及时清退不符合安全生产要求的分(供)包单位;⑤分包工程竣工后对分(供)包单位安全生产能力进行评价。

建筑施工企业对分(供)包单位检查和考核的内容应包括:①分(供)包单位人员配置及履职情况;②分(供)包单位违约、违章记录;③分(供)包单位安全生产绩效。

建筑施工企业应建立合格分(供)包方名录,并定期审核,更新。

1.5.7 安全生产费用管理

安全生产费用管理应包括资金的储备、申请、审核、审批、支付、使用、统计、分析、审计检查等工作内容。

建筑施工企业应按规定储备安全生产所需的费用。安全生产费用包括安全技术措施、安全培训教育、劳动保护、应急救援等,以及必要的安全评价、监测、检测、论证所需费用。

建筑施工企业各管理层应根据安全生产管理的需要,编制相应的安全生产费用使用计划,明确费用使用的项目、类别、额度、实施单位及责任者、完成期限等内容,经审核批准后执行。

建筑施工企业各管理层相关负责人必须在其管辖范围内,按专款专用、及时足额的要求,组织实施安全生产费用使用计划。

建筑施工企业各管理层应定期对安全生产费用使用计划的实施情况进行监督审查。

建筑施工企业各管理层应建立安全生产费用分类使用台账,定期统计上报。

建筑施工企业各管理层应对安全生产费用的使用情况进行年度汇总分析,及时调整安全生产费用的使用比例。

1.5.8 从"三不伤害"到"八不伤害"

1）三不伤害

劳动部于1994年5月16日至22日组织了中国第四次"安全生产周"活动，活动以"勿忘安全、珍惜生命"为主题，控制事故为目的，"不伤害自己，不伤害他人，不被他人伤害"为主要内容。

不伤害自己，就是要提高自我保护意识，不能由于自己的疏忽、失误而使自己受到伤害。它取决于自己的安全意识、安全知识、对工作任务的熟悉程度、岗位技能、工作态度、工作方法、精神状态、作业行为等多方面因素。

不伤害他人，他人生命与你的一样宝贵，不应该被忽视，保护同事是你应尽的义务。我不伤害他人，就是我的行为或后果不能给他人造成伤害。在多人作业时，由于自己不遵守操作规程，对作业现场周围观察不够以及自己操作失误等，可能会对现场周围的人员造成伤害。

不被他人伤害，人的生命是脆弱的，变化的环境蕴含多种可能失控的风险，你的生命安全不应该由他人来随意伤害。我不被他人伤害，即每个人都要加强自我防范意识，工作中要避免他人的错误操作或其他隐患对自己造成伤害。

要做到不伤害自己，应做到以下方面。

① 保持正确的工作态度及良好的身体精神状态，保护自己的责任主要靠自己。
② 掌握所操作设备的危险因素及控制方法，遵守安全规则，使用必要的防护用品，不违章作业。
③ 任何活动或设备都可能存在危险性，确认无伤害威胁后再实施，三思而后行。
④ 杜绝侥幸、自大、逞能、想当然心理，勿以患小而为之。
⑤ 积极参加安全教育训练，提高识别和处理危险的能力。
⑥ 虚心接受他人对自己不安全行为的纠正。

在工作前应思考下列问题，我是否了解这项工作任务，我的责任是什么？我具备完成这项工作的技能吗？这项工作有什么不安全因素，有可能出现什么差错？万一出现故障我该怎么办？我该如何防止失误？

要做到不伤害他人，应做到以下方面。

① 你的活动随时会影响他人安全，要尊重他人生命，不制造安全隐患。
② 对不熟悉的活动、设备及环境多听、多看、多问，经过必要的沟通协商后再进行操作。
③ 操作设备尤其是启动、维修、清洁、保养时，要确保他人在免受影响的区域内。
④ 对于可能造成危险的活动及时告知受影响人员，加以消除或予以标识。
⑤ 对所接受到的安全规定、标识、指令，认真理解后执行。
⑥ 管理者对危害行为的默许纵容是对他人最严重的威胁，安全表率是其职责。

要做到不被他人伤害，应做到以下方面。

① 提高自我防护意识，保持警惕，及时发现并报告危险。

② 将自己的安全知识及经验与同事共享，帮助他人提高事故预防技能。
③ 不忽视已标识的或有潜在危险的场所并远离之，除非得到充足防护及安全许可。
④ 纠正他人可能危害自己的不安全行为，不伤害生命比不伤害情面更重要。
⑤ 冷静处理所遭遇的突发事件，正确应用所学安全技能。
⑥ 拒绝他人的违章指挥，即使是主管负责人发出的，不被伤害是我们的权利。

2）四不伤害

2009年6月举行了全国第八个"安全生产月"活动，活动主题为"关爱生命、安全发展"。

四不伤害比三不伤害增加了"保护他人不受伤害"，这是因为任何组织中的每个成员都是团队中的一分子，要担负起关心爱护他人的责任和义务，不仅自己要注意安全，还要保护团队的其他人员不受伤害，这是每个成员对集体中其他成员的承诺。

做到保护他人不受伤害，应做到以下方面。
① 任何人在任何地方发现任何事故隐患都要主动告知或提示他人。
② 提示他人遵守各项规章制度和安全操作规范。
③ 提出安全建议，互相交流，向他人传递有用的信息。
④ 视安全为集体的荣誉，为团队贡献安全知识，与他人分享经验。
⑤ 关注他人身体、精神状态等异常变化。
⑥ 一旦发生事故，在保护自己的同时，要主动帮助身边的人摆脱困境。

3）五不伤害

五不伤害比四不伤害增加了"不让他人伤害他自己"，五不伤害的提出，将安全从我要安全的个人层面提升到了人与人之间相互关爱的责任和义务的社会层面。

贯彻五不伤害的目的是，不让人受到伤害，保障人身安全。系统化五不伤害的提出和实施，更能有效地促进人的时时、处处、事事安全。

4）八不伤害

八不伤害包括以下内容。

（1）不伤害自己。

全体员工要严格按照规章制度的要求开展工作，时刻保持警惕之心，提高自我安全保护意识，坚决落实以下九不原则。
① 不清楚安全隐患的设备不去碰。
② 不清楚安全隐患的物料不去摸。
③ 不清楚安全隐患的场所不进去。
④ 不具备上岗条件的工作不去做。
⑤ 不在精神状态不良的情况下强作业。
⑥ 不酒后作业。
⑦ 不药后作业。
⑧ 不疲劳作业。
⑨ 不违规违纪作业。

在工作中消除麻痹、侥幸心理，积极、认真参加单位举办的各种安全生产培训活动，确保自己掌握和牢记单位内与自己有关的各项安全规章制度的要求，提高自己辨识风险的能力。

（2）不被他人伤害。

在工作中，要时刻注意工作场所附近的不安全因素，提高安全警惕心，消除麻痹、侥幸心理。

① 对于违章指挥的情况，要敢于拒绝，以避免贸然作业而造成伤害。

② 工作场所附近有违规违纪的作业，要及时给予提醒和纠正，防止他人违规违纪作业而伤害到自己，若不听劝的情况下，要第一时间上报并及早远离违规违纪作业场所。

③ 发现存在有不安全行为的同事，要及时给予提醒，若不听劝的情况下，要第一时间上报并及早远离。

④ 发现运转的设备存在安全隐患，要及时提醒责任人予以处理解决，并远离该场所。

⑤ 发现存在有不安全状态的物体，要及时上报，并远离该场所或按照操作规程的指引处理恢复到安全状态。

⑥ 发现工作场所附近安全警示标识存在不足的情况，及时提醒相应的责任人，予以纠正，若不听劝的情况下，要第一时间上报并及早远离该场所。

（3）不伤害他人。

每个人的生命都非常宝贵，珍惜他人的生命如珍惜自己的生命一样，所以在工作中，一定要坚决履行以下内容。

① 不要随意触碰或操作他人的设备设施。

② 不要与工作中的他人聊天、追逐、打闹或嬉闹。

③ 不在他人工作场所逗留、大声喧哗而影响他人工作精力集中。

④ 不要移走他人工作岗位上的任何标识。

⑤ 不劝他人操作不清楚安全隐患的设备、作业。

⑥ 不劝他人触摸不清楚安全隐患的物料或物体。

⑦ 不劝他人进入不清楚安全隐患的场所或地带。

⑧ 不诱导他人心存侥幸心理作业。

⑨ 不告知他人不正确的作业程序或方法。

⑩ 发现工作场所存在不安全因素，在自己撤离场所的同时要第一时间告知相关的同事。

⑪ 发现他人存在不安全的行为，要及时给予提醒和制止。

⑫ 发现他人工作状态存在异常时，要及时给予提醒和制止。

⑬ 发现他人岗位存在安全隐患，要及时给予提醒，引起他人的重视与注意，消除安全隐患。

⑭ 发现他人设备存在安全隐患，要及时给予提醒，引起他人的重视与注意，消除安全隐患。

⑮ 发现他人工作场所有安全隐患，要及时给予提醒，以便其能第一时间撤离。

⑯ 遇到他人请示或询问，在自己不懂的情况下，实话告知他人自己不懂，不要胡乱告知。

⑰ 要积极、主动与他人分享自己所掌握的正确、规范的安全生产知识或技能。

⑱ 不因自己违规违纪作业而给他人造成伤害。

(4) 保护他人不受伤害。

在工作中，每个人都是安全生产工作的监督者，要提醒他人遵规守纪和制止他人出现的故意伤害自己的行为，所以我们必须做到以下内容。

① 提醒他人不要违规违纪作业。
② 提醒他人要严格执行操作规程的要求。
③ 提醒或规劝他人远离危险场所。
④ 发现他人工作中存在不安全因素比如安全标识脱落、声音异常、气味异常等，要及时给予提醒。
⑤ 发现他人精神状态异常时，要及时给予提醒。
⑥ 发现他人行为异常时，要及时给予提醒和制止。
⑦ 发现他人佩戴的劳动防护用品存在异常时，要及时给予提醒纠正。
⑧ 发现他人穿戴存在不符合要求的情况，要及时给予提醒纠正。必要时予以上报，避免他人出现任何的安全事故。
⑨ 遇到险情或异常时，在确保自己安全的同时及时提醒、帮助他人，以确保他人安全。

(5) 不伤害设备设施。

在工作中，很多安全事故都是源于设备设施的不安全状态，所以，我们必须做到以下内容。

① 对自己工作中使用或操作的设备设施，一定要严格按照设备设施使用说明书或安全操作规程的要求使用或操作，防止因违规违纪使用或操作导致设备设施存在安全隐患，给他人使用或操作时留下不安全因素；若在自己操作不熟练的情况下，不要贸然上机操作，而要多向师傅请教，直至自己熟悉熟练为止。
② 不要动用或操作不属于自己职责范围内的设备设施，以防止自己不清楚操作要求，导致设备设施出现安全隐患，给他人使用或操作带来不安全因素。

(6) 不伤害（破坏）工作环境。

在工作中，我们务必要保持工作场所内的工作条件满足要求，不要随意破坏工作场所的工作条件，比如温湿度、照明、通风换气、有毒有害物的浓度等，所以，在工作中，我们一定要坚决做到以下内容。

① 不要随意动用工作场所的任何标识。
② 不要随意关闭工作场所的任何设施。
③ 不要随意打开工作场所的任何危化品。
④ 发现工作场所内的温湿度设施、照明设施、通风换气设施、危化品、安全警示标识等存在异常情况时，要第一时间上报，并提醒现场人员做好相应的防护或撤离场所。

(7) 不伤害规章制度。

对于工作中涉及的规章制度、操作规程（说明书）、作业基准书等，在没有得到书面允许的情况下，不要私自更改、涂抹任何内容包括版本/状态、正文内容等，以避免他人由此误操作，引起安全事故的发生。

(8) 不伤害（破坏）安全标识。

对于工作场所中的任何安全警示标识，我们必须做到：不涂改、不移动、不破坏、不更换、不拿走。同时，发现工作场所的任何安全警示标识，存在不符合要求的情况，要及时上报相应的责任人，必要时提醒工作场所的所有人要注意。

1.6 施工企业安全生产评价

根据《施工企业安全生产评价标准》(JGJ/T 77—2010)的内容,施工企业安全生产条件应按安全生产管理、安全技术管理、设备和设施管理、企业市场行为和施工现场安全管理等 5 项内容进行考核。

1.6.1 安全生产管理评价

安全生产管理评价应为对企业安全管理制度建立和落实情况的考核,其内容应包括安全生产责任制度、安全文明资金保障制度、安全教育培训制度、安全检查及隐患排查制度、生产安全事故报告处理制度、安全生产应急救援制度等 6 个评定项目。

(1)施工企业安全生产责任制度的考核评价应符合下列要求。

① 未建立以企业法人为核心分级负责的各部门及各类人员的安全生产责任制,则该评定项目不应得分。

② 未建立各部门、各级人员安全生产责任落实情况考核的制度及未对落实情况进行检查的,则该评定项目不应得分。

③ 未实行安全生产的目标管理、制定年度安全生产目标计划、落实责任和责任人及未落实考核的,则该评定项目不应得分。

④ 对责任制和目标管理等的内容和实施,应根据具体情况评定折减分数。

(2)施工企业安全文明资金保障制度的考核评价应符合下列要求。

① 制度未建立且每年未对与本企业施工规模相适应的资金进行预算和决算,未专款专用,则该评定项目不应得分。

② 未明确安全生产、文明施工资金使用、监督及考核的责任部门或责任人,应根据具体情况评定折减分数。

(3)施工企业安全培训教育制度的考核评价应符合下列要求。

① 未建立制度且每年未组织对企业主要负责人、项目经理、专职安全人员及其他管理人员的继续教育的,则该评定项目不应得分。

② 企业年度安全教育计划的编制,职工培训教育的档案管理,各类人员的安全教育,应根据具体情况评定折减分数。

(4)施工企业安全检查及隐患排查制度的考核评价应符合下列要求。

① 未建立制度且未对所属的施工现场、后方场站、基地等组织定期和不定期安全检查的,则该评定项目不应得分。

② 隐患的整改、排查及治理,应根据具体情况评定折减分数。

(5)施工企业生产安全事故报告处理制度的考核评价应符合下列要求。

① 未建立制度且未及时、如实上报施工生产中发生伤亡事故的,则该评定项目不应得分。

② 对已发生的和未遂事故,未按照"四不放过"原则进行处理的,则该评定项目不应得分。

③ 未建立生产安全事故发生及处理情况事故档案的，则该评定项目不应得分。

（6）施工企业安全生产应急救援制度的考核评价应符合下列要求。

① 未建立制度且未按照本企业经营范围，并结合本企业的施工特点，制定易发、多发事故部位、工序、分部分项工程的应急救援预案，未对各项应急预案组织实施演练的，则该评定项目不应得分。

② 应急救援预案的组织、机构、人员和物资的落实，应根据具体情况评定折减分数。

安全生产管理评分表见表1-7。

表1-7 安全生产管理评分表

序号	评定项目	评分标准	评分方法	应得分	扣减分	实得分
1	安全生产责任制度	企业未建立安全生产责任制度，扣20分，各部门、各级（岗位）安全生产责任制度不健全，扣10～15分。 企业未建立安全生产责任制考核制度，扣10分，各部门、各级对各自安全生产责任制未执行，每起扣2分。 企业未按考核制度组织检查并考核的，扣10分，考核不全面扣5～10分。 企业未建立、完善安全生产管理目标，扣10分，未对管理目标实施考核的，扣5～10分。 企业未建立安全生产考核、奖惩制度扣10分，未实施考核和奖惩的，扣5～10分	查企业有关制度文本；抽查企业各部门、所属单位有关责任人对安全生产责任制的知晓情况，查确认记录，查企业考核记录。 查企业文件，查企业对下属单位各级管理目标设置及考核情况记录；查企业安全生产奖惩制度文本和考核、奖惩记录	20		
2	安全文明资金保障制度	企业未建立安全生产、文明施工资金保障制度扣20分。 制度无针对性和具体措施的，扣10～15分。 未按规定对安全生产、文明施工措施费的落实情况进行考核，扣10～15分	查企业制度文本、财务资金预算及使用记录	20		
3	安全培训教育制度	企业未按规定建立安全培训教育制度，扣15分。 制度未明确企业主要负责人，项目经理，专职安全人员及其他管理人员，特种作业人员，待岗、转岗、换岗职工，新进单位从业人员安全培训教育要求的，扣5～10分。 企业未编制年度安全培训教育计划，扣5～10分，企业未按年度计划实施的，扣5～10分	查企业制度文本、企业培训计划文本和教育的实施记录、企业年度培训教育记录和管理人员的相关证书	15		

续表

序号	评定项目	评分标准	评分方法	应得分	扣减分	实得分
4	安全检查及隐患排查制度	企业未建立安全检查及隐患排查制度，扣15分，制度不全面、不完善的，扣5~10分。 未按规定组织检查的，扣15分，检查不全面、不及时的，扣5~10分。 对检查出的隐患未采取定人、定时、定措施进行整改的，每起扣3分，无整改复查记录的，每起扣3分。 对多发或重大隐患未排查或未采取有效治理措施的，扣3~15分	查企业制度文本、企业检查记录、企业对隐患整改消项、处置情况记录、隐患排查统计表	15		
5	生产安全事故报告处理制度	企业未建立生产安全事故报告处理制度，扣15分。 未按规定及时上报事故的，每起扣15分。 未建立事故档案扣5分。 未按规定实施对事故的处理及落实"四不放过"原则的，扣10~15分	查企业制度文本。 查企业事故上报及结案情况记录	15		
6	安全生产应急救援制度	未制定事故应急救援预案制度的，扣15分，事故应急救援预案无针对性的，扣5~10分。 未按规定制定演练制度并实施的，扣5分。 未按预案建立应急救援组织或落实救援人员和救援物资的，扣5分	查企业应急预案的编制、应急队伍建立情况以及相关演练记录、物资配备情况	15		
分项评分				100		

评分员： 　　　　　　　　　　　　　　　　　　　　　　　　年　月　日

1.6.2 安全技术管理评价

1. 安全技术管理

建筑施工企业安全技术管理应包括危险源识别，安全技术措施和专项方案的编制、审核、交底、过程监督、验收、检查、改进等工作内容。

建筑施工企业各管理层的技术负责人应对管理范围内的安全技术工作负责。

建筑施工企业应当在施工组织设计中编制安全技术措施和施工现场临时用电方案，对危险性较大的分部分项工程，还应编制专项安全施工方案，其中超过一定规模的工程应按规定组织专家论证。

建筑施工企业应明确各管理层对施工组织设计、专项安全施工方案、安全技术措施的编制、修改、审核和审批的权限、程序及时限等内容。根据权限，按方案涉及内容，由企业的技术负责人组织相关职能部门审核，并进行审批。审核、审批应有明确意见并签名盖章。编制、审批应在施工前完成。

建筑施工企业可结合实际制定内部安全技术标准和图集，定期进行技术分析和改造，完善安全生产作业条件，改善作业环境。

经过批准的安全技术措施具有技术法规的作用，必须认真贯彻执行。遇到因条件变化或考虑不周必须变更安全技术措施内容时，应由原编制、审批人员办理变更手续，不能擅自变更。

建筑施工企业应明确安全技术交底分级的原则、内容、方法及确认手续。工程开工前，总工程师或技术负责人，要将工程概况、施工方法和安全技术措施，向参加施工的工地负责人、工长和职工进行安全技术交底。每个单项工程开始前，应重复交代单项工程的安全技术措施。

安全技术措施中的各种安全设施、防护设置的实施应列入施工任务单，责任落实到班组或个人，并实行验收制度。

加强安全技术措施实施情况的检查，技术负责人、编制者和安全技术人员，要经常深入工地检查安全技术措施的实施情况，及时纠正违反安全技术措施的行为、问题，要对其及时补充和修改，使之更加完善、有效。各级安全部门要以施工安全技术措施为依据，以安全法规和各项安全规章制度为准则，经常性地对各工地实施情况进行检查，并监督各项安全技术措施的落实。

对安全技术措施的执行情况，除认真监督检查外，还应建立必要的与经济挂钩的奖罚制度。

建设工程施工安全技术措施计划应满足以下要求。

（1）建设工程施工安全技术措施计划的主要内容应包括工程概况、控制目标、控制程序、组织机构、职责权限、规章制度、资源配置、安全措施、检查评价、奖惩制度等。

（2）编制施工安全技术措施计划时，对于某些特殊情况应考虑以下因素。

① 对结构复杂、施工难度大的工程项目，除制定项目总体安全保证计划外，还必须制定单位工程或分部分项工程的安全技术措施。

② 对高处作业、井下作业等专业性强的作业，电气、压力容器等特种作业，应制定单项安全技术规程，并对管理人员和操作人员的安全作业资格和身体状况进行合格检查。

（3）制定和完善施工安全操作规程，编制各施工工种，特别是危险性较大工种的安全施工操作要求，将其作为规范和检查考核员工安全生产行为的依据。

2. 安全技术管理评价

安全技术管理评价应为对企业安全技术管理工作的考核，其内容应包括法规、标准和操作规程配置，施工组织设计，专项施工方案（措施），安全技术交底，危险源控制等5个评定项目。

（1）施工企业法规、标准和操作规程配置及实施情况的考核评价应符合下列要求。

① 未配置与企业生产经营内容相适应的、现行的有关安全生产方面的法规、标准，以及各工种安全技术操作规程，并未及时组织学习和贯彻的，则该评定项目不应得分。

② 配置不齐全，应根据具体情况评定折减分数。

（2）施工企业施工组织设计编制和实施情况的考核评价应符合下列要求。

① 未建立施工组织设计编制、审核、批准制度的，则该评定项目不应得分。

② 安全技术措施的针对性及审核、审批程序的实施情况等,应根据具体情况评定折减分数。

(3) 施工企业专项施工方案(措施)编制和实施情况的考核评价应符合下列要求。

① 未建立对危险性较大的分部分项工程专项施工方案编制、审核、批准制度的,则该评定项目不应得分。

② 制度的执行,应根据具体情况评定折减分数。

(4) 施工企业安全技术交底制定和实施情况的考核评价应符合下列要求。

① 未制定安全技术交底规定的,则该评定项目不应得分。

② 安全技术交底资料的内容、编制方法及交底程序的执行,应根据具体情况评定折减分数。

(5) 施工企业危险源控制制度的建立和实施情况的考核评价应符合下列要求。

① 未根据本企业的施工特点,建立危险源监管制度的,则该评定项目不应得分。

② 危险源公示、告知及相应的应急预案编制和实施,应根据具体情况评定折减分数。

安全技术管理评分表见表 1-8。

表 1-8　安全技术管理评分表

序号	评定项目	评分标准	评分方法	应得分	扣减分	实得分
1	法规、标准和操作规程配置	企业未配备与生产经营内容相适应的现行有关安全生产方面的法律法规、标准规范和规程的,扣 10 分,配备不齐全,扣 3~10 分。 企业未配备各工种安全技术操作规程,扣 10 分,配备不齐全的,缺一个工种扣 1 分。 企业未组织学习和贯彻实施安全生产方面的法律法规、标准规范和规程,扣 3~5 分	查企业现有的法律法规、标准、操作规程的文本及贯彻实施记录	10		
2	施工组织设计	企业无施工组织设计编制、审核、批准制度的,扣 15 分。 施工组织设计中未明确安全技术措施的扣 10 分。 未按程序进行审核、批准的,每起扣 3 分	查企业技术管理制度,抽查企业备份的施工组织设计	15		
3	专项施工方案(措施)	未建立对危险性较大的分部分项工程编写、审核、批准专项施工方案制度的,扣 25 分。 未实施或按程序审核、批准的,每起扣 3 分。 未按规定明确本单位需进行专家论证的危险性较大的分部分项工程名录(清单)的,每起扣 3 分	查企业相关规定、实施记录和专项施工方案备份资料	25		
4	安全技术交底	企业未制定安全技术交底规定的,扣 25 分。 未有效落实各级安全技术交底,扣 5~10 分。 交底无书面记录,未履行签字手续,每起扣 1~3 分	查企业相关规定、企业实施记录	25		

续表

序号	评定项目	评分标准	评分方法	应得分	扣减分	实得分
5	危险源控制	企业未建立危险源监管制度，扣25分。 制度不齐全、不完善的，扣5～10分。 未根据生产经营特点明确危险源的，扣5～10分。 未针对识别评价出的重大危险源制定管理方案或相应措施，扣5～10分。 企业未建立危险源公示、告知制度的，扣8～10分	查企业规定及相关记录	25		
		分项评分		100		

评分员：　　　　　　　　　　　　　　　　　　　　　　　　年　月　日

1.6.3 设备和设施管理评价

1. 设备和设施安全管理

建筑施工企业施工设备和设施的安全管理应包括购置、租赁、装拆、验收、检测、使用、保养、维修、改造和报废等内容。

建筑施工企业应根据生产经营特点和规模，配备符合安全要求的施工设备和设施、劳动防护用品及相关的安全检测器具。

建筑施工企业各管理层应配备机械设备安全管理专业的专职管理人员。

建筑施工企业应建立并保存施工设备和设施、劳动防护用品及相关的安全检测器具的安全管理档案，并记录以下内容：①来源、类型、数量、技术性能、使用年限等静态管理信息，以及目前使用地点、使用状态、使用责任人、检测、日常维修保养等动态管理信息；②采购、租赁、改造、报废计划及实施情况。

建筑施工企业应依据企业安全技术管理制度，对施工设备和设施、劳动防护用品及相关的安全检测器具实施技术管理，定期分析其安全状态，确定指导、检查的重点，采取必要的改进措施。

安全防护设施应标准化、定型化、工具化。

2. 设备和设施管理评价

设备和设施管理评价应为对企业设备和设施安全管理工作的考核，其内容应包括设备安全管理、设施和防护用品、安全标志、安全检查测试工具等4个评定项目。

（1）施工企业设备安全管理制度的建立和实施情况的考核评价应符合下列要求。

① 未建立机械设备（包括应急救援器材）采购、租赁、安装、拆除、验收、检测、使用、检查、保养、维修、改造和报废制度的，则该评定项目不应得分。

② 设备的管理台账、技术档案、人员配备及制度落实，应根据具体情况评定折减分数。

（2）施工企业设施和防护用品制度的建立及实施情况的考核评价应符合下列要求。

① 未建立安全设施及个人劳动防护用品的发放、使用管理制度的，则该评定项目不应得分。

② 安全设施及个人劳动防护用品管理的实施及监管，应根据具体情况评定折减分数。

（3）施工企业安全标志管理规定的制定和实施情况的考核评价应符合下列要求。

① 未制定施工现场安全警示、警告标识、标志使用管理规定的，则该评定项目不应得分。

② 管理规定的实施、监督和指导，应根据具体情况评定折减分数。

（4）施工企业安全检查测试工具配备制度的建立和实施情况的考核评价应符合下列要求。

① 未建立安全检查检验仪器、仪表及工具配备制度的，则该评定项目不应得分。

② 配备及使用，应根据具体情况评定折减分数。

设备和设施管理评分表见表1-9。

表1-9 设备和设施管理评分表

序号	评定项目	评分标准	评分方法	应得分	扣减分	实得分
1	设备安全管理	未制定设备（包括应急救援器材）采购、租赁、安装、拆除、验收、检测、使用、检查、保养、维修、改造和报废制度，扣30分。 制度不齐全、不完善的，扣10~15分。 设备的相关证书不齐全或未建立台账的，扣3~5分。 未按规定建立技术档案或档案资料不齐全的，每起扣2分。 未配备设备管理的专（兼）职人员的，扣10分	查企业设备安全管理制度，查企业设备清单和管理档案	30		
2	设施和防护用品	未制定安全物资供应单位及施工人员个人安全防护用品管理制度的，扣30分。 未按制度执行的，每起扣2分。 未建立施工现场临时设施（包括临时建、构筑物、活动板房）的采购、租赁、搭设与拆除、验收、检查、使用的相关管理规定的，扣30分。 未按管理规定实施或实施有缺陷的，每项扣2分	查企业相关规定及实施记录	30		
3	安全标志	未制定施工现场安全警示、警告标识、标志使用管理规定的，扣20分。 未定期检查实施情况的，每项扣5分	查企业相关规定及实施记录	20		
4	安全检查测试工具	企业未制定施工场所安全检查、检验仪器、工具配备制度的，扣20分。 企业未建立安全检查、检验仪器、工具配备清单的，扣5~15分	查企业相关记录	20		
分项评分				100		

评分员： 年 月 日

1.6.4 企业市场行为评价

企业市场行为评价应为对企业安全管理市场行为的考核，其内容包括安全生产许可证、安全生产文明施工、安全质量标准化达标、资质、机构与人员管理制度等4个评定项目。

（1）施工企业安全生产许可证许可状况的考核评价应符合下列要求。

① 未取得安全生产许可证而承接施工任务的、在安全生产许可证暂扣期间承接工程的、企业承发包工程项目的规模和施工范围与本企业资质不相符的，则该评定项目不应得分。

② 企业主要负责人、项目负责人和专职安全管理人员的配备和考核，应根据具体情况评定折减分数。

（2）施工企业安全生产文明施工动态管理行为的考核评价应符合下列要求。

① 企业资质因安全生产、文明施工受到降级处罚的，则该评定项目不应得分。

② 其他不良行为，视其影响程度、处理结果等，应根据具体情况评定折减分数。

（3）施工企业安全质量标准化达标情况的考核评价应符合下列要求。

① 本企业所属的施工现场安全质量标准化年度达标合格率低于国家或地方规定的，则该评定项目不应得分。

② 安全质量标准化年度达标优良率低于国家或地方规定的，应根据具体情况评定折减分数。

（4）施工企业资质、机构与人员管理制度的建立和人员配备情况的考核评价应符合下列要求。

① 未建立安全生产管理组织体系、未制定人员资格管理制度、未按规定设置专职安全管理机构、未配备足够的安全生产专管人员的，则该评定项目不应得分。

② 实行分包的，总承包单位未制定对分包单位资质和人员资格管理制度并监督落实的，则该评定项目不应得分。

企业市场行为评分表见表1-10。

表1-10　企业市场行为评分表

序号	评定项目	评分标准	评分方法	应得分	扣减分	实得分
1	安全生产许可证	企业未取得安全生产许可证而承接施工任务的，扣20分。 企业在安全生产许可证暂扣期间继续承接施工任务的，扣20分。 企业资质与承发包生产经营行为不相符，扣20分。 企业主要负责人、项目负责人、专职安全管理人员持有的安全生产合格证书不符合规定要求的，每起扣10分	查安全生产许可证及各类人员相关证书	20		

续表

序号	评定项目	评分标准	评分方法	应得分	扣减分	实得分
2	安全生产文明施工	企业资质受到降级处罚，扣30分。 企业受到暂扣安全生产许可证的处罚，每起扣5~30分。 企业受当地建设行政主管部门通报处分，每起扣5分。 企业受当地建设行政主管部门经济处罚，每起扣5~10分。 企业受到省级及以上通报批评每次扣10分，受到地市级通报批评每次扣5分	查各级行政主管部门管理信息资料，各类有效证明材料	30		
3	安全质量标准化达标	安全质量标准化达标优良率低于规定的，每5%扣10分。 安全质量标准化年度达标合格率低于规定要求的，扣20分	查企业相应管理资料	20		
4	资质、机构与人员管理	企业未建立安全生产管理组织体系（包括机构和人员等）、人员资格管理制度的，扣30分。 企业未按规定设置专职安全管理机构的，扣30分，未按规定配足安全生产专管人员的，扣30分。 实行总、分包的企业未制定对分包单位资质和人员资格管理制度的，扣30分，未按制度执行的，扣30分	查企业制度文本和机构、人员配备证明文件，查人员资格管理记录及相关证件，查总、分包单位的管理资料	30		
		分项评分		100		

评分员：　　　　　　　　　　　　　　　　　　　　　　　　　年　　月　　日

1.6.5　施工现场安全管理评价

1. 施工现场安全管理

建筑施工企业各管理层职能部门和岗位，按职责分工，对工程项目实施安全管理。

企业的工程项目部应根据企业安全管理制度，实施施工现场安全生产管理，内容应包括：①制定项目安全管理目标，建立安全生产责任体系，实施责任考核；②配置满足要求的安全生产、文明施工措施资金、从业人员和劳动防护用品；③选用符合要求的安全技术措施、应急预案、设施与设备；④有效落实施工过程中的安全生产，隐患整改；⑤整理施工现场的场容场貌和作业环境；⑥组织生产安全事故应急救援预案；⑦对施工安全生产管理活动进行必要的记录，保存应有的资料和记录。

施工现场安全生产责任体系应符合以下要求：①项目经理是工程项目施工现场安全生产第一责任人，负责组织落实安全生产责任制，实施考核，实现项目安全管理目标；②工程项目施工实行总承包的，应成立由总承包单位、专业承包和劳务分包单位的项目经理、技术负责人和专职安全生产管理人员组成的安全管理领导小组；③按规定配备项目专职安全生产管理人员，负责施工现场安全生产日常监督管理；④工程项目部其他管理人员应承担本岗位管理范围内与安全生产相关的职责；⑤分包单位应服从总包单位管理，落实总包单位的安全生产要求；⑥施工作业班组应在作业过程中实施安全生产要求；⑦作业人员应严格遵守安全操作规程，做到不伤害自己、不伤害他人和不被他人伤害。

项目专职安全生产管理人员应由企业委派，并承担以下安全生产职责：①监督项目安全生产管理要求的实施，建立项目安全生产管理档案；②对危险性较大的分部分项工程实施现场监护并做好记录；③阻止和处理违章指挥、违章作业和违反劳动纪律等现象；④定期向企业安全生产管理机构报告项目安全生产管理情况。

工程项目开工前，工程项目部应根据施工特征，组织编制项目安全技术措施和专项安全施工方案，并按规定审批、交底、验收、检查。方案内容应包括工程概况、编制依据、施工计划、检查验收内容及标准、计算书及附图等。

工程项目部应接受企业上级各管理层、建设行政主管部门及其他相关部门的业务指导与监督检查，对发现的问题按要求组织整改。

建筑施工企业应与工程项目部及时交流和沟通安全生产信息，治理安全隐患和回应相关方的诉求。

2．施工现场安全管理评价

施工现场安全管理评价应为对企业所属施工现场安全状况的考核，其内容应包括施工现场安全达标、安全文明资金保障、分包资质和资格管理、生产安全事故控制、设备、设施、工艺选用、保险等6个评定项目。

（1）施工现场安全达标考核，企业应对所属的施工现场按现行标准规范进行检查，有一个工地未达到合格标准的，则该评定项目不应得分。

（2）施工现场安全文明资金保障，应对企业按规定落实其所属施工现场安全生产、文明施工资金的情况进行考核，有一个施工现场未将施工现场安全生产、文明施工所需资金编制计划并实施、未做到专款专用的，则该评定项目不应得分。

（3）施工现场分包资质和资格管理规定的制定以及施工现场控制情况的考核评价应符合下列要求。

① 未制定对分包单位安全生产许可证、资质、资格管理及施工现场控制的要求和规定，且在总包与分包合同中未明确参建各方的安全生产责任，分包单位承接的施工任务不符合其所具有的安全资质，作业人员不符合相应的安全资格，未按规定配备项目经理、专职或兼职安全生产管理人员的，则该评定项目不应得分。

② 对分包单位的监督管理，应根据具体情况评定折减分数。

（4）施工现场生产安全事故控制的隐患防治、应急预案的编制和实施情况的考核评价应符合下列要求。

① 未针对施工现场实际情况制定事故应急救援预案的，则该评定项目不应得分。

② 对现场常见、多发或重大隐患的排查及防治措施的实施，应急救援组织和救援物资的落实，应根据具体情况评定折减分数。

(5) 施工现场设备、设施、工艺选用考核评价应符合下列要求。

① 使用国家明令淘汰的设备或工艺，则该评定项目不应得分。

② 使用不符合现行国家标准的且存在严重安全隐患的设施，则该评定项目不应得分。

③ 使用超过使用年限或存在严重隐患的机械设备、设施、工艺的，则该评定项目不应得分。

④ 对其余机械设备、设施以及安全标识的使用情况，应根据具体情况评定折减分数。

⑤ 对职业病的防治，应根据具体情况评定折减分数。

(6) 施工现场保险办理情况的考核评价应符合下列要求。

① 未按规定办理意外伤害保险的，则该评定项目不应得分。

② 意外伤害保险的办理实施，应根据具体情况评定折减分数。

施工现场安全管理评分表见表 1-11。

表 1-11 施工现场安全管理评分表

序号	评定项目	评分标准	评分方法	应得分	扣减分	实得分
1	施工现场安全达标	按《建筑施工安全检查标准》(JGJ 59—2011) 及相关现行标准规范进行检查，不合格的，每1个工地扣30分	查现场及相关记录	30		
2	安全文明资金保障	未按规定落实安全防护、文明施工措施费，发现一个工地扣15分	查现场及相关记录	15		
3	分包资质和资格管理	未制定对分包单位安全生产许可证、资质、资格管理及施工现场控制的要求和规定，扣15分，管理记录不全扣5~15分。合同未明确参建各方安全责任，扣15分。分包单位承接的项目不符合相应的安全资质管理要求，或作业人员不符合相应的安全资格管理要求扣15分。未按规定配备项目经理、专职或兼职安全生产管理人员（包括分包单位），扣15分	查对管理记录、证书，抽查合同及相应管理资料	15		
4	生产安全事故控制	对多发或重大隐患未排查或未采取有效措施的，扣3~15分。未制定事故应急救援预案的，扣15分，事故应急救援预案无针对性的，扣5~10分。未按规定实施演练的，扣5分。未按预案建立应急救援组织或落实救援人员和救援物资的，扣5~15分	查检查记录及隐患排查统计表，应急预案的编制及应急队伍建立情况以及相关演练记录、物资配备情况	15		

续表

序号	评定项目	评分标准	评分方法	应得分	扣减分	实得分
5	设备、设施、工艺选用	现场使用国家明令淘汰的设备或工艺的，扣 15 分。 现场使用不符合标准的、且存在严重安全隐患的设施，扣 15 分。 现场使用的机械设备、设施、工艺超过使用年限或存在严重隐患的，扣 15 分。 现场使用不合格的钢管、扣件的，每起扣 1~2 分。 现场安全警示、警告标志使用不符合标准的扣 5~10 分。 现场职业危害防治措施没有针对性扣 1~5 分	查现场及相关记录	15		
6	保险	未按规定办理意外伤害保险的，扣 10 分。 意外伤害保险办理率不足 100%，每低 2% 扣 1 分	查现场及相关记录	10		
		分项评分		100		

评分员：　　　　　　　　　　　　　　　　　　　　　年　　月　　日

1.7　职业健康安全管理体系

（1）职业健康安全问题及其解决途径。

① 人的不安全行为。通过人的心理学和行为学方面的研究，可利用培训提高人的安全意识和行为能力，以保证人的可靠性。

② 物的不安全状态。通过安全技术的研究，采取安全措施，可利用各种有效的安全技术系统保证安全设施的可靠性。

③ 组织管理不力。用系统论的理论和方法，研究工业生产组织如何建立系统化、标准化的职业健康安全管理体系，实行全员、全过程、全方位、以预防为主的整体管理。

（2）职业健康安全管理体系的模式。为适应现代职业健康安全的需要，《职业健康安全管理体系 要求及使用指南》（GB/T 45001—2020）在确定职业健康安全管理体系模式时，强调按系统理论管理职业健康安全及其相关事务，以达到预防和减少生产安全事故和劳动疾病的目的。该模式通过策划（Plan）、实施（Do）、检查（Check）和改进（Act）4 个环节构成一个动态循环并螺旋上升的系统化管理模式。职业健康安全管理体系模式如图 1.7 所示。

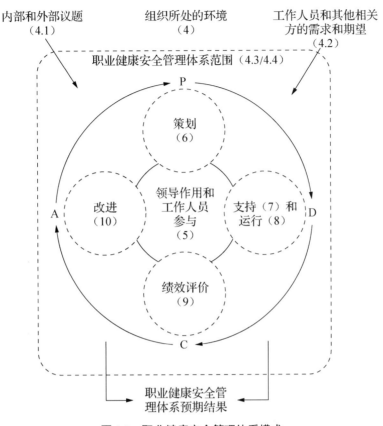

图 1.7 职业健康安全管理体系模式

 案例分析

某大厦建筑面积约 26 700m^2，为框架剪力墙结构箱形基础，地上 12 层，地下 2 层。民工甲和两名电焊工在 10 层进行钢筋对接的埋弧焊作业时，甲右手拿起焊把钳正要往钢筋对接处连接电焊机的二次电源时，不慎触及焊把钳的裸露部分致使触电倒地。焊工见此情景，立即拉开了民工甲手中握着的焊把钳，使甲脱离带电体，送医院后经抢救无效死亡。

【问题】

（1）请简要分析这起事故发生的原因。

（2）请说明职业健康安全管理体系的建立流程。

（3）进行安全生产管理时，经常提及的"三个同时""四不放过"的内容是什么？

1.8 《绿色施工导则》简介

原建设部于 2007 年 9 月 10 日发布了《绿色施工导则》（建质〔2007〕223 号，以下简称《导则》），其主要目的是用于指导建筑工程的绿色施工，使建筑施工的整个过程始终贯彻绿色施工的新理念。《导则》的出台，是推进建筑工程绿色施工的关键性举措，也是深入贯彻安全生产的必然要求。

建筑工程绿色施工规范摘录

绿色施工是指工程建设中,在保证工程质量、安全生产等基本要求的前提下,通过科学管理和技术进步,最大限度地节约资源与减少对环境有负面影响的施工活动,实现"四节一环保"(节能、节地、节水、节材和环境保护),做到推进生态优先、节约集约、绿色低碳发展[①]。在《导则》中,关于绿色施工主要有以下内容。

(1)绿色施工原则。绿色施工是建筑全寿命周期中的一个重要阶段。实施绿色施工,应进行总体方案优化。在规划、设计阶段,应充分考虑绿色施工的总体要求,为绿色施工提供基础条件。实施绿色施工,应对施工策划、材料采购、现场施工、工程验收等各阶段进行控制,加强对整个施工过程的管理和监督。

(2)绿色施工总体框架。绿色施工总体框架由施工管理、环境保护、节材与材料资源利用、节水与水资源利用、节能与能源利用、节地与施工用地保护6个方面组成。这6个方面涵盖了绿色施工的基本指标,同时包含了施工策划、材料采购、现场施工、工程验收等各阶段的指标的子集。

(3)绿色施工要点。绿色施工管理主要包括组织管理、规划管理、实施管理、评价管理和人员安全与健康管理5个方面。

(4)发展绿色施工的新技术、新设备、新材料与新工艺。加强信息技术应用,如绿色施工的虚拟现实技术、三维建筑模型的工程量自动统计、绿色施工组织设计数据库建立与应用系统、数字化工地、基于电子商务的建筑工程材料、设备与物流管理系统等。通过应用信息技术,进行精密规划、设计、精心建造和优化集成,实现与提高绿色施工的各项指标。

本章小结

本章介绍了安全管理工作的全过程,包括安全生产管理体制、安全生产教育、安全生产技术措施、安全技术交底、施工现场安全检查、职业健康安全管理体系的内容,使学生能收集和参与编写现场安全生产制度,组织现场安全培训教育,组织班前安全活动,对施工材料、设备、防护设施与劳动防护用品进行安全符合性判断等。

思考与拓展题

1.请你谈谈我国建筑安全生产的形势。今后建筑施工安全生产监管的重点整治对象在哪些方面?我们目前安全管理存在的问题有哪些?结合自身在施工现场安全管理的实践经验来谈。

2.谈谈你对"安全"两字的理解。

3.什么是危险源?第一类危险源和第二类危险源各指什么?它们之间的关系如何?

---

① 引自党的二十大报告第十条推动绿色发展,促进人与自然和谐共生。

4. 我国现阶段安全生产方针是什么？并说说它们的含义。
5. 你了解的安全管理基本原则有哪些？
6. 请谈谈施工安全控制的特点。
7. 请绘出施工安全控制程序图。
8. 施工安全控制的基本要求是什么？
9. 你了解的安全控制有哪些理论？谈谈它们的原理。
10. 安全色有几种颜色？它们各表示什么意思？
11. 安全标志可分哪几类？它们各表示什么意思？
12. 请你谈谈建筑工程职业健康安全与环境管理的特点。
13. 安全生产6大纪律是什么？
14. 施工现场"五要"指什么？
15. 10项安全技术措施指什么？
16. 气割、气焊的"十不烧"是什么？
17. 什么是安全生产责任制？谈谈你对安全生产责任制重要性的理解。
18. 安全培训教育具有哪些特点？
19. 按教育的内容分类，安全教育主要有哪5个方面的内容？
20. 三级安全教育的内容是什么？请简要说明。
21. 安全技术交底的要求和主要内容是什么？
22. 安全管理目标主要包括哪些？
23. 职业健康安全管理体系的基本内容是什么？
24. 企业安全生产管理评价的内容是什么？
25. "安全生产、人人有责"，请结合你毕业后希望的就业岗位，想一想你的安全责任。然后再考虑一下相关方和人员的安全责任。
26. 请实际考察一下当地的几个施工现场，再结合教材，谈谈你对安全教育、安全检查等管理内容的理解和想法，并展望一下今后的安全管理应当是什么情形。
27. 结合教材的相关内容，请谈一下在建筑业推广并实施职业健康安全管理体系以及绿色施工的必要性和紧迫性。

第2章 基坑支护和土方作业安全技术

第 2 章 基坑支护和土方作业安全技术

课程标准

课 程 内 容	知 识 要 点	教 学 目 标
基坑支护、土方作业安全控制技术	土方施工准备工作、土方开挖的一般规定。深基坑的土壁支撑新技术及安全施工方案的编制,以及深基坑的降水技术	能落实土方施工前的安全准备工作,能遵守挖土的一般规定,懂得土方施工机械的安全操作要求;熟悉深基础施工的安全要求,会进行基坑施工安全检查;了解土方安全施工方案

章节导读

某市大剧院项目的地下室基坑围护设计方案由挡土支撑的钻孔灌注桩和起止水作用的水泥旋喷桩组成,在基坑开挖后发现坑壁局部有水夹粉土渗漏,要求进行堵漏抢险。于是项目经理胡某在工地指挥普工周某、童某等4人堵漏,从白天一直施工到晚上,当时天已黑,基坑内侧仅有中央的碘钨灯照明,堵漏点光线暗淡。胡某站在基坑东南侧的圈梁上向下观察,这时,在基坑堵漏的童某等人听到背后发出似水泥包扔下坑底的声音,周某迅速赶到出事点,见胡某已倒在基坑底,立即将其送医院抢救,到医院时发现已死亡。

事故原因分析:

1. 直接原因

死者胡某缺乏安全意识,不戴安全帽,在无护栏的基坑边沿冒险观察、指挥作业。

2. 间接原因

相对高差 6m 深的基坑未按规定设置防护栏及防护网措施,作业环境不良,基坑边沿泥泞,且有散落水泥块等障碍物,天色已晚,照明度不足。

该案例涉及土方开挖、基础施工、基坑围护、临边防护等知识,将在本章进行学习。

特别提示

党的二十大报告中提出坚持安全第一、预防为主。土方工程施工往往具有工程量大、劳动繁重和施工条件复杂等特点,容易发生塌方事故,而且又受气候、水文、地质、地下障碍等因素的影响较大,不可确定的因素也较多,因此在施工时要特别注意安全。

基坑支护技术是一个综合性的岩石工程难题,既涉及土力学中典型的强度、稳定及变形问题,又涉及土与支护结构的共同作用问题。基坑支护与桩基础、地基处理工程不同,它是临时性工程。因此,在安全与经济之间寻求平衡对于施工企业是十分重要的。花最少的代价,得其最安全效果,做到经济与安全双赢。

2.1 土方工程安全控制技术

2.1.1 施工准备工作

施工准备工作

土方工程包括土的开挖、运输和填筑等施工过程，有时还要进行排水、降水、土壁支撑等准备工作。在工程建设中，最常见的土方工程有场地平整、基坑（槽）开挖、地坪填土、路基填筑及基坑回填土等。土方工程施工应由具有相应资质及安全生产许可证的企业承担。土方工程应编制专项安全施工方案，并严格按照方案实施。施工前针对安全风险进行安全教育及安全技术交底。特种作业人员必须持证上岗，机械操作人员应经过专业技术培训。

（1）土方开挖前，应查明施工场地内明、暗设置物（电线、地下电缆、管道、坑道等）的地点及走向，并采用明显记号表示。严禁在离电缆 1m 距离以内作业。应根据专项安全施工方案的要求，将施工区域内的地下、地上障碍物消除完毕。

（2）建筑物或构筑物的位置或场地的定位控制线（桩）、标准水平桩及开槽的灰线尺寸，必须经过检验合格，并办完预检手续。

（3）夜间施工时，应有足够的照明设施。在危险地段应设置明显标志，并要合理安排开挖顺序，防止错挖或超挖。

（4）开挖有地下水位的基坑（槽）、管沟时，应根据当地工程地质资料，采取措施降低地下水位。一般要将其降至开挖面以下 0.5m，然后才能开挖。

（5）施工机械进入现场所经过的道路、桥梁和卸车设施等，应事先经过检查，必要时要进行加固或加宽等准备工作。

（6）选择土方机械，应将施工区域的地形与作业条件、土的类别与厚度、总工程量和工期综合考虑，以发挥施工机械的效率。

（7）在施工机械无法作业的部位和修整边坡坡度、清理槽底时，应配备人工进行配合。

2.1.2 土方开挖

土方工程施工必须遵循"开槽支撑，先撑后挖，分层开挖，严禁超挖"的 16 字原则。施工中应防止地面水流入坑、沟内，以免边坡塌方。

挖方边坡要随挖随撑，并支撑牢固，且在施工过程中应经常检查，如有松动、变形等现象，要及时加固或更换。

挖土时应遵守的规定如下。

（1）人工开挖时，两个人应保持 2~3m 的操作间距，并应自上而下逐层挖掘，严禁采用掏洞的挖掘操作方法。

（2）挖土时要随时注意土壁的变异情况，如发现有裂纹或部分塌落现象，要及时进行支撑或改缓放坡，并注意支撑的稳固和边坡的变化情况。

（3）上下坑沟应先挖好阶梯或设木梯，不应踩踏土壁及其支撑上下。

（4）用挖土机施工时，挖土机的作业范围内不得进行其他作业，且应至少保留0.3m厚的土层不挖，最后由人工修挖至设计标高。

（5）在坑边堆放弃土、材料和移动施工机械时，应与坑边保持一定距离。当土质良好时，弃土、材料要距坑边1m以外，堆放高度不能超过1.5m。

施工现场发现危及人身安全和公共安全的隐患时，必须立即停止作业，排除隐患后方可恢复施工。在土方工程施工过程中，当发现古墓、古物等地下文物或其他不能辨认的液体、气体及异物时，应立即停止作业，做好现场保护，并报有关部门处理后方可继续施工。

1．斜坡土挖方

土坡坡度要根据工程地质和土坡高度，结合当地同类土体的稳定坡度值确定。

土方开挖宜从上到下分层分段依次进行，并随时做成一定的坡势以利泄水，且不应在影响边坡稳定的范围内积水。

在斜坡上方弃土时，应保证挖方边坡的稳定。弃土堆应连续设置，其顶面应向外倾斜，以防山坡水流入挖方场地。但斜坡坡度陡于1：5或在软土地区，禁止在挖方上侧弃土。在挖方下侧弃土时，要将弃土堆表面整平，并向外倾斜，弃土表面要低于挖方场地的设计标高，或在弃土堆与挖方场地间设置排水沟，防止地表水流入挖方场地。

2．滑坡地段挖方

在滑坡地段挖方时操作应符合下列规定。

（1）施工前先了解工程地质的地形、地貌及滑坡迹象等情况。

（2）不宜雨期施工，同时不应破坏挖方上坡的自然植被，并要事先做好地面和地下排水工作。

（3）遵循先整治后开挖的施工顺序，在开挖时，须遵循由上到下的开挖顺序，严禁先切除坡脚。

（4）爆破施工时，严防因爆破振动产生滑坡。

（5）抗滑挡土墙要尽量在旱季施工，基槽开挖应分段进行，并加设支撑，开挖一段就要做好这段的挡土墙。

（6）开挖过程中如发现滑坡迹象（如裂缝、滑动等），应暂停施工，必要时，所有人员和机械要撤至安全地点。

3．湿土地区挖方

在湿土地区挖方时操作应符合下列规定。

（1）施工前需要做好地面排水和降低地下水位的工作，若为人工降水，水位降至坑底0.5～1.0m时，方可挖方，采用明排水时可不受此限。

（2）相邻基坑和管沟开挖时，要先深后浅，并要及时做好基础保护。

（3）挖出的土不应堆放在坡顶上，应立即转运至规定的距离以外。

4. 膨胀土地区挖方

在膨胀土地区挖方时操作应符合下列规定。

（1）开挖前要做好排水工作，防止地表水、施工用水和生活废水浸入施工现场或冲刷边坡。

（2）开挖后的基土不许受烈日暴晒或水浸泡。

（3）开挖、做垫层、基础施工和回填土等操作要连续进行。

2.1.3 土方施工安全事故应急救援体系

1. 编制防止坍塌的施工方案

土方工程施工，必须单独编制专项安全施工方案和安全技术措施，防止土方坍塌，尤其是要制定防止毗邻建筑物坍塌的安全技术措施。

（1）按土质放坡或护坡。施工中，按土质的类别，较浅的基坑要采取放坡的措施，较深的基坑要考虑采取护壁桩、锚杆等技术措施，而且必须要有专业的公司进行防护施工。

（2）降水处理。当工程标高低于地下水位时，首先要降低地下水位，同时对毗邻建筑物必须采取有效的安全防护措施，并认真进行观测。

（3）基坑边堆土要有安全距离，严禁在坑边堆放建筑材料，防止动荷载对土体的振动造成原土层内部颗粒结构发生变化。

（4）土方挖掘过程中，要加强监控。

（5）杜绝"三违"（违章作业，违章指挥，违反劳动纪律）现象。

2. 建立土方施工安全事故应急救援体系

（1）当施工现场的监控人员发现土方或建筑物有裂纹或发出异常声音时，应立即报告给应急救援领导小组组长，并立即下令停止作业，组织施工人员快速撤离到安全地点。

（2）当土方或建筑物坍塌时，造成人员被埋、被压的情况，应急救援领导小组要全员上岗，除立即报告给主管部门之外，还应保护好现场，在确认不会再次发生同类事故的前提下，立即组织人员抢救受伤人员。

（3）当少部分土方坍塌时，现场抢救组专业救护人员要用铁锹进行撮土挖掘，并注意不要伤及被埋人员。当建筑物整体倒塌，造成特大事故时，由地方政府应急救援领导小组统一领导和指挥，各有关部门协调作战，保证抢险工作有条不紊地进行。要采用吊车、挖掘机进行抢救时，现场要有指挥并监护，防止机械伤及被埋或被压人员。

（4）被抢救出来的伤员，要由现场医疗室医生或急救组救护人员进行抢救，用担架把伤员抬到救护车上，对伤势严重的人员要立即进行吸氧和输液，到医院后组织医务人员全力救治。

（5）当核实所有人员获救后，将受伤人员的位置进行拍照或录像，禁止无关人员进入事故现场，等待事故调查组进行调查处理。

（6）对在土方或建筑物坍塌中死亡的人员，由企业及地方政府善后处理组负责对死亡人员的家属进行安抚，伤残人员安置和财产理赔等善后处理工作。

2.2 基础工程安全控制技术

2.2.1 桩基工程

桩基施工方法可分为预制桩和灌注桩。

1. 预制桩施工安全技术措施

（1）搞清环境情况，健全监控机制。施工单位开工前必须对基地附近的建（构）筑物和地下各种管线调查清楚，并绘制相应的平、剖面图；会同建设单位、总承包单位一起与各种管线的主管单位取得联系，核对管线情况；成立监护领导小组，确立监测方案和防护方案；加强施工全过程的监测，及时整理信息并传递给有关部门。

（2）设置排水系统。打桩时挤土也挤水，设置排水系统，使孔隙水顺利排出地面，是一种减少打桩影响的有效措施。一般排水有两种做法：一种是在打桩之前向地基内打入塑料排水板；另一种是向基坑内打入袋装砂井。这些塑料排水板或袋装砂井上都要有相通的排水沟，并保证通过这些排水沟可以将孔隙水排到地基外。

（3）设置防振沟。打桩对环境的破坏作用除了挤压还有振动，设置防振沟是一种有效的办法。

（4）控制打桩速度。打桩速度对土体的影响极大，因为软土地基的土壤内含有大量的孔隙水，打入一根桩后，隔一段时间孔隙水压会消失一点，再打入一根桩，这样慢慢打入可减少孔隙水压的提高，使土体的挤动减小。反之，将使地基内或附近土体大量隆起变形。

（5）沉桩后地基中形成的孔洞，必须加以封盖。

（6）基本要求有以下几个（另外要求详见 6.10 打桩机械）。

① 各种电动机械设备必须有保护接零和防护装置。

② 凡是电机机械设备，都应定人定机，操作人员必须持证上岗。

③ 打桩机械的安装或拆卸作业，应有专人负责，统一指挥，角钢等部件均应编号，以免搞错。

④ 安装作业时，高处操作须以 1 人为主，负责高处作业指挥，地面指挥同高处作业密切联系，并听从高处作业指挥的信号，驾驶人要听从地面指挥的信号。

⑤ 桩架底盘及第一节塔架安装完，应将驾驶人操作座位上的安全防护棚板盖好，防止高处作业时有物件坠落砸伤司机。

⑥ 桩架安装完毕，要把所有螺栓拧紧，棚板用圆钉钉牢。

⑦ 工具、材料等不准放在高空架子上，随身携带的工具必须放入工具袋中。

⑧ 桩架安装完毕，桩锤进档后，要先试跳，以检查锤的各个部件工作是否正常。

⑨ 作业人员严禁搭乘桩锤上下。

⑩ 高处作业人员必须穿软底鞋登高操作，并在登高前清除鞋底淤泥。

⑪ 当使用蒸汽桩锤时，蒸汽管道应有防止烫伤措施。

⑫ 施工时，要注意清除黏附在桩身上的砂浆块或混凝土块，以防沉桩作业时突然坠落伤人。

⑬ 6级以上大风时，必须停止打桩作业，并将桩锤下降到最低位置。

2．灌注桩施工安全技术措施

（1）应了解现场的工程水文地质资料，并查明施工现场内是否有电缆或管道等地下障碍物。

（2）成孔机电设备应有专人负责管理，定人定机，操作人员必须持证上岗。

（3）冲击成孔作业的落锤区要严加安全管理，任何人不准进入，主钢丝绳要经常检查。达到规范规定的报废标准时，即一般一个节距内有10丝以上已拉断，应及时调换。

（4）采用泥浆护壁时，对泥浆循环系统要认真管理，及时清扫场地上的浆液，做好现场防滑工作。

（5）在钻孔灌注桩钻成的孔尚未浇混凝土以前，孔口必须盖板封严，以免落土和发生事故。

（6）冲抓锤或冲孔锤操作时不准任何人进入落锤区范围以内，以防砸伤。

（7）成孔钻机操作时，注意钻机安全平稳，以防止钻架突然倾倒或钻具突然下落而发生事故。

（8）爆扩桩包扎药包时不要用牙去咬雷管和电线，遇雷、雨时不要包药。检查雷管和已经包扎的药包线路时，应做好安全防护。引爆时要拟定安全区（一般不小于20m），并有专人警戒。当日使用的炸药和雷管当日领用，并由专人保管，使用剩余的炸药和雷管应当日退还入库。

2.2.2 深基础施工

1．基坑周边的安全

基坑周边的安全是深基础施工的关键，在支护结构设计时应充分考虑，此外还要注意尽量利用建设基地开发地下空间，尤其深基础施工处于闹市中心的较多，加之房地产开发者追求较高的效益。因此，基坑周边所留用地极小，建筑材料的进场堆放很困难，这时要特别注意基坑周边的堆载不得超过支护结构设计时所考虑的允许附加荷载，基坑周边必须设置不低于1.2m的固定防护栏杆。

2．行人架空便道上的护栏

应合理选择几根支撑，采取一定的防护措施，作为操作者或行人的坑内架空便道，其他支撑一律不得行人，并采取措施将其封堵。

3．基坑内扶梯的合理设置

为方便施工，保证施工人员的安全，有利于特殊情况下采取应急措施，基坑内必须合理设置上下行人扶梯，其平面布置应考虑不同位置的作业人员上下方便。

4. 钢筋混凝土支撑爆破时的安全措施

钢筋混凝土支撑爆破施工除必须由取得公安消防主管部门批准资质的企业承担，并按国标和有关规范施工外，施工现场还必须采取一定的防护措施。这些措施主要有：支撑量大时，要合理分块施爆，以减少一次爆破时使用的药量；所要爆破的支撑必须搭设防护棚；在所要爆破的三个支撑面上覆盖几层湿草包或湿麻袋；必要时在基坑边搭防护挡板；选择适当的爆破时间，减少噪声对周围居民和过往行人的影响。

2.3 基 坑 支 护

在城市建设中高层建筑、超高层建筑所占比例逐年增多，这些建筑如何解决深基础施工中的安全问题也越来越突出。住建部近几年的事故统计中，坍塌事故成了建筑业常见的"五大伤害"（高处坠落、坍塌、物体打击、机重伤害和机械伤害）安全事故之一。在坍塌事故中，基坑（槽）开挖、人工挖孔桩施工造成的坍塌和基坑支护坍塌占坍塌事故总数的百分比较高。

针对以上问题，必须对基坑支护进行安全控制，主要控制措施有：在施工前必须进行勘察，明确地下情况，制定施工方案；按照土质情况和深度设置安全边坡或固壁支撑，对于较深的沟坑，必须进行专项设计和支护；对于边坡和支护应随时检查，发现问题立即采取措施消除隐患；按照规定坑槽周边不得堆放材料和施工机械，以确保边坡的稳定，如施工机械确需大坑槽边作业时，应对机械作业范围内的地面采取加固措施。施工方案、临边防护、坑壁支护、排水措施、坑边荷载、上下通道、土方开挖、基坑支护变形监测、作业环境是安全控制的重点。

在基坑开挖中造成坍塌事故的主要原因有以下几个。

（1）基坑开挖放坡不够，没按土质的类别、坡度的容许值和规定的高宽比进行放坡（不按施工组织设计或方案进行）造成坍塌。

（2）基坑边坡顶部超载或由于振动，破坏了土体的内聚力，土体受重压后，引起内部结构破坏，造成坍塌。

（3）施工方法不正确，开挖程序不对，超标高挖土（未按设计设定层次）造成坍塌。

（4）支撑设置或拆除不正确，或者排水措施不力（基坑长时间水浸）以及解冻时造成坍塌。

 案例分析

某年11月16日上午9时05分，在某村某房屋开发公司建筑工地，下水管网沟槽坍塌，两名作业人员被掩埋窒息死亡。

事故概况：

11月初某房屋开发公司第二分公司经理傅某，将长97m，宽0.5m，深1.3～1.4m下水管网沟槽的挖掘工程发包给了本公司职工傅某某,同时制定了《下水管路坑槽方案》,并向傅某某下达了《技术、质量、安全交底记录》文本。11月10日,傅某某又以10 000元的价格把该工程转包给了某机床厂劳务队(无书面合同,只有口头协议)。因机床厂想尽快完成此任务,13日在没有制定施工方案,也没有向傅某某索取《下水管路坑槽方案》及《技术、质量、安全交底记录》的情况下,就指派劳务队张某某带领刘某、任某等15人进入工地进行作业。施工中,下水管网沟槽实际深度平均为1.7m,个别地段深达2m以上。16日上午9时05分,刘某、任某、张某某等人在挖沟作业时,沟槽西侧发生坍塌(当时沟深约2.5m,宽0.5m),将正在沟底作业的这3人压没在下面,造成刘某、任某两人死亡,张某某轻伤的事故。

事故原因分析:

1. 直接原因

(1)机床厂劳务队张某某安全意识不强,在房屋开发公司没有提供施工图纸,也没有编制详细的施工方案的情况下,就带领刘某、任某等15人进入工地进行挖沟作业。

(2)施工作业突击赶任务,在施工过程中又加深了沟的深度(口头协议沟深定为1.3~1.4m,宽0.5m,长约100m,而实际挖沟平均深度为1.7m,个别地段达2m以上)。在没有采取任何有效的安全防护措施情况下,盲目作业,致使沟槽坍塌。

2. 间接原因

(1)机床厂劳务人员安全生产知识和经验不足,不具备识别该作业现场存在安全隐患的能力及组织安全防护措施的防范能力,是事故发生的主要原因。

(2)机床厂对外派劳务的安全管理有漏洞,安全管理制度不完善。对施工作业现场的监督检查和管理工作不到位,安全生产管理松弛,是事故发生的管理原因。

(3)房屋开发公司第二分公司对施工工程发包合同的管理有漏洞,在公司职工将下水管网沟槽的挖掘工程发包给机床厂时(口头协议),没有对其是否具有施工能力进行审查,也没有要求机床厂编制施工方案并审查。对施工作业现场的安全监督检查和技术指导不到位,是事故发生的重要原因。

基坑支护、土方作业安全检查评定应符合现行国家标准《建筑基坑工程监测技术标准》(GB 50497—2019)、现行行业标准《建筑基坑支护技术规程》(JGJ 120—2012)、《建筑施工土石方工程安全技术规范》(JGJ 180—2009)的规定。检查评定保证项目包括:施工方案、临边防护、基坑支护及支撑拆除、基坑降排水、坑边荷载。一般项目包括:上下通道、土方开挖、基坑支护变形监测、作业环境。

2.3.1 施工方案

基坑开挖之前,要按照土质情况、基坑深度以及周边环境确定支护方案,其内容应包括放坡要求、支护结构设计、机械选择、开挖时间、开挖顺序、分层开挖深度、坡道位置、车辆进出道路、降水措施及监测要求等。施工方案必须针对施工工艺结合作业条件,对施工过程中可能造成坍塌的因素和作业人员的安全以及防止周边建筑、道路等产生不均匀沉降等一系列问题，设计制定具体可行措施，并在施工中付诸实施。施工方案的合理与否，不但影响施工的工期、造价，更主要还会对施工过程中能否保证安全产生直接影响，因此必须经上级审批。基坑深度超过 3m 时，应按相关规定要求操作。开挖深度超过 5m 的基坑或开挖深度虽未超过 5m，但地质情况和周边环境较复杂的基坑，必须由具有资质的设计单位进行专项支护设计，支护方案或施工组织设计必须按企业内部管理规定进行审批。超过一定规模的危险性较大的专项施工方案由施工单位组织专家进行论证。

2.3.2 临边防护

深度超过 2m 的基坑，坑边必须设置防护栏杆，并且用密目网封闭，栏杆立杆应与便道预埋件通过电焊连接。栏杆宜采用 $\phi 48.3mm \times 3.6mm$ 钢管，表面喷黄漆标志。坑口应砖砌翻口，以防坑边碎石和坑外水进入坑内。对于取土口、栈桥边、行人支撑边等部位，必须设置安全防护设施并符合要求。

2.3.3 基坑支护及支撑拆除

不同深度的基坑和作业条件，所采取的支护方式和放坡大小也不同。

1. 原状土放坡

一般基坑深度小于 3m 时，可采用一次性放坡。当深度达到 4～5m 时，可采取分级（阶梯式）放坡。明挖放坡必须保证边坡的稳定。根据土质类别进行稳定计算确定安全系数。原状土放坡适用于较浅的基坑（挖深限制见表 2-1、表 2-2），对于深基坑可采用打桩、土钉墙和地下连续墙的方法来确保其边坡稳定。

表 2-1 直立壁不加支撑的挖深限制

序号	土质类别	挖深限制/m
1	密实、中密的砂土和碎石类土（充填物为砂土）	1.00
2	硬塑、可塑的轻亚黏土	1.25
3	硬塑、可塑的黏土和中密的碎石类土（充填物为黏性土）	1.50
4	坚硬的土	2.00

表 2-2 挖深 5m 以内且不加支撑时的坡度要求

土质类别	边坡坡度（高：宽）		
	坡顶无荷载	坡顶有静载	坡顶有动载
中密的砂土	1：1.00	1：1.25	1：1.50
中密的碎石类土（充填物为砂土）	1：0.75	1：1.00	1：1.25
硬塑的轻亚黏土	1：0.67	1：0.75	1：1.00
中密的碎石类土（充填物为黏性土）	1：0.50	1：0.67	1：0.75

续表

土质类别	边坡坡度（高：宽）		
	坡顶无荷载	坡顶有静载	坡顶有动载
硬塑的黏土	1：0.33	1：0.50	1：0.67
老黄土	1：0.10	1：0.25	1：0.33
软土（经井点降水后）	1：1.00		

注：静载指堆土或材料等，动载指机械挖土或汽车运输作业等。静载和动载距挖方边缘的距离应符合规定。

2．排桩（护坡桩）

当周边无条件放坡时，可设计成挡土墙结构，采用预制桩、钢筋混凝土桩和钢桩。间隔排桩利用高压旋喷或深层搅拌办法，将桩与桩之间的土体固化形成桩墙挡土结构。其好处是土体整体性好，同时可以阻止地下水渗入基坑形成隔渗结构。桩墙挡土结构实际上是利用桩的入土深度形成悬臂结构，当基础较深时，可采用坑外拉锚或坑内支撑来保护桩的稳定。

3．坑外拉锚与坑内支撑

1）坑外拉锚

用锚具将锚杆固定在桩的悬臂部分，将锚杆的另一端伸向基坑边土层内锚固，以增加桩的稳定。锚杆由锚头、自由段和锚固段组成。锚杆必须有足够长度，锚固段不能设置在土层的滑动面之内。锚杆可设计成一层或多层，并要现场进行抗拔力确定试验。

2）坑内支撑

坑内支撑有单层平面和多层支撑，一般材料取型钢或钢筋混凝土。操作时要注意支撑安装和拆除顺序。多层支撑必须在上道支撑混凝土强度达80%后才可挖下层，钢支撑严禁在负荷状态下焊接。

4．地下连续墙

地下连续墙就是在深层地下浇筑一道钢筋混凝土墙，既可挡土护壁又可起隔渗作用，还可以成为工程主体结构的一部分，也可以代替地下室墙的外模板。地下连续墙也可简称地连墙，地连墙施工是指利用成槽机械，按照建筑平面图挖出一条长槽，用膨润土泥浆护壁，在槽内放入钢筋笼，然后浇筑混凝土的过程。施工时，可以将长槽分成若干单元（5～8m一段），最后将各段进行接头连接，即形成一道地连墙。

5．逆作法施工

逆作法的施工工艺和一般正常施工流程相反，一般基础施工先挖方至设计深度，然后自下向上施工到正负零标高，再继续施工上部主体。逆作法是先施工地下一层（离地面最近的一层），在打完第一层楼板时，进行养护，在养护期间可以施工上部主体。当第一层楼板达到强度时，可继续施工地下二层（同时向上方施工），此时的地下主体结构梁板体系，就作为挡土结构的支撑体系，地下室外的墙体又是基坑的护壁。这时梁板的施工只需将其插入土中,作为柱子钢筋。梁板施工完毕后再挖方施工柱子。第一层楼板以下部分由于楼板的封闭,只能采用人工挖土,可利用电梯间垂直通道运输。逆作法不仅节省工料,上下同时施工缩短工期,而且由于利用工程梁板结构做内支撑,因此可以避免装拆临时支撑造成的土体变形。

此外,应有针对支护设施产生变形的防治预案,并及时采取措施,施工中应严格按支护方案的要求进行土方开挖及支撑的拆除,采用专业方法拆除支撑的施工队伍必须具备专业的施工资质。

2.3.4　基坑降排水

基坑施工常遇地下水。对地下水的控制一般有排水、降水、隔渗等方法。

1. 排水

基坑深度较浅,常采用明排,即沿槽底挖出两道水沟,每隔30~40m设一集水井,用水泵将水抽走。

2. 降水

开挖深度大于3m时,可采用井点降水。井点降水每级可降6m,再深时,可采用多级降水,水量大时,可采用深井降水。降水井井点位置距坑边 1m 左右。基坑外面应挖排水沟,防止雨水流入坑内。为了防止降水后造成周围建筑物的不均匀沉降,可在降水的同时,采取回灌措施,以保持原有的地下水位不变。抽水过程中要经常检查真空度,防止漏气。

3. 隔渗

隔渗是用高压旋喷、深层搅拌形成的水泥土墙和底板筑成的止水帷幕,阻止地下水渗入坑内的方法。

(1)坑内抽水。此方法不会造成周边建筑物、道路的沉降问题。坑外高水位,坑内低水位应于干燥条件下作业。止水帷幕向下插入不透水层落底,对坑内封闭,应注意防漏。

基坑坑边荷载

(2)坑外抽水。这种方法减轻了挡土桩的侧压力,但对周边建筑物的沉降问题有不利影响,适合含水层较厚的基坑,此时止水帷幕悬吊在透水层中。

2.3.5　坑边荷载

基坑边沿堆置的建筑材料,距槽边最小距离必须满足设计规定,禁止基坑边堆置弃土,施工机械施工行走路线必须按方案执行。

2.3.6　上下通道

(1)基坑施工作业人员上下必须设置专用通道,不得攀爬栏杆和自挖土级上下。

(2)人员专用通道应在施工组织设计中确定。视条件可采用梯子,斜道(有踏步级)两侧要设扶手栏杆。

(3)设备进出时按基坑部位设置专用坡道(推土机25°,挖掘机20°,铲运机25°)。

2.3.7 土方开挖

(1)施工机械必须实行进场验收制度,操作人员持证上岗。

(2)严禁施工人员进入施工机械作业半径内。

(3)基坑开挖应严格按方案执行,宜采用分层开挖的方法,严格控制开挖面的坡度和分层厚度,防止边坡和挖土机下的土体滑动,严禁超挖。

(4)基坑支护结构必须在达到设计要求的强度后,方可开挖下层土方。

(5)挖土机不能超标高挖土,以免造成土体结构破坏。

2.3.8 基坑支护变形监测

基坑开挖之前应做出系统的监测方案,包括监测方法、精度要求、监测点布置、观测周期、工序管理、记录制度、信息反馈等。基坑开挖过程中特别注意监测支护体系变形、基坑外地面沉降或隆起变形、邻近建筑物动态、支护结构的开裂和位移等情况,重点监测桩位、护壁墙面、主要支撑杆、连接点以及渗漏情况。

开挖深度大于 5m 的基坑应由建设单位委托具备相应资质的第三方单位实施监测。总包单位应自行安排基坑监测工作,并与第三方单位监测资料定期对比分析,指导施工作业。基坑工程监测必须由基坑设计方确定监测报警值,施工单位应及时通报变形情况。

2.3.9 作业环境

基坑内作业人员必须有足够的安全作业面,垂直作业必须有隔离防护措施,夜间施工必须有足够的照明设施。电箱的设置、周围环境以及各种电气设备的架设、使用均应符合电气规范规定。

基坑支护、土方作业检查评分表见表 2-3。

表 2-3 基坑支护、土方作业检查评分表

序号	检查项目		扣 分 标 准	应得分数	扣减分数	实得分数
1	保证项目	施工方案	深基坑施工未编制支护方案扣 20 分 基坑深度超过 5m 未编制专项支护设计扣 20 分 开挖深度 3m 及以上未编制专项方案扣 20 分 开挖深度 5m 及以上专项方案未经过专家论证扣 20 分 支护设计及土方开挖方案未经审批扣 15 分 施工方案针对性差不能指导施工扣 12~15 分	20		

续表

序号	检查项目		扣分标准	应得分数	扣减分数	实得分数
2	保证项目	临边防护	深度超过2m的基坑施工未采取临边防护措施扣10分 临边及其他防护不符合要求扣5分	10		
3		基坑支护及支撑拆除	坑槽开挖设置安全边坡不符合安全要求扣10分 特殊支护的作法不符合设计方案扣5~8分 支护设施已产生局部变形又未采取措施调整扣6分 混凝土支护结构未达到设计强度提前开挖,超挖扣10分 支撑拆除没有拆除方案扣10分 未按拆除方案施工扣5~8分 用专业方法拆除支撑,施工队伍没有专业资质扣10分	10		
4		基坑降排水	高水位地区深基坑内未设置有效降水措施扣10分 深基坑边界周围地面未设置排水沟扣10分 基坑施工未设置有效排水措施扣10分 深基础施工采用坑外降水,未采取防止临近建筑和管线沉降措施扣10分	10		
5		坑边荷载	积土、料具堆放距槽边距离小于设计规定扣10分 机械设备施工与槽边距离不符合要求且未采取措施扣10分	10		
		小计		60		
6	一般项目	上下通道	人员上下未设置专用通道扣10分 设置的通道不符合要求扣6分	10		
7		土方开挖	施工机械进场未经验收扣5分 挖土机作业时,有人员进入挖土机作业半径内扣6分 挖土机作业位置不牢、不安全扣10分 司机无证作业扣10分 未按规定程序挖土或超挖扣10分	10		
8		基坑支护变形监测	未按规定进行基坑工程监测扣10分 未按规定对毗邻建筑物、重要管线和道路进行沉降观测扣10分	10		
9		作业环境	基坑内作业人员缺少安全作业面扣10分 垂直作业上下未采取隔离防护措施扣10分 光线不足,未设置足够照明扣5分	10		
		小计		40		
			检查项目合计	100		

注:1. 每项最多扣减分数不大于该项应得分数。
  2. 保证项目有一项不得分或保证项目小计得分不足40分,检查评分表记零分。
  3. 该表换算到汇总表后得分=$\dfrac{10\times该表检查项目实得分数合计}{100}$。

本章小结

本章主要介绍了不同情况的挖方规定,对土方施工的安全要求作了全面的阐述,确保土方施工安全可靠,同时对基础工程安全控制要点,基坑支护安全检查要点等内容作了全面叙述。

思考与拓展题

1. 土方开挖前要做好哪些施工准备工作?
2. 挖土时应遵守哪些规定?
3. 土方施工时发生坍塌事故,如何进行应急救援?
4. 请你谈谈基坑开挖中造成坍塌事故的原因。
5. 基坑支护、土方作业安全检查评定项目有哪些内容?

第3章

脚手架工程安全技术

课程标准

课程内容	知识要点	教学目标
脚手架工程安全技术措施与控制	脚手架的种类；扣件式钢管脚手架组成、构造要求、搭设和使用；悬挑式脚手架构造要求和检查评定；门式钢管脚手架组成和检查评定；碗扣式钢管脚手架、附着式升降脚手架、承插型盘扣式钢管支架、高处作业吊篮、满堂式脚手架、模板支撑架的检查评定应用训练	懂得常用脚手架的类别和安全基本要求。掌握扣件式钢管脚手架、悬挑式脚手架的构造要求，搭设和拆除的安全技术以及安全管理等内容。会运用所学知识检查脚手架，进行搭设和拆除脚手架的交底，在工程实际中进行脚手架的安全管理

章节导读

脚手架是为建筑施工而搭设的上料、堆料与施工作业用的临时结构架。它作为建筑施工用的临时设施，贯穿于施工的全过程，其设计和搭设的质量，不仅直接影响操作人员的人身安全，而且还影响建筑施工的进度、效率和质量。如果脚手架的搭设、使用和拆除不符合安全技术和管理的要求，那么可能就会引起高处坠落、坍塌、物体打击、触电和雷击等安全事故的发生。所以，脚手架工程一直是建筑施工现场安全技术和管理的工作重点。

知识链接

脚手架如果搭设不及时，会影响施工进度；搭设不符合施工需要，会影响工人操作和工程质量；搭设不牢固，容易造成伤亡事故。

3.1 脚手架的分类及基本要求

3.1.1 脚手架的分类

脚手架

脚手架的分类方法有很多，一般包括以下类别。

（1）按搭设位置不同，脚手架分外脚手架和内（里）脚手架。搭设在建筑物或构筑物外围的脚手架统称为外脚手架，一般包括单排脚手架、双排脚手架和悬挑式脚手架等。而搭设在建筑物或构筑物内侧的脚手架统称为内（里）脚手架，一般包括马凳式里脚手架和支柱式里脚手架等。

（2）按搭设的用途不同，脚手架分为操作（作业）脚手架、防护脚手架和承重（或支撑）脚手架。操作（作业）脚手架又可分为结构作业脚手架、装饰装修作业脚手架和安装作业脚手架。结构作业脚手架是供建筑物或构筑物主体结构施工作业时使用的脚手架。装饰装修作业脚手架是供装饰施工作业时使用的脚手架。安装作业脚手架是供安装器具或设备时使用的脚手架。防护脚手架是供建筑施工时安全防护而搭设的脚手架。承重（或支撑）脚手架是供模板支设而搭设的脚手架。

（3）按搭设的立杆排数不同，脚手架分为单排脚手架、双排脚手架和满堂式脚手架。单排脚手架是由许多落地的单排立杆与大横杆、小横杆、扫地杆等杆件按规定的连接方式组合而成的脚手架。双排脚手架是由许多落地的内、外两排立杆与大横杆、小横杆、扫地杆等杆件按规定的连接方式组合而成的脚手架。满堂式脚手架是由较多排（≥3 排）的立杆与横杆、扫地杆、斜撑、剪刀撑等组成的，主要用于结构、装饰和设备安装等施工，一般起承重、加固和支撑等作用，又称满堂红脚手架。

（4）按闭合形式不同，脚手架分为全封闭式脚手架、半封闭式脚手架、局部封闭式脚手架和敞开式脚手架。全封闭式脚手架是指沿脚手架外侧全长和全高封闭的脚手架。半封闭式脚手架是指遮挡面积占 30%～70%的脚手架。局部封闭式脚手架是指遮挡面积小于30%的脚手架。敞开式脚手架是指仅设有作业层栏杆和挡脚板，而无其他遮挡设施的脚手架。

（5）按支固形式不同，脚手架分为落地式脚手架、悬挑式脚手架、附墙悬挂脚手架、悬吊式脚手架、附着式升降脚手架等。落地式脚手架是指搭设在地面、楼面、屋面或其他平台结构之上的脚手架。悬挑式脚手架（简称挑脚手架）是采用悬挑方式支固的脚手架，其悬挑方式又分为架设于专用悬挑梁上、架设于专用三角桁架上和架设于由撑拉杆件组合的支挑结构上 3 种。附墙悬挂脚手架（简称挂脚手架）是指在上部或中部挂设于墙体挑挂件上的定型脚手架。悬吊式脚手架（简称吊脚手架）是指悬吊于悬挑梁或工程结构之下的脚手架，当采用篮式作业架时，也称为高处作业吊篮。附着式升降脚手架（简称爬架）是指附着于工程结构之上，依靠自身的提升设备实现升降的悬空脚手架，因能够实现整体的提升所以又称为整体式提升脚手架。

（6）按搭设后的可移动性不同，脚手架分为固定式脚手架和移动式脚手架。

（7）按搭设材质不同，脚手架分成竹脚手架、木脚手架和钢管脚手架。钢管脚手架又分成扣件式脚手架和碗扣式脚手架。

3.1.2 脚手架安全基本要求

1. 脚手架设计的安全基本要求

（1）脚手架应满足在各类荷载作用下保持整体稳定性的要求。

（2）脚手架应满足在各类荷载作用下保持强度的要求。

（3）脚手架在正常使用时应有足够的刚度。

（4）在满足上述要求的同时，还应满足经济性和搭设、使用方便等要求。

2. 脚手架搭设和使用的安全基本要求

（1）组成脚手架的原、配件质量必须符合相关要求，并经检查验收合格后方准使用。

（2）脚手架的搭设必须依据经有关部门和人员审核的专项施工方案，并附必要的验算结果。

（3）高度超过 24m 的各类脚手架（包括落地式脚手架、附着式升降脚手架、悬挑式脚手架、门型脚手架、附墙悬挂脚手架、高处作业吊篮、卸料平台等）应编制专项施工方案。

（4）脚手架的搭设人员（专业架子工）需经建设行政主管部门组织的考试合格后方可持证上岗，并定期体检。

（5）脚手架的搭设人员必须按要求佩戴安全帽、系好安全带、穿防滑鞋。

（6）脚手架的搭设与设计必须一致、设计荷载与实际荷载相一致，并符合有关标准和规程的要求，需要改变搭设方案时，必须履行规定的变更审核手续。

（7）脚手架的搭设必须满足相关的构造要求。

（8）所有的操作平台应铺设符合相关要求的脚手板，在平台的边缘应有扶手、防护网、挡脚板或其他防坠落的保护措施。

（9）脚手架上堆料量不得超过规定荷载和高度，同一块脚手板上的操作人员不得超过两人。

（10）提供合适、安全的方法，使操作人员和物料等能顺利到达操作平台。

（11）所有置于工作平台上的物料应安全堆放，严禁超载。

（12）对搭设后的脚手架要进行定期或不定期的检查，首次检查应当在搭设完成之后，由施工单位安全机构的专职安全管理人员、项目部安全负责人、搭设单位（或人员）、相关分包单位等参加，每次检查的详情应有记录并予以存档。

（13）对于已搭设的脚手架结构，未经允许不得改动或拆除。

（14）遇 6 级以上大风或大雾、雨雪等恶劣天气时应暂停脚手架的搭设作业。

（15）脚手架的安全检查与维护，应按规定进行，安全网应按有关规定搭设或拆除。

3．脚手架拆除的安全基本要求

（1）拆除脚手架前必须制定拆除方案，并履行规定的审批手续。

（2）拆除脚手架时，应在拆除区设置警戒线，严禁无关人员进入。

（3）拆除脚手架应坚持先搭的后拆，后搭的先拆的拆除原则，自上而下进行拆除，并且拆除某一部分后不得使另一部分或其他结构产生倾倒或失稳，严禁上下同时作业。

（4）拆除脚手架时，严禁采用将脚手架整体推倒的方法。

（5）凡脚手架拆下的构件都要用绳索捆绑牢固向下传递，严禁从高处向下抛掷。

（6）在架空电力线路附近拆除时，应停电进行，若不能停电，应采取防止触电和防止损伤线路的安全措施。

（7）遇 6 级以上大风或大雾、雨雪等恶劣天气时应暂停脚手架的拆除作业。

4．脚手架的防电、避雷要求

《施工现场临时用电安全技术规范》（JGJ 46—2005）对脚手架的防电、避雷措施做了明确规定，具体要求如下。

1）脚手架的防电措施

脚手架的周边与外电架空线路的边线之间的最小安全操作距离见表 3-1。

表 3-1　脚手架的周边与外电架空线路的边线之间的最小安全操作距离

外电线路电压等级/kV	<1	1～10	35～110	220	330～500
最小安全操作距离/m	4.0	6.0	8.0	10	15

2）脚手架的避雷措施

（1）施工现场内的钢管脚手架，当在相邻建筑物、构筑物等设施的防雷装置接闪器的保护范围以外时，应按表 3-2 的规定安装防雷装置。

表 3-2　施工现场内的钢管脚手架需安装防雷装置的规定

地区年平均雷暴日/d	机械设备高度/m
≤15	≥50
>15，<40	≥32
>40，<90	≥20
≥90 及雷害特别严重地区	≥12

（2）当最高机械设备上避雷针（接闪器）的保护范围能覆盖其他设备，且又最后退出现场，则其他设备可不设防雷装置。

（3）机械设备或设施的防雷引下线可利用该设备或设施的金属结构体，但应保证电气连接。

（4）机械设备上的避雷针（接闪器）长度应为 1～2m。

（5）施工现场内所有防雷装置的冲击接地电阻值不得大于 30Ω。

3.2　扣件式钢管脚手架

扣件式钢管脚手架是为建筑施工而搭设的，由扣件和钢管等构成，与支撑架共同承受荷载，其包括了《建筑施工扣件式钢管脚手架安全技术规范》（JGJ 130—2011）中的各类脚手架与支撑架。扣件式钢管脚手架因为具有搭设简便、可周转使用、灵活适用等特点，所以在当前的工程建设中应用较为广泛。但值得注意的是，在目前的一些建筑施工现场，由扣件式钢管脚手架的违规搭设、使用和拆除而引发的安全事故仍然屡见不鲜，其根本原因就是现场有些工程技术人员和操作者，不懂得扣件式钢管脚手架的安全技术要求和管理规定。

3.2.1　基本组成及构配件的技术要求

1. 基本组成及作用

扣件式钢管脚手架各杆件位置如图 3.1 所示。

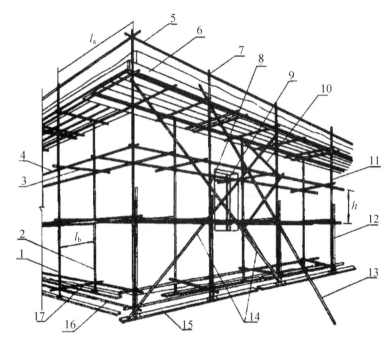

图 3.1 扣件式钢管脚手架各杆件位置

1—外立杆；2—内立杆；3—横向水平杆；4—纵向水平杆；5—栏杆；6—脚手板；7—直角扣件；
8—旋转扣件；9—连墙件；10—横向斜撑；11—主立杆；12—副立杆；13—抛撑；14—剪刀撑；
15—垫板；16—纵向扫地杆；17—横向扫地杆；h—步距；l_a—纵距；l_b—横距

扣件式钢管脚手架的主要组成构件及作用见表 3-3。

表 3-3 扣件式钢管脚手架的主要组成构件及作用

序号	杆件名称		作　用
1	立杆	外立杆	平行于建筑物并垂直于地面的杆件，既是组成脚手架结构的主要杆件，又是传递脚手架结构自重、施工荷载与风荷载的主要受力杆件
		内立杆	
2	横向水平杆（小横杆）		垂直于建筑物，横向连接脚手架内、外排立杆或一端连接脚手架立杆、另一端支于建筑物，既是组成脚手架结构的主要杆件，又是传递施工荷载给立杆的主要受力杆件
3	纵向水平杆（大横杆）		平行于建筑物，是纵向连接各立杆的通长水平杆件，既是组成脚手架结构的主要杆件，又是传递施工荷载给立杆的主要受力杆件
4	扣件	直角扣件	用于垂直交叉杆件间连接的扣件，是依靠其与钢管表面间的摩擦力来传递施工荷载、风荷载的受力连接件
		旋转扣件	用于平行或斜交杆件间连接的扣件，是连接支撑斜杆与立杆或横向水平杆的连接件
		对接扣件	用于对接杆件连接的扣件，也是传递荷载的受力连接件
5	连墙件		是连接脚手架与建筑物的部件，既要承受、传递风荷载，又要防止脚手架横向失稳或倾覆

续表

序号	杆件名称	作　用
6	脚手板	是供操作人员作业，并承受和传递施工荷载的板件，当设于非操作层时可起防护作用
7	横向斜撑（之字撑）	与双排脚手架内、外排立杆或水平杆斜交，是呈之字形的斜杆，可增强脚手架的横向刚度，提高脚手架的承载能力
8	剪刀撑（十字撑）	是设在脚手架外侧面，与墙面平行，且成对设置的交叉斜杆，可增强脚手架的纵向刚度，提高脚手架的承载能力
9	抛撑	是与脚手架外侧面斜交的杆件，可增强脚手架的稳定和抵抗水平荷载的能力
10	纵向扫地杆	是连接立杆下端，平行于外墙，距底座下皮 200mm 处的纵向水平杆，可约束立杆底端纵向发生的位移
11	横向扫地杆	是连接立杆下端，垂直于外墙，位于纵向扫地杆下方的横向水平杆，可约束立杆底端横向发生的位移
12	垫板	设在立杆下端，是承受并传递立杆荷载的配件
13	主节点	立杆、纵向水平杆、横向水平杆 3 杆紧靠的扣接点

2．构配件的技术要求

1）钢管

钢管应采用现行国家标准《直缝电焊钢管》（GB/T 13793—2016）或《低压流体输送用焊接钢管》（GB/T 3091—2015）中规定的 Q235 普通钢管。钢管的钢材质量应符合现行国家标准《碳素结构钢》（GB/T 700—2006）中 Q235 级钢的规定，宜采用 ϕ48.3mm×3.6mm 的钢管。每根钢管的最大质量不应大于 25.8kg。

2）扣件

扣件应采用可锻铸铁或铸钢制作，其质量和性能应符合现行国家标准《钢管脚手架扣件》（GB/T 15831—2023）的规定。采用其他材料制作的扣件，应经试验证明其质量符合该标准的规定后方可使用。扣件在螺栓拧紧扭力矩达到 65N·m 时，不得发生破坏。

3）脚手板

脚手板可采用钢、木、竹材料制作，单块脚手板的质量不宜大于 30kg。冲压钢脚手板的材质应符合现行国家标准《碳素结构钢》（GB/T 700—2006）中 Q235 级钢的规定。木脚手板材质应符合现行国家标准《木结构设计标准》（GB 50005—2017）中 IIa 级材质的规定，脚手板厚度不应小于 50mm，两端宜各设置直径不小于 4mm 的镀锌钢丝箍两道。竹脚手板宜采用由毛竹或楠竹制作的竹串片板、竹笆板，竹串片脚手板应符合现行行业标准《建筑施工木脚手架安全技术规范》（JGJ 164—2008）的相关规定。

4）可调托撑

可调托撑螺杆外径不得小于 36mm，直径与螺距应符合现行国家标准《梯形螺纹》（GB/T 5796.2—2022、GB/T 5796.3—2022）的规定。可调托撑的螺杆与支托板焊接应牢固，焊缝高度不得小于 6mm。可调托撑螺杆与螺母旋合长度不得少于 5 扣，螺母厚度不得小于 30mm。可调托撑受压承载力设计值不应小于 40kN，支托板厚度不应小于 5mm。

3.2.2 构造要求

1. 常用单、双排脚手架设计尺寸

常用密目式安全立网全封闭式单、双排脚手架结构的设计尺寸,见表3-4和表3-5。

表3-4 常用密目式安全立网全封闭式单排脚手架结构的设计尺寸　　单位：m

连墙件设置	立杆横距 l_b	步距 h	下列荷载时的立杆纵距 l_a		脚手架允许搭设高度 $[H]$
			2+0.35 (kN/m²)	3+0.35 (kN/m²)	
两步三跨	1.20	1.5	2.0	1.8	24
		1.80	1.5	1.2	24
	1.40	1.5	1.8	1.5	24
		1.80	1.5	1.2	24
三步三跨	1.20	1.5	2.0	1.8	24
		1.80	1.2	1.2	24
	1.40	1.5	1.8	1.5	24
		1.80	1.2	1.2	24

表3-5 常用密目式安全立网全封闭式双排脚手架结构的设计尺寸　　单位：m

连墙件设置	立杆横距 l_b	步距 h	下列荷载时的立杆纵距 l_a				脚手架允许搭设高度 $[H]$
			2+0.35 (kN/m²)	2+2+2×0.35 (kN/m²)	3+0.35 (kN/m²)	3+2+2×0.35 (kN/m²)	
两步三跨	1.05	1.5	2.0	1.5	1.5	1.5	50
		1.80	1.8	1.5	1.5	1.5	32
	1.30	1.5	1.8	1.5	1.5	1.5	50
		1.80	1.8	1.2	1.5	1.2	30
	1.55	1.5	1.8	1.5	1.5	1.5	38
		1.80	1.8	1.2	1.5	1.2	22
三步三跨	1.05	1.5	2.0	1.5	1.5	1.5	43
		1.80	1.8	1.5	1.5	1.2	24
	1.30	1.5	1.8	1.5	1.5	1.2	30
		1.80	1.8	1.2	1.5	1.2	17

注：1. 表中所示 2+2+2×0.35（kN/m²），包括下列荷载：2+2（kN/m²）为二层装修作业层施工荷载标准值；2×0.35（kN/m²）为二层作业层脚手板自重荷载标准值。
　　2. 作业层横向水平杆间距，应按不大于 $l_a/2$ 设置。
　　3. 地面粗糙度为B类，基本风压 $w_0=0.4$ kN/m²。

单排脚手架搭设高度不应超过24m，双排脚手架搭设高度不宜超过50m，高度超过50m的双排脚手架，应采用分段搭设等措施。

图 3.2 立杆底层

2．立杆的构造要求

（1）每根立杆底层宜设置底座或垫板，如图 3.2 所示。

（2）脚手架必须设置纵、横向扫地杆。纵向扫地杆应采用直角扣件固定在距底座上皮不大于 200mm 处的立杆上。横向扫地杆亦应采用直角扣件固定在紧靠纵向扫地杆下方的立杆上。当立杆基础不在同一高度上时，必须将高处的纵向扫地杆向低处延长两跨与立杆固定，高低差不应大于 1m。靠边坡上方的立杆轴线到边坡的距离不应小于 500mm，如图 3.3 所示。

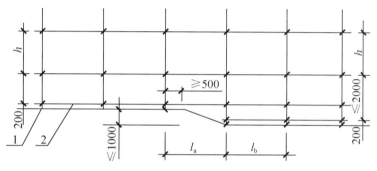

图 3.3 纵、横向扫地杆构造

1—横向扫地杆；2—纵向扫地杆

（3）脚手架底层步距不应大于 2m，如图 3.3 所示。

（4）立杆必须用连墙件与建筑物可靠连接，连墙件布置间距宜按表 3-6 采用。

表 3-6 连墙件布置间距

脚手架高度/m		竖向间距 h/m	水平间距 l_a/m	每根连墙件覆盖面积/m^2
双排	≤50	3	3	≤40
	>50	2	3	≤27
单排	≤24	3	3	≤40

注：h—步距；l_a—纵距。

（5）立杆接长除顶层顶步可采用搭接外，其余各层各步接头必须采用对接扣件连接。对接、搭接应符合下列规定。

① 立杆上的对接扣件应交错布置：两根相邻立杆的接头不应设置在同步内，同步内隔一根立杆的两个相隔接头在高度方向上错开的距离不应小于 500mm，各接头中心至最近主节点的距离不宜大于步距的 1/3。

② 搭接长度不应小于 1m，应采用不少于两个旋转扣件固定，端部扣件盖板的边缘至杆端距离不应小于 100mm。

（6）立杆顶端宜高出女儿墙上皮 1m，高出檐口上皮 1.5m。

3．纵向水平杆的构造要求

（1）纵向水平杆宜设置在立杆内侧，其长度不宜小于三跨。

（2）纵向水平杆接长宜采用对接扣件连接，也可采用搭接。对接、搭接应符合下列规定。

① 纵向水平杆的对接扣件应交错布置：两根相邻纵向水平杆的接头不宜设置在同步或同跨内，不同步或不同跨内两个相邻接头在水平方向上错开的距离不应小于 500mm，各接头中心至最近主节点的距离不宜大于纵距的 1/3，如图 3.4 所示。

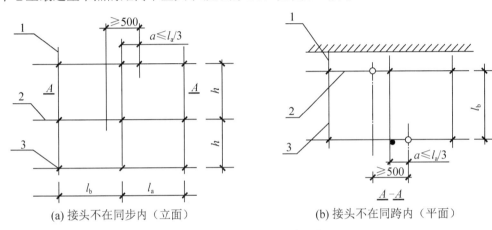

图 3.4　纵向水平杆对接接头布置

1—立杆；2—纵向水平杆；3—横向水平杆

② 搭接长度不应小于 1m，应等间距设置 3 个旋转扣件固定，端部扣件盖板的边缘至搭接纵向水平杆杆端的距离不应小于 100mm。

③ 当使用冲压钢脚手板、木脚手板、竹串片脚手板时，纵向水平杆应作为横向水平杆的支座，用直角扣件固定在立杆上。当使用竹笆脚手板时，纵向水平杆应采用直角扣件固定在横向水平杆上，并等间距设置，间距不应大于 400mm，如图 3.5 所示。

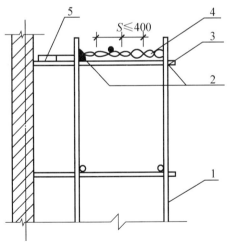

图 3.5　铺竹笆脚手板时纵向水平杆的构造

1—立杆；2—纵向水平杆；3—横向水平杆；
4—竹笆脚手板；5—其他脚手板

4．横向水平杆的构造要求

（1）主节点处必须设置一根横向水平杆，用直角扣件扣接，且严禁拆除。

（2）作业层上非主节点处的横向水平杆，宜根据支撑脚手板的需要等间距设置，最大间距不应大于纵距的 1/2。

（3）当使用冲压钢脚手板、木脚手板、竹串片脚手板时，双排脚手架的横向水平杆两端均应采用直角扣件固定在纵向水平杆上,单排脚手架的横向水平杆的一端,应用直角扣件固定在纵向水平杆上,另一端插入墙内,插入长度不应小于180mm。

(4) 使用竹笆脚手板时,双排脚手架的横向水平杆两端应采用直角扣件固定在立杆上,单排脚手架的横向水平杆的一端,应用直角扣件固定在立杆上,另一端插入墙内,插入长度亦不应小于180mm。

5. 脚手板的构造要求

(1) 作业层脚手板应铺满、铺稳、铺实。

(2) 冲压钢脚手板、木脚手板、竹串片脚手板等,应设置在3根横向水平杆上。当脚手板长度小于2m时,可采用两根横向水平杆支承,但应将脚手板两端与其可靠固定,严防倾翻。此3种脚手板的铺设可采用对接平铺,亦可采用搭接铺设。脚手板对接平铺时,接头处必须设两根横向水平杆,脚手板外伸长度应取130～150mm,两块脚手板外伸长度的和不应大于300mm,如图3.6(a)所示。脚手板搭接铺设时,接头必须支在横向水平杆上,搭接长度不应小于200mm,其伸出横向水平杆的长度不应小于100mm,如图3.6(b)所示。

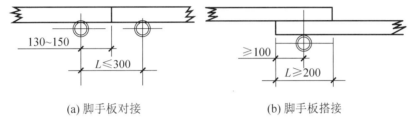

(a) 脚手板对接　　　　　　(b) 脚手板搭接

图 3.6　脚手板对接、搭接构造

(3) 竹笆脚手板应按其主竹筋垂直于纵向水平杆的方向铺设,且采用对接平铺,将4个角用直径1.2mm的镀锌钢丝固定在纵向水平杆上。

(4) 作业层端部脚手板探头长度应取150mm,其板长两端均应与支承杆可靠固定。

6. 连墙件的构造要求

(1) 连墙件数量的设置除应满足设计计算的要求外,还应符合表3-6的规定。

(2) 连墙件的布置应符合下列规定。

① 宜从靠近主节点的位置设置,偏离主节点的距离不应大于300mm。

② 应从底层第一步纵向水平杆处开始设置,当该处设置有困难时,可采用其他可靠的措施固定。

③ 应优先采用菱形布置,其次采用方形、矩形布置。

④ 开口型脚手架的两端必须设置连墙件,连墙件的垂直间距不应大于建筑物的层高,且不应大于4m。

⑤ 连墙件中的连墙杆应呈水平设置,当不能水平设置时,应与脚手架一端下斜连接。

⑥ 必须采用可承受拉力和压力的构造。对高度在24m以上的双排脚手架应采用刚性连墙件与建筑物连接。

⑦ 当脚手架下部暂不能设连墙件时,应采取脚手架防倾覆措施。当搭设抛撑时,抛撑应采用通长杆件,并用旋转扣件固定在脚手架上,与地面的倾角在45°～60°。连接点中心至最近主节点的距离不应大于300mm。抛撑应在连墙件搭设后再拆除。

⑧ 架高超过 40m 且有风涡流作用时，应采取抗上升翻流作用的连墙措施。

7．门洞处的构造要求

（1）单、双排脚手架门洞宜采用上升斜杆、平行弦杆桁架，其结构形式如图 3.7 所示，斜杆与地面的倾角在 45°～60°。门洞桁架的形式宜按下列要求确定。

① 当步距（h）小于纵距（l_a）时，应采用 A 型。

② 当步距（h）大于纵距（l_a）时，应采用 B 型，并应满足：$h=1.8$m 时，纵距不应大于 1.5mm；$h=2.0$m 时，纵距不应大于 1.2mm。

（2）单、双排脚手架门洞桁架的构造应符合下列规定。

① 单排脚手架门洞处，应在平面桁架（图 3.7 中 A、B、C、D）的每一节间设置一根斜腹杆。双排脚手架门洞处的空间桁架（图 3.7 中 1—1、2—2、3—3 剖面），除下弦平面外，应在其余 5 个平面内的图示节间设置一根斜腹杆。

② 斜腹杆宜采用旋转扣件固定在与之相交的横向水平杆的伸出端上，旋转扣件中心线至主节点的距离不宜大于 150mm。当斜腹杆在一跨内跨越两个步距（图 3.7 中 A 型）时，宜在相交的纵向水平杆处，增设一根横向水平杆，将斜腹杆固定在其伸出端上。

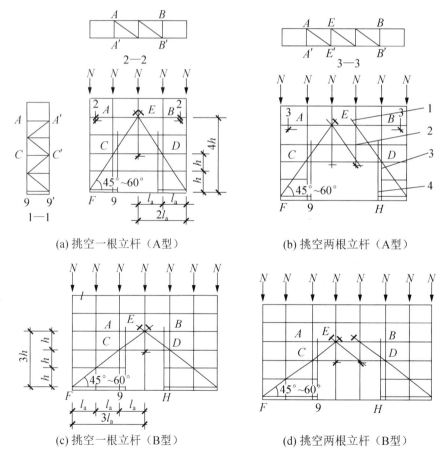

图 3.7　门洞处上升斜杆、平行弦杆桁架结构形式

1—防滑扣件；2—增设的横向水平杆；3—副立杆；4—主立杆

③ 斜腹杆宜采用通长杆件，当必须接长使用时，宜采用对接扣件连接，也可采用搭接，搭接构造应符合相关规定。

（3）单排脚手架过窗洞时应增设立杆或增设一根纵向水平杆，构造如图3.8所示。

（4）门洞桁架下的两侧立杆应为双管立杆，副立杆高度应高于门洞口1～2步。

（5）门洞桁架中伸出上、下弦杆的杆件端头，均应增设一个防滑扣件，该扣件宜紧靠主节点处的扣件。

8．剪刀撑与横向斜撑的构造要求

（1）双排脚手架应设剪刀撑与横向斜撑，单排脚手架应设剪刀撑。

（2）剪刀撑的设置应符合下列规定。

① 每道剪刀撑跨越立杆的最多根数宜按表3-7的规定确定。每道剪刀撑宽度不应小于四跨，且不应小于6m。

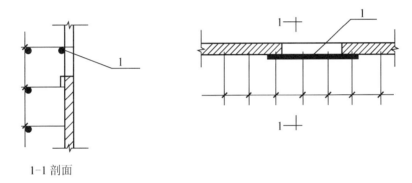

图3.8 单排脚手架过窗洞构造

1—增设的纵向水平杆

表3-7 剪刀撑跨越立杆的最多根数

剪刀撑斜杆与地面的倾角 α	45°	50°	60°
剪刀撑跨越立杆的最多根数 n	7	6	5

② 高度在24m及以下的单、双排脚手架，均必须在外侧立面的两端各设置一道剪刀撑，并应由底至顶连续设置。中间各道剪刀撑之间的净距不应大于15m，如图3.9所示。

③ 高度在24m以上的双排脚手架应在外侧立面整个长度和高度上连续设置剪刀撑。

④ 剪刀撑斜杆的接长宜采用搭接，搭接要求应按纵向水平杆的搭接要求执行。

⑤ 剪刀撑斜杆应用旋转扣件固定在与之相交的横向水平杆的伸出端或立杆上，旋转扣件中心线至最近主节点的距离不宜大于150mm。

（3）横向斜撑的设置应符合下列规定。

① 横向斜撑应在同一节间，由底至顶呈之字形连续布置，斜撑的固定应参考门洞斜腹杆的固定要求。

② 开口型双排脚手架的两端均必须设置横向斜撑。

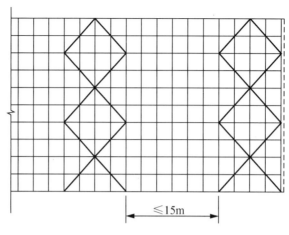

图 3.9 剪刀撑布置

③ 高度在 24m 及以下的封闭型双排脚手架可不设横向斜撑,高度在 24m 以上的封闭型脚手架,除拐角应设置横向斜撑外,中间每隔六跨也应设置一道横向斜撑。

9. 斜道的构造要求

(1) 人行并兼作材料运输的斜道的形式宜按下列要求确定。

① 高度不大于 6m 的脚手架,宜采用一字形斜道。

② 高度大于 6m 的脚手架,宜采用之字形斜道。

(2) 斜道的构造应符合下列规定。

① 斜道宜附着外脚手架或建筑物设置。

② 运料斜道宽度不宜小于 1.5m,坡度宜采用 1∶6。人行斜道宽度不宜小于 1m,坡度宜采用 1∶3。

③ 拐弯处应设置平台,其宽度不应小于斜道宽度。

④ 斜道两侧及平台外围均应设置栏杆及挡脚板。栏杆高度应为 1.2m,挡脚板高度不应小于 180mm。

⑤ 运料斜道两侧、平台外围和端部均应按规定设置连墙件(设置要求参见连墙件构造),每两步加设水平斜杆,同时应按规定设置剪刀撑和横向斜撑(设置要求参见剪刀撑和横向斜撑构造)。

(3) 腰斜道脚手板构造应符合下列规定。

① 脚手板横铺时,应在横向水平杆下增设纵向支托杆,纵向支托杆间距不应大于 500mm。

② 脚手板顺铺时,接头宜采用搭接。下面的板头应压住上面的板头,板头的凸棱外宜采用三角木填顺。

③ 人行斜道和运料斜道的脚手板上应每隔 250~300mm 设置一根防滑木条,木条厚度宜为 20~30mm。

3.2.3 扣件式钢管脚手架的施工

1. 施工准备工作

（1）脚手架搭设前，应按专项施工方案向施工人员进行交底。

（2）应按标准的规定和脚手架专项施工方案要求对钢管、扣件、脚手板、可调托撑等进行检查验收，不合格产品不得使用。

（3）经检验合格的构配件应按品种、规格分类，堆放整齐、平稳，堆放场地不得有积水。

（4）应清除搭设场地所用杂物，平整搭设场地，并使排水畅通。

2. 地基基础

（1）脚手架地基基础的施工，必须根据脚手架搭设高度、搭设场地土质情况与现行国家标准《建筑地基基础工程施工质量验收标准》（GB 50202—2018）的有关规定进行。

（2）压实填土地基应符合现行国家标准《建筑地基基础设计规范》（GB 50007—2011）的相关规定。灰土地基应符合现行国家标准《建筑地基基础工程施工质量验收标准》（GB 50202—2018）的相关规定。

（3）立杆垫板或底座底面标高宜高于自然地坪 50～100mm。

（4）脚手架基础经验收合格后，应按施工组织设计或专项施工方案的要求放线定位。

3. 搭设要求

（1）脚手架必须配合施工进度搭设，一次搭设高度不应超过相邻连墙件以上两步架。

（2）每搭完一步脚手架后，应按规定校正步距、纵距、横距及立杆的垂直度等。

（3）底座、垫板均应准确地放在定位线上，并宜采用长度不少于两跨、厚度不小于 50mm、宽度不小 200mm 的木垫板。

（4）立杆搭设应符合下列规定。

① 当搭至有连墙件的构造点时，在搭设完该处的立杆、纵向水平杆、横向水平杆后，应立即设置连墙件。

② 相邻立杆的对接扣件不得在同一高度内，错开距离应符合 GB 50007—2011 相关规定。

③ 开始搭设立杆时应每隔六跨设置 1 根抛撑，直至连墙件安装稳定后，方可根据情况拆除。

（5）纵向水平杆搭设应符合下列规定。

① 纵向水平杆的搭设应符合其构造要求。

② 在封闭型脚手架的同一步架中，纵向水平杆应四周交圈，用直角扣件与内外角部立杆固定。

（6）横向水平杆搭设应符合下列规定。

① 横向水平杆的搭设应符合其构造要求。

② 双排脚手架横向水平杆的靠墙一端至墙装饰面的距离不宜大于 100mm。

③ 单排脚手架的横向水平杆不应设置在下列部位。

a. 设计上不允许留脚手眼（工程施工过程中脚手架遗留的孔洞）的部位。

b. 过梁上与过梁两端成 60°的三角形范围内及过梁净跨度 1/2 的高度范围内。

c. 宽度小于 1m 的窗间墙。

d. 梁或梁垫下及其两侧各 500mm 的范围内。

e. 砖砌体的门窗洞口两侧 200mm 和转角处 450mm 的范围内，其他砌体的门窗洞口两侧 300mm 和转角处 600mm 的范围内。

f. 独立或附墙砖柱、空斗砖墙和加气块墙等轻质墙体，砌筑砂浆强度等级不大于 M2.5 的砖墙。

（7）纵向、横向扫地杆搭设应符合其构造要求。

（8）连墙件、剪刀撑、横向斜撑等的搭设应符合下列规定。

① 连墙件搭设应符合其构造要求。当脚手架施工操作层高出连墙件两步时，应采取临时稳定措施，直到上一层连墙件搭设完成后方可根据情况拆除。

② 剪刀撑、横向斜撑搭设应符合其构造要求，并随立杆、纵向和横向水平杆等同步搭设，各底层斜杆下端均必须支承在垫块或垫板上。

（9）门洞搭设应符合其构造要求。

（10）扣件安装应符合下列规定。

① 扣件规格必须与钢管外径相同。

② 螺栓拧紧扭力矩不应小于 40N·m，且不大于 65N·m。

③ 在主节点处固定横向水平杆、纵向水平杆、剪刀撑、横向斜撑等用的直角扣件与旋转扣件的中心点的相互距离不应大于 150mm。

④ 对接扣件开口应朝上或朝内。

⑤ 各杆件端头伸出扣件盖板的边缘长度不应小于 100mm。

（11）作业层斜道的栏杆和挡脚板的搭设应符合其构造要求，栏杆与挡脚板构造如图 3.10 所示。

① 栏杆和挡脚板均应搭设在外立杆的内侧。

② 中栏杆应居中设置。

（12）脚手板的铺设应符合下列规定。

① 脚手板离开墙面 120～150mm。

② 采用对接或搭接时均应符合相关规定，脚手板探头用直径 3.2mm 的镀锌钢丝固定在支承杆件上。

③ 在拐角、斜道平台口处的脚手板，应与横向水平杆可靠连接，防止滑移。

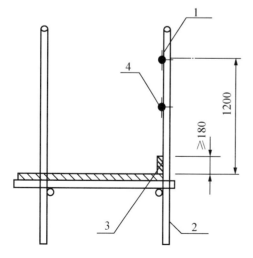

图 3.10 栏杆与挡脚板构造

1—上栏杆；2—外立杆；3—挡脚板；4—中栏杆

4．拆除要求

（1）脚手架拆除应按专项施工方案施工，拆除脚手架的准备工作应符合下列规定。

① 应全面检查脚手架的扣件连接、连墙件、支撑体系等是否符合构造要求。

② 应根据检查结果补充完善脚手架拆除专项施工方案中的拆除顺序和措施，并经批准后方可实施。

③ 应由工程项目技术负责人进行拆除前的安全技术交底。

④ 应清除脚手架上的杂物及地面障碍物。

（2）拆除脚手架时，拆除流程应符合下列规定。

① 拆除作业必须由上而下逐层进行，严禁上下同时作业。

② 连墙件必须随脚手架逐层拆除，严禁先将连墙件整层或数层拆除后再拆脚手架。分段拆除高差不应大于两步，如高差大于两步，应增设连墙件加固。

③ 当脚手架拆至下部最后一根长立杆的高度（约 6.5m）时，应先在适当位置搭设临时抛撑加固后，再拆除连墙件。

④ 当脚手架采取分段、分立面拆除时，对不拆除的脚手架两端，应先按相关规定设置连墙件和横向斜撑加固。

（3）卸料时应符合下列规定。

① 各构配件严禁抛掷至地面。

② 运至地面的构配件应按有关规定及时检查、整修与保养，并按品种、规格及时堆放。

3.2.4 检查与验收

（1）新钢管的检查应符合下列规定。新钢管有产品质量合格证；新钢管有质量检验报告，钢管材质检验方法应符合现行国家标准《金属材料 拉伸试验 第 1 部分：室温试验方法》（GB/T 228.1—2021）的有关规定；钢管表面平直光滑，不应有裂缝、结疤、分层、错位、硬弯、毛刺、压痕和深的划道；钢管外径、壁厚、端面等的偏差，应分别符合规定；钢管应涂防锈漆。

（2）旧钢管的检查应符合下列规定。旧钢管表面锈蚀深度符合规定；锈蚀检查每年一次，检查时，在锈蚀严重的钢管中抽取 3 根，将每根锈蚀严重的部位横向截断进行取样检查，当锈蚀深度超过规定值时不得使用；钢管弯曲变形符合规定。

（3）扣件验收应符合下列规定。扣件应有生产许可证、法定检测单位的测试报告和产品质量合格证，当对扣件质量有怀疑时，应按现行国家标准《钢管脚手架扣件》（GB/T 15831—2023）的规定进行抽样检测；新、旧扣件均应进行防锈处理；扣件的技术要求应符合现行国家标准《钢管脚手架扣件》（GB/T 15831—2023）的相关规定；扣件进入施工现场时应检查产品质量合格证，并进行抽样复试，技术性能应符合现行国家标准《钢管脚手架扣件》（GB/T 15831—2023）的规定；扣件在使用前应逐个挑选，严禁使用有裂缝、变形、螺栓出现滑丝的扣件。

（4）脚手板的检查应符合下列规定。

① 冲压钢脚手板：新脚手板应有产品质量合格证；尺寸偏差符合规定，且不得有裂纹、开焊与硬弯；新、旧脚手板均应涂防锈漆并有防滑措施。

② 木脚手板、竹脚手板：木脚手板质量应符合规定，宽度、厚度允许偏差应符合现行国家标准《木结构工程施工质量验收规范》（GB 50206—2012）的规定，不得使用扭曲变形、劈裂、腐朽的脚手板；竹脚手板的材料应符合规定。

（5）可调托撑的检查应符合下列规定。可调托撑有产品质量合格证，其质量应符合《建筑施工扣件式钢管脚手架安全技术规范》（JGJ 130—2011）的规定；可调托撑有质量检验报告，受压承载力应符合《建筑施工扣件式钢管脚手架安全技术规范》（JGJ 130—2011）的规定；可调托撑支托板厚度不应小于 5mm，变形不应大于 1mm；严禁使用有裂缝的支托板、螺母。

（6）脚手架及其地基基础应在下列情况下进行检查与验收。

① 基础完工后及脚手架搭设前。

② 作业层上施加荷载前。

③ 每搭设完 10～13m 高度后。

④ 达到设计高度后。

⑤ 遇有 6 级大风、大雨和寒冷地区开冻后。

⑥ 停用超过 1 个月。

（7）脚手架检查、验收时应根据下列技术文件进行。

① 《建筑施工扣件式钢管脚手架安全技术规范》（JGJ 130—2011）的规定。

② 施工组织设计及变更文件。

③ 专项施工方案及专家论证文件。

④ 安全技术交底文件。

（8）脚手架使用中，应定期检查下列项目。

① 杆件的设置和连接，连墙件、支撑、门洞桁架等的构造是否符合要求。

② 地基是否积水，底座是否松动，立杆是否悬空。

③ 扣件螺栓是否松动。

④ 高度在 24m 以上的脚手架，其立杆垂直度的偏差是否符合表 3-8 中的规定。

⑤ 安全防护措施是否符合要求。

⑥ 是否超载。

（9）脚手架搭设的技术要求、允许偏差与检验方法，应符合表 3-8 的规定。

（10）安装后的扣件螺栓拧紧扭力矩应采用扭力扳手检查，抽样方法应按随机分布原则进行。扣件拧紧抽样检查数目与质量判定标准，应按表 3-9 的规定确定。不合格的必须重新拧紧，直至合格为止。

表 3-8 脚手架搭设的技术要求、允许偏差与检验方法

项次	项目		技术要求	允许偏差 Δ/mm	示意图			检查方法与工具
1	地基基础	表面	坚实平整	—				观察
		排水	不积水					
		垫板	不晃动					
		底座	不滑动					
			不沉降	−10				
2	单、双排与满堂脚手架立杆垂直度		最后验收立杆垂直度（20～50）m	—	±100			用经纬仪或吊线和卷尺
			下列脚手架允许水平偏差/mm					
			搭设中检查偏差的高度/m	总高度				
				50m	40m	20m		
			$H=2$	±7	±7	±7		
			$H=10$	±20	±25	±50		
			$H=20$	±40	±50	±100		
			$H=30$	±60	±75			
			$H=40$	±80	±100			
			$H=50$	±100				
			中间档次用插入法					
3	单、双排与满堂脚手架间距		步距	—	±20			钢板尺
			纵距		±50			
			横距		±20			
4	纵向水平杆高差		一根杆的两端	—	±20			水平仪或水平尺
			同跨内两根纵向水平杆高差	—	±10			

续表

项次	项目		技术要求	允许偏差 Δ/mm	示意图	检查方法与工具
5	扣件安装	主节点处各扣件中心点相互距离	$a \leqslant 150$mm	—		钢板尺
		同步立杆上两个相隔对接扣件的高差	$a \geqslant 500$mm	—		钢卷尺
		立杆上的对接扣件至主节点的距离	$a \leqslant h/3$	—		钢卷尺
		纵向水平杆上的对接扣件至主节点的距离	$a \leqslant l_a/3$	—		钢卷尺
		扣件螺栓拧紧扭力矩	40～65 N·m	—	—	扭力扳手
6	剪刀撑斜杆与地面的倾角		45°～65°	—	—	角尺
7	脚手板外伸长度	对接	$a=130\sim150$mm $l \leqslant 300$mm	—		卷尺
		搭接	$a \geqslant 100$mm $l \geqslant 200$mm	—		卷尺

注：1—立杆；2—纵向水平杆；3—横向水平杆；4—剪刀撑。

表 3-9　扣件拧紧抽样检查数目与质量判定标准

项次	检查项目	安装扣件数量/个	抽检数量/个	允许的不合格数
1	连接立杆与纵（横）向水平杆或剪刀撑的扣件；接长立杆、纵向水平杆或剪刀撑的扣件	51～90	5	0
		91～150	8	1
		151～280	13	1
		281～500	20	2
		501～1200	32	3
		1201～3200	50	5

续表

项次	检查项目	安装扣件数量/个	抽检数量/个	允许的不合格数
2	连接横向水平杆与纵向水平杆的扣件（非主节点处）	51～90	5	1
		91～150	8	2
		151～280	13	3
		281～500	20	5
		501～1200	32	7
		1201～3200	50	10

3.2.5 安全管理

（1）作业层上的施工荷载应符合设计要求，不得超载。不得将模板支架、缆风绳、泵送混凝土和砂浆的输送管等固定在脚手架上，严禁将其悬挂在起重设备上。

（2）在脚手架使用期间，严禁拆除下列杆件。

① 主节点处的纵、横向水平杆，纵、横向扫地杆。

② 连墙件。

（3）当在脚手架使用过程中开挖脚手架基础下的设备或管沟时，必须对脚手架采取加固措施。

（4）临街搭设脚手架时，外侧应有防止坠物伤人的防护措施。

（5）在脚手架上进行电、气焊作业时，必须有防火措施和专人看守。

（6）工地临时用电线路的架设及脚手架接地、避雷措施等，应按现行行业标准《施工现场临时用电安全技术规范》（JGJ 46—2005）的有关规定执行。

（7）搭拆脚手架时，地面应设围栏和警戒标志，并派专人看守，严禁非操作人员入内。

（8）钢管上严禁打孔。

（9）满堂支撑架在使用过程中，应设专人监护施工，当出现异常情况时，立即停止施工，并迅速撤离作业面上人员。在采取确保安全的措施后，查明问题原因，对此做出判断和处理。

（10）满堂支撑架顶部的实际荷载不得超过设计规定。

3.2.6 扣件式钢管脚手架检查评定应用训练

扣件式钢管脚手架检查评定应符合现行行业标准《建筑施工扣件式钢管脚手架安全技术规范》（JGJ 130—2011）的规定。检查评定保证项目包括：施工方案、立杆基础、架体与建筑结构拉结、杆件间距与剪刀撑、脚手板与防护栏杆、交底与验收。一般项目包括：横向水平杆设置、杆件搭接、架体防护、脚手架材质、通道。

1. 保证项目的检查评定应符合下列规定

1) 施工方案

(1) 架体搭设应有施工方案,搭设高度超过24m的架体要单独编制安全专项方案,结构设计应进行设计计算,并按规定进行审核、审批。

(2) 搭设高度超过50m的架体,应组织专家对专项方案进行论证,并按专家论证意见组织实施。

(3) 施工方案应完整,能正确指导施工作业。

2) 立杆基础

(1) 立杆基础应按方案要求平整、夯实,并设排水设施,基础垫板及立杆底座应符合规范要求。

(2) 架体应设置距地高度不大于200mm的纵、横向扫地杆,并用直角扣件固定在立杆上。

3) 架体与建筑结构拉结

(1) 架体与建筑结构拉结应符合规范要求。

(2) 连墙件应靠近主节点设置,偏离主节点的距离不应大于300mm。

(3) 连墙件应从架体底层第一步纵向水平杆开始设置,并应牢固可靠。

(4) 搭设高度超过24m的双排脚手架应采用刚性连墙件与建筑物可靠连接。

4) 杆件间距与剪刀撑

(1) 架体立杆、纵向水平杆、横向水平杆间距应符合规范要求。

(2) 纵向剪刀撑及横向斜撑的设置应符合规范要求。

(3) 剪刀撑杆件接长、剪刀撑斜杆与架体杆件连接应符合规范要求。

5) 脚手板与防护栏杆

(1) 脚手板材质、规格应符合规范要求,铺板应严密、牢靠。

(2) 架体外侧应封闭密目式安全网,网间应严密。

(3) 作业层应在1.2m和0.6m处设置上、中两道防护栏杆。

(4) 作业层外侧应设置高度不小于180mm的挡脚板。

6) 交底与验收

(1) 架体搭设前应进行安全技术交底。

(2) 搭设完毕应办理验收手续,验收内容应量化。

2. 一般项目的检查评定应符合下列规定

1) 横向水平杆设置

(1) 横向水平杆应设置在纵向水平杆与立杆相交的主节点上,两端与大横杆固定。

(2) 作业层铺设脚手板的部位应增加设置小横杆。

(3) 单排脚手架横向水平杆插入墙内应大于18cm。

2) 杆件搭接

(1) 纵向水平杆杆件搭接长度不应小于1m,且固定应符合规范要求。

(2) 立杆除顶层顶步外,其他不得使用搭接。

3)架体防护

(1)架体作业层脚手板下应用安全平网双层兜底,以下每隔10m应用安全平网封闭。

(2)作业层与建筑物之间应进行封闭。

4)脚手架材质

(1)钢管直径、壁厚、材质应符合规范要求。

(2)钢管弯曲、变形、锈蚀应在规范允许范围内。

(3)扣件应进行复试且技术性能符合规范要求。

5)通道

架体必须设置符合规范要求的上下通道。

扣件式钢管脚手架检查评分表见表3-10。

表3-10 扣件式钢管脚手架检查评分表

序号	检查项目		扣分标准	应得分数	扣减分数	实得分数
1	保证项目	施工方案	架体搭设未编制施工方案或搭设高度超过24m未编制专项施工方案扣10分 架体搭设高度超过24m,未进行设计计算或未按规定审核、审批扣10分 架体搭设高度超过50m,专项施工方案未按规定组织专家论证或未按专家论证意见组织实施扣10分 施工方案不完整或不能指导施工作业扣5~8分	10		
2		立杆基础	立杆基础不平、不实、不符合方案设计要求扣10分 立杆底部底座、垫板或垫板的规格不符合规范要求每一处扣2分 未按规范要求设置纵、横向扫地杆扣5~10分 扫地杆的设置和固定不符合规范要求扣5分 未设置排水措施扣8分	10		
3		架体与建筑结构拉结	架体与建筑结构拉结不符合规范要求每处扣2分 连墙件距主节点距离不符合规范要求每处扣4分 架体底层第一步纵向水平杆处未按规定设置连墙件或未采用其他可靠措施固定每处扣2分 搭设高度超过24m的双排脚手架,未采用刚性连墙件与建筑结构可靠连接扣10分	10		
4		杆件间距与剪刀撑	立杆、纵向水平杆、横向水平杆间距超过规范要求每处扣2分 未按规定设置纵向剪刀撑或横向斜撑每处扣5分 剪刀撑未沿脚手架高度连续设置或角度不符合要求扣5分 剪刀撑斜杆的接长或剪刀撑斜杆与架体杆件固定不符合要求每处扣2分	10		

续表

序号	检查项目		扣分标准	应得分数	扣减分数	实得分数
5	保证项目	脚手板与防护栏杆	脚手板未满铺或铺设不牢、不稳扣 7~10 分 脚手板规格或材质不符合要求扣 7~10 分 每有一处探头板扣 2 分 架体外侧未设置密目式安全网封闭或网间不严扣 7~10 分 作业层未在高度 1.2m 和 0.6m 处设置上、中两道防护栏杆扣 5 分 作业层未设置高度不小于 180mm 的挡脚板扣 5 分	10		
6		交底与验收	架体搭设前未进行交底或交底未留有记录扣 5 分 架体分段搭设分段使用未办理分段验收扣 5 分 架体搭设完毕未办理验收手续扣 10 分 未记录量化的验收内容扣 5 分	10		
		小计		60		
7	一般项目	横向水平杆设置	未在立杆与纵向水平杆交点处设置横向水平杆每处扣 2 分 未按脚手板铺设的需要增加设置横向水平杆每处扣 2 分 横向水平杆只固定一端每处扣 1 分 单排脚手架横向水平杆插入墙内小于 18cm 每处扣 2 分	10		
8		杆件搭接	纵向水平杆搭接长度小于 1m 或固定不符合要求每处扣 2 分 立杆除顶层顶步外采用搭接每处扣 4 分	10		
9		架体防护	作业层未用安全平网双层兜底,且以下每隔 10m 未用安全平网封闭扣 10 分 作业层与建筑物之间未进行封闭扣 10 分	10		
10		脚手架材质	钢管直径、壁厚、材质不符合要求扣 5 分 钢管弯曲、变形、锈蚀严重扣 4~5 分 扣件未进行复试或技术性能不符合标准扣 5 分	5		
11		通道	未设置人员上下专用通道扣 5 分 通道设置不符合要求扣 1~3 分	5		
		小计		40		
	检查项目合计			100		

案例分析

某年 3 月 6 日上午 6 点 30 分,某工地项目部架子班组工人洪某某与冯某某在 4 号楼 18~19 层进行外脚手架拆除作业。在对第 5 根剪刀撑钢管进行拆除时(此时洪某某在上方 19 层位置,冯某某在下方 18 层位置),两人约好先由洪某某解开最上方的扣件(此根钢管有 4 个扣件）并抓住钢管，待冯某某解开剩下 3 个扣件后再一起将钢管抬出。7 点 05 分，冯某某在解最后一个扣件时，以为洪某某依旧抓着钢管（此时洪某某并没有抓住，冯某某也没有告知下方），便未抓住钢管，致使该 6m 长的钢管坠落。与此同时，另一公司分包的水电班组谭某某（没戴安全帽）等 3 名工人正好从 4 号楼下经过去上班，坠落的钢管砸中谭某某头部，致其倒地不起，大出血，呼之不应。随后被送往医院，经抢救无效死亡。

事故原因分析：

（1）人的不安全行为。该工程的脚手架拆除方案，要求"拆除大横杆、斜撑、剪刀撑时，应先拆中间扣件，然后托住中间，再解端头扣；拆架时应分作业区，周围设绳绑围栏或竖立警戒标志，地面应设专人指挥；拆除时要统一指挥、上下呼应、动作协调，当解开与另一人有关的结时，应先通知对方，以防坠落"。显然架子工洪某某、冯某某存在违章操作行为，致使剪刀撑钢管从高处坠落，砸中下方路过的没有佩戴安全帽的谭某某头部，致其死亡。洪某某、冯某某违章操作和谭某某没有佩戴安全帽进入施工区域的不安全行为是导致事故发生的直接原因之一。

（2）物的不安全状态。根据该工程的脚手架拆除方案要求，4 号楼前地面上虽有设置警戒线，但警戒的范围过小，不符合安全距离要求，且地面没有设专人指挥，是造成事故发生的直接原因之二。

（3）施工单位及其项目部未认真落实安全生产责任制。单位的安全管理工作流于形式，对架子工违章操作行为未能及时发现制止，安全警戒线的设置不符合实际安全要求，没有要求架子班组派人进行现场安全监管，对工人安全生产培训教育不够，是造成事故发生的间接原因之一。

（4）分包施工单位及其项目部未认真落实安全生产责任制。单位对工人尤其是新工人安全生产培训教育不到位，没有及时给工人发放安全帽等安全防护用品，新工人未经三级安全教育就上岗，对工人没有佩戴安全帽就进入施工区域的行为未能及时制止，是造成事故发生的间接原因之二。

（5）监理单位项目部没有切实履行好监理职责。现场安全监管不到位，未能及时掌握施工进程，对工人违章行为未能及时制止，是造成事故发生的间接原因之三。

3.3　悬挑式脚手架

3.3.1　悬挑式脚手架构造要求

型钢悬挑梁宜采用双轴对称截面的型钢。悬挑钢梁型号、锚固件和悬排长度应按设计确定，钢梁截面高度不应小于 160mm。锚固型钢悬挑梁的 U 形钢筋拉环或锚固螺栓直径不宜小于 16mm，一次悬挑式脚手架高度不宜超过 20m，如图 3.11 所示，主体结构混凝土强度等级不得低于 C20。

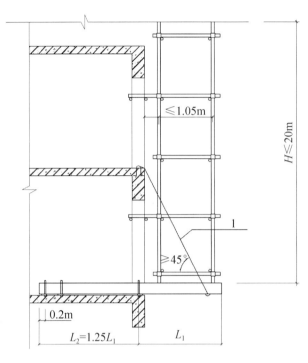

图 3.11 型钢悬挑式脚手架构造

1—钢丝绳或钢拉杆

用于锚固的 U 形钢筋拉环或锚固螺栓应采用冷弯成型技术。U 形钢筋拉环、锚固螺栓与型钢间隙应用钢楔或硬木楔揳紧。钢丝绳、钢拉杆不参与悬挑钢梁的受力计算。钢丝绳与建筑结构拉结的吊环应使用 HRB335 级钢筋，其直径不宜小于 20mm。吊环预埋锚固长度应符合现行国家标准《混凝土结构设计标准》（GB/T 50010—2010）中钢筋锚固的规定，如图 3.12 所示。

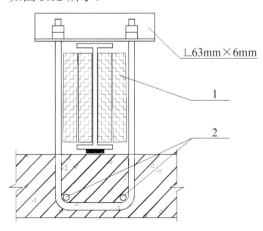

图 3.12 悬挑钢梁 U 形螺栓固定构造

1—木楔侧向揳紧；
2—两根长 1.5m，直径 20mm 的 HRB335 钢筋

型钢悬挑梁固定端应采用两个及以上 U 形钢筋拉环或锚固螺栓，与建筑结构梁板固定。U 形钢筋拉环或锚固螺栓预埋至混凝土梁、板底层钢筋位置，并与混凝土梁、板底层钢筋焊接或绑扎牢固，如图 3.13、图 3.14 所示。

当采用螺栓钢压板连接型钢悬挑梁与建筑结构时，钢压板尺寸不应小于 100mm×10mm（宽×厚）。当采用螺栓角钢压板连接型钢悬挑梁与建筑结构时，角钢压板的尺寸不应小于 3mm×63mm×6mm（宽×宽×厚）。型钢悬挑梁悬挑端应设置能使脚手架立杆与钢梁可靠固定的定位点，定位点离悬挑端部距离不应小于 100mm。当锚固位置设置在楼板上时，楼板的厚度不宜小于 120mm，如果楼板的厚度小于 120mm 应采取加固措施。悬挑架的外立面剪刀撑应自下而上连续设置，剪刀撑、连墙件设置符合规范规定。

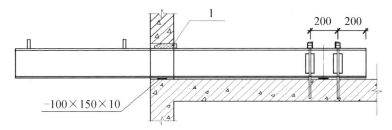

图 3.13　悬挑钢梁穿墙构造

1—木楔揳紧

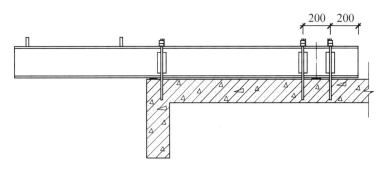

图 3.14　悬挑钢梁楼面构造

3.3.2　悬挑式脚手架检查评定应用训练

悬挑式脚手架检查评定应符合现行行业标准《建筑施工扣件式钢管脚手架安全技术规范》（JGJ 130—2011）和《建筑施工门式钢管脚手架安全技术标准》（JGJ/T 128—2019）的规定。检查评定保证项目包括：施工方案、悬挑钢梁、架体稳定、脚手板、荷载、交底与验收。一般项目包括：杆件间距、架体防护、层间防护、脚手架材质。

1. 保证项目的检查评定应符合下列规定

1）施工方案

（1）架体搭设、拆除作业应编制专项施工方案，结构设计应进行设计计算。

（2）专项施工方案应按规定进行审批，架体搭设高度超过 20m 的专项施工方案应经专家论证。

2）悬挑钢梁

（1）钢梁截面尺寸应经设计计算确定，且截面高度不应小于 160mm。

（2）钢梁锚固端长度不应小于悬挑长度的 1.25 倍。

（3）钢梁锚固处结构强度、锚固措施应符合规范要求。

（4）钢梁外端应设置钢丝绳或钢拉杆并与上层建筑结构拉结。

（5）钢梁间距应按悬挑架体立杆纵距设置。

3）架体稳定

（1）立杆底部应与钢梁连接柱固定。

（2）承插式立杆接长应采用螺栓或销钉固定。

（3）剪刀撑应沿悬挑架体高度连续设置，角度应符合45°～60°的要求。

（4）架体应按规定在内侧设置横向斜撑。

（5）架体应采用刚性连墙件与建筑结构拉结，设置应符合规范要求，图3.15所示为已塌落的悬挑式脚手架。

4）脚手板

（1）脚手板材质、规格应符合规范要求。

（2）脚手板铺设应严密、牢固，探出横向水平杆长度应不大于150mm。

5）荷载

架体荷载应均匀，并不应超过设计值。

图3.15 已塌落的悬挑式脚手架

6）交底与验收

（1）架体搭设前应进行安全技术交底。

（2）分段搭设的架体应进行分段验收。

（3）架体搭设完毕应按规定进行验收，验收内容应量化。

2．一般项目的检查评定应符合下列规定

1）杆件间距

（1）立杆底部应固定在钢梁处。

（2）立杆纵、横向间距、纵向水平杆步距应符合方案设计和规范要求。

2）架体防护

（1）作业层外侧应在高度1.2m和0.6m处设置上、中两道防护栏杆。

（2）作业层外侧应设置高度不小于180mm的挡脚板。

（3）架体外侧应封挂密目式安全网。

3）层间防护

（1）架体作业层脚手板下应用安全平网双层兜底，以下每隔10m应用安全平网封闭。

（2）架体底层应进行封闭。

4）脚手架材质

（1）型钢、钢管、构配件规格及材质应符合规范要求。

（2）型钢、钢管弯曲、变形、锈蚀应在规范允许范围内。悬挑式脚手架检查评分表见表3-11。

第3章 脚手架工程安全技术

表3-11 悬挑式脚手架检查评分表

序号	检查项目		扣分标准	应得分数	扣减分数	实得分数
1	保证项目	施工方案	未编制专项施工方案或未进行设计计算扣10分 专项施工方案未经审核、审批或架体搭设高度超过20m未按规定组织进行专家论证扣10分	10		
2		悬挑钢梁	钢梁截面高度未按设计确定或截面高度小于160mm扣10分 钢梁固定段长度小于悬挑段长度的1.25倍扣10分 钢梁外端未设置钢丝绳或钢拉杆与上一层建筑结构拉结每处扣2分 钢梁与建筑结构锚固措施不符合规范要求每处扣5分 钢梁间距未按悬挑架体立杆纵距设置扣6分	10		
3		架体稳定	立杆底部与钢梁连接处未设置可靠固定措施每处扣2分 承插式立杆接长未采取螺栓或销钉固定每处扣2分 未在架体外侧设置连续式剪刀撑扣10分 未按规定在架体内侧设置横向斜撑扣5分 架体未按规定与建筑结构拉结每处扣5分	10		
4		脚手板	脚手板规格、材质不符合要求扣7~10分 脚手板未满铺或铺设不严、不牢、不稳扣7~10分 每处探头板扣2分	10		
5		荷载	架体施工荷载超过设计规定扣10分 施工荷载堆放不均匀每处扣5分	10		
6		交底与验收	架体搭设前未进行交底或交底未留有记录扣5分 架体分段搭设分段使用,未办理分段验收扣7~10分 架体搭设完毕未保留验收资料或未记录量化的验收内容扣5分	10		
		小计		60		
7	一般项目	杆件间距	立杆间距超过规范要求,或立杆底部未固定在钢梁上每处扣2分 纵向水平杆步距超过规范要求扣5分 未在立杆与纵向水平杆交点处设置横向水平杆每处扣1分	10		
8		架体防护	作业层外侧未在高度1.2m和0.6m处设置上、中两道防护栏杆扣5分 作业层未设置高度不小于180mm的挡脚板扣5分 架体外侧未采用密目式安全网封闭或网间不严扣7~10分	10		

续表

序号	检查项目	扣分标准	应得分数	扣减分数	实得分数
9	一般项目	层间防护	作业层未用安全平网双层兜底,且以下每隔10m未用安全平网封闭扣10分 架体底层未进行封闭或封闭不严扣10分	10		
10		脚手架材质	型钢、钢管、构配件规格及材质不符合规范要求扣7~10分 型钢、钢管弯曲、变形、锈蚀严重扣7~10分	10		
		小计		40		
检查项目合计				100		

3.4 门式钢管脚手架

门式钢管脚手架具有装拆简单、移动方便、承载性好、使用安全可靠、经济效益好等优点,因此发展速度很快。它不但能用作建筑施工的内外脚手架,还能用作楼板、梁模板支架和移动式脚手架等,具有较多的功能,所以又称为多功能脚手架。但是,若这种脚手架的材质或搭设质量满足不了《建筑施工门式钢管脚手架安全技术标准》(JGJ/T 128—2019)的规定,就极易发生安全事故,影响施工工效。

3.4.1 基本组成及搭设高度

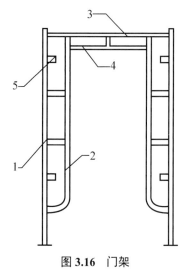

图 3.16 门架

1—立杆;2—立杆加强杆;
3—横杆;4—横杆加强杆;5—锁销

门式钢管脚手架

1. 基本组成

门式钢管脚手架是用门架、交叉支撑、连接棒、挂扣式脚手板或水平架、锁臂等组成的基本结构,再设置水平加固杆、剪刀撑、扫地杆、封口杆和底座,并采用连墙件与建筑主体结构相连的一种标准化钢管脚手架。其中门架是门式钢管脚手架的主要构件,由立杆、横杆、加强杆和锁销组成,如图 3.16 所示,门式钢管脚手架的其他构配件,如图 3.17 所示。

2. 搭设高度

门式钢管脚手架的搭设高度不宜超过表 3-12 的规定。

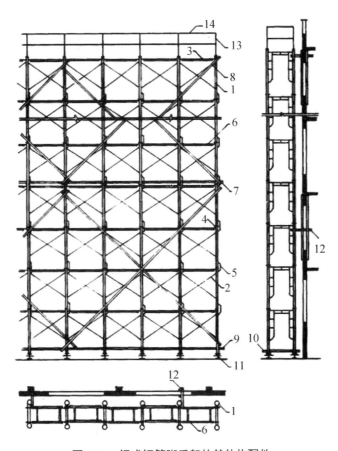

图 3.17 门式钢管脚手架的其他构配件

1—门架；2—交叉支撑；3—脚手板；4—连接棒；5—锁臂；6—水平架；7—水平加固杆；
8—剪刀撑；9—扫地杆；10—封口杆；11—底座；12—连墙件；13—栏杆；14—扶手

表 3-12 门式钢管脚手架的搭设高度

序号	搭设方式	施工荷载标准值/（kN/m²）	搭设高度/m
1	落地、密目式安全立网全封闭	≤2.0	≤60
2		>2.0 且≤4.0	≤45
3	悬挑、密目式安全立网全封闭	≤2.0	≤30
4		>2.0 且≤4.0	≤24

注：表内数据适用于 10 年重现期基本风压值 $\omega_0 \leq 0.4 \text{kN/m}^2$ 的地区，对于 10 年重现期基本风压值 $\omega_0 > 0.4 \text{kN/m}^2$ 的地区应按实际计算确定。

3.4.2 门式钢管脚手架检查评定应用训练

门式钢管脚手架检查评定应符合现行行业标准《建筑施工门式钢管脚手架安全技术标准》（JGJ/T 128—2019）的规定。检查评定保证项目包括：施工方案、架体基础、架体稳定、杆件锁件、脚手板、交底与验收。一般项目包括：架体防护、材质、荷载、通道。

1. 保证项目的检查评定应符合下列规定

1）施工方案

（1）架体搭设应编制专项施工方案，结构设计应进行设计计算，并按规定进行审批。

（2）搭设高度超过 50m 的脚手架，应组织专家对方案进行论证，并按专家论证意见组织实施。

（3）专项施工方案应完整，能正确指导施工作业。

2）架体基础

（1）立杆基础应按方案要求平整、夯实。

（2）架体底部设排水设施，基础垫板、立杆底座符合规范要求。

（3）架体扫地杆设置应符合规范要求。

3）架体稳定

（1）架体与建筑结构拉结应符合规范要求，并应从脚手架底层第一步纵向水平杆开始设置连墙件。

（2）架体剪刀撑斜杆与地面夹角应在 45°～60°之间，采用旋转扣件与立杆相连，设置应符合规范要求。

（3）应按规范要求高度对架体进行整体加固。

（4）架体立杆的垂直偏差应符合规范要求。

4）杆件锁件

（1）架体杆件、锁件应按说明书要求进行组装。

（2）纵向加固杆件的设置应符合规范要求。

（3）架体使用的扣件与连接杆件参数应匹配。

5）脚手板

（1）脚手板材质、规格应符合规范要求。

（2）脚手板应铺设严密、平整、牢固。

（3）钢脚手板的挂钩必须完全扣在水平杆上，并处于锁住状态。

6）交底与验收

（1）架体搭设前应进行安全技术交底。

（2）架体分段搭设分段使用时应进行分段验收。

（3）搭设完毕应办理验收手续，验收内容应量化。

2. 一般项目的检查评定应符合下列规定

1）架体防护

（1）作业层应在外侧立杆 1.2m 和 0.6m 处设置上、中两道防护栏杆。

（2）作业层外侧应设置高度不小于 180mm 的挡脚板。

（3）架体外侧应使用密目式安全网进行封闭。

（4）架体作业层脚手板下应用安全网双层兜底，以下每隔 10m 应用安全平网封闭。

2）材质
(1) 钢管不应有弯曲、锈蚀严重、开焊的现象，材质符合规范要求。
(2) 架体构配件的规格、型号、材质应符合规范要求。
3）荷载
(1) 架体承受的施工荷载应符合规范要求。
(2) 不得在脚手架上集中堆放模板、钢筋等物料。
4）通道
架体必须设置符合规范要求的上下通道。
门式钢管脚手架检查评分表见表3-13。

表3-13 门式钢管脚手架检查评分表

序号	检查项目		扣分标准	应得分数	扣减分数	实得分数
1	保证项目	施工方案	未编制专项施工方案或未进行设计计算扣10分 专项施工方案未按规定审核、审批或架体搭设高度超过50m未按规定组织专家论证扣10分	10		
2		架体基础	架体基础不平、不实、不符合专项施工方案要求扣10分 架体底部未设垫板或垫板底部的规格不符合要求扣10分 架体底部未按规范要求设置底座每处扣1分 架体底部未按规范要求设置扫地杆扣5分 未设置排水措施扣8分	10		
3		架体稳定	未按规定间距与结构拉结每处扣5分 未按规范要求设置剪刀撑扣10分 未按规范要求高度做整体加固扣5分 架体立杆垂直偏差超过规定扣5分	10		
4		杆件锁件	未按说明书规定组装，或漏装杆件、锁件扣6分 未按规范要求设置纵向水平加固杆扣10分 架体组装不牢或紧固不符合要求每处扣1分 使用的扣件与连接的杆件参数不匹配每处扣1分	10		
5		脚手板	脚手板未满铺或铺设不牢、不稳扣5分 脚手板规格或材质不符合要求的扣5分 采用钢脚手板时挂钩未挂扣在水平杆上或挂钩未处于锁住状态每处扣2分	10		
6		交底与验收	脚手架搭设前未进行交底或交底未留有记录扣6分 脚手架分段搭设分段使用未办理分段验收扣6分 脚手架搭设完毕未办理验收手续扣6分 未记录量化的验收内容扣5分	10		
		小计		60		

续表

序号	检查项目		扣分标准	应得分数	扣减分数	实得分数
7	一般项目	架体防护	作业层脚手架外侧未在 1.2m 和 0.6m 高度设置上、中两道防护栏杆扣 10 分 作业层未设置高度不小于 180mm 的挡脚板扣 3 分 脚手架外侧未设置密目式安全网封闭或网间不严扣 7～10 分 作业层未用安全平网双层兜底,且以下每隔 10m 未用安全平网封闭扣 5 分	10		
8		材质	杆件变形、锈蚀严重扣 10 分 门架局部开焊扣 10 分 构配件的规格、型号、材质或产品质量不符合规范要求扣 10 分	10		
9		荷载	施工荷载超过设计规定扣 10 分 荷载堆放不均匀每处扣 5 分	10		
10		通道	未设置人员上下专用通道扣 10 分 通道设置不符合要求扣 5 分	10		
		小计		40		
检查项目合计				100		

3.5　碗扣式钢管脚手架

碗扣式钢管脚手架是采用碗扣方式连接钢管脚手架和模板支架。立杆的碗扣节点应由上碗扣、下碗扣、横杆接头和限位销等构成,如图 3.18 所示。

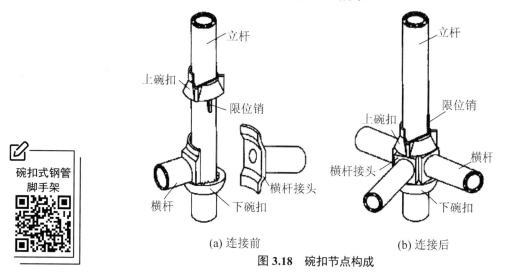

(a) 连接前　　(b) 连接后

图 3.18　碗扣节点构成

3.5.1 施工

1. 双排脚手架搭设

双排脚手架应按立杆、横杆、斜杆、连墙件的顺序逐层搭设，底层水平框架的纵向直线度偏差应小于 1/20。架体长度、横杆间水平度偏差应小于架体长度的 1/400。双排脚手架的搭设应随建筑物的施工高度同步上升，并高于作业面 1.5m。当双排脚手架高度 H 不大于 30m 时，垂直度偏差应不大于 $H/500$；当高度 H 大于 30m 时，垂直度偏差应不大于 $H/10000$。当双排脚手架内外侧加挑梁时，在一跨挑梁范围内不得超过一名施工人员操作，严禁堆放物料。连墙件必须随双排脚手架的升高及时在规定的位置处设置，严禁任意拆除。

2. 双排脚手架拆除

双排脚手架拆除时，必须按专项施工方案，在专人统一指挥下进行。拆除作业前，施工管理人员应对操作人员进行安全技术交底。双排脚手架拆除时必须划出安全区，并设置警戒标志，派专人看守。拆除前应清理脚手架上的器具及多余的材料和杂物。连墙件必须在双排脚手架拆到该层时方可拆除，严禁提前拆除。当双排脚手架采取分段、分立面拆除时，必须事先确定分界处的技术处理方案。

3.5.2 检查与验收

进入现场的构配件应具备以下证明资料：主要构配件应有产品标识及产品质量合格证；供应商应配套提供钢管、零件、铸件、冲压件等材质、产品性能检验报告。构配件进场应重点检查以下部位的质量：钢管壁厚、焊接质量、外观质量、可调底座和可调托撑材质、丝杆直径及丝杆与螺母配合间隙等。双排脚手架搭设应重点检查下列内容。

（1）保证架体几何不变形的斜杆、连墙件等设置情况。
（2）基础的沉降，立杆底座与基础面的接触情况。
（3）上碗扣锁紧情况。
（4）立杆连接销的安装，斜杆扣接点、扣件拧紧程度。

双排脚手架搭设质量应按下列情况进行检验。
（1）首段高度达到 6m 时，应进行检查与验收。
（2）架体随施工高度的升高应按结构层进行检查。
（3）架体高度大于 24m 时，在 24m 处、设计高度 $H/2$ 处及达到设计高度后，进行全面检查与验收。
（4）遇 6 级以上大风、大雨、大雪施工前。
（5）停工超过一个月恢复使用前。

双排脚手架搭设过程中，应随时进行检查，及时解决存在的结构缺陷。双排脚手架验收时，应具备的技术文件包括专项施工方案及变更文件，安全技术交底文件，脚手架构配件复验合格记录，搭设的施工记录和质量安全检查记录。

3.5.3 碗扣式钢管脚手架检查评定应用训练

碗扣式钢管脚手架检查评定应符合现行行业标准《建筑施工碗扣式钢管脚手架安全技术规范》(JGJ 166—2016) 的规定。检查评定保证项目包括：施工方案、架体基础、架体稳定、杆件锁件、脚手板、交底与验收。一般项目包括：架体防护、材质、荷载、通道。

1. 保证项目的检查评定应符合下列规定

1）施工方案

（1）架体搭设应有施工方案，结构设计应进行设计计算，并按规定进行审批。

（2）搭设高度超过 50m 的脚手架，应组织专家对安全专项方案进行论证，并按专家论证意见组织实施。

2）架体基础

（1）立杆基础应按方案要求平整、夯实，并设排水设施，基础垫板、立杆底座应符合规范要求。

（2）架体纵、横向扫地杆距地高度应小于 350mm。

3）架体稳定

（1）架体与建筑结构拉结应符合规范要求，并从架体底层第一步纵向水平杆开始设置连墙件。

（2）架体拉结点应牢固可靠。

（3）连墙件应采用刚性杆件。

（4）架体竖向应沿高度方向连续设置专用斜杆或八字撑。

（5）专用斜杆两端应固定在纵、横向横杆的碗扣节点上。

（6）专用斜杆或八字撑的设置角度应符合规范要求。

4）杆件锁件

（1）架体立杆间距、水平杆步距应符合规范要求。

（2）应按专项施工方案设计的步距在立杆连接碗扣节点处设置纵、横向水平杆。

（3）架体搭设高度超过 24m 时，顶部 24m 以下的连墙件层必须设置水平斜杆并应符合规范要求。

（4）架体组装及碗扣紧固应符合规范要求。

5）脚手板

（1）脚手板材质、规格应符合规范要求。

（2）脚手板应铺设严密、平整、牢固。

（3）钢脚手板的挂钩必须完全扣在水平杆上，并处于锁住状态。

6）交底与验收

（1）架体搭设前应进行安全技术交底。

（2）架体分段搭设分段使用时应进行分段验收。

（3）搭设完毕应办理验收手续，验收内容应量化并经责任人签字确认。

2．一般项目的检查评定应符合下列规定

1）架体防护

（1）架体外侧应使用密目式安全网进行封闭。

（2）作业层应在外侧立杆 1.2m 和 0.6m 的碗扣节点处设置上、中两道防护栏杆。

（3）作业层外侧应设置高度不小于 180mm 的挡脚板。

（4）架体作业层脚手板下应用安全网双层兜底，以下每隔 10m 应用安全平网封闭。

2）材质

（1）架体构配件的规格、型号、材质应符合规范要求。

（2）钢管不应有弯曲、变形、锈蚀严重的现象，材质符合规范要求。

3）荷载

（1）架体承受的施工荷载应符合规范要求。

（2）不得在架体上集中堆放模板、钢筋等物料。

4）通道

架体必须设置符合规范要求的上下通道。

碗扣式钢管脚手架检查评分表见表 3-14。

表 3-14 碗扣式钢管脚手架检查评分表

序号	检查项目		扣分标准	应得分数	扣减分数	实得分数
1	保证项目	施工方案	未编制专项施工方案或未进行设计计算扣 10 分 专项施工方案未按规定审核、审批或架体高度超过 50m 未按规定组织专家论证扣 10 分	10		
2		架体基础	架体基础不平、不实、不符合专项施工方案要求扣 10 分 架体底部未设置垫板或垫板的规格不符合要求扣 10 分 架体底部未按规范要求设置底座每处扣 1 分 架体底部未按规范要求设置扫地杆扣 5 分 未设置排水措施扣 8 分	10		
3		架体稳定	架体与建筑结构未按规范要求拉结每处扣 2 分 架体底层第一步水平杆处未按规范要求设置连墙件或未采用其他可靠措施固定每处扣 2 分 连墙件未采用刚性杆件扣 10 分 未按规范要求设置竖向专用斜杆或八字撑扣 5 分 竖向专用斜杆两端未固定在纵、横向水平杆与立杆汇交的碗扣节点处每处扣 2 分 竖向专用斜杆或八字撑未沿脚手架高度连续设置或角度不符合要求扣 5 分	10		

续表

序号	检查项目		扣分标准	应得分数	扣减分数	实得分数
4	保证项目	杆件锁件	立杆间距、水平杆步距超过规范要求扣 10 分 未按专项施工方案设计的步距在立杆连接碗扣节点处设置纵、横向水平杆扣 10 分 架体搭设高度超过 24 m 时,顶部 24m 以下的连墙件层未按规定设置水平斜杆扣 10 分 架体组装不牢或上碗扣紧固不符合要求每处扣 1 分	10		
5		脚手板	脚手板未满铺或铺设不牢、不稳扣 7～10 分 脚手板规格或材质不符合要求扣 7～10 分 采用钢脚手板时挂钩未挂扣在横向水平杆上或挂钩未处于锁住状态每处扣 2 分	10		
6		交底与验收	架体搭设前未进行交底或交底未留有记录扣 6 分 架体分段搭设分段使用未办理分段验收扣 6 分 架体搭设完毕未办理验收手续扣 6 分 未记录量化的验收内容扣 5 分	10		
		小计		60		
7	一般项目	架体防护	架体外侧未设置密目式安全网封闭或网间不严扣 7～10 分 作业层未在外侧立杆的 1.2m 和 0.6m 的碗扣节点设置上、中两道防护栏杆扣 5 分 作业层外侧未设置高度不小于 180mm 的挡脚板扣 3 分 作业层未用安全平网双层兜底,且以下每隔 10m 未用安全平网封闭扣 5 分	10		
8		材质	杆件弯曲、变形、锈蚀严重扣 10 分 钢管、构配件的规格、型号、材质或产品质量不符合规范要求扣 10 分	10		
9		荷载	施工荷载超过设计规定扣 10 分 荷载堆放不均匀每处扣 5 分	10		
10		通道	未设置人员上下专用通道扣 10 分 通道设置不符合要求扣 5 分	10		
		小计		40		
检查项目合计				100		

3.6 附着式升降脚手架

在高层施工中,建筑物外围常采用悬挑式脚手架作为工作面和外防护架,这种方法效率低,安全性差,劳动强度大,周转材料耗用多,施工成本较高。而附着式升降脚手架的施工工艺较好地解决了这些问题。附着式升降脚手架是在地面上把脚手承重架安装好，由两片脚手承重架组成一榀，脚手承重架通过升降轨道与建筑物连接在一起，利用手动（或电动）葫芦和升降轨道使脚手承重架随主体同步升降。这样工效高、劳动强度低、整体性好、安全可靠、能节省大量周转材料，经济效益显著。该项技术日臻成熟，许多施工单位都制定出了一套行之有效的附着式升降脚手架的施工方法。但附着式升降脚手架属定型施工设备，一旦出现坠落等安全事故，往往会造成非常严重的后果。

3.6.1 主要特点

附着式升降脚手架是指预先组装一定高度（一般为4个标准层）的脚手架，将其附着在建筑物的外侧，利用自身的提升设备进行升降的装置。脚手架从下至上提升一层，就可施工一层主体，当主体施工完毕，再从上至下装修一层下降一层，直至将底层装修完毕。按施工工艺需要，附着式升降脚手架可以整体提升，也可以分段提升，而且建筑物越高，其经济效益和社会效益也越显著，对于超高层建筑的施工，它比悬挑式脚手架更具适应性。该脚手架具体有以下特点。

附着式升降脚手架

（1）脚手承重架可在墙柱、楼板、阳台处连接，连接灵活。
（2）每榀脚手架有两处承重连接、两处附着连接，整体牢靠稳定。
（3）具有防外倾及导向功能，受环境因素影响小。
（4）一次安装可多次进行循环升降，操作简单、工效高、速度快、材料成本低。
（5）可按施工流水段进行分段、分单元升降，便于流水交叉作业。
（6）手动（或电动）葫芦提升，可控性强。
（7）具备防坠落保险装置，安全性高。
（8）主体及装修施工均可应用。

但是，如果设计或使用不当就会存在比较大的危险性，会导致发生脚手架坠落等事故。

附着式升降脚手架一般由架体、水平梁架、竖向主框架、附着支撑、提升机构及安全装置6部分组成。

附着式升降脚手架优点

3.6.2 附着式升降脚手架检查评定应用训练

附着式升降脚手架检查评定应符合现行行业标准《建筑施工工具式脚手架安全技术规范》(JGJ 202—2010) 的规定。检查评定保证项目包括：施工方案、安全装置、架体构造、附着支座、架体安装、架体升降。一般项目包括：检查验收、脚手板、防护、操作。

1. 保证项目的检查评定应符合下列规定

1) 施工方案
（1）附着式升降脚手架搭设、拆除作业应编制专项施工方案，结构设计应进行设计计算。

（2）专项施工方案应按规定进行审批，架体提升高度超过 150m 的专项施工方案应经专家论证。

2）安全装置

（1）附着式升降脚手架应安装机械式全自动防坠落装置，技术性能应符合规范要求。

（2）防坠落装置与升降设备应分别独立固定在建筑结构处。

（3）防坠落装置应设置在竖向主框架处与建筑结构附着。

（4）附着式升降脚手架应安装防倾覆装置，技术性能应符合规范要求。

（5）在升降或使用工况下，最上和最下两个防倾覆装置之间最小间距不应小于 2.8m 或架体高度的 1/4。

（6）附着式升降脚手架应安装同步控制或荷载控制装置，同步控制或荷载控制误差应符合规范要求。

3）架体构造

（1）架体高度不应大于 5 倍楼层高度，宽度不应小于 1.2m。

（2）直线布置架体支承跨度不应大于 7m，折线、曲线布置架体支承跨度不应大于 5.4m。

（3）架体水平悬挑长度不应大于 2m 且不应大于跨度的 1/2。

（4）架体悬臂高度应不大于 2/5 架体高度且不大于 6m。

（5）架体高度与支承跨度的乘积不应大于 110m^2。

4）附着支座

（1）附着支座数量、间距应符合规范要求。

（2）使用工况应将主框架与附着支座固定。

（3）升降工况时，应将防倾覆、导向装置设置在附着支座处。

（4）附着支座与建筑结构连接固定方式应符合规范要求。

5）架体安装

（1）主框架和水平支承桁架的节点应采用焊接或螺栓连接，各杆件的轴线应汇交于节点。

（2）内外两片水平支承桁架上弦、下弦间应设置水平支撑杆件，各节点应采用焊接或螺栓连接。

（3）架体立杆底端应设在水平桁架上弦杆的节点处。

（4）与墙面垂直的定型竖向主框架组装高度应与架体高度相等。

（5）剪刀撑应沿架体高度连续设置，角度应符合 45°～60°的要求，剪刀撑应与主框架、水平桁架和架体有效连接。

6）架体升降

（1）两跨以上架体同时升降应采用电动或液压动力装置，不得采用手动装置。

（2）升降工况时附着支座处建筑结构混凝土强度应符合规范要求。

（3）升降工况时架体上不得有施工荷载，禁止操作人员停留在架体上。

2．一般项目的检查评定应符合下列规定

1）检查验收

（1）动力装置、主要结构配件进场应按规定进行验收。

(2) 架体分段安装、分段使用应办理分段验收。
(3) 架体安装完毕,应按规范要求进行验收,验收表应有责任人签字确认。
(4) 架体每次提升前应按规定进行检查,并应填写检查记录。

2) 脚手板
(1) 脚手板应铺设严密、平整、牢固。
(2) 作业层与建筑结构间距离应不大于规范要求。
(3) 脚手板材质、规格应符合规范要求。

3) 防护
(1) 架体外侧应封挂密目式安全网。
(2) 作业层外侧应在高度 1.2m 和 0.6m 处设置上、中两道防护栏杆。
(3) 作业层外侧应设置高度不小于 180mm 的挡脚板。

4) 操作
(1) 操作前应按规定对有关技术人员和作业人员进行安全技术交底。
(2) 作业人员应经培训并定岗作业。
(3) 安装拆除单位资质应符合要求,特种作业人员应持证上岗。
(4) 架体安装、升降、拆除时应按规定设置安全警戒区,并应设置专人监护。
(5) 荷载分布应均匀、荷载最大值应在规范允许范围内。

附着式升降脚手架检查评分表见表 3-15。

表 3-15 附着式升降脚手架检查评分表

序号	检查项目		扣分标准	应得分数	扣减分数	实得分数
1	保证项目	施工方案	未编制专项施工方案或未进行设计计算扣 10 分 专项施工方案未按规定审核、审批扣 10 分 脚手架提升高度超过 150m,专项施工方案未按规定组织专家论证扣 10 分	10		
2		安全装置	未采用机械式的全自动防坠落装置或技术性能不符合规范要求扣 10 分 防坠落装置与升降设备未分别独立固定在建筑结构处扣 10 分 防坠落装置未设置在竖向主框架处与建筑结构附着扣 10 分 未安装防倾覆装置或防倾覆装置不符合规范要求扣 10 分 在升降或使用工况下,最上和最下两个防倾覆装置之间的最小间距不符合规范要求扣 10 分 未安装同步控制或荷载控制装置扣 10 分 同步控制或荷载控制误差不符合规范要求扣 10 分	10		

续表

序号	检查项目		扣分标准	应得分数	扣减分数	实得分数
3	保证项目	架体构造	架体高度大于5倍楼层高扣10分 架体宽度大于1.2m扣10分 直线布置的架体支承跨度大于7m,或折线、曲线布置的架体支撑跨度的架体外侧距离大于5.4m扣10分 架体的水平悬挑长度大于2m或水平悬挑长度未大于2m但大于跨度1/2扣10分 架体悬臂高度大于架体高度2/5或悬臂高度大于6m扣10分 架体全高与支撑跨度的乘积大于110m²扣10分	10		
4		附着支座	未按竖向主框架所覆盖的每个楼层设置一道附着支座扣10分 在使用工况时,未将竖向主框架与附着支座固定扣10分 在升降工况时,未将防倾覆、导向的结构装置设置在附着支座处扣10分 附着支座与建筑结构连接固定方式不符合规范要求扣10分	10		
5		架体安装	主框架和水平支撑桁架的节点未采用焊接或螺栓连接或各杆件轴线未交汇于主节点扣10分 内外两片水平支承桁架的上弦和下弦之间设置的水平支撑杆件未采用焊接或螺栓连接扣5分 架体立杆底端未设置在水平支撑桁架上弦各杆件汇交节点处扣10分 与墙面垂直的定型竖向主框架组装高度低于架体高度扣5分 架体外立面设置的连续式剪刀撑未将竖向主框架、水平支撑桁架和架体构架连成一体扣8分	10		
6		架体升降	两跨以上架体同时整体升降采用手动升降设备扣10分 升降工况时附着支座在建筑结构连接处混凝土强度未达到设计要求或小于C10扣10分 升降工况时架体上有施工荷载或有人员停留扣10分	10		
		小计		60		
7	一般项目	检查验收	构配件进场未办理验收扣6分 分段安装、分段使用未办理分段验收扣8分 架体安装完毕未履行验收程序或验收表未经责任人签字扣10分 每次提升前未留有具体检查记录扣6分 每次提升后、使用前未履行验收手续或资料不全扣7分	10		

续表

序号	检查项目		扣分标准	应得分数	扣减分数	实得分数
8	一般项目	脚手板	脚手板未满铺或铺设不严、不牢扣 3~5 分 作业层与建筑结构之间空隙封闭不严扣 3~5 分 脚手板规格、材质不符合要求扣 5~8 分	10		
9		防护	脚手架外侧未采用密目式安全网封闭或网间不严扣 10 分 作业层未在高度 1.2m 和 0.6m 处设置上、中两道防护栏杆扣 5 分 作业层未设置高度不小于 180mm 的挡脚板扣 5 分	10		
10		操作	操作前未向有关技术人员和作业人员进行安全技术交底扣 10 分 作业人员未经培训或未定岗定责扣 7~10 分 安装拆除单位资质不符合要求或特种作业人员未持证上岗扣 7~10 分 安装、升降、拆除时未采取安全警戒扣 10 分 荷载不均匀或超载扣 5~10 分	10		
		小计		40		
检查项目合计				100		

3.7 承插型盘扣式钢管支架

承插型盘扣式钢管支架检查评定应符合现行行业标准《建筑施工承插型盘扣式钢管脚手架安全技术标准》（JGJ/T 231—2021）的规定。检查评定保证项目包括：施工方案、架体基础、架体稳定、杆件、脚手板、交底与验收。一般项目包括：架体防护、杆件接长、架体内封闭、材质、通道。

盘扣式脚手架

1. 保证项目的检查评定应符合下列规定

1）施工方案

（1）架体搭设应有施工方案，搭设高度超过 24m 的架体应单独编制安全专项方案，结构设计应进行设计计算，并按规定进行审核、审批。

（2）施工方案应完整，能正确指导施工作业。

2）架体基础

（1）立杆基础应按方案要求平整、夯实，并设排水设施，基础垫木应符合规范要求。

（2）土层地基上立杆应采用基础垫板及立杆可调底座，设置应符合规范要求。

（3）架体纵、横扫地杆设置应符合规范要求。

3）架体稳定

（1）架体与建筑物拉结应符合规范要求，并从架体底层第一步水平杆开始设置连墙件。

（2）架体拉结点应牢固可靠。

（3）连墙件应采用刚性杆件。

（4）架体竖向斜杆、剪刀撑的设置应符合规范要求。

（5）竖向斜杆的两端应固定在纵、横向水平杆与立杆汇交的盘扣节点处。

（6）斜杆及剪刀撑应沿脚手架高度连续设置，角度应符合规范要求。

4）杆件

（1）架体立杆间距、水平杆步距应符合规范要求。

（2）应按专项施工方案设计的步距在立杆连接插盘处设置纵、横向水平杆。

（3）当双排脚手架的水平杆层没有挂扣钢脚手板时，应按规范要求设置水平斜杆。

5）脚手板

（1）脚手板材质、规格应符合规范要求。

（2）脚手板应铺设严密、平整、牢固。

（3）钢脚手板的挂钩必须完全扣在水平杆上，并处于锁住状态。

6）交底与验收

（1）架体搭设前应进行安全技术交底。

（2）架体分段搭设分段使用时应进行分段验收。

（3）搭设完毕应办理验收手续，验收内容应量化。

2. 一般项目的检查评定应符合下列规定

1）架体防护

（1）架体外侧应使用密目式安全网进行封闭。

（2）作业层应在外侧立杆 1.0m 和 0.5m 的盘扣节点处设置上、中两道防护栏杆。

（3）作业层外侧应设置高度不小于 180mm 的挡脚板。

2）杆件接长

（1）立杆的接长位置应符合规范要求。

（2）搭设悬挑式脚手架时，立杆的接长部位必须采用螺栓固定立杆连接件。

（3）剪刀撑的接长应符合规范要求。

3）架体内封闭

（1）架体作业层脚手板下应用安全平网双层兜底，以下每隔 10m 应用安全平网封闭。

（2）作业层与建筑物之间应进行封闭。

4）材质

（1）架体构配件的规格、型号、材质应符合规范要求。

（2）钢管不应有弯曲、变形、锈蚀严重的现象，材质符合规范要求。

5）通道

架体必须设置符合规范要求的上下通道。

承插型盘扣式钢管支架检查评分表见表 3-16。

表 3-16 承插型盘扣式钢管支架检查评分表

序号	检查项目		扣分标准	应得分数	扣减分数	实得分数
1	保证项目	施工方案	未编制专项施工方案或搭设高度超过 24m 未另行专门设计和计算扣 10 分 专项施工方案未按规定审核、审批扣 10 分	10		
2		架体基础	架体基础不平、不实、不符合方案设计要求扣 10 分 架体立杆底部缺少垫板或垫板的规格不符合规范要求每处扣 2 分 架体立杆底部未按要求设置底座每处扣 1 分 未按规范要求设置纵、横向扫地杆扣 5~10 分 未设置排水措施扣 8 分	10		
3		架体稳定	架体与建筑结构未按规范要求拉结每处扣 2 分 架体底层第一步水平杆处未按规范要求设置连墙件或未采用其他可靠措施固定每处扣 2 分 连墙件未采用刚性杆件扣 10 分 未按规范要求设置竖向斜杆或剪刀撑扣 5 分 竖向斜杆两端未固定在纵、横向水平杆与立杆汇交的盘扣节点处每处扣 2 分 斜杆或剪刀撑未沿脚手架高度连续设置或角度不符合要求扣 5 分	10		
4		杆件	架体立杆间距、水平杆步距超过规范要求扣 2 分 未按专项施工方案设计的步距在立杆连接盘处设置纵、横向水平杆扣 10 分 双排脚手架的每步水平杆层,当无挂扣钢脚手板时未按规范要求设置水平斜杆扣 5~10 分	10		
5		脚手板	脚手板不满铺或铺设不牢、不稳扣 7~10 分 脚手板规格或材质不符合要求扣 7~10 分 采用钢脚手板时挂钩未挂扣在水平杆上或挂钩未处于锁住状态每处扣 2 分	10		
6		交底与验收	脚手架搭设前未进行交底或未留有交底记录扣 5 分 脚手架分段搭设分段使用未办理分段验收扣 10 分 脚手架搭设完毕未办理验收手续扣 10 分 未记录量化的验收内容扣 5 分	10		
		小计		60		
7	一般项目	架体防护	架体外侧未设置密目式安全网封闭或网间不严扣 7~10 分 作业层未在外侧立杆的 1m 和 0.5m 的盘扣节点处设置上、中两道水平防护栏杆扣 5 分 作业层外侧未设置高度不小于 180mm 的挡脚板扣 3 分	10		

续表

序号	检查项目		扣分标准	应得分数	扣减分数	实得分数
8	一般项目	杆件接长	立杆竖向接长位置不符合要求扣5分 搭设悬挑式脚手架时,立杆的承插接长部位未采用螺栓作为立杆连接件固定扣7～10分 剪刀撑的斜杆接长不符合要求扣5～8分	10		
9		架体内封闭	作业层未用安全平网双层兜底,且以下每隔10m未用安全平网封闭扣7～10分 作业层与主体结构间的空隙未封闭扣5～8分	10		
10		材质	钢管、构配件的规格、型号、材质或产品质量不符合规范要求扣5分 钢管弯曲、变形、锈蚀严重扣5分	5		
11		通道	未设置人员上下专用通道扣5分 通道设置不符合要求扣3分	5		
		小计		40		
检查项目合计				100		

3.8 高处作业吊篮

高处作业吊篮是指将悬挂机构架设于建筑物或构筑物上,通过提升机驱动悬吊平台使其利用钢丝绳沿立面上下运行,为施工人员提供一种可移动的脚手架。一般按驱动方式不同可将其分为手动、气动和电动3种。

高处作业吊篮一般用于高层建筑的外装修施工,它具有节省材料、人工和缩短工期的特点,但必须严格按有关规定进行设计、制作、安装和使用,否则极易发生坠落事故。

高处作业吊篮检查评定应符合现行行业标准《建筑施工工具式脚手架安全技术规范》(JGJ 202—2010)的规定。检查评定保证项目包括:施工方案、安全装置、悬挂机构、钢丝绳、安装、升降操作。一般项目包括:交底与验收、防护、吊篮稳定、荷载。

1. 保证项目的检查评定应符合下列规定

1) 施工方案

(1) 吊篮安装、拆除作业应编制专项施工方案,悬挂吊篮的支撑结构承载力应经过验算。

(2) 专项施工方案应按规定进行审批。

2) 安全装置

(1) 吊篮应安装防坠安全锁,并灵敏有效。

(2) 防坠安全锁不应超过标定期限。

(3）吊篮应设置作业人员专用的挂设安全带的安全绳或安全锁扣，安全绳应固定在建筑物可靠位置上不得与吊篮上的任何部位有连接。

（4）吊篮应安装上限位装置，并应保证限位装置灵敏可靠。

3）悬挂机构

（1）悬挂机构前支架严禁支撑在女儿墙上、女儿墙外或建筑物外挑檐边缘。

（2）悬挂机构前梁外伸长度应符合产品说明书规定。

（3）前支架应与支撑面垂直且脚轮不应受力。

（4）前支架调节杆应固定在上支架与悬挑梁连接的节点处。

（5）严禁使用破损的配重件或其他替代物。

（6）配重件的重量应符合设计规定。

4）钢丝绳

（1）钢丝绳磨损、断丝、变形、锈蚀应在允许范围内。

（2）安全绳应单独设置，型号规格应与工作钢丝绳一致。

（3）吊篮运行时安全绳应张紧悬垂。

（4）利用吊篮进行电焊作业应对钢丝绳采取保护措施。

5）安装

（1）吊篮应使用经检测合格的提升机。

（2）吊篮平台的组装长度应符合规范要求。

（3）吊篮所用的构配件应是同一厂家的产品。

6）升降操作

（1）必须由经过培训合格的持证人员操作吊篮升降。

（2）吊篮内的作业人员不应超过两人。

（3）吊篮内的作业人员应将安全带使用安全锁扣正确挂置在独立设置的专用安全绳上。

（4）吊篮正常工作时，人员应从地面进入吊篮内。

2．一般项目的检查评定应符合下列规定

1）交底与验收

（1）吊篮安装完毕，应按规范要求进行验收，验收表应由责任人签字确认。

（2）每天班前、班后应对吊篮进行检查。

（3）吊篮安装、使用前对作业人员进行安全技术交底。

2）防护

（1）吊篮平台周边的防护栏杆、挡脚板的设置应符合规范要求。

（2）多层吊篮作业时应设置顶部防护板。

3）吊篮稳定

（1）吊篮作业时应采取防止摆动的措施。

（2）吊篮与作业面距离应在规定要求范围内。

4）荷载

（1）吊篮施工荷载应满足设计要求。

（2）吊篮施工荷载应均匀分布。

(3) 严禁利用吊篮作为垂直运输设备。

高处作业吊篮检查评分表见表 3-17。

表 3-17 高处作业吊篮检查评分表

序号	检查项目		扣分标准	应得分数	扣减分数	实得分数
1	保证项目	施工方案	未编制专项施工方案或未对吊篮支架支撑处结构的承载力进行验算扣 10 分 专项施工方案未按规定审核、审批扣 10 分	10		
2		安全装置	未安装安全锁或安全锁失灵扣 10 分 安全锁超过标定期限仍在使用扣 10 分 未设置挂设安全带专用安全绳及安全锁扣,或安全绳未固定在建筑物可靠位置扣 10 分 吊篮未安装上限位装置或限位装置失灵扣 10 分	10		
3		悬挂机构	悬挂机构前支架支撑在建筑物女儿墙上或挑檐边缘扣 10 分 前梁外伸长度不符合产品说明书规定扣 10 分 前支架与支撑面不垂直或脚轮受力扣 10 分 前支架调节杆未固定在上支架与悬挑梁连接的节点处扣 10 分 使用破损的配重件或采用其他替代物扣 10 分 配重件的重量不符合设计规定扣 10 分	10		
4		钢丝绳	钢丝绳磨损、断丝、变形、锈蚀达到报废标准扣 10 分 安全绳规格、型号与工作钢丝绳不相同或未独立悬挂每处扣 5 分 安全绳不悬垂扣 10 分 利用吊篮进行电焊作业未对钢丝绳采取保护措施扣 6~10 分	10		
5		安装	使用未经检测或检测不合格的提升机扣 10 分 吊篮平台组装长度不符合规范要求扣 10 分 吊篮组装的构配件不是同一生产厂家的产品扣 5~10 分	10		
6		升降操作	操作升降人员未经培训合格扣 10 分 吊篮内作业人员数量超过两人扣 10 分 吊篮内作业人员未将安全带使用安全锁扣正确挂置在独立设置的专用安全绳上扣 10 分 吊篮正常使用,人员未从地面进入篮内扣 10 分	10		
		小计		60		

续表

序号	检查项目		扣分标准	应得分数	扣减分数	实得分数
7	一般项目	交底与验收	未履行验收程序或验收表未经责任人签字扣10分 每天班前、班后未进行检查扣5~10分 吊篮安装、使用前未进行交底扣5~10分	10		
8		防护	吊篮平台周边的防护栏杆或挡脚板的设置不符合规范要求扣5~10分 多层作业未设置防护顶板7~10分	10		
9		吊篮稳定	吊篮作业未采取防摆动措施扣10分 吊篮钢丝绳不垂直或吊篮距建筑物空隙过大扣10分	10		
10		荷载	施工荷载超过设计规定扣5分 荷载堆放不均匀扣10分 利用吊篮作为垂直运输设备扣10分	10		
		小计		40		
检查项目合计				100		

3.9 满堂式脚手架

满堂式脚手架检查评定除符合现行行业标准《建筑施工扣件式钢管脚手架安全技术规范》(JGJ 130—2011)的规定外,尚应符合其他现行脚手架安全技术规范。检查评定保证项目包括:施工方案、架体基础、架体稳定、杆件锁件、脚手板、交底与验收。一般项目包括:架体防护、材质、荷载、通道。

满堂式脚手架

1. 保证项目的检查评定应符合下列规定

1) 施工方案
(1) 架体搭设应编制安全专项方案,结构设计应进行设计计算。
(2) 专项施工方案应按规定进行审批。
2) 架体基础
(1) 立杆基础应按方案要求平整、夯实,并设排水设施,基础垫板符合规范要求。
(2) 架体底部应按规范要求设置底座。
(3) 架体扫地杆设置应符合规范要求。
3) 架体稳定(图3.19为满堂式脚手架坍塌现场)
(1) 架体周圈与中部应按规范要求设置竖向剪刀撑及专用斜杆。
(2) 架体应按规范要求设置水平剪刀撑或水平斜杆。

图3.19 满堂式脚手架坍塌现场

(3) 架体高宽比大于 2 时，应按规范要求与建筑结构刚性连接或扩大架体底脚。

4) 杆件锁件
(1) 满堂式脚手架的搭设高度应符合规范及设计计算要求。
(2) 架体立杆件跨距，水平杆步距应符合规范要求。
(3) 杆件的接长应符合规范要求。
(4) 架体搭设应牢固，杆件节点应按规范要求进行紧固。

5) 脚手板
(1) 架体脚手板应满铺，确保牢固稳定。
(2) 脚手板的材质、规格应符合规范要求。
(3) 钢脚手板的挂钩必须完全扣在水平杆上，并处于锁住状态。

6) 交底与验收
(1) 架体搭设完毕应按规定进行验收，验收内容应量化并经责任人签字确认。
(2) 分段搭设的架体应进行分段验收。
(3) 架体搭设前应进行安全技术交底。

2. 一般项目的检查评定应符合下列规定

1) 架体防护
(1) 作业层应在外侧立杆 1.2m 和 0.6m 高度上设置上、中两道防护栏杆。
(2) 作业层外侧应设置高度不小于 180mm 的挡脚板。
(3) 架体作业层脚手板下应用安全平网双层兜底，以下每隔 10m 应用安全平网封闭。

2) 材质
(1) 架体构配件的规格、型号、材质应符合规范要求。
(2) 钢管不应有弯曲、变形、锈蚀严重的现象，材质符合规范要求。

3) 荷载
(1) 架体承受的施工荷载应符合规范要求。
(2) 不得在架体上集中堆放模板、钢筋等物料。

4) 通道
架体必须设置符合规范要求的上下通道。

满堂式脚手架检查评分表见表 3-18。

表 3-18 满堂式脚手架检查评分表

序号	检查项目		扣分标准	应得分数	扣减分数	实得分数
1	保证项目	施工方案	未编制专项施工方案或未进行设计计算扣 10 分 专项施工方案未按规定审核、审批扣 10 分	10		
2		架体基础	架体基础不平、不实、不符合专项施工方案要求扣 10 分 架体底部未设置垫木或垫木的规格不符合要求扣 10 分 架体底部未按规范要求设置底座每处扣 1 分 架体底部未按规范要求设置扫地杆扣 5 分 未设置排水措施扣 5 分	10		

续表

序号	检查项目		扣分标准	应得分数	扣减分数	实得分数
3	保证项目	架体稳定	架体四周与中间未按规范要求设置竖向剪刀撑或专用斜杆扣 10 分 未按规范要求设置水平剪刀撑或专用水平斜杆扣 10 分 架体高宽比大于 2 时未按要求采取与结构刚性连接或扩大架体底脚等措施扣 10 分	10		
4		杆件锁件	架体搭设高度超过规范或设计要求扣 10 分 架体立杆间距水平杆步距超过规范要求扣 10 分 杆件接长不符合要求每处扣 2 分 架体搭设不牢或杆件节点紧固不符合要求每处扣 1 分	10		
5		脚手板	脚手板不满铺或铺设不牢、不稳扣 5 分 脚手板规格或材质不符合要求扣 5 分 采用钢脚手板时挂钩未挂扣在水平杆上或挂钩未处于锁住状态每处扣 2 分	10		
6		交底与验收	架体搭设前未进行交底或交底未留有记录扣 6 分 架体分段搭设分段使用未办理分段验收扣 6 分 架体搭设完毕未办理验收手续扣 6 分 未记录量化的验收内容扣 5 分	10		
		小计		60		
7	一般项目	架体防护	作业层脚手架周边，未在高度 1.2m 和 0.6m 处设置上、中两道防护栏杆扣 10 分 作业层外侧未设置 180mm 高挡脚板扣 5 分 作业层未用安全平网双层兜底，且以下每隔 10m 未用安全平网封闭扣 5 分	10		
8		材质	钢管、构配件的规格、型号、材质或产品质量不符合规范要求扣 10 分 杆件弯曲、变形、锈蚀严重扣 10 分	10		
9		荷载	施工荷载超过设计规定扣 10 分 荷载堆放不均匀每处扣 5 分	10		
10		通道	未设置人员上下专用通道扣 10 分 通道设置不符合要求扣 5 分	10		
		小计		40		
	检查项目合计			100		

案例分析

某实验楼工程主体为 36m×45m 的钢筋混凝土框架结构，屋面为网架结构，由某公司总承包。由于该公司不具备屋面网架工程的施工能力，便将屋面网架工程分包给了某网架厂,并由该公司配合搭设满堂式脚手架,以提供高空组装网架的操作平台,脚手架高度26m。网架厂为赶施工进度,未等脚手架交接验收确认,便于4月25日晚,将运至施工现场的网架部件(约40t),全部成捆吊上脚手架,使脚手架严重超载。4月26日上班后,工人用撬棍解捆,此操作产生的振动导致脚手架坍塌,脚手架上的网架部件及施工人员同时坠落,致使7人死亡1人重伤。

请问此次事故存在哪些安全隐患?

3.10 模板支架

模板支架的搭设应按专项施工方案,在专人指挥下,统一进行。先按施工方案放线定位,放置底座后再分别按先立杆后横杆再斜杆的顺序搭设。在多层楼板上连续设置模板支架时,应保证上下层支撑立杆在同一轴线上。模板支架拆除应符合现行国家标准《混凝土结构工程施工质量验收规范》(GB 50204—2015)中混凝土强度的有关规定。模板支架安全检查评定应符合现行行业标准《建筑施工模板安全技术规范》(JGJ 162—2008)和《建筑施工扣件式钢管脚手架安全技术规范》(JGJ 130—2011)的规定。检查评定保证项目包括:施工方案、立杆基础、支架稳定、施工荷载、交底与验收。一般项目包括:立杆设置、水平杆设置、支架拆除、支架材质。

1. 保证项目的检查评定应符合下列规定

1)施工方案

(1)模板支架搭设应编制专项施工方案,结构设计应进行设计计算,并应按规定进行审核、审批。

(2)超过一定规模的模板支架,专项施工方案应按规定组织专家论证。

(3)专项施工方案应明确混凝土浇筑方式。

2)立杆基础

(1)立杆基础承载力应符合设计要求,并能承受支架上部全部荷载。

(2)基础应设排水设施。

(3)立杆底部应按规范要求设置底座、垫板。

3)支架稳定

(1)支架高宽比大于规定值时,应按规定设置连墙杆。

(2)连墙杆的设置应符合规范要求。

(3)应按规定设置纵、横向及水平剪刀撑,并符合规范要求。

4)施工荷载

施工均布荷载、集中荷载应在设计允许范围内。

5)交底与验收

(1)支架搭设(拆除)前应进行交底,并应有交底记录。

(2)支架搭设完毕,应按规定组织验收,验收应有量化内容。

2．一般项目的检查评定应符合下列规定

1）立杆设置

（1）立杆间距应符合设计要求。

（2）立杆应采用对接连接。

（3）立杆伸出顶层水平杆中心线至支撑点的长度应符合规范要求。

2）水平杆设置

（1）应按规定设置纵、横向水平杆。

（2）纵、横向水平杆间距应符合规范要求。

（3）纵、横向水平杆连接应符合规范要求。

3）支架拆除

（1）支架拆除前应确认混凝土强度符合规定值。

（2）模板支架拆除前应设置警戒区，并设专人监护。

4）支架材质

（1）杆件弯曲、变形、锈蚀量应在规范允许范围内。

（2）构配件材质应符合规范要求。

（3）钢管壁厚应符合规范要求。

模板支架检查评分表见表3-19。

表3-19 模板支架检查评分表

序号	检查项目		扣分标准	应得分数	扣减分数	实得分数
1	保证项目	施工方案	未按规定编制专项施工方案或结构设计未经设计计算扣15分 专项施工方案未经审核、审批扣15分 超过一定规模的模板支架，专项施工方案未按规定组织专家论证扣15分 专项施工方案未明确混凝土浇筑方式扣10分	15		
2		立杆基础	立杆基础承载力不符合设计要求扣10分 基础未设排水设施扣8分 立杆底部未设置底座、垫板或垫板规格不符合规范要求每处扣3分	10		
3		支架稳定	支架高宽比大于规定值时，未按规定要求设置连墙杆扣15分 连墙杆设置不符合规范要求每处扣5分 未按规定设置纵、横向及水平剪刀撑扣15分 纵、横向及水平剪刀撑设置不符合规范要求扣5~10分	15		
4		施工荷载	施工均布荷载超过规定值扣10分 施工荷载不均匀，集中荷载超过规定值扣10分	10		

续表

序号	检查项目		扣分标准	应得分数	扣减分数	实得分数
5	保证项目	交底与验收	支架搭设（拆除）前未进行交底或无交底记录扣10分 支架搭设完毕未办理验收手续扣10分 验收无量化内容扣5分	10		
		小计		60		
6	一般项目	立杆设置	立杆间距不符合设计要求扣10分 立杆未采用对接连接每处扣5分 立杆伸出顶层水平杆中心线至支撑点的长度大于规定值每处扣2分	10		
7		水平杆设置	未按规定设置纵、横向扫地杆或设置不符合规范要求每处扣5分 纵、横向水平杆间距不符合规范要求每处扣5分 纵、横向水平杆件连接不符合规范要求每处扣5分	10		
8		支架拆除	混凝土强度未达到规定值，拆除模板支架扣10分 未按规定设置警戒区或未设置专人监护扣8分	10		
9		支架材质	杆件弯曲、变形、锈蚀超标扣10分 构配件材质不符合规范要求扣10分 钢管壁厚不符合要求扣10分	10		
		小计		40		
	检查项目合计			100		

本 章 小 结

本章主要介绍了常用脚手架的类别和安全基本要求，扣件式钢管脚手架的技术构造要求、搭设和拆除的安全技术以及安全管理等内容；悬挑式脚手架构造要求和检查评定；门式钢管脚手架组成和检查评定；碗扣式钢管脚手架、附着式升降脚手架、承插型盘扣式钢管支架、高处作业吊篮、满堂式脚手架、模板支架的检查评定应用训练等。

思考与拓展题

1. 请说说脚手架的分类方法。
2. 请说说脚手架安全基本要求。
3. 请说说扣件式钢管脚手架的主要杆件名称及作用。
4. 新、旧钢管的检查各有哪些规定？

5．脚手架应分哪些阶段进行检查与验收？

6．脚手架使用中，应定期检查哪些项目？

7．扣件式钢管脚手架、悬挑式脚手架、门式钢管脚手架、碗扣式钢管脚手架、附着式升降脚手架、承插型盘扣式钢管支架、高处作业吊篮、满堂式脚手架、模板支架的检查评定保证项目和一般项目各包括哪些内容？

8．请说说门式钢管脚手架的组成构件。

9．请说说附着式升降脚手架的主要特点。

第4章

高处作业安全技术

第 4 章 高处作业安全技术

课程标准

课程内容	知识要点	教学目标
高处作业安全控制	高处作业及"三宝、四口"安全技术措施与控制,安全防护用品的使用	掌握高处作业、临边作业与洞口作业、操作平台与交叉作业、攀登与悬空作业、安全用具的安全基本知识

章节导读

近年来在建筑业事故中,高处坠落事故的发生率高,危险性大。因此,减少和避免高处坠落事故的发生,是降低建筑业伤亡事故的关键,同时正确及时地实施应急救援工作也是减少伤亡事故的有效途径。根据高处作业者工作时所处的部位不同,高处坠落有临边作业、洞口作业、攀登作业、悬空作业、操作平台和交叉作业坠落等几种。

特别提示

高处作业存在于脚手架的搭设、使用、拆除,模板的搭设、拆除,大型机械的搭设、拆除和使用等多个环节,稍不注意就容易发生事故。只有加强对高处作业的安全管理,才能减少事故数量。

4.1 高处作业概述

1. 高处作业的含义及分级

1)高处作业的相关概念

按照国家标准《高处作业分级》(GB/T 3608—2008)的规定,高处作业相关概念如下。

(1)高处作业。高处作业是指在距坠落高度基准面 2m 或 2m 以上有可能坠落的高处进行的作业。其中坠落高度基准面是指通过可能坠落范围内最低处的水平面,它是确定高处作业高度的起始点,如从作业位置可能坠落到最低点的楼面、地面、基坑等平面。

(2)可能坠落范围。可能坠落范围是指以作业位置为中心,可能坠落范围半径为半径划成的与水平面垂直的柱形空间。该值是确定高处坠落范围的依据。

(3)可能坠落范围半径。可能坠落范围半径是指为确定可能坠落范围而规定的相对于作业位置的一段水平距离,以 R 表示。其大小取决于与作业现场的地形、地势或建筑物分布等有关的基础高度。依据该值可以确定不同高处作业时,安全平网架设的宽度。

(4)基础高度。基础高度是指以作业位置为中心,6m 为半径,划出的垂直水平面的柱形空间内的最低处与作业位置间的高度,以 h_b 表示。该值是用以确定高处作业高度的依据。

(5)高处作业高度。作业区各作业位置至相应坠落高度基准面的垂直距离中的最大值,称为该作业区的高处作业高度,简称作业高度,以 h_w 表示。作业高度是确定高处作业危险性大小的依据,作业高度越高,作业的危险性就越大。作业高度可分为 2～5m、5～15m、15～30m 及大于 30m 共 4 个区段。

在计算作业高度时,依据基础高度(h_b)查表 4-1,可确定可能坠落范围半径(R)。在基础高度(h_b)和可能坠落范围半径(R)确定后,即可根据作业高度的定义计算出作业高度。

表 4-1 高处作业基础高度与可能坠落范围半径   单位:m

高处作业基础高度(h_b)	$2 \leq h_b \leq 5$	$5 < h_b \leq 15$	$15 < h_b \leq 30$	$h_b > 30$
可能坠落范围半径(R)	3	4	5	6

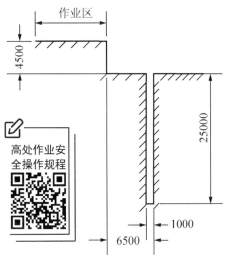

图 4.1 例题 4-1 图

【例 4-1】高处作业如图 4.1 所示,试确定基础高度、可能坠落范围半径和作业高度。

解:由图中条件可知,在作业区边缘至附近最低处的可能坠落的基础高度为

$$h_b = 4.5m + 25.0m = 29.5m$$

查表 4-1 得,可能坠落范围半径 $R=5m$,则在作业区边缘,半径为 $R=5m$ 的作业区范围内,作业高度 $h_w = 4.5m$。

2)高处作业的分级

根据《高处作业分级》(GB/T 3608—2008)的规定,高处作业分为 A、B 两类。

A、B 类高处作业依据表 4-2 分别划分为 4 个和 3 个级别。级别越高,高处作业的危险性就越大,采取的安全防范措施也就要更加完善。

表 4-2 高处作业分级

分类	高处作业高度/m	级别	分类	高处作业高度/m	级别
A	$2 \leq h_w \leq 5$	Ⅰ	B	$2 \leq h_w \leq 5$	Ⅱ
	$5 < h_w \leq 15$	Ⅱ		$5 < h_w \leq 15$	Ⅲ
	$15 < h_w \leq 30$	Ⅲ		$15 < h_w \leq 30$	Ⅳ
	$h_w > 30$	Ⅳ		$h_w > 30$	Ⅳ

2. 高处作业安全的基本要求

建筑施工单位在进行高处作业时,应满足以下基本要求。

(1)进行高处作业时,应正确使用脚手架、操作平台、梯子、防护栏杆、安全带、安全网和安全帽等安全设施和用具,作业前应认真检查所用安全设施和用具是否牢固、可靠,如图 4.2 所示。

（2）高处作业的安全技术措施及其所需料具，必须列入工程的施工组织设计中。

（3）单位工程施工负责人应对工程的高处作业安全技术负责，并建立相应的安全生产责任制。

（4）施工单位应有针对性地将高处作业的警示标志悬挂于施工现场相应的醒目部位，夜间应设红灯警示。各类安全标志、工具、仪表、电气设施和各种设备，必须在施工前加以检查验收，确认其完好，并经相关人员签字后，方能投入使用。

（5）作业前，应按规定逐级进行安全技术教育及技术交底，落实所有安全技术措施和人身防护用品，未经落实不得进行施工操作。

（6）攀登和悬空高处作业人员及搭设高处作业安全设施的人员，必须经过专业技术培训及专业考试合格，持证上岗，并定期进行身体检查。

图 4.2　系好安全带是高处作业基本要求

（7）施工中当发现高处作业的安全设施有缺陷和隐患时，必须及时解决，危及人身安全时，必须停止作业。

（8）高处作业上下应设置联系信号或通信装置，并指定专人负责。

（9）施工作业场所有坠落可能的物件，应一律先行撤除或加以固定，高处作业中所用的物料，均应堆放平稳，不得妨碍通行和装卸。

（10）使用的工具应随手放入工具袋，拆卸下的物件、余料和废料均应及时清理运走，不得任意乱置或向下丢弃，传递物件禁止抛掷。作业中的走道、通道和登高用具，应随时清理干净，如图 4.3 所示。

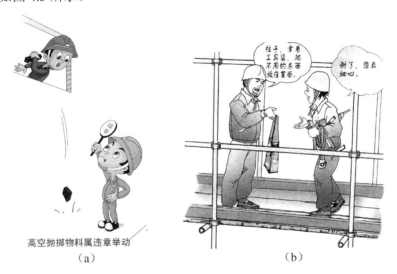

图 4.3　高处作业注意事项

（11）雨天和雪天进行高处作业时，必须采取可靠的防滑、防寒和防冻措施，如水、冰、霜、雪均应及时清除。

图4.4 恶劣气候下不得进行露天高处作业

（12）进行高处作业的高耸建筑物，应事先设置避雷设施。遇有6级以上强风和浓雾、雷电、暴雨等恶劣气候时，不得进行露天高处作业，如图4.4所示。暴雪及台风、暴雨后，应对高处作业安全防护设施逐一检查，发现有松动、变形、损坏或脱落等现象，立即修理完善。

（13）因作业必须临时拆除或变动安全防护设施时，必须经项目负责人同意，并采取相应的可靠保护措施，作业后应立即恢复。

（14）防护棚搭设或拆除时，应设警戒区，并派专人监护，严禁上下同时搭设或拆除。

（15）高处作业安全防护设施的主要受力杆件，其力学计算按一般结构力学公式进行，强度及挠度计算按现行有关规范进行，但钢受弯构件的强度计算不考虑塑性影响，构造上应符合现行相应规范的要求。

3. 高处作业安全防护设施的验收

建筑施工单位进行高处作业之前，应由单位工程负责人组织有关人员进行安全防护设施的逐项检查和验收。验收合格后，方可进行高处作业。验收也可分层进行，或分阶段进行。

1）验收时应具备的资料

安全防护设施的验收，应具备下列资料。

（1）施工组织设计及有关验算数据。

（2）安全防护设施验收记录。

（3）安全防护设施变更记录及签证。

2）验收的内容

安全防护设施的验收，主要包括以下内容。

（1）所有临边、洞口等各类安全技术措施的设置情况。

（2）安全技术措施所用的配件、材料和工具的规格和材质。

（3）安全技术措施的节点构造及其与建筑物的固定情况。

（4）扣件和连接件的紧固程度。

（5）安全防护设施用品、设备的性能与质量是否有合格的验证等。

安全防护设施的验收应按类别逐项查验，并做出验收记录。凡不符合规定者，必须修整合格后再行查验，施工期间还应定期进行抽查。

4.2 临边高处作业

在施工作业中,当作业的工作面边沿没有围护设施或围护设施的高度低于 800mm 时的高处作业即为临边高处作业,简称临边作业。建筑工地常称的"五临边"是指:基坑周边,楼层周边,分层施工的楼梯口和梯段边,井架与施工用电梯和脚手架等与建筑物通道的两侧边,各种垂直运输接料平台边。

1. 临边作业必须设置防护措施并符合下列规定

(1)基坑周边,尚未安装栏杆或栏板的阳台、料台与挑平台周边,雨篷与挑檐边,无外脚手架的屋面与楼层周边,水箱与水塔周边等处,都必须设置防护栏杆。图 4.5 为临边无防护栏不准作业。

图 4.5 临边无防护栏不准作业

(2)头层墙高度超过 3.2m 的二层楼面周边,以及无外脚手架的高度超过 3.2m 的楼层周边,必须在外围架设安全平网一道。

(3)分层施工的楼梯口和梯段边,必须安装临时护栏,顶层楼梯口应随工程结构进度安装正式防护栏杆。

(4)井架与施工用电梯和脚手架等与建筑物通道的两侧边,必须设防护栏杆。地面通道上部应装设安全防护棚,双笼井架通道中间,应予以分隔封闭。

(5)各种垂直运输接料平台边,除两侧设防护栏杆外,平台口还应设置安全门或活动防护栏杆。

2．临边防护栏杆杆件的搭设

1）防护栏杆的规格及连接要求

防护栏杆的规格及连接要求，应符合下列规定。

（1）毛竹横杆小头有效直径不应小于 70mm，栏杆柱小头直径不应小于 80mm，并须用不小于 16 号的镀锌钢丝绑扎，不少于 3 圈，无泻滑。

（2）原木横杆上杆直径不应小于 70mm，下杆直径不应小于 60mm，栏杆柱直径不应小于 75mm，并必须用相应长度的圆钉钉紧，或用不小于 12 号的镀锌钢丝绑扎，要求表面平顺和稳固无动摇。

（3）钢筋横杆上杆直径不应小于 16mm，下杆直径不应小于 14mm，栏杆柱直径不应小于 18mm，采用电焊或镀锌钢丝绑扎固定。

（4）钢管栏杆及栏杆柱均采用 $\phi 48.3\text{mm}\times 3.6\text{mm}$ 的管材，以扣件或电焊固定。

（5）用其他钢材如角钢等作防护栏杆杆件时，应选用强度相当的规格，以电焊固定。

2）防护栏杆的搭设

搭设临边防护栏杆时，必须符合下列要求。

（1）防护栏杆应由上、下两道横杆及栏杆柱组成，上杆离地高度为 1.0～1.2m，下杆离地高度为 0.5～0.6m。坡度大于 1∶2.2 的层面，防护栏杆应高于地面 1.5m，并加挂安全立网。除经设计计算外，当横杆长度大于 2m 时，必须加设栏杆柱。

（2）当在基坑四周固定栏杆柱时，可将钢管打入地面 500～700mm 深，钢管离边口的距离，不应小于 500mm。当基坑周边采用板桩时，钢管可打在板桩外侧。

（3）当在混凝土楼面、屋面或墙面固定栏杆柱时，可用预埋件与钢管或钢筋焊牢。采用竹、木栏杆时，可在预埋件上焊接 300mm 长的∟50mm×5mm 角钢，其上下各钻一孔，然后用 10mm 螺栓与竹、木等杆件固定牢固。

（4）当在砖或砌块等砌体上固定栏杆柱时，可预先砌入规格相适应的-80mm×6mm 弯转扁钢作预埋铁的混凝土块，然后用上述方法固定。

（5）栏杆柱的固定及其与横向杆的连接构造，应使防护栏杆在上杆任何处，都能经受任何方向的 1000N 外力。当栏杆所处位置有发生人群拥挤、车辆冲击或物件碰撞等可能时，应加大横杆截面或加密柱距。

（6）防护栏杆必须自上而下用安全网封闭，或在栏杆下边设置固定高度不低于 180mm 的挡脚板或 400mm 的挡脚笆。挡脚板或挡脚笆上如有孔眼，直径不应大于 25mm，板或笆下边距离底面的空隙不应大于 10mm。

（7）接料平台两侧的防护栏杆，必须自上而下加挂安全立网或满扎竹笆。

（8）当建筑物临边的外侧面临街道时，除设防护栏杆外，敞口立面还必须采取满挂安全网或其他可靠措施作全封闭处理。

（9）临边防护栏杆应进行抗弯强度、挠度等力学计算，此项计算应纳入施工组织设计的内容。

（10）各部位临边的防护栏杆构造分别如图 4.6 和图 4.7 所示。

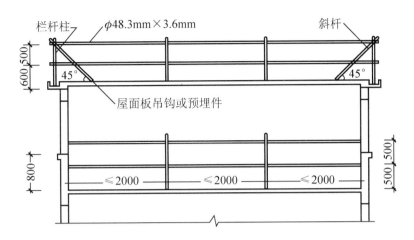

图 4.6 屋面和楼面临边的防护栏杆构造

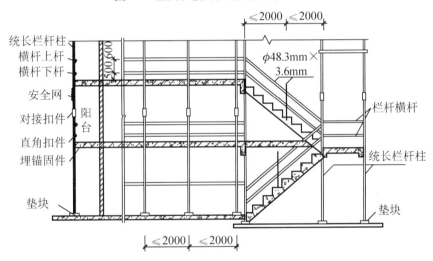

图 4.7 楼梯、楼层和阳台临边的防护栏杆构造

4.3 洞口高处作业

洞口高处作业是指洞与孔口旁的高处作业,包括施工现场及通道旁深度在 2m 及 2m 以上的桩孔、人孔、沟槽与管道、孔洞等边沿上的作业,简称洞口作业。

孔和洞的定义如下。

(1)孔是指楼板、屋面、平台等面上,短边尺寸小于 250mm,墙上高度尺寸小于 750mm 的孔洞。

(2)洞是指楼板、屋面、平台等面上,短边尺寸不小于 250mm,墙上高度尺寸不小于 750mm 的孔洞。

建筑施工中常因工程或工序的需要而留设一些洞口。常见的洞口有预留洞口、电梯井口、楼梯口、通道口等,即为常称的"四口"。

图 4.8　有洞口请根据施工方案设置防护设施

（1）进行洞口作业时，必须按下列规定设置防护设施（如图 4.8 所示）。

① 板与墙的洞口，必须设置牢固的盖板、防护栏杆、安全网或其他防坠落的防护设施。

② 电梯井口必须设防护栏杆或固定栅门，高度不得低于 1.8m。电梯井内应每隔两层并最多隔 10m 设一道安全网。

③ 钢管桩、钻孔桩等桩孔上口，杯形、条形基础上口，未填土的坑槽，以及天窗、地板门等处，均应按洞口防护要求设置稳固的盖板或防护栏杆。

④ 施工现场通道附近的各类洞口与坑槽等处，除设置防护设施与安全标志外，夜间还应设红灯警示。

（2）洞口作业根据具体情况采取的设防护栏杆、加盖板、张挂安全网与装栅门等措施，必须符合下列要求。

① 楼板、屋面和平台等处短边尺寸小于 250mm，但大于 25mm 的孔口，必须用坚实的盖板盖实，盖板应防止挪动移位。

② 楼板、屋面等处边长为 250～500mm 的洞口、安装预制构件时的洞口以及缺件临时形成的洞口，可用竹、木等作盖板盖住洞口，盖板须能保持四周搁置均衡，并有固定其位置的措施。

③ 边长为 500～1500mm 的洞口，必须设置以扣件扣接钢管而成的网格，并在其上满铺竹笆或脚手板。也可将贯穿于混凝土板内的钢筋作成防护网，钢筋网格间距不得大于 200mm。

④ 边长在 1500mm 以上的洞口，四周设防护栏杆，洞口下张挂安全网。

⑤ 垃圾井道和烟道，应随楼层的砌筑或安装消除洞口，或参照预留洞口作防护。管道井施工时，除按上述要求设置防护外，还应加设明显的标志，如有临时性拆移防护设施，需要经施工负责人核准，工作完毕后必须恢复防护设施。

⑥ 位于车辆行驶道旁的洞口、深沟与管道坑槽，所加盖板应能承受不小于当地额定卡车后轮有效承载力 2 倍的荷载。

⑦ 墙面等处的竖向洞口，凡落地的洞口应加装开关式、工具式或固定式的防护门，门栅网格的间距不应大于 150mm，也可采用防护栏杆，下设挡脚板（笆）。

⑧ 下边沿至楼板或底面低于 800mm 的窗台等竖向洞口，如侧边落差大于 2m 时，应加设 1.2m 高的临时护栏。

⑨ 对邻近的人与物有坠落危险性的其他竖向的孔、洞口，均应予以盖实或加以防护，并有固定其位置的措施。

⑩ 洞口防护设施应进行必要的力学计算，此项计算应纳入施工组织设计的内容。

⑪ 洞口防护设施的构造如图 4.9～图 4.11 所示。

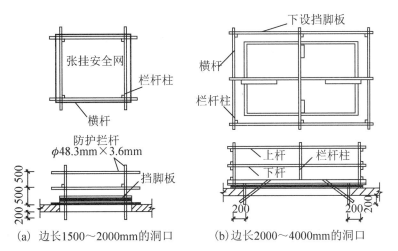

图 4.9 洞口防护栏杆的构造

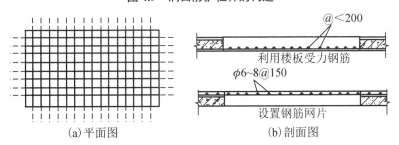

图 4.10 洞口钢筋防护网的构造

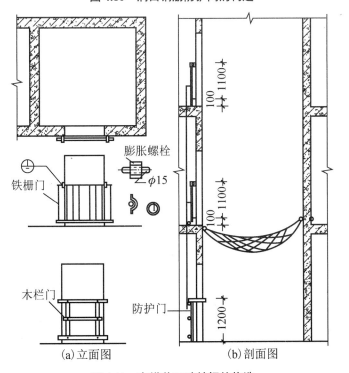

图 4.11 电梯井口防护门的构造

4.4 攀登高处作业

攀登高处作业是指在施工现场，凡借助于登高用具或登高设施，在攀登的条件下进行的高处作业，简称攀登作业。

1. 登高用梯的安全技术要求

攀登作业经常使用的工具是梯子，不同类型的梯子国家都有相应的标准和要求，如角度、斜度、宽度、高度、连接措施、拉攀措施和受力性能等。供人上下的踏板负荷能力（即使用荷载）不小于 1100N，这是以人和衣物的总作用力 735N 乘以动载安全系数 1.5 而定的。因而就限定了过于肥胖的人员不宜从事攀登作业。对梯子的具体技术要求如下：

（1）攀登的用具，结构和构造上必须牢固可靠。当梯面上有特殊作业，负荷能力超过 1100N 时，应按实际情况加以验算。

（2）固定式直爬梯应用金属材料制成。梯宽不应大于 500mm，支撑应采用不小于 ∟70mm×6mm 的角钢，埋设与焊接均必须牢固。梯子顶端的踏板应与攀登的顶面齐平，并加设 1～1.5m 高的扶手。

（3）移动式梯子，均应按现行的国家标准验收其质量。

（4）梯脚底部应坚实，不得垫高使用。梯子的上端应有固定措施。立梯工作角度以 75°±5° 为宜，踏板上下间距以 300mm 为宜，不得有缺挡。

（5）梯子如需接长使用，必须有可靠的连接措施，且接头不得超过 1 处。连接后梯梁的强度，不应低于单梯梯梁的强度。

（6）折梯使用时，上部夹角以 35°～45° 为宜，铰链必须牢固，并应有可靠的拉撑措施。

（7）柱、梁和行车梁等构件吊装所需的直爬梯及其他登高用拉攀件，应在构件施工图或说明中做出规定。

（8）使用直爬梯进行攀登作业时，攀登高度以 5m 为宜。超过 2m 时，宜加设护笼，超过 8m 时，必须设置梯间平台。

（9）上下梯子时，必须面向梯子，且不得手持器物，如图 4.12 所示。

（10）钢柱安装登高时，应使用钢挂梯或设置在钢柱上的爬梯。

2. 其他要求

（1）在施工组织设计中应确定用于施工现场的登高和攀登设施。现场登高应借助建筑结构或脚手架上的登高设施，也可采用载人的垂直运输设备。

（2）作业人员应从规定的通道上下，不得在阳台之间等非规定的通道内进行攀登，也不得任意利用吊车臂架等施工设备进行攀登。

图 4.12　错误攀登作业

4.5 悬空高处作业

悬空高处作业是指在无立足点或无牢靠立足点的条件下，进行的高处作业，简称悬空作业。建筑施工现场的悬空作业，主要是指从事建筑物或构筑物结构主体和相关装修施工的悬空操作，一般包括构件吊装和管道安装，模板支撑和拆卸，钢筋绑扎和安装钢筋骨架，混凝土浇筑，预应力现场张拉，门窗安装6类。

（1）悬空作业的基本安全要求。

① 悬空作业处应有牢靠的立足处，并必须视具体情况，配置防护栏网、栏杆或其他安全设施。

② 悬空作业所用的索具、脚手板、吊篮、吊笼、平台等设备，均需经过技术鉴定或检证合格后，方可使用。

（2）构件吊装和管道安装时的悬空作业，必须遵守下列规定。

① 钢结构的吊装，构件应尽可能在地面上组装，并应搭设安全措施进行临时固定，采用电焊、高强螺栓连接等工序的高空安全设施，随构件同时上吊就位。拆卸时的安全措施，亦应一并考虑和落实。高空吊装预应力钢筋混凝土屋架、桁架等大型构件前，也应搭设悬空作业中所需的安全设施。

② 悬空安装大模板、吊装第一块预制构件、吊装单独的大中型预制构件时，必须站在操作平台上操作。严禁在吊装中的大模板、预制构件以及石棉水泥板等屋面板上站立和行走。

③ 安装管道时，必须有已完结构或操作平台为立足点，严禁在安装中的管道上站立和行走。

（3）模板支撑和拆卸时的悬空作业，必须遵守下列规定。

① 支模应按规定的作业程序进行，模板未固定前不得进行下一道工序。严禁在连接件和支撑件上攀登，并严禁在上下同一垂直面上装、拆模板。结构复杂的模板，装、拆应严格按照施工组织设计中的措施进行。

② 支设高度在3m以上的柱模板，四周应设斜撑，并设立操作平台。低于3m的可使用马凳等设施操作。

③ 支设悬挑形式的模板时，应有稳固的立足点。支设临空构筑物模板时，应搭设支架或脚手架。模板上有预留洞时，应在安装后将洞盖实。混凝土板上拆模后形成的临边或洞口，应按有关规定进行防护。

④ 拆模高处作业，应配置登高用具或搭设支架，并设置警戒区域，有专人看护。

（4）钢筋绑扎和安装钢筋骨架时的悬空作业，必须遵守下列规定。

① 钢筋绑扎和安装钢筋骨架时，必须搭设脚手架和马道。

② 绑扎圈梁、挑梁、挑檐、外墙和边柱等钢筋时，应搭设操作台架和张挂安全网。

③ 悬空大梁钢筋的绑扎，必须在满铺脚手板的支架或操作平台上操作。

④ 绑扎在深坑下或较密的钢筋时，照明电源应用低压并禁止将高压电线拴挂在钢筋上。

⑤ 绑扎立柱和墙体钢筋时，不得站在钢筋骨架上或攀登骨架。3m 以内的柱钢筋，可在地面或楼面上绑扎，整体竖立。绑扎 3m 以上的柱钢筋，必须搭设操作平台。

(5) 混凝土浇筑时的悬空作业，必须遵守下列规定。

① 浇筑离地面 2m 以上的框架、过梁、雨篷和小平台时，应设操作平台，不得直接站在模板或支撑件上操作。

② 浇筑拱形结构，应自两边拱脚对称地相向进行。浇筑储仓，下口应先行封闭，并搭设脚手架以防人员坠落。

③ 特殊情况下如无可靠的安全设施，必须系好安全带并扣好保险钩，或架设安全网。

(6) 预应力现场张拉时的悬空作业，必须遵守下列规定。

① 进行预应力现场张拉时，应搭设供操作人员站立和张拉设备牢固可靠的脚手架或操作平台。雨天张拉时，还应架设防雨篷。

② 预应力张拉区域应标示明显的安全标志，禁止非操作人员进入。张拉钢筋的两端必须设置挡板。挡板应距所张拉钢筋的端部 1.5~2m，且高出最上一组张拉钢筋 0.5m，其宽度应距张拉钢筋两外侧各不小于 1m。

③ 孔道灌浆应按预应力张拉安全设施的有关规定进行。

(7) 门窗安装时的悬空作业，必须遵守下列规定。

① 安装门窗、玻璃及涂油漆时，严禁操作人员站在樘子、阳台栏板上操作。门窗临时固定，封填材料未达到强度，以及电焊时，严禁手拉门窗进行攀登。

② 在高处外墙安装门窗，无外脚手架时，应张挂安全网。无安全网时，操作人员应系好安全带，其保险钩应挂在操作人员上方的可靠物件上。

③ 进行各项窗口作业时，操作人员的重心应位于室内，不得在窗台上站立，必要时应系好安全带进行操作。

4.6 操作平台高处作业

操作平台是指在施工现场中，用以站人、载料，并可进行操作的平台。操作平台经常使用的有移动式操作平台和悬挑式操作平台两种。操作平台高处作业是指施工操作人员在操作平台上进行的砌筑、绑扎、装修以及粉刷等高处作业，简称操作平台作业。操作平台的安全性能将直接影响操作人员的安危。

(1) 移动式操作平台的使用必须符合下列规定。

① 操作平台应由专业技术人员按现行的相应规范进行设计，计算书及图纸应编入施工组织设计。

② 操作平台的面积不应超过 $10m^2$，高度不应超过 5m，还应进行稳定验算，并采用措施减少立柱的长细比。

③ 装设轮子的移动式操作平台，轮子与平台的接合处应牢固可靠，立柱底端离地面不得超过 80mm。

④ 操作平台可用 $\phi 48.3mm \times 3.6mm$ 的钢管，以扣件连接，亦可采用门式钢管脚手架

部件，按产品使用要求进行组装。平台的次梁，间距不应大于 400mm，台面应满铺不小于 30mm 厚的木板或竹笆。

⑤ 操作平台四周必须按临边作业要求设置防护栏杆，并应布置登高扶梯。

⑥ 移动式操作平台的构造如图 4.13 所示。

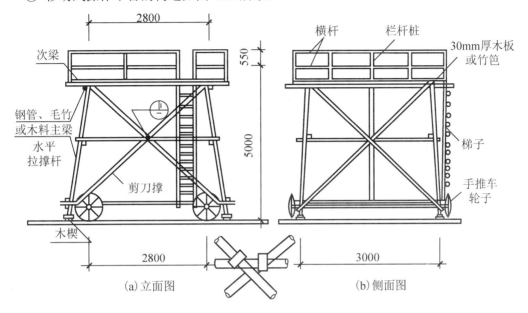

图 4.13 移动式操作平台的构造

（2）悬挑式操作平台目前较为常用的是悬挑式钢平台。悬挑式钢平台的使用必须符合下列规定。

① 悬挑式钢平台应按现行的相应规范进行设计，其结构应能防止平台左右晃动，计算书及图纸应编入施工组织设计。

② 悬挑式钢平台的搁支点与上部拉结点，必须位于建筑物上，不得设置在脚手架等施工设备上。

③ 悬挑式钢平台构造上宜两边各设前后两道斜拉杆或钢丝绳，两道中的每一道均应作单道受力计算。

④ 悬挑式钢平台应设置 4 个经过验算的吊环。吊运平台时应使用卡环，不得使吊钩直接钩挂吊环。吊环应用 Q235 牌号沸腾钢制作。

⑤ 悬挑式钢平台安装时，钢丝绳应采用专用的挂钩挂牢，采取其他方式时，卡头的卡子不得少于 3 个。建筑物锐角利口围系钢丝绳处应加衬软垫物，悬挑式钢平台外口应略高于内口。

⑥ 悬挑式钢平台左右两侧必须装置固定的防护栏杆，如图 4.14 所示。

图 4.14 平台周围要有防护栏杆

⑦ 悬挑式钢平台吊装，需将横梁支撑点电焊固定，接好钢丝绳，调整完毕，经过检查验收后，方可松卸起重吊钩，上下操作。

⑧ 悬挑式钢平台使用时，应有专人进行检查，发现钢丝绳有锈蚀或损坏应及时调换，焊缝脱焊应及时修复。

⑨ 操作平台上应显著地标明容许荷载值。操作平台上人员和物料的总质量，严禁超过设计的容许荷载，并配备专人加以监督。

4.7 交叉高处作业

交叉高处作业是指在施工现场的不同层次，于空间贯通状态下同时进行的高处作业，简称交叉作业。建筑物形体庞大，为加速施工进度，经常会组织立体交叉的施工作业，而立体交叉作业又极易造成坠物伤人，因此，交叉作业必须严格遵守相关的安全操作要求。

交叉作业时，必须满足以下安全要求。

（1）支模、粉刷、砌墙等各工种进行立体交叉作业时，不得在同一垂直方向上操作，如图4.15所示。下层作业的位置，必须处于依上层高度确定的可能坠落范围半径之外。不符合以上条件时，应设置安全防护层。

（2）钢模板、脚手架等拆除时，下方不得有其他操作人员，也不要坐在架子上聊天，如图4.16所示。

图4.15 上下层同时作业非常危险　　图4.16 工作中禁止聊天

（3）钢模板部件拆除后，临时堆放处离楼层边沿不应小于1m，堆放高度不得超过1m。楼层边口、通道口、脚手架旁等处，严禁堆放任何拆下物件。

（4）结构施工自二层起，凡人员进出的通道口（包括井架、施工用电梯的进出通道口），均应搭设安全防护棚，高度超过24m的层次上的交叉作业，应设双层防护，且高层建筑的防护棚长度不得小于6m。

（5）由于上方施工可能坠落物件处或起重机把杆回转范围之内的通道处，在其受影响的范围内，必须搭设顶部能防止穿透的双层防护廊。

 案例分析

某高层住宅建筑工地，高处作业的一工人在移动一块跳板时，因失手使跳板坠落，将下方距通道口 3m 处堆放钢模板的另一工人砸伤致死。经现场调查，事故现场位于该建筑一楼门口外侧，楼门宽 2m，通道上方设置防护棚总宽度 2.5m，总长度 2m。

【问题】试分析该施工工地哪些方面不符合安全要求？应采取什么防范措施？

【答案提要】

不符合要求之处：①防护棚尺寸未能满足通道口防护标准要求，高层建筑通道口防护棚长度不应小于 6m；②堆放钢模板位置应离开建筑物一定距离，不应堆放在通道口。

应采取的防范措施：①防护棚应按标准规定搭设；②教育工人在高处移动物件时，应先观察下面是否有人，在移动前先打招呼，待下面人员离开后再移动物件，确保不伤害他人，要注意不使物体坠落；③堆放物料应按施工组织设计的要求，在规定的区域内堆放，不能随意乱放；④加强安全管理，加强监督检查，及时消除安全隐患，严格执行标准规范，加强安全技术交底，交底内容要全面、翔实，并签字认可。

4.8 "三宝"防护

"三宝"是施工中必须使用的防护用品，是指在施工中被广泛使用的安全帽、安全网和安全带 3 种防护用具。如果无"三宝"保护，则容易发生高处坠落事故和物体打击碰撞事故。

4.8.1 安全帽

通过对物体打击碰撞事故的分析，发现由不正确佩戴安全帽而造成的伤害事故占事故总数的 90%以上。因此，选择品质合格的安全帽，并且正确地佩戴，是预防伤害事故发生的有效措施。

当前安全帽的产品类别很多，制作安全帽的材料一般有塑料、橡胶、竹、藤等。但无论选择哪一类的安全帽，均应满足相关的要求。

1. **安全帽的技术要求**

任何一类安全帽，均应满足以下要求。

1）标志和包装

（1）每顶安全帽应有以下 4 项永久性标志：制造厂名称、商标、型号；制造年、月；产品合格证；生产许可证编号。

（2）安全帽出厂装箱，应将每顶帽用纸或塑料薄膜做衬垫包好再放入纸箱内。装入箱中的安全帽必须是成品。

（3）箱上应注有产品名称、数量、重量、体积和其他注意事项等标记。

（4）每箱安全帽均要附说明书。

2）安全帽的组成

安全帽应由帽壳、帽衬、下颚带和锁紧卡等组成，如图4.17所示。

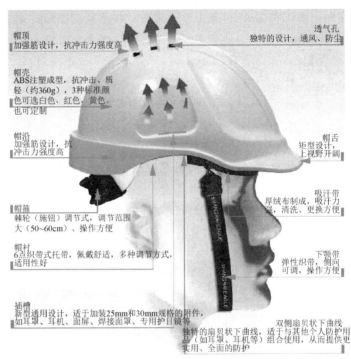

图4.17 安全帽的组成

（1）帽壳。安全帽的帽壳包括帽舌、帽沿、顶筋、透气孔、插槽、连接孔等。

① 帽舌：帽壳前部伸出的部分。

② 帽沿：帽壳除帽舌外周围伸出的部分。

③ 顶筋：用来增强帽壳顶部强度的部分。

④ 透气孔：帽壳上开的气孔。

⑤ 插槽：帽壳、帽衬与附件连接的插入结构。

⑥ 连接孔：连接帽衬和帽壳的开孔。

（2）帽衬。帽衬是帽壳内部部件的总称，包括帽箍、托带、护带、吸汗带、拴绳（带）、衬垫、后箍及帽衬接头等。

① 帽箍：绕头围部分起固定作用的带圈。

② 托带：与头顶部直接接触的带子。

③ 护带：托带上面另加的一层不接触头顶的带子，起缓冲作用。

④ 吸汗带：包裹在帽箍外面的带状吸汗材料。

⑤ 拴绳（带）：连接托带和护带、帽衬和帽壳的绳（带）。

⑥ 衬垫：帽箍和帽壳之间起缓冲作用的垫。

⑦ 后箍：在帽箍后部加有可调节的箍。

⑧ 帽衬接头：连接帽衬和帽壳的接头。

（3）下颚带。系在下颚上的带子称为下颚带。

（4）锁紧卡。用于调节下颚带长短的卡具称为锁紧卡。帽壳和帽衬采用插合连接的方式称为插接；采用拴绳连接的方式称为拴接；采用铆钉铆合的方式称为铆接。

3）安全帽的结构形式

（1）帽壳顶部应加强，可以制成光顶或有筋结构。帽壳也可制成无沿、有沿或卷边的形式。

（2）塑料帽衬应制成有后箍的结构，能自由调节帽箍大小。

（3）无后箍帽衬的下颚带制成"Y"形，有后箍的，允许制成单根。

（4）接触头前额部的帽箍，要透气、吸汗。

（5）帽箍周围的衬垫，可以制成条形或块状，并留有空间使空气流通。

4）安全帽的尺寸要求

（1）帽舌应≤70mm。

（2）帽沿应≤70mm，向下倾斜度0°～60°。

（3）垂直间距≤50mm。

（4）佩戴高度≥80mm。

（5）水平间距为≥6mm。

（6）帽壳内周围突出物高度不超过6mm，突出物周围应有软垫。

5）安全帽的重量

（1）普通型安全帽不应超过430g。

（2）特殊型安全帽不应超过600g。

6）安全帽的力学性能

安全帽应当满足以下力学性能检验。

（1）冲击吸收性能。检验方法是，将安全帽分别置于+50℃、-10℃的温度下，或用水浸处理后，将50kg的钢锤自安全帽上方1m高处自由落下，冲击安全帽，若安全帽不破坏即为合格。试验时，最大冲击力不应超过5kN，因为人体的颈椎最大只能承受5kN的冲击力，超过此力就易受伤害。

（2）耐穿刺。检验方法是，将安全帽分别置于+50℃、-10℃的温度下，或用水浸处理后，用3kg的钢锥自安全帽上方1m高处自由落下，钢锥若穿透安全帽，但不触及头皮即为合格。

（3）耐低温。要求在-10℃以下的环境中，安全帽的冲击吸收性能和耐穿刺性能不变。

（4）侧向刚性。要求以《安全帽测试方法》（GB/T 2812—2006）的规定进行试验，最大变形不超过40mm，残余变形不超过15mm。

施工企业安全技术部门根据以上规定对新购买及到期的安全帽，进行抽查测试，合格后方可继续使用，以后每年至少抽验一次，抽验不合格则该批安全帽报废。

7）采购和管理

（1）安全帽的采购。企业必须购买有产品合格证的产品，购入的产品经验收后，方准使用。

（2）安全帽的存放。安全帽不应贮存在酸、碱、高温、日晒、潮湿等处所，更不可和硬物放在一起。

（3）安全帽的使用期限。从产品制造完成之日起计算，植物枝条编织帽不超过两年；塑料帽、纸胶帽不超过两年半；玻璃钢（维纶钢）橡胶帽不超过三年半。

2. 安全帽的正确佩戴

（1）进入施工现场必须正确佩戴安全帽，如图 4.18 所示。

（2）首先要选择与自己头型适合的安全帽，佩戴安全帽前，要仔细检查合格证、使用说明、使用期限，并调整帽衬尺寸，其顶端与帽壳内顶之间必须保持 20～50mm 的空间。

（3）佩戴安全帽时，必须系紧下颚带，防止安全帽失去作用。不同头型或冬季佩戴的防寒安全帽，应选择合适的型号，并及时调节帽箍，注意保留帽衬与帽壳的距离。

（4）不能随意对安全帽进行拆卸或添加附件，以免影响其原有的防护性能。

（5）佩戴一定要戴正、戴牢，不能晃动，防止脱落。

图 4.18 正确佩戴安全帽

（6）安全帽在使用过程中会逐渐损坏，因此要经常进行外观检查。如果发现帽壳与帽衬有异常损伤或裂痕，或帽衬与帽壳内顶之间水平、垂直间距达不到标准要求的，就不能继续使用，应当更换新的安全帽。

安全网

（7）安全帽不用时，需放置在干燥通风的地方，远离热源，不要受日光的直射，这样才能确保在有效使用期内的防护功能不受影响。

（8）注意使用期限，到期的安全帽要进行检验，符合安全要求才能继续使用，否则必须更换。

（9）安全帽只要受过一次强力的撞击，就无法再次有效吸收外力，有时尽管外表上看不到任何损伤，但是内部已经遭到损伤，不能继续使用。

4.8.2 安全网

安全网是用来防止人、物坠落，或用来避免、减轻坠落及物击伤害的网具。

1. 组成

安全网一般由网体、边绳、系绳、筋绳等部分组成。

第 4 章 高处作业安全技术

（1）网体。网体由单丝、线、绳等经编织或采用其他成网工艺制成，是构成安全网主体的网状物。

（2）边绳。边绳是指沿网体边沿与网体连接的绳索。

（3）系绳。系绳是指把安全网固定在支撑物上的绳索。

（4）筋绳。筋绳是为增加安全网强度而有规则地穿在网体上的绳索。

2. 分类和标记

安全网按功能分为安全平网、安全立网及密目式安全立网。

（1）安全平网。其安装平面不垂直于水平面，用来防止人、物坠落，或用来避免、减轻坠落及物击伤害的安全网，简称为平网。

（2）安全立网。其安装平面垂直于水平面，用来防止人、物坠落，或用来避免、减轻坠落及物击伤害的安全网，简称为立网。

（3）密目式安全立网。其网眼孔径不大于 12mm，垂直于水平面安装，用于阻挡人员、自然风、飞溅及失控小物体的网，简称为密目网。密目网一般由网体、开眼环扣、边绳和附加系绳组成。

在有坠落风险的场所使用的密目式安全立网，简称为 A 级密目网。在没有坠落风险或配合安全立网（护栏）完成坠落保护的密目式安全立网，简称为 B 级密目网。

平（立）网的分类标记由产品材料、产品分类及产品规格尺寸 3 部分组成，密目式安全立网的分类标记由产品分类、产品规格尺寸及产品级别 3 部分组成，字母 P、L、ML 分别代表平网、立网及密目式安全立网。如宽 3m，长 6m 的锦纶平网标记为锦纶—P—3×6；宽 1.8m，长 6m 的密目式安全立网标记为 ML—1.8×6。

3. 技术要求

（1）安全网可采用锦纶、维纶、涤纶或耐候性不低于上述品种耐候性的其他材料制成。丙纶因为性能不稳定，应严禁使用。

（2）同一张安全网上的同种构件的材料、规格和制作方法须一致，外观应平整。

（3）平网宽度不得小于 3m，立网宽（高）度不得小于 1.2m，密目式安全立网宽（高）度不得小于 1.2m。产品规格偏差应在±2%以下。每张安全网重量一般不宜超过 15kg。

（4）菱形或方形网目的安全网，其网目边长不大于 80mm。

（5）边绳与网体连接必须牢固，平网边绳断裂强力不得小于 7000N；立网边绳断裂强力不得小于 3000N。

（6）系绳沿网边均匀分布，相邻两系绳间距应符合平网≤0.75m，立网≤0.75m，密目式安全立网≤0.45m，且长度不小于 0.8m 的规定。当筋绳、系绳合一使用时，系绳部分必须加长，且与边绳系紧后，再折回边绳系紧，至少形成双根。

（7）筋绳分布应合理，平网上两根相邻筋绳的距离不小于 300mm，筋绳的断裂强力不小于 3kN。

（8）网体（网片或网绳、线）断裂强力应符合相应的产品标准。

（9）安全网所有节点必须固定。

(10) 应按规定的方法进行验收，平网和立网应满足外观、尺寸偏差、耐候性、抗冲击性、绳的断裂强力、阻燃性等要求，密目式安全立网应满足外观、尺寸偏差、耐贯穿性、耐冲击性等要求。

(11) 阻燃安全网必须具有阻燃性，其续燃、阻燃时间均不得小于 4s。

4．安装、使用、拆除和保管的要求

1）安装

(1) 未安装前要检查安全网是否合格产品，有无准用证。产品出厂时，网上都要缝上永久性标记，其标记应包括以下内容。

① 产品名称及分类标记。

② 网目边长（指安全平网、立网）。

③ 出厂检验合格证和安鉴证。

④ 商标。

⑤ 制造厂厂名、厂址。

⑥ 生产批号、生产日期（或编号和有效期）。

⑦ 工业生产许可证编号。

产品销售到使用地，应到当地国家指定的监督检验部门认证，确定为合格产品后，发放准用证，施工单位凭准用证方能使用。

(2) 安装前要对安全网和支撑物进行检查，如网体是否有影响使用的缺陷，支撑物是否有足够的强度、刚性和稳定性等。

(3) 安装时，安全网上每根系绳都应与支撑点系结，网体四周的连绳应与支撑点贴紧，系结点沿网边均匀分布，系结应打结方便，连接牢固，防止工作中受力散脱。

(4) 安装平网时，网面不宜绷得过紧，应有一定的下陷，网面与下方物体表面的最小距离为 3m。当网面与作业面的高度差大于 5m 时，网体应最少伸出建筑物（或最边沿作业点）4m。小于 5m 时，伸出长度应大于 3m。两层平网间距离不得超过 10m。

(5) 立网的网平面与作业面边沿的间隙不能超过 10cm。

(6) 安装后的安全网，必须经安全专业人员检查，合格后方可使用。

2）使用

安全网在使用中应避免发生下列现象。

(1) 随意拆除安全网的部件。

(2) 把网拖过粗糙的表面或锐边。

(3) 人员跳入和撞击或将物体投入和抛掷到网上。

(4) 大量焊接火星和其他火星落到网上。

(5) 安全网周围有严重的腐蚀性酸、碱烟雾。

(6) 安全网受到脏物污染或网上嵌入砂浆、泥灰粒及其他可能引起磨损的异物。

(7) 安全网受到很大冲击，发生严重变形、霉变、系绳松脱、搭接处脱开等情况。

3）拆除和保管

(1) 在保护区的作业完全停止后，才可拆除安全网。

（2）拆除工作应在有关人员的严格监督下进行，拆除人员必须在有保护人身安全的措施下拆网。

（3）拆除工作应从上到下进行。

（4）拆下的安全网由专人保管、入库，存放地点要注意通风、遮光、隔热，避免化学物品的侵袭。

（5）搬运时不能用钩子钩或在地下拖拉。

5．关于密目式安全立网的试验

（1）耐贯穿性试验。将长6m宽1.8m的密目式安全立网，紧绑在与地面倾斜30°的试验框架上，网面绷紧。用直径48～50mm，重5kg的脚手管，在距框架中心3m的高度自由落下，钢管不贯穿为合格标准。

（2）耐冲击性试验。将长6m宽1.8m的密目式安全立网，紧绑在刚性试验水平架上。用长100cm，底面积2800cm^2，重100kg的人形砂包，在距网中心1.5m的高度自由落下，网绳不断裂为合格标准，砂包方向为长边平行于密目式安全立网的长边。

4.8.3 安全带

建筑施工中的攀登作业、悬空作业、吊装作业、钢结构安装等，均应按要求系安全带，如图4.19所示。

安全带

图4.19 高处作业应系好安全带

1．安全带的组成及分类

1）组成

安全带是预防高处作业工人坠落事故的个人防护用品，由带子、绳子和金属配件等组成。其适用于围杆、悬挂、攀登等高处作业，不适用于消防和吊物。

2）分类

安全带按使用方式，分为围杆作业安全带、悬挂及攀登作业安全带两类。

围杆作业安全带适用于电工、电信工、园林工等杆上作业。主要品种有电工围杆带单腰带式、电工围杆带防下脱式、通用Ⅰ型围杆绳单腰带式、通用Ⅱ型围杆绳单腰带式、电信工围杆绳单腰带式和牛皮电工保安带等。

悬挂及攀登作业安全带适用于建筑、造船、安装、维修、起重、桥梁、采石、矿山、公路及铁路调车等高处作业。其式样较多，按结构分为单腰带式、双背带式、攀登式3种。单腰带式有架子工Ⅰ型悬挂安全带、架子工Ⅱ型悬挂安全带、铁路调车工悬挂安全带、电信工悬挂安全带、通用Ⅰ型悬挂安全带、通用Ⅱ型悬挂自锁式安全带6个品种。双背带式有通用Ⅰ型悬挂双背带式安全带、通用Ⅱ型悬挂双背带式安全带、通用Ⅲ型悬挂双背带式安全带、通用Ⅳ型悬挂双背带式安全带、全丝绳安全带5个品种。攀登式有通用Ⅰ型攀登活动带式安全带、通用Ⅱ型攀登活动带式安全带和通用攀登固定式3个品种。

2．安全带的代号

安全带按品种系列，采用汉语拼音字母，依前、后顺序分别表示不同工种、不同使用方法、不同结构。符号含义如下：D——电工；DX——电信工；J——架子工；L——铁路调车工；T——通用（油漆工、造船、机修工等）；W——围杆作业；W1——围杆带式；W2——围杆绳式；X——悬挂作业；P——攀登作业；Y——单腰带式；F——防下脱式；B——双背带式；S——自锁式；H——活动式；G——固定式。例如：DW1Y——电工围杆带单腰带式；TPG——通用攀登固定式。

3．安全带的技术要求

（1）安全带和安全绳必须用锦纶、维纶、蚕丝料等制成。电工围杆可用黄牛革带。金属配件用普通碳素钢或铝合金钢。包裹绳子的套则采用皮革、维纶或橡胶等。

（2）安全带、绳和金属配件的破断负荷指标应满足相关国家标准的要求。

（3）腰带必须是一整根，其宽度为40~50mm，长度为1300~1600mm，附加小袋1个。

（4）护腰带宽度不小于80mm，长度为600~700mm。带子在触腰部分垫有柔软材料，外层用织带或轻革包好，边缘圆滑无角。

（5）带子颜色主要采用深绿、草绿、橘红、深黄，其次为白色等。缝线颜色必须与带子颜色一致。

（6）安全绳直径不小于13mm，捻度为（8.5~9）/100（花/mm）。吊绳、围杆绳直径不小于16mm，捻度为7.5/100（花/mm）。电焊工用悬挂绳必须全部加套，其他悬挂绳只是部分加套，吊绳不加套。绳头要编成3~4道加捻压股插花，股绳不准有松紧。

（7）金属钩必须有保险装置（铁路专用钩例外）。自锁钩的卡齿用在钢丝绳上时，硬度为洛氏HRC60。金属钩舌弹簧有效复原次数不少于20 000次。钩体和钩舌的咬口必须平整，不得偏斜。

（8）金属配件圆环、半圆环、三角环、8字环、品字环、三道联等不许焊接，边缘应呈圆弧形。调节环只允许对接焊。金属配件表面要光洁、防锈，不得有麻点、裂纹。不符合上述要求的配件，不准装用。

4．安全带检验

安全带、绳和金属配件必须按照国家标准《坠落防护 安全带系统性能测试方法》（GB/T 6096—2020）进行测试。

围杆作业安全带以静负荷 4500N，作 100mm/min 的拉伸速度测试时，带子应无破断。悬挂、攀登作业安全带以 100kg 重量检验，自由坠落，作冲击试验，带子应无破断。架子工安全带作冲击试验时，应模拟人型并且腰带的悬挂处要抬高 1m。自锁式安全带和速差式自控器以 100kg 重量作冲击试验，下滑距离均不大于 1.2m。用缓冲器连接的安全带在 4m 冲距内，以 100kg 重量作冲击试验，冲击力应不超过 9000N。

5．安全带使用和保管

国家标准对安全带的使用和保管作了严格要求。

（1）安全带应高挂低用，注意防止摆动碰撞，如图 4.20 所示。使用 3m 以上长绳时应加缓冲器，自锁钩所用的吊绳则例外。

图 4.20　安全带应高挂低用

（2）缓冲器、速差式装置和自锁钩可以串联使用。

（3）不准将绳打结使用，也不准将挂钩直接挂在安全绳上使用，应挂在连接环上使用。

（4）安全带上的各种部件不得任意拆除，更换新绳时要注意加绳套。

（5）安全带使用两年后，按批量购入情况，抽验一次。围杆作业安全带作静负荷试验，以2206N拉力拉伸5mm，如无破断方可继续使用。悬挂作业安全带作冲击试验，以80kg重量自由坠落，若不破断，该批安全带可继续使用。对抽试过的样带，必须更换安全绳后才能继续使用。

（6）使用频繁的绳，要经常进行外观检查，发现异常时，应立即更换新绳。

（7）安全带的使用期为3~5年，发现异常应提前报废。

4.9 高处坠落案例分析

高处坠落是由危险势能差引起的伤害，包括从架子、屋架上坠落以及平地坠入坑内等。某年5月26日，由某市第五建筑工程公司承建的康强医药化工有限公司新标准车间工地，发生高处坠落事故，死亡1人。

该工程项目共3层，为现浇钢筋混凝土框架结构。总长度为36m，宽为19m，建筑面积为1587m²，沿口高度13.5m，中间设有气楼。气楼顶沿口高度为15.4m。1~3层均为车间，底层层高为3.5m，2层层高为3.9m，3层层高为5.6m。

5月26日上午，泥工班长李某分配普工在3层楼面拉砂浆（砌砖用）。在9时30分左右，李某在3楼北面砌砖，因砌到了一定的高度需要排架，于是李某叫陈某去底层拿4张排架来，但是陈某不是去底层拿，而是图省力把2层楼面作预留洞口防护的2张排架拿走（是通过在3层楼抛砖的王某帮助下拿走的），而后未用脚手片覆盖预留洞口。在陈某将2张排架交给李某后，因李某原来说过需要4张，又叫陈某再去拿2张，结果陈某再次图省力把3层手拉车通道北侧作防护设施的2张排架拿走，这就形成2层和3层约2m²无任何防护设施的预留洞口，留下了事故的隐患。约在10时，陈某将空车拉回经过通道时，不慎摔下预留洞口至1层地面，后脑着地，安全帽跌抛一旁，经送医院抢救无效死亡。

事故原因分析：

1. 直接原因

死者陈某缺乏安全意识，将2层和3层预留洞口作防护用的排架拿走，是导致本起事故发生的直接原因。

2. 间接原因

（1）工地项目部对施工现场安全生产管理不严，对职工的安全教育不力，是导致本起事故发生的间接原因之一。

（2）未对2层和3层预留洞口作防护用的排架进行固定，是导致本起事故发生的间接原因之二。

（3）施工单位负责人及职能部门对施工现场的安全检查没有落到实处，是导致本起事故发生的间接原因之三。

建筑施工现场存在人员流动大、高处作业多、手工操作、体力劳动繁重、施工变化幅度大等诸多不利因素。因此，在进行各项高处作业时必须做好必要的安全防护措施，全面预防高处坠落事故的发生。图4.21和图4.22为高处坠落事故原因、避免和消除发生高处坠落事故的常见对策。

第 4 章 高处作业安全技术

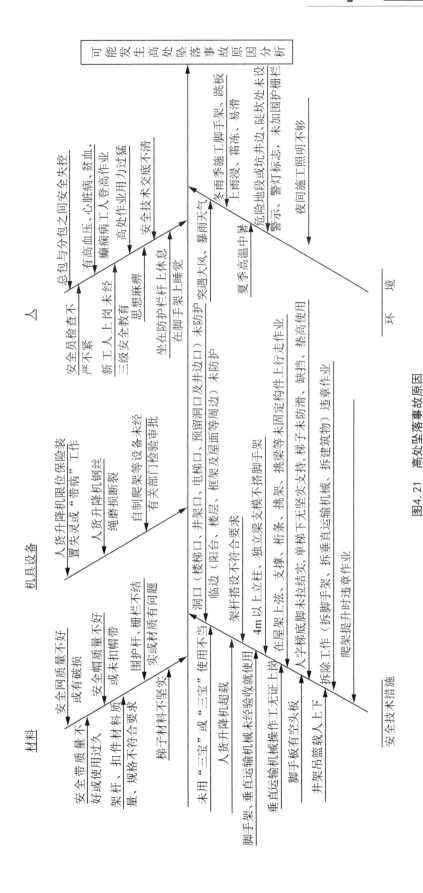

图4.21 高处坠落事故原因

项目	可能发生事故的因素	采取对策及执行的措施	执行部门或人
人	总包与分包之间安全失控	由建设方、监理单位作牵头协调,督促双方加强安全管理	建设单位
	安全员检查工人不尽	加强教育,提高责任心,提促安全员自身业务水平	项目经理
	新工人上岗未经三级安全教育	补上三级安全教育	安全员
	思想麻痹	开会教育、诙心教育、强化安全宣传、提高安全意识	安全员
	有高血压、心脏病、癫痫病工人过猛	体检、撤换工人	项目经理
	高处作业自我保护力不强	加强自我保护教育(不伤害他人、不伤害自己、不被他人伤害)	班组长
	安全技术交底不清	重新交底	技术负责人
	坐在防护栏杆上休息、在脚手架上睡觉	违章处罚,当作典型案例公开批评教育	安全员
环境	突遇大风、暴雨天气	暂停施工,加实在不符合不能工,必须加强管理要求	安全管理
	夏季高温季节中暑	加强防暑降温	项目经理
	冬雨季施工脚手架、跳板上阴浸、霜冻、易滑	清理脚手架、跳板,增设防滑措施	班组长
	危险地段或坑井边,陡坎处未设警示,警灯标志	增设警示,警灯标志、围护栏杆	安全员
	夜间施工照明不够	增加夜间施工照明亮度	电工
材料	安全网质量不好或有破损	所有质量不好或不符合规范要求的"三宝"、围护杆、栅栏、架	材料员
	安全带帽质量不好或安全带扎帽带	杆、扣件、梯材一律更换,并在下次进料时严格检验	
	架杆、扣件、栅栏不结实或材质有问题		
	围护杆、栅栏等未搭实		
	梯子材料不坚实		
机具设备	人货升降机限位保险装置失灵或"带病"工作	经常性维修保养,发现零部件有损坏立即更换,严禁带病作业	班组长
	人货升降机钢丝绳磨损断裂	勤检查,更换新钢丝绳	班组长
	自制爬升架等设备未经有关部门检验审批	自制后由公司安全科报经有关部门审批检验审批后再用	公司安全科
安全技术措施	未用"三宝"或"三宝"使用不当	学习安全知识,认识"三宝"重要性并会正确使用方法	安全员
	人货升降机超载	加强安全教育,对操作人员会批评处罚,严禁违章作业	安全员
	脚手架、垂直运输机械未经收验就使用	重新验收签字后,方可使用	操作工
	垂直运输机械操作工无证上岗	学习、培训、考核、持证上岗	安全员
	井架吊篮载人上下	对操作人员进行违章处罚教育,严禁违章作业	班组长
	洞口未防护、临边防护	洞口、临边加设防护	安全员
	架杆搭设不符合要求	重新搭设	班组长
	重要支点、独立梁支模未搭脚手架	重新搭设,经验收后方可施工	安全员
	4m以上立杆、支撑、杆条、挑梁、挑架等未固定构件上行走作业	加强安全教育,学习安全技能知识,严禁违章作业	班组长
	人字梯上端、人字梯底端未扎结实,单个无足坚实支撑,梯子未防滑,垫板	整修梯子、垫实防滑、补钉、不准梯脚跨高使用	安全员
	高使用提升脚手架有安全头部	认真检查,一律不无灭全头板	班组长
	拆除工程违章作业	学习安全技术规程,加强安全技术交底,严格按安全技术规程作业	安全科长

图4.22 避免和消除发生高处坠落事故的常见对策

案例分析

工人甲在某工程上剔凿保护层上的裂缝,由于没有将剔凿所用的工具带到工作面,便回去取工具,行走途中,不小心踏在了通风口盖板上(通风口为 1.3m×1.3m,盖板为 1.4m×1.4m、厚1mm 的镀锌铁皮)。盖板在甲的踩踏作用下,迅速变形塌落,致使甲掉落到首层地面(落差 12.35m),经抢救无效,于当日死亡。

【问题】这是一起由"四口"防护不到位引起的伤亡事故。那么,什么是"三宝、四口"?临边指哪些部位?

4.10 高处作业检查评定应用训练

"三宝、四口"及临边防护检查评定应符合现行行业标准《建筑施工高处作业安全技术规范》(JGJ 80—2016)的规定。检查评定项目包括:安全帽、安全网、安全带、临边防护、洞口防护、通道口防护、攀登作业、悬空作业、移动式操作平台、物料平台、悬挑式钢平台。检查评定应符合下列规定。

高处作业安全防护措施

1. 安全帽

(1)进入施工现场的人员必须正确佩戴安全帽。
(2)现场使用的安全帽必须是符合国家相应标准的合格产品。

2. 安全网

(1)在建工程外侧应使用密目式安全网进行封闭。
(2)安全网的材质应符合规范要求。
(3)现场使用的安全网必须是符合国家标准的合格产品。

3. 安全带

(1)现场高处作业人员必须系挂安全带。
(2)安全带的系挂使用应符合规范要求。
(3)现场作业人员使用的安全带应符合国家标准。

4. 临边防护

(1)作业面边沿应设置连续的临边防护栏杆。
(2)临边防护栏杆应严密、连续。
(3)防护设施应达到定型化、工具化。

5. 洞口防护

(1)在建工程的预留洞口、楼梯口、电梯井口应有防护措施。
(2)防护措施、设施应铺设严密,符合规范要求。

(3) 防护设施应达到定型化、工具化。

(4) 电梯井内应每隔两层（不大于 10m）设置一道安全平网。

6. 通道口防护

(1) 通道口防护应严密、牢固。

(2) 防护棚两侧应设置防护措施。

(3) 防护棚宽度应大于通道口宽度，长度应符合规范要求。

(4) 建筑物高度超过 30m 时，通道口防护顶棚应采用双层防护。

(5) 防护棚的材质应符合规范要求。

7. 攀登作业

(1) 梯脚底部应坚实，不得垫高使用。

(2) 折梯使用时上部夹角以 35°～45°为宜，设有可靠的拉撑装置。

(3) 梯子的制作质量和材质应符合规范要求。

8. 悬空作业

(1) 悬空作业处应设置防护栏杆或其他可靠的安全措施。

(2) 悬空作业所使用的索具、吊具、料具等设备应为经过技术鉴定或验证、验收的合格产品。

9. 移动式操作平台

(1) 操作平台的面积不应超过 $10m^2$，高度不应超过 5m。

(2) 移动式操作平台轮子与平台连接应牢固、可靠，立柱底端距地面高度不得大于 80mm。

(3) 操作平台应按规范要求进行组装，铺板应严密。

(4) 操作平台四周应按规范要求设置防护栏杆，并设置登高扶梯。

(5) 操作平台的材质应符合规范要求。

10. 物料平台

(1) 物料平台应有相应的设计计算，并按设计要求进行搭设。

(2) 物料平台支撑系统必须与建筑结构进行可靠连接。

(3) 物料平台的材质应符合规范及设计要求，并应在平台上设置荷载限定标牌。

11. 悬挑式钢平台

(1) 悬挑式钢平台应有相应的设计计算，并按设计要求进行搭设。

(2) 悬挑式钢平台的搁支点与上部拉结点，必须位于建筑结构上。

(3) 斜拉杆或钢丝绳应按要求两边各设置前后两道。

(4) 钢平台两侧必须安装固定的防护栏杆，并应在平台上设置荷载限定标牌。

(5) 钢平台台面、钢平台与建筑结构间铺板应严密、牢固。

"三宝、四口"及临边防护检查评分表见表 4-3。

表 4-3 "三宝、四口"及临边防护检查评分表

序号	检查项目	扣 分 标 准	应得分数	扣减分数	实得分数
1	安全帽	作业人员不戴安全帽每人扣 2 分 作业人员未按规定佩戴安全帽每人扣 1 分 安全帽不符合标准每顶扣 1 分	10		
2	安全网	在建工程外侧未采用密目式安全网封闭或网间不严扣 10 分 安全网规格、材质不符合要求扣 10 分	10		
3	安全带	作业人员未系挂安全带每人扣 5 分 作业人员未按规定系挂安全带每人扣 3 分 安全带不符合标准每条扣 2 分	10		
4	临边防护	工作面临边无防护每处扣 5 分 临边防护不严或不符合规范要求每处扣 5 分 防护设施未形成定型化、工具化扣 5 分	10		
5	洞口防护	在建工程的预留洞口、楼梯口、电梯井口，未采取防护措施每处扣 3 分 防护措施、设施不符合要求或不严密每处扣 3 分 防护设施未形成定型化、工具化扣 5 分 电梯井内每隔两层（不大于 10m）未设置安全平网每处扣 5 分	10		
6	通道口防护	未搭设防护棚或防护不严、不牢固可靠每处扣 5 分 防护棚两侧未进行防护每处扣 6 分 防护棚宽度不大于通道口宽度每处扣 4 分 防护棚长度不符合要求每处扣 6 分 建筑物高度超过 30m，防护棚顶未采用双层防护每处扣 5 分 防护棚的材质不符合要求每处扣 5 分	10		
7	攀登作业	移动式梯子的梯脚底部垫高使用每处扣 5 分 折梯使用未有可靠拉撑装置每处扣 5 分 梯子的制作质量或材质不符合要求每处扣 5 分	5		
8	悬空作业	悬空作业处未设置防护栏杆或其他可靠的安全设施每处扣 5 分 悬空作业所用的索具、吊具、料具等设备，未经过技术鉴定或验证、验收每处扣 5 分	5		
9	移动式操作平台	操作平台的面积超过 $10m^2$ 或高度超过 5m 扣 6 分 移动式操作平台，轮子与平台的连接不牢固可靠或立柱底端距离地面超过 80mm 扣 10 分 操作平台的组装不符合要求扣 10 分 平台台面铺板不严扣 10 分 操作平台四周未按规定设置防护栏杆或未设置登高扶梯扣 10 分 操作平台的材质不符合要求扣 10 分	10		

续表

序号	检查项目	扣分标准	应得分数	扣减分数	实得分数
10	物料平台	物料平台未编制专项施工方案或未经设计计算扣10分 物料平台搭设不符合专项方案要求扣10分 物料平台支撑架未与工程结构连接或连接不符合要求扣8分 平台台面铺板不严或台面层下方未按要求设置安全平网扣10分 材质不符合要求扣10分 物料平台未在明显处设置限定荷载标牌扣3分	10		
11	悬挑式钢平台	悬挑式钢平台未编制专项施工方案或未经设计计算扣10分 悬挑式钢平台的搁支点与上部拉结点,未设置在建筑物结构上扣10分 斜拉杆或钢丝绳,未按要求在平台两边各设置两道扣10分 钢平台未按要求设置固定的防护栏杆和挡脚板或栏板扣10分 钢平台台面铺板不严,或钢平台与建筑结构之间铺板不严扣10分 平台上未在明显处设置限定荷载标牌扣6分	10		
检查项目合计			100		

本章小结

本章叙述了高处作业的相关概念、分级和安全基本要求,并具体介绍了临边作业、洞口作业、攀登作业、悬空作业、操作平台作业和交叉作业的概念及安全技术要求,较为详细地说明了安全生产"三宝"(安全帽、安全带和安全网)的正确选择、使用和管理。

思考与拓展题

1．试想一下,为什么国家将高处作业的界限高度定为2m(含2m)以上?
2．请结合可能坠落范围半径、作业高度等概念,谈一下将高处作业分为4级,对建筑施工高处作业的安全防范有什么实际意义?
3．调查一下附近的建筑施工现场,从高处作业的安全基本要求和具体要求,评价它们的高处作业安全防范是否合格,存在哪些问题和隐患?应该如何解决?
4．你用过安全帽,应当也见过安全网和安全带,可是你首先考虑过它们的安全性能吗?你应当怎样确定这些安全用品的安全性能?
5．搭设临边防护栏杆时,有哪些要求?
6．根据洞口尺寸大小,安全设施有哪些要求?

第 5 章

垂直运输机械安全技术

课程标准

课程内容	知识要点	教学目标
垂直运输机械安全技术与预防控制	塔式起重机的分类、性能参数、主要机构、安全装置、基本规定、基础工程的设计与施工、安装、使用、拆卸、吊具、索具的使用、安全评估和检查评定应用训练。 施工升降机概述、构造、基本规定、安装、使用、拆卸、检查评定应用训练。 物料提升机概述、构造、安装、使用、拆卸、检查评定应用训练。	掌握塔式起重机、施工升降机和物料提升机的构造和分类、安装和拆卸要点、安全装置、安全使用和维修保养、安全检查内容。会对塔式起重机、施工升降机和物料提升机的安全使用进行检查验收,根据《建筑施工安全检查标准》(JGJ 59—2011)进行评分

章节导读

图 5.1 工地塔式起重机倒塌

施工现场用来解决物料上下运输的机械叫垂直运输机械。垂直运输机械包括塔式起重机、施工升降机(人货两用电梯)和物料提升机等。而垂直运输机械伤人的事故时有发生。图 5.1 为浦东某工地一台新塔式起重机,安装检测验收使用 10 天后,在顶升加节时发生倒塌事故,造成两人死亡。

事故原因:①安装时顶升套架未装,检测合格后,再次顶升未检查顶升套架与回转平台是否连接,盲目将回转平台的过渡标准节与塔身标准节的连接螺栓拆卸,在顶升时由回转上部重量失去平衡造成塔式起重机回转平台以上结构倒塌事故;②塔式起重机顶升时施工现场未采取临时安全警戒措施,交叉作业造成两人死亡。

特别提示

建筑行业中的施工活动涉及面广,施工环境复杂,群体、多层、立体作业概率高,各种垂直运输机械及建筑施工机具施工危险性较大,稍有不慎,就会造成事故。在建筑行业历年的事故中,垂直运输机械伤害事故均占有一定的比例。

第 5 章 垂直运输机械安全技术

5.1 塔式起重机

5.1.1 塔式起重机的分类

1. 塔式起重机（简称塔机）

塔式起重机指的是臂架安置在垂直的塔身顶部的可回转臂架型起重机。

塔式起重机是现代工业和民用建筑中的重要起重设备，在建筑工程施工，尤其是高层、超高层的工业和民用建筑的施工中得到了非常广泛的应用。塔式起重机在施工中主要用于建筑结构和工业设备的安装、吊运建筑材料和建筑构件。它的主要作用是重物的垂直运输和施工现场内的短距离水平运输。

2. 塔式起重机根据其不同的形式可进行分类

1）按结构形式分

（1）固定式塔式起重机。固定式塔式起重机是指通过连接件将塔身基架固定在地基基础或结构物上，进行起重作业的塔式起重机。

（2）移动式塔式起重机。移动式塔式起重机是指具有运行装置，可以行走的塔式起重机。根据运行装置的不同，移动式塔式起重机又分为轨道式、轮胎式、汽车式、履带式 4 种。

（3）自升式塔式起重机。自升式塔式起重机是指依靠自身的专门装置，增、减塔身标准节或自行整体爬升的塔式起重机。根据升高方式的不同，自升式塔式起重机又分为附着式和内爬式两种。

① 附着式塔式起重机。附着式塔式起重机是指按一定间隔距离，通过支撑装置将塔身锚固在建筑物上的塔式起重机。

② 内爬式塔式起重机。内爬式塔式起重机是指设置在建筑物内部，通过结构物上的支撑装置，使整机能随着建筑物的高度增加而升高的塔式起重机。

2）按回转形式分

（1）上回转塔式起重机如图 5.2 所示。其回转支承设置在塔身上部，可分为塔帽回转式、塔顶回转式、上回转平台式、转柱式等形式。

（2）下回转塔式起重机如图 5.3 所示。其回转支承设置于塔身底部，塔身相对于底架转动。

3）按架设方法分

（1）非自行架设塔式起重机。非自行架设塔式起重机是指依靠其他起重设备进行组装架设成整机的塔式起重机。

（2）自行架设塔式起重机。自行架设塔式起重机是指依靠自身的动力装置和机构实现运输状态与工作状态相互转换的塔式起重机。

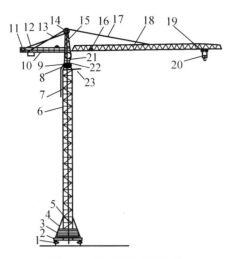

图 5.2 上回转塔式起重机

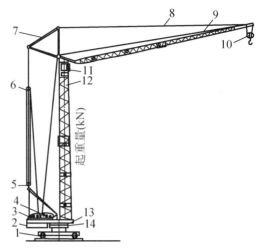

图 5.3 下回转塔式起重机

1—台车；2—底架；3—压重；4—斜撑；
5—塔身基础节；6—塔身标准节；7—顶升套架；
8—承座；9—转台；10—平衡臂；11—起升机构；
12—平衡重；13—平衡臂拉索；14—塔帽操作平台；
15—塔帽；16—小车牵引机构；17—起重臂拉索；
18—起重臂；19—起重小车；20—吊钩滑轮；
21—司机室；22—回转机构；23—引进轨道

1—底架即行走机构；2—压重门；
3—架设及变幅机构；4—起升机构；
5—变幅定滑轮组；6—变幅动滑轮组；
7—塔顶撑架；8—臂架拉绳；9—起重臂；
10—吊钩滑轮；11—司机室；12—塔身；
13—转台；14—回转支承

4）按变幅方式分

（1）小车变幅塔式起重机。小车变幅塔式起重机是指起重小车沿起重臂运行进行变幅的塔式起重机。

（2）动臂变幅塔式起重机。动臂变幅塔式起重机是指臂架作俯仰运动进行变幅的塔式起重机。

（3）折臂式塔式起重机。折臂式塔式起重机是指根据起重作业的需要，臂架可以弯折的塔式起重机。它可以同时具备动臂变幅塔式机重机和小车变幅塔式机重机的性能。

5.1.2 塔式起重机的性能参数

塔式起重机资料管理

塔式起重机的技术性能用各种数据来表示，即性能参数。

1．主参数

根据《塔式起重机》（GB/T 5031—2019），塔式起重机以公称起重力矩为主参数。公称起重力矩是指起重臂为基本臂长时，最大幅度与相应额定起重量重力的乘积。

2．基本参数

（1）起升高度。塔式起重机运行或固定状态时，空载、塔身处于最大高度、吊钩位于最大幅度外，吊钩支承面对塔式起重机支承面的允许最大垂直距离为起升高度。

（2）工作速度。塔式起重机的工作速度参数包括最大起升速度、回转速度、小车变幅速度、整机运行速度和最低稳定下降速度等。

① 最大起升速度。塔式起重机空载，吊钩上升至起升高度过程中稳定运动状态下的最大平均上升速度称为最大起升速度。

② 回转速度。塔式起重机空载，风速小于 3m/s，吊钩位于基本臂最大幅度和最大高度时的稳定回转速度称为回转速度。

③ 小车变幅速度。塔式起重机空载，风速小于 3m/s，小车稳定运行的速度称为小车变幅速度。

④ 整机运行速度。塔式起重机空载，风速小于 3m/s，起重臂平行于轨道方向稳定运行的速度称为整机运行速度。

⑤ 最低稳定下降速度。吊钩滑轮组为最小钢丝绳倍率，吊有该倍率允许的最大起重量，吊钩稳定下降时的最低速度称为最低稳定下降速度。

（3）工作幅度。塔式起重机置于水平场地时，吊钩垂直中心线与回转中心线的水平距离称为工作幅度。

（4）起重量。塔式起重机吊起的重物和物料，包括吊具（或索具）质量的总和称为起重量。起重量又包括两个参数，一个是基本臂幅度时的起重量，另一个是最大起重量。

（5）轨距。两条钢轨中心线之间的水平距离称为轨距。

（6）轴距。前后轮轴的中心距称为轴距。

（7）自重。自重不包括压重、平衡重，仅为塔式起重机自身的重量。

5.1.3 塔式起重机的主要机构

塔式起重机是一种塔身直立、起重臂回转的起重机械。塔式起重机主要由金属结构、工作机构和控制系统部分组成，下面重点介绍前两个部分。

1. 金属结构

塔式起重机金属结构基础部件包括底架、塔身、塔帽、起重臂、平衡臂等部分。

1）底架

塔式起重机底架结构的构造形式由塔式起重机的回转形式（上回转和下回转）、行走方式（轨道式或轮胎式）及相对于建筑物的安装方式（附着式或内爬式）而定。下回转轻型塔式起重机多采用平面框架式底架，而下回转中型或重型塔式起重机则多用水母式底架。上回转塔式起重机，轨道中央要求用作临时堆场或作为人行通道时，可采用门架式底架。自升式塔式起重机多采用平面框架加斜撑式底架。轮胎式塔式起重机采用箱形梁式底架。

2）塔身

塔身结构形式可分为固定高度式和可变高度式两大类。吊钩高度不大的下回转轻型塔式起重机一般均采用固定高度塔身结构，而其他塔式起重机的塔身高度多是可变的。可变高度塔身结构又可分为折叠式塔身、伸缩式塔身、下接高式塔身、中接高式塔身和上接高式塔身5种不同形式。

3）塔帽

塔帽结构形式多样，有竖直式、前倾式及后倾式之分。同塔身一样，塔帽的主弦杆采用无缝钢管、圆钢、角钢或方钢管组焊制成，腹杆用无缝钢管或角钢制成。

4）起重臂

起重臂为小车变幅臂架，其采用正三角形断面，一般长30～40m，但也有50m和超过50m的。

俯仰变幅臂架多采用矩形断面格桁结构，由角钢或钢管组焊而成，节与节之间采用销轴连接、法兰盘连接或高强螺栓连接。臂架结构钢材选用16Mn、20号或Q235。

5）平衡臂

上回转塔式起重机的平衡臂多采用平面框架结构，主梁采用槽钢或工字钢，连系梁及腹杆采用无缝钢管或角钢制成。重型自升式塔式起重机的平衡臂常采用三角断面格桁结构。

2．工作机构

塔式起重机一般设有起升机构、变幅机构、回转机构和行走机构。这4个机构是塔式起重机最基本的工作机构。

1）起升机构

塔式起重机的起升机构绝大多数采用电动机驱动。常见的驱动方式有以下两种。

（1）滑环电动机驱动。

（2）双电动机驱动（高速电动机和低速电动机，或负荷作业电动机和空钩下降电动机）。

2）变幅机构

（1）动臂变幅塔式起重机的变幅机构用以完成动臂的俯仰变化。

（2）小车变幅塔式起重机的变幅机构的构造原理同起升机构一样，采用的传动方式是变极电机—少齿差减速器或圆柱齿轮减速器、圆锥齿轮减速器—钢丝绳卷筒。

3）回转机构

塔式起重机回转机构目前常用的驱动方式是滑环电动机—液力耦合器—少齿差行星减速器—开式小齿轮—大齿圈（回转支承的齿圈）。

轻型和中型塔式起重机只装一台回转机构，重型塔式起重机一般装两台回转机构，而超重型塔式起重机则根据起重能力和转动质量的大小，装设三台或四台回转机构。

4）行走机构

轻、中型塔式起重机采用4轮行走机构，重型塔式起重机采用8轮或12轮行走机构，超重型塔式起重机采用12～16轮行走机构。

5.1.4 安全装置

为了保证塔式起重机的安全作业，防止发生各项意外事故，根据《塔式起重机设计规范》（GB/T 13752—2017）和《塔式起重机安全规程》（GB 5144—2006）规定，塔式起重机必须配备各类安全装置。安全装置有下列几种。

1. 起重力矩限制器

起重力矩限制器主要作用是防止塔式起重机超载,避免由严重超载而引起塔式起重机的倾覆或折臂等恶性事故。起重力矩限制器是塔式起重机最重要的安全装置,它应始终处于正常工作状态。起重力矩限制器仅对塔式起重机臂架的纵垂直平面内的超载力矩起防护作用,不能防护由斜吊、风载、轨道的倾斜或陷落等引起的倾翻事故。起重力矩限制器除要求有一定的精度外,还要有高的可靠性。

根据起重力矩限制器的构造和塔式起重机形式的不同,可将起重力矩限制器安装在塔帽、起重臂根部和端部等部位。起重力矩限制器主要分为机械式和电子式两种,其中机械式起重力矩限制器按弹簧的不同可分为螺旋弹簧和板弹簧两类。

当起重力矩超过其相应幅度的规定值并小于规定值的110%时,起重力矩限制器应起作用,使塔式起重机停止提升方向及产生向臂端方向变幅的动作。对于小车变幅塔式起重机,起重力矩限制器应分别从起重量和幅度方面进行控制。

2. 起重量限制器

起重量限制器的作用是保护起吊物品的重量不超过塔式起重机允许的最大起重量,避免发生机械损坏事故。起重量限制器根据构造不同可装在起重臂头部、根部等部位。它主要分为电子式和机械式两种。

1) 电子式起重量限制器

电子式起重量限制器俗称拉力传感器。当吊载荷的重力传感器的应变元件发生弹性变形时,与其连成一体的电阻应变元件随其变形产生阻值变化,这一变化与载荷重量大小成正比,这就是其工作的基本原理。一般情况将电子式起重量限制器串接在起升钢丝绳中置地臂架的前端上。

2) 机械式起重量限制器

机械式起重量限制器安装在回转框架的前方,主要由支架、押运杆、导向滑轮、拉杆、弹簧、撞块、行程开关等组成。当绕过导向滑轮的起升钢丝绳的单根拉力超过其额定数值时,押运杆带动拉杆克服弹簧的张力向右运动,使紧固在拉杆上的撞块触发行程开关,从而接触电铃电源,发出警报信号,并切断起升机构的起升电源,使吊钩只能下降不能提升,以保证塔式起重机安全作业。

当起重量大于相应挡位的额定值并小于额定值的110%时,起重量限制器应切断上升方向的电源,但允许机构有下降方向的运动。具有多挡变速的起升机构,限制器应对各挡位具有防止超载的作用。

3. 起升高度限位器

起升高度限位器是当吊钩接触到起重臂头部或载重小车之前,或是吊钩下降到最低点(地面或地面以下若干米)之前,使起升机构自动断电并停止工作,防止因吊钩起升过度而碰坏起重臂的装置。起升高度限位器安装常用的两种形式,一是安装在起重臂端部附近,二是安装在起升卷筒附近。

安装在起重臂端部的起升高度限位器是以钢丝绳为中心，从起重臂端部悬挂重锤，当吊钩达到限定位置时，托起重锤，在拉簧作用下，限位开关的杠杆转过一个角度，使起升机构的控制回路断开，切断电源，停止吊钩运动。安装在起升卷筒附近的起升高度限位器是以卷筒的回转为中心，通过链轮和链条或齿轮带动丝杆转动，并通过丝杆的转动使控制块移动到一定位置，限位开关断电。

对动臂变幅塔式起重机，当吊钩装置顶部升至起重臂下端的最小距离为800mm时，应能立即停止起升运动。对小车变幅塔式起重机，吊钩装置顶部升至小车架下端的最小距离应根据塔式起重机形式及起升钢丝绳的倍率而定，上回转塔式起重机2倍率时为1000mm，4倍率时为700mm，下回转塔式起重机2倍率时为800mm，4倍率时为400mm，此时应能立即停止起升运动。

4．幅度限位器

幅度限位器是用来限制起重臂在俯仰时不超过极限位置的装置。当起重臂的俯仰到一定限度之前幅度限位器发出警报，当达到限定位置时，幅度限位器自动切断电源。

动臂变幅塔式起重机的幅度限位器是当臂架在变幅到仰角极限位置（一般与水平夹角为63°～70°）时，切断变幅机构的电源，使其停止工作，同时还设有机械止挡，以防臂架因起幅中的惯性而后翻。小车变幅塔式起重机的幅度限位器用来防止运行小车超过最大或最小幅度的两个极限位置。一般小车幅度限位器是安装在臂架小车运行轨道的前后两端，用行程开关控制。

动臂变幅塔式起重机应设置最小幅度限位器和防止臂架反弹后倾装置。小车变幅塔式起重机应设置小车行程限位开关和终端缓冲装置。限位开关动作后应保证小车停车时其端部距缓冲装置最小距离为200mm。

5．行程限位器

（1）小车行程限位器。小车行程限位器设于小车变幅塔式起重机起重臂的头部和根部，包括终点开关和缓冲器（常用的有橡胶和弹簧两种），用来切断小车变幅机构的电路，防止小车越位而造成安全事故。

（2）大车行程限位器。大车行程限位器包括设于轨道两端尽头的制动缓冲装置和制动钢轨以及装在起重机行走台车上的终点开关，用来防止起重机脱轨。

6．夹轨钳

夹轨钳是装设在行走底架（或台车）的金属结构上，用来夹紧钢轨，防止起重机在大风情况下被风力吹动而行走造成塔式起重机出轨倾翻事故的装置。

7．风速仪

风速仪可自动记录风速，当超过6级以上风速时自动报警，操作司机及时采取必要的防范措施，如停止作业，放下吊物等。

臂架根部铰点高度大于50m的塔式起重机，应安装风速仪。当风速大于工作极限风速时，应能发出停止作业的警报。风速仪应安装在塔式起重机顶部至吊具最高位置间的不挡风处。

8．障碍指示灯

超过 30m 的塔式起重机，必须在塔式起重机的最高部位（臂架、塔帽或人字架顶端）安装红色障碍指示灯，并保证供电不受停机影响。

9．钢丝绳防脱槽装置

钢丝绳防脱槽装置主要用以防止钢丝绳在传动过程中，脱离滑轮槽而造成的钢丝绳卡死和损伤。

10．吊钩保险

吊钩保险是安装在吊钩挂绳处的一种防止起吊钢丝绳由角度过大或挂钩不妥时，造成起吊钢丝绳脱钩，吊物坠落事故的装置。吊钩保险一般采用机械卡环式，用弹簧来控制挡板，阻止起吊钢丝绳的滑脱。

11．回转限位器

无集电器的起重机，应安装回转限位器且工作可靠。塔式起重机回转部分在非工作状态下应能自由旋转。对有自锁作用的回转机构，应安装安全极限力矩联轴器。

5.1.5 基本规定

塔式起重机安装、拆卸单位必须具有从事塔式起重机安装、拆卸业务的资质。起重设备安装工程专业承包企业资质分为一级、二级、三级。

塔式起重机安装、拆卸单位应具备安全管理保证体系，有健全的安全管理制度。其主要包括转场保养制度，安装、拆卸前维修制度，保修制度，员工的培训制度，周期检查制度，安装、拆卸中的检验监督制度等。

塔式起重机安装、拆卸作业应配备下列人员：持有安全生产考核合格证书的项目负责人和安全负责人、机械管理人员；具有建筑施工特种作业操作资格证书的建筑起重机械安装拆卸工、起重司机、起重信号工、司索工等特种作业操作人员。塔式起重机应具有特种设备制造许可证、产品合格证、制造监督检验证明，并已在县级以上地方建设行政主管部门备案登记。塔式起重机应符合现行国家标准《塔式起重机安全规程》（GB 5144—2006）及《塔式起重机》（GB/T 5031—2019）的相关规定。塔式起重机启用前应检查下列项目。

（1）塔式起重机的备案登记证明等文件。

（2）建筑施工特种作业人员的操作资格证书。

（3）专项施工方案。

（4）辅助起重机械的合格证及操作人员资格证书。

对塔式起重机应建立安全技术档案，安全技术档案应包括下列内容。

（1）购销合同、制造许可证、产品合格证、制造监督检验证明、使用说明书、备案证明等原始资料。

（2）定期检验报告、定期自行检查记录、定期维护保养记录、维修和技术改造记录、运行故障和生产安全事故记录、累计运转记录等运行资料。

（3）历次安装验收资料。

塔式起重机的选型和布置应满足工程施工要求，便于安装和拆卸，并不得损害周边其他建筑物或构筑物。有下列情况之一的塔式起重机严禁使用。

（1）国家明令淘汰的产品。

（2）超过规定使用年限经评估不合格的产品。

（3）不符合现行国家相关标准的产品。

（4）没有完整安全技术档案的产品。

塔式起重机安装、拆卸前，应编制专项施工方案，指导作业人员实施安装、拆卸作业。专项施工方案应根据《塔式起重机使用说明书》和作业场地的实际情况编制，并应符合现行国家相关标准的规定。专项施工方案应由本单位技术、安全、设备等部门审核，技术负责人审批后，经监理单位批准实施。

塔式起重机安装专项施工方案，应包括工程概况，安装位置平面和立面图，所选用的塔式起重机型号及性能技术参数，基础和附着装置的设置，爬升工况及附着节点详图，安装顺序和安全质量要求，主要安装部件的重量和吊点位置，安装辅助设备的型号、性能及布置位置，电源的设置，施工人员的配置，吊具、索具和专用工具的配备，安装工艺程序，安全装置的调试，重大危险源和安全技术措施，应急预案等。

塔式起重机拆卸专项施工方案，应包括工程概况，塔式起重机位置的平面和立面图，拆卸顺序，部件的重量和吊点位置，拆卸辅助设备的型号、性能及布置位置，电源的设置，施工人员的配置，吊具、索具和专用工具的配备，重大危险源和安全技术措施，应急预案等。

塔式起重机与架空输电线的安全距离应符合现行国家标准《塔式起重机安全规程》（GB 5144—2006）的规定。当多台塔式起重机在同一施工现场交叉作业时，应采取防碰撞的安全措施。任意两台塔式起重机之间的最小架设距离应符合下列规定：低位塔式起重机的起重臂端部与另一台塔式起重机的塔身之间的距离不得小于2m；处于高位塔式起重机的最低位置的部件（或吊钩升至最高点或平衡重的最低部位）与低位塔式起重机中处于最高位置部件之间的垂直距离不得小于2m。在塔式起重机的安装、使用及拆卸阶段，进入现场的作业人员必须佩戴安全帽、穿防滑鞋、系安全带等防护用品，无关人员严禁进入作业区域内。在安装、拆卸作业期间，应设警戒区。

塔式起重机在安装前和使用过程中，发现有下列情况之一的，不得安装和使用：结构件上有可见裂纹和严重锈蚀的，主要受力构件存在塑性变形的，连接件存在严重磨损和塑性变形的，钢丝绳达到报废标准的，安全装置不齐全或失效的。

塔式起重机使用时，起重臂和吊物下方严禁有人员停留，物件吊运时，严禁人员从上方通过。严禁用塔式起重机载运人员。

特别提示

一级企业：可承担各类起重设备的安装与拆卸。

二级企业：可承担单项合同额不超过企业注册资本金5倍的1000kN·m及以下塔式起重机等起重设备、120t及以下起重机和龙门吊的安装与拆卸。

三级企业：可承担单项合同额不超过企业注册资本金 5 倍的 800kN·m 及以下塔式起重机等起重设备、60t 及以下起重机和龙门吊的安装与拆卸。

顶升、加节、降节等工作均属于安装、拆卸范畴。

5.1.6 塔式起重机混凝土基础工程的设计与施工

塔式起重机混凝土基础工程的设计与施工应根据地质勘察资料，综合考虑工程结构类型及布置、施工条件、环境影响、使用条件和工程造价等因素，因地制宜，做到科学设计、精心施工。

塔式起重机的基础形式应根据工程地质、荷载大小与塔式起重机稳定性要求、现场条件、技术经济指标，并结合塔式起重机制造商提供的《塔式起重机使用说明书》的要求确定。塔式起重机基础设计应按独立状态下的工作状态和非工作状态的荷载分别计算。塔式起重机基础工作状态下的荷载应包括塔式起重机和基础的自重荷载、起重荷载、风荷载，并应计入可变荷载的组合系数，其中起重荷载不应计入动力系数；非工作状态下的荷载应包括塔式起重机和基础的自重荷载、风荷载。

1. 构造要求

基础工程的基础高度应满足塔式起重机预埋件的抗拔要求，且不宜小于 1000mm，不宜采用坡形或台阶形截面的基础。基础的混凝土强度等级不应低于 C25，垫层混凝土强度等级不应低于 C10，混凝土垫层厚度不宜小于 100mm。当地基土为软弱土层，采用浅基础不能满足塔式起重机对地基承载力和变形的要求时，可采用桩基础。

桩基础可采用预制混凝土桩、预应力混凝土管桩、混凝土灌注桩或钢管桩等，在软土中采用挤土桩时，应考虑挤土效应的影响。桩基构造应符合现行行业标准《建筑桩基技术规范》（JGJ 94—2008）的规定。预埋件应按《塔式起重机使用说明书》布置。桩身和承台的混凝土强度等级不应低于 C25，预制混凝土桩的混凝土强度等级不应低于 C30，预应力混凝土实心桩的混凝土强度等级不应低于 C40。

承台宜采用截面高度不变的矩形板式或十字形梁式，截面高度不宜小于 1000mm，且应满足《塔式起重机使用说明书》的要求。桩基础宜均匀对称布置，且不宜少于 4 根，边桩中心至承台边缘的距离不应小于桩的直径或截面边长，且桩的外边缘至承台边缘的距离不应小于 200mm。十字形梁式承台的节点处应采用加腋构造。

当塔式起重机用于安装地下室基坑时，根据地下室结构设计、围护结构的布置和工程地质条件及施工方便的原则，塔式起重机基础可设置在地下室底板下、顶板上或底板至顶板之间。组合式基础可由混凝土承台或型钢平台、格构式钢柱或钢管柱及灌注桩或钢管桩等组成，如图 5.4 所示。

型钢平台的设计应符合现行国家标准《钢结构设计标准》（GB 50017—2017）的有关规定，由厚钢板和型钢主次梁焊接或螺栓连接而成。型钢主次梁应与格构式钢柱连接，宜采用焊接连接。塔式起重机在地下室中的基桩宜避开底板的基础梁、承台及后浇带或加强带。

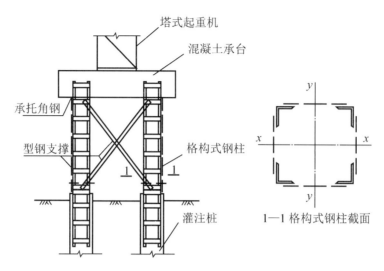

图 5.4 组合式基础

随着基坑土方的分层开挖,应在格构式钢柱外侧四周及时设置型钢支撑,将各格构式钢柱连接为整体。型钢支撑的截面积不宜小于格构式钢柱分肢的截面积,与钢柱分肢及缀件的连接焊缝厚度不宜小于6mm,绕角焊缝长度不宜小于200mm。当格构式钢柱的计算长度(H)超过8m时,宜设置水平型钢剪刀撑,剪刀撑的竖向间距不宜超过6m。

2. 施工质量及验收

基础工程施工前应按塔式起重机基础设计及施工方案做好准备工作,必要时塔式起重机基础的基坑应采取支护及降排水措施。基础的钢筋绑扎和预埋件安装后,应按设计要求检查验收,合格后方可浇捣混凝土,浇捣中不得碰撞、移位钢筋或预埋件,混凝土浇筑后应及时保湿养护。基础四周应回填土方并夯实。安装塔式起重机时基础混凝土应达到80%以上设计强度,塔式起重机运行使用时基础混凝土应达到100%设计强度。基础混凝土施工中,在基础顶面四角应做好防沉降及布设位移观测点措施,并做好原始记录,塔式起重机安装后应定期观测并记录,沉降量和倾斜率不应超过规定。

5.1.7 塔式起重机的安装

1. 塔式起重机安装条件

塔式起重机安装前,必须经维修保养,并应进行全面的检查,确认合格后方可安装。塔式起重机的基础及地基承载力应符合使用说明书和设计图纸的要求,而且基础周围应有排水设施。移动式塔式起重机的轨道及基础应按使用说明书的要求进行设置,且符合现行国家标准《塔式起重机安全规程》(GB 5144—2006)及《塔式起重机》(GB/T 5031—2019)的规定。内爬式塔式起重机的基础、锚固、爬升支承结构等应根据使用说明书提供的荷载进行设计计算,并对其建筑承载结构进行验算。

2. 塔式起重机的安装

安装前应根据专项施工方案，对塔式起重机基础的下列项目进行检查，确认合格后方可实施：基础的位置、标高、尺寸，基础的隐蔽工程验收记录和混凝土强度报告等相关资料，安装辅助设备的基础、地基承载力、预埋件，基础的排水措施。

安装作业，应根据专项施工方案的要求实施。安装作业人员应分工明确、职责清楚。安装前应对安装作业人员进行安全技术交底。安装辅助设备就位后，应对其机械和安全性能进行检验，合格后方可作业。安装所使用的钢丝绳、卡环、吊钩和辅助支架等起重机具均应符合相关规定，并经检查合格后方可使用。安装作业中应统一指挥，明确指挥信号。当视线受阻、距离过远时，应采用对讲机或多级指挥。自升式塔式起重机的顶升加节应符合下列规定：顶升系统必须完好；结构件必须完好；顶升前，塔式起重机下支座与顶升套架应可靠连接；顶升前，应确保顶升横梁搁置正确；顶升前，应将塔式起重机配平；顶升过程中，应确保塔式起重机的平衡；顶升加节的顺序，应符合使用说明书的规定；顶升过程中，不应进行起升、回转、变幅等操作；顶升结束后，应将标准节与回转下支座可靠连接；塔式起重机加节后需进行附着的，应按照先装附着装置，后顶升加节的顺序进行，附着装置的位置和支撑点的强度应符合要求。塔式起重机的独立高度、悬臂高度应符合使用说明书的要求。雨雪、浓雾天气严禁进行安装作业。安装时塔式起重机最大高度处的风速应符合使用说明书的要求，且不得超过 12m/s。

塔式起重机不宜在夜间进行安装作业，当需要在夜间进行塔式起重机安装和拆卸作业时，应保证提供足够的照明。当遇特殊情况安装作业不能连续进行时，必须将已安装的部位固定牢靠并达到安全状态，经检查确认无隐患后，方可停止作业。电气设备应按使用说明书的要求进行安装，安装所用的电源线路应符合现行行业标准《施工现场临时用电安全技术规范》（JGJ 46—2005）的要求。

塔式起重机的安全装置必须齐全，并按程序进行调试合格。连接件及防松防脱件严禁用其他代用品代用。连接件及防松防脱件应使用力矩扳手或专用工具紧固连接螺栓。安装完毕后，及时清理施工现场的辅助用具和杂物。

安装单位应对安装质量进行自检，填写自检报告书。安装单位自检合格后，应委托有相应资质的检验检测机构进行检测。检验检测机构应出具检测报告书。安装质量的自检报告书和检测报告书应存入设备档案。经自检、检测合格后，应由总承包单位组织出租、安装、使用、监理等单位进行验收，并填写验收表，合格后方可使用。塔式起重机停用 6 个月以上的，在复工前，应重新进行验收，合格后方可使用。

5.1.8 塔式起重机的使用

塔式起重机的起重司机、起重信号工、司索工等操作人员应取得特种作业操作资格证书，严禁无证上岗，如图 5.5 所示。塔式起重机使用前，应对起重司机、起重信号工、司索工等操作人员进行安全技术交底，如严禁兼职操作，如图 5.6 所示。

图 5.5　严禁无证上岗

图 5.6　严禁兼职操作

塔式起重机的起重力矩限制器、起重量限制器、幅度限位器、行程限位器、起升高度限位器等安全装置不得随意调整和拆除，严禁用限位装置代替操纵机构。

塔式起重机回转、变幅、行走、起吊动作前应示意警示。起吊时应统一指挥，明确指挥信号，如图 5.7 所示。当指挥信号不清楚时，不得起吊。塔式起重机起吊前，当吊物与地面或其他物件之间存在吸附力或摩擦力而未采取处理措施时，不得起吊。塔式起重机起吊前，应对安全装置进行检查，确认合格后方可起吊，安全装置失灵时，不得起吊。塔式起重机起吊前，应按要求对吊具与索具进行检查，确认合格后方可起吊，当吊具与索具不符合相关规定的，不得用于起吊作业。

图 5.7　起吊时统一指挥

作业中遇突发故障，应采取措施将吊物降落到安全地点，严禁吊物长时间悬挂在空中。遇有风速在 12m/s 及以上的大风或大雨、大雪、大雾等恶劣天气时，应停止作业。雨雪过后，先经过试吊，确认制动器灵敏可靠后方可进行作业。

塔式起重机不得起吊重量超过额定载荷的吊物，且不得起吊重量不明的吊物。在吊物载荷达到额定载荷的90%时，应先将吊物吊离地面200~500mm后，检查机械状况、制动性能、物件绑扎情况等，确认无误后方可起吊。对有晃动的物件，必须拴拉溜绳使之稳固。物件起吊时应绑扎牢固，不得在吊物上堆放或悬挂其他物件。零星材料起吊时，必须用吊笼或钢丝绳绑扎牢固。标有绑扎位置或记号的物件，应按标明位置绑扎。钢丝绳与物件的夹角宜为45°~60°，且不得小于30°。吊索与吊物棱角之间应有防护措施，未采取防护措施的，不得起吊。

作业完毕后，应松开回转制动器，各部件置于非工作状态，控制开关置于零位，并切断总电源。移动式塔式起重机停止作业时，应锁紧夹轨器。严禁在塔式起重机塔身上附加广告牌或其他标语牌。

每班作业应作好例行保养，并作好记录。记录的主要内容应包括结构件外观、安全装置、传动机构、连接件、制动器、索具、夹具、吊钩、滑轮、钢丝绳、液位、油位、油压、电源、电压等。实行多班作业的设备，应执行交接班制度，并认真填写交接班记录，接班司机经检查确认无误后，方可开机作业。塔式起重机应实施各级保养。转场时，应做转场保养，并有记录。

塔式起重机的主要部件和安全装置等应进行经常性检查，每月不得少于一次，并有记录，当发现有安全隐患时，应及时进行整改。当塔式起重机使用周期超过一年时，应进行一次全面检查，合格后方可继续使用。

5.1.9 塔式起重机的拆卸

塔式起重机的拆卸作业宜连续进行，当遇特殊情况拆卸作业不能继续时，应采取措施保证塔式起重机处于安全状态。当用于拆卸作业的辅助起重设备设置在建筑物上时，应明确设置位置、锚固方法，并在设置前对辅助起重设备的安全性及建筑物的承载能力等进行验算。拆卸前应检查主要结构件、连接件、电气系统、起升机构、回转机构、变幅机构、顶升机构等项目。

塔式起重机拆装

自升式塔式起重机每次降节前，应检查顶升系统和附着装置的连接，并明确附着装置的拆卸顺序和方法，确认完好后方可进行作业。

拆卸时应按先降节、后拆除附着装置的顺序进行。拆卸完毕后，为塔式起重机拆卸作业而设置的所有设施应拆除，并清理场地上作业时所用的吊具、索具等各种零配件和杂物。

5.1.10 吊具、索具的使用

塔式起重机安装、使用、拆卸时，起重吊具、索具应符合下列要求。

（1）吊具与索具产品应符合现行标准《起重机 钢丝绳 保养、维护、检验和报废》（GB/T 5972—2023）的规定。

（2）吊具与索具应与吊重种类、吊运具体要求以及环境条件相适应。

（3）作业前应对吊具与索具进行检查，当确认完好后方可投入使用。

（4）吊具承载时不得超过额定起重量，吊索（含各分肢）不得超过安全工作载荷。

（5）塔式起重机吊钩的吊点，应与吊重的重心在同一条铅垂线上，使吊重处于稳定平衡状态。

新购置或修复的吊具、索具，应进行检查，确认合格后，方可使用。

吊具与索具每 6 个月应进行一次检查，并作好记录。检验记录应作为继续使用、维修或报废的依据。

1．钢丝绳

钢丝绳作吊索时，其安全系数不得小于 6 倍。钢丝绳的保养、维护、检验、报废标准应符合现行标准《起重机 钢丝绳 保养、维护、检验和报废》(GB/T 5972—2023) 的规定。当钢丝绳的端部采用编结固接时，编结部分的长度不得小于钢丝绳直径的 20 倍，并不应小于 300mm，插接绳股应拉紧，凸出部分应光滑平整，且在插接末尾留出适当长度，用金属丝扎牢，钢丝绳插接方法宜符合现行标准《起重机 钢丝绳 保养、维护、检验和报废》(GB/T 5972—2023) 的要求。用其他方法插接的，应保证其插接连接强度不小于该绳最小破断拉力的 75%。当采用绳夹固接时，钢丝绳吊索绳夹最少数量应满足表 5-1 的要求。

表 5-1 钢丝绳吊索绳夹最少数量

绳夹规格（钢丝绳公称直径）d_1/mm	钢丝绳夹的最少数量/组
$d_1 \leqslant 18$	3
$18 < d_1 \leqslant 26$	4
$26 < d_1 \leqslant 36$	5
$36 < d_1 \leqslant 44$	6
$44 < d_1 \leqslant 60$	7

钢丝绳夹压板应在钢丝绳受力绳一边，绳夹间距 A 如图 5.8 所示，不应小于钢丝绳直径的 5 倍。

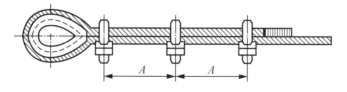

图 5.8 钢丝绳夹压板布置图

吊索必须由整根钢丝绳制成，中间不得有接头。环形吊索应只允许有一处接头。当采用两点或多点起吊时，吊索数宜与吊点数相符，且各根吊索的材质、结构尺寸、端部配件等性能和索眼端部固定连接的方式应相同。钢丝绳严禁采用打结方式系结吊物。当吊索弯折曲率半径小于钢丝绳公称直径的 2 倍时，应采用卸扣将吊索与吊点拴接。卸扣应无明显变形、可见裂纹和弧焊痕迹。

2．吊钩与滑轮

吊钩应符合现行标准《起重机 钢丝绳 保养、维护、检验和报废》(GB/T 5972—2023)

的相关规定。吊钩严禁补焊,有下列情况之一的应予以报废。

(1) 表面有裂纹。
(2) 挂绳处截面磨损量超过原高度的 10%。
(3) 钩尾和螺纹部分等危险截面及钩筋有永久性变形。
(4) 开口度比原尺寸增加 15%。
(5) 钩身的扭转角超过 10°。

滑轮的最小绕卷直径应符合现行国家标准《塔式起重机设计规范》(GB/T 13752—2017)的相关规定。滑轮有下列情况之一的应予以报废。

(1) 表面有裂纹或轮缘破损。
(2) 轮槽不均匀磨损量达 3mm。
(3) 滑轮绳槽壁厚磨损量达原壁厚的 20%。
(4) 铸造滑轮槽底磨损量达钢丝绳原直径的 30%,焊接滑轮槽底磨损量达钢丝绳原直径的 15%。滑轮、卷筒均应设有钢丝绳防脱槽装置,吊钩应设有钢丝绳防脱钩装置。

5.1.11 塔式起重机安全评估

安全评估是对建筑起重机械的设计、制造情况进行了解,对使用保养情况记录进行检查,对钢结构的磨损、锈蚀、裂纹、变形等损伤情况进行检查与测量,并按规定对整机安全性能进行载荷试验,由此分析判别其安全度,做出合格或不合格结论的活动。超过规定使用年限的塔式起重机应进行安全评估。

塔式起重机有下列情况之一的应进行安全评估:630kN·m 以下(不含 630kN·m)、出厂年限超过 10 年(不含 10 年);630~1250kN·m(不含 1250kN·m)、出厂年限超过 15 年(不含 15 年);1250kN·m 以上(含 1250kN·m),出厂年限超过 20 年(不含 20 年)。

对超过设计规定相应载荷状态允许工作循环次数的建筑起重机械,应作报废处理。

塔式起重机的评估应以重要结构件及主要零部件、电气系统、安全装置和防护设施等为主要内容。塔式起重机的重要结构件主要包括塔身、起重臂、平衡臂(转台)、塔帽或塔顶构造、拉杆、回转支承座、附着装置、顶升套架或内爬升架、行走底盘及底座等。

当出现下列情况之一时,塔式起重机应判为不合格。
(1) 重要结构件检测有指标不合格的。
(2) 按《建筑起重机械安全评估技术规程》(JGJ/T 189—2009)附录 E 中保证项目的要求有不合格的。

重要结构件检测指标均合格,并按 JGJ/T 189—2009 附录 E 中保证项目的要求全部合格的,可判定为整机合格。

安全评估机构应对评估后的塔式起重机粘贴"合格""不合格"的标志。标志必须具有唯一性,并置于重要结构件的明显部位。设备产权单位应注意对评估标志的保护。经评估后的建筑起重机械,设备产权单位应在建筑起重机械的标牌和司机室等部位挂牌明示。

特别提示

近几年来，老旧建筑起重机械存在的安全隐患问题越来越明显，有的甚至造成机毁人亡的严重事故。由于各建筑起重机械企业对设备的折旧报废各有规定，出现了有追求眼前利益而忽视科学管理的现象，因此住建部根据需要制定了《建筑起重机械安全评估技术规程》（JGJ/T 189—2009）。该规程主要适用于超过规定使用年限的塔式起重机和施工升降机的安全评估检测。

5.1.12 塔式起重机检查评定应用训练

塔式起重机检查评定应符合现行国家标准《塔式起重机安全规程》（GB 5144—2006）和现行行业标准《建筑施工塔式起重机安装、使用、拆卸安全技术规程》（JGJ 196—2010）的规定。塔式起重机检查评定保证项目应包括：载荷限制装置、行程限位装置、保护装置、吊钩、滑轮、卷筒与钢丝绳、多塔作业、安拆、验收与使用。一般项目应包括：附着、基础与轨道、结构设施、电气安全。

1. 塔式起重机保证项目的检查评定应符合下列规定

1) 载荷限制装置

（1）应安装起重量限制器并应灵敏可靠。当起重量大于相应挡位的额定值并小于该额定值的110%时，应切断上升方向上的电源，使机构可作下降方向的运动。

（2）应安装起重力矩限制器并应灵敏可靠。当起重力矩大于相应工况下的额定值并小于该额定值的110%时，应切断上升和幅度增大方向的电源，使机构可作下降和减小幅度方向的运动。

2) 行程限位装置

（1）应安装起升高度限位器，起升高度限位器的安全越程应符合规划要求，并应灵敏可靠。

（2）小车变幅塔式起重机应安装小车行程开关，动臂变幅塔式起重机应安装臂架幅度限制开关，并应灵敏可靠。

（3）回转部分不设集电器的塔式起重机应安装回转限位器，并应灵敏可靠。

（4）移动式塔式起重机应安装行走限位器，并应灵敏可靠。

3) 保护装置

（1）小车变幅塔式起重机应安装断绳保护及断轴保护装置，并应符合规范要求。

（2）行走及小车变幅的轨道行程末端应安装缓冲器及止挡装置，并应符合规范要求。

（3）起重臂根部绞点高度大于50m的塔式起重机应安装风速仪，并应灵敏可靠。

（4）当塔式起重机顶部高度大于30m且高于周围建筑物时，应安装障碍指示灯。

4) 吊钩、滑轮、卷筒与钢丝绳

（1）吊钩应安装钢丝绳防脱钩装置并应完整可靠，吊钩的磨损、变形应在规定允许范围内。

（2）滑轮、卷筒应安装钢丝绳防脱装置并应完整可靠，滑轮、卷筒的磨损应在规定允许范围内。

（3）钢丝绳的磨损、变形、锈蚀应在规定允许范围内，钢丝绳的规格、固定、缠绕应符合说明书及规范要求。

5）多塔作业

（1）多塔作业应制定专项施工方案并经过审批。

（2）任意两台塔式起重机之间的最小架设距离应符合规范要求。

6）安拆、验收与使用

（1）安装、拆卸单位应具有起重设备安装工程专业承包资质和安全生产许可证。

（2）安装、拆卸应制定专项方案，并经过审核、审批。

（3）安装完毕应履行验收程序，验收表格应由责任人签字确认。

（4）安装、拆卸作业人员及司机、指挥应持证上岗。

（5）塔式起重机作业前应按规定进行例行检查，并应填写检查记录。

（6）实行多班作业，应按规定填写交接班记录。

2．塔式起重机一般项目的检查评定应符合下列规定

1）附着

（1）当塔式起重机高度超过产品说明书规定时，应安装附着装置，附着装置安装应符合产品说明书及规范要求。

（2）当附着装置的水平距离不能满足产品说明书要求时，应进行设计计算和审批。

（3）安装内爬式塔式起重机的建筑承载结构应进行受力计算。

（4）附着前和附着后塔身垂直度应符合规范要求。

2）基础与轨道

（1）塔式起重机基础应按产品说明书及有关规定进行设计、检测和验收。

（2）基础应设置排水措施。

（3）路基箱或枕木铺设应符合产品说明书及规范要求。

（4）轨道铺设应符合产品说明书及规范要求。

3）结构设施

（1）主要结构件的变形、锈蚀应在规范允许范围内。

（2）平台、走道、梯子、护栏的设置应符合规范要求。

（3）高强螺栓、销轴、紧固件的紧固、连接应符合规范要求，高强螺栓应使用力矩扳手或专用工具紧固。

4）电气安全

（1）塔式起重机应采用TN－S接零保护系统供电。

（2）塔式起重机与架空线路的安全距离和防护措施应符合规范要求。

（3）塔式起重机应安装避雷接地装置，并应符合规范要求。

（4）电缆的使用及固定应符合规范要求。

塔式起重机检查评分表见表5-2。

表 5-2 塔式起重机检查评分表

序号	检查项目		扣分标准	应得分数	扣减分数	实得分数
1	保证项目	载荷限制装置	未安装起重量限制器或不灵敏扣 10 分 未安装起重力矩限制器或不灵敏扣 10 分	10		
2		行程限位装置	未安装起升高度限位器或不灵敏扣 10 分 未安装幅度限位器或不灵敏扣 6 分 回转不设集电器的塔式起重机未安装回转限位器或不灵敏扣 6 分 移动式塔式起重机未安装行走限位器或不灵敏扣 8 分	10		
3		保护装置	小车变幅塔式起重机未安装断绳保护及断轴保护装置或不符合规范要求扣 8～10 分 行走及小车变幅的轨道行程末端未安装缓冲器及止挡装置或不符合规范要求扣 6～10 分 起重臂根部铰点高度大于 50m 的塔式起重机未安装风速仪或不灵敏扣 4 分 塔式起重机顶部高度大于 30m 且高于周围建筑物未安装障碍指示灯扣 4 分	10		
4		吊钩、滑轮、卷筒与钢丝绳	吊钩未安装钢丝绳防脱钩装置或不符合规范要求扣 8 分 吊钩磨损、变形、疲劳裂纹达到报废标准扣 10 分 滑轮、卷筒未安装钢丝绳防脱槽装置或不符合规范要求扣 4 分 滑轮及卷筒的裂纹、磨损达到报废标准扣 6～8 分 钢丝绳磨损、变形、锈蚀达到报废标准扣 6～10 分 钢丝绳的规格、固定、缠绕不符合说明书及规范要求扣 5～8 分	10		
5		多塔作业	多塔作业未制定专项施工方案扣 10 分，施工方案未经审批或方案针对性不强扣 6～10 分 任意两台塔式起重机之间的最小架设距离不符合规范要求扣 10 分	10		
6		安拆、验收与使用	安装、拆卸单位未取得相应资质扣 10 分 未制定安装、拆卸专项方案扣 10 分，方案未经审批或内容不符合规范要求扣 5～8 分 未履行验收程序或验收表未经责任人签字扣 5～8 分 验收表填写不符合规范要求每项扣 2～4 分 特种作业人员未持证上岗扣 10 分 未采取有效联络信号扣 7～10 分	10		
		小计		60		

续表

序号	检查项目		扣分标准	应得分数	扣减分数	实得分数
7	一般项目	附着	塔式起重机高度超过规定不安装附着装置扣 10 分 附着装置水平距离或间距不满足说明书要求而未进行设计计算和审批的扣 6~8 分 安装内爬式塔式起重机的建筑承载结构未进行受力计算扣 8 分 附着装置安装不符合说明书及规范要求扣 6~10 分 附着后塔身垂直度不符合规范要求扣 8~10 分	10		
8		基础与轨道	基础未按说明书及有关规定设计、检测、验收扣 8~10 分 基础未设置排水措施扣 4 分 路基箱或枕木铺设不符合说明书及规范要求扣 4~8 分 轨道铺设不符合说明书及规范要求扣 4~8 分	10		
9		结构设施	主要结构件的变形、开焊、裂纹、锈蚀超过规范要求扣 8~10 分 平台、走道、梯子、护栏等不符合规范要求扣 4~8 分 主要受力构件高强螺栓使用不符合规范要求扣 6 分 销轴连接不符合规范要求扣 2~6 分	10		
10		电气安全	未采用 TN-S 接零保护系统供电扣 10 分 塔式起重机与架空线路小于安全距离又未采取防护措施扣 10 分 防护措施不符合要求扣 4~6 分 防雷保护范围以外未设置避雷装置的扣 10 分 避雷装置不符合规范要求扣 5 分 电缆使用不符合规范要求扣 4~6 分	10		
		小计		40		
检查项目合计				100		

案例分析

某年 8 月 10 日，某施工单位在某住宅小区 18 号楼工程施工中，使用一台自升式塔式起重机（行走时起升高度 49.4m，最大幅度为 45m）进行吊装作业，由于起重机违反起重吊装作业的安全规定，严重超载，造成变幅机构失控，塔身整体倾斜倒塌，将在该楼 10 层作业的两名民工砸死，起重机司机受伤，直接经济损失 50 余万元。经事故调查，在吊装作业中，作业人员严重违反关于起重吊装"十不吊"的规定，超载运行。施工单位在施工中未认真贯彻执行安全生产法规，对施工现场监督检查不力，特别是对职工安全生产意识和遵纪守法的教育工作不落实，形成了事故隐患和违章行为长期得不到解决和制止的现状，最终导致事故的发生。

【问题】
（1）简要分析造成这起事故的原因。
（2）起重吊装"十不吊"的规定是什么？

5.2 施工升降机

> 施工升降机性能参数

5.2.1 概述

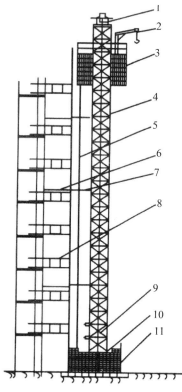

图 5.9 齿条传动双吊笼施工升降机整机示意图

1—天轮架；2—吊杆；3—吊笼；4—导轨架；5—电缆；6—后附墙架；7—前附墙架；8—护栏；9—配重；10—吊笼；11—基础

施工升降机（又称外用电梯、施工电梯、或附壁式升降机），是一种使用工作笼（吊笼）沿导轨架作垂直（或倾斜）运动，用来运送人员和物料的机械。用于运载人员及货物的施工机械称作人货两用施工升降机；用于运载货物，禁止运载人员的施工机械称作货用施工升降机（物料提升机）。

（1）施工升降机按驱动方式可分为齿轮齿条驱动（SC 型）、卷扬机钢丝绳驱动（SS 型）和混合驱动（SH 型）3 种。图 5.9 为齿条传动双吊笼施工升降机整机示意图。

（2）施工升降机按导轨架的结构可分为单柱式和双柱式两种。一般情况下，SC 型施工升降机多采用单柱式导轨架，而且采取上接节方式。SC 型施工升降机按其吊笼数又分单笼和双笼两种。单导轨架双吊笼的 SC 型施工升降机，在导轨架的两侧各装一个吊笼，每个吊笼各有自己的驱动装置，并可独立地上、下移动，从而提高了运送客货的能力。

5.2.2 施工升降机的构造

施工升降机主要由金属结构、驱动机构、安全装置和电气控制系统等部分组成。

1. 金属结构

金属结构由吊笼、底笼、导轨架、对（配）重、天轮架及小起重机构、天轮、附墙架等组成。

1）吊笼（梯笼）

吊笼（梯笼）是施工升降机运载人和物料的构件，笼内有传动机构、限速器及电气箱等，外侧附有驾驶室，设置了门保险开关与门联锁，只有当吊笼前后两道门均关好后，吊笼才能运行。

吊笼内净空高度不得小于2m。对于SS型人货两用施工升降机，提升吊笼的钢丝绳不得少于两根，且应是彼此独立的。钢丝绳的安全系数不得小于12，直径不得小于9mm。

2）底笼

底笼的底架是施工升降机与基础的连接部分，多用槽钢焊接成平面框架，并用地脚螺栓与基础相固结。底笼的底架上装有导轨架的基础节，吊笼不工作时停在其上。底笼四周有钢板网护栏，入口处有门，门的自动开启装置与吊笼门配合动作。在底笼的骨架上装有4个缓冲弹簧，吊笼坠落时起缓冲作用。

3）导轨架

导轨架是吊笼上下运动的导轨、升降机的主体，能承受规定的各种载荷。导轨架是由若干个具有互换性的标准节，经螺栓连接而成的多支点的空间桁架，用来传递和承受荷载。标准节的截面形状有正方形、矩形和三角形，标准节的长度与齿条的模数有关，一般每节为1.5m。导轨架的主弦杆和腹杆多用钢管制造，横缀条则选用不等边角钢。

4）对（配）重

对（配）重用以平衡吊笼的自重，可改善结构受力情况，从而提高电动机功率和吊笼载重。

5）天轮架及小起重机构

天轮架由导向滑轮和天轮架钢结构组成，用来支承和导向对重的钢丝绳。

6）天轮

立柱顶的左前方和右后方安装两组天轮，用以支承两对吊笼和对重，当单笼时，只使用一组天轮。

7）附墙架

立柱的稳定是通过与建筑结构进行附墙连接来实现的。附墙架用来使导轨架可靠地支撑在所施工的建筑物上。附墙架多由型钢或钢管焊成平面桁架。

2．驱动机构

施工升降机的驱动机构一般有两种形式，一种为齿轮齿条式，另一种为卷扬机钢丝绳式。

3．安全装置

1）限速器

限速器是施工升降机的主要安全装置，它可以限制吊笼的运行速度，防止坠落。齿条驱动的施工升降机，为防止吊笼坠落均装有锥鼓式限速器。

当吊笼沿导轨架上下移动时，齿轮沿齿条移动。当吊笼以额定速度工作时，齿轮带动传动轴及其上的离心块空转。一旦驱动装置的传动件损坏，吊笼将失去控制并沿导轨架快速下滑（当有配重，而且配重大于吊笼一侧载荷时，吊笼在配重的作用下，快速上升）。随着吊笼速度的提高，限速器齿轮的转速也随之增加。当转速增加到限速器的动作转速时，离心块在离心力和重力的作用下与制动轮的内表面上的凸齿相啮合，并推动制动轮转动。制动轮尾部的螺杆使螺母沿着螺杆做轴向移动，进一步压缩碟形弹簧组，逐渐增加制动轮与制动鼓之间的制动力矩，直到将吊笼制动在导轨架上为止。在限速器左端的下表面上，装有行程开关。当导板向右移动一定距离后，与行程开关触头接触，并切断驱动电动机的电源。

限速器每动作一次后，必须进行复位，在调整限速器之前，必须确认传动机构的电磁制动作用是否可靠，无误后方可进行。

2）缓冲弹簧

在施工升降机的底架上装有缓冲弹簧，以便当吊笼发生坠落事故时，减轻对吊笼的冲击。

3）上、下限位器

上、下限位器是为防止吊笼上、下时超过需停位置，或因司机误操作和电气故障等原因使吊笼继续上升或下降引发事故而设置的装置。

4）上、下极限限位器

上、下极限限位器是在上、下限位器不起作用，吊笼继续上行或下降到设计规定的最高极限或最低极限位置时，能及时切断电源使吊笼停车，以保证吊笼安全的装置。

5）安全钩

安全钩是为防止吊笼到达预先设定位置，上限位器和上极限限位器因各种原因不能及时动作，吊笼继续向上运行，导致吊笼冲击导轨架顶部而发生倾翻坠落事故而设置的装置。安全钩是安装在吊笼上部的重要装置，也是最后一道安全装置，当吊笼上行到导轨架顶部的时候，安全钩可以钩住导轨架，保证吊笼不发生倾翻坠落事故。

6）吊笼门、底笼门联锁装置

施工升降机的吊笼门、底笼门均装有电气联锁开关，它们能有效地防止因吊笼门或底笼门未关闭就启动运行而造成的人员坠落和物料滚落，只有当吊笼门和底笼门完全关闭时施工升降机才能启动运行。

7）急停开关

当吊笼在运行过程中发生各种原因的紧急情况时，司机可及时按下急停开关，使吊笼立即停止运动，防止事故的发生。急停开关必须是非自行复位的电气安全装置。

8）楼层通道门

施工升降机与各楼层均搭设了运料和人员进出的通道，在通道口与升降机结合部位必须设置楼层通道门。此门在吊笼上下运行时处于常闭状态，只有在吊笼停靠时才能由吊笼内的人打开。应做到楼层内的人员无法打开此门，以确保通道口在封闭的条件下不出现危险。

4. 电气控制系统

施工升降机的每个吊笼都有一套电气控制系统。施工升降机的电气控制系统包括电源箱、电控箱、操作台和安全保护系统等。

5.2.3 施工升降机基本规定

施工升降机安装单位应具备建设行政主管部门颁发的起重设备安装工程专业承包资质和建筑施工企业安全生产许可证。施工升降机安装、拆卸项目应配备与承担项目相适应的专业安装作业人员以及专业安装技术人员。施工升降机的安装拆卸工、电工、司机等应具有建筑施工特种作业操作资格证书。施工升降机使用单位应与安装单位签订施工升降机安装、拆卸合同,明确双方的安全生产责任。实行施工总承包的,施工总承包单位应与安装单位签订施工升降机安装、拆卸工程安全协议书。

施工升降机应具有特种设备制造许可证、产品合格证、使用说明书、起重机械制造监督检验证书,并已在产权单位工商注册所在地县级以上建设行政主管部门备案登记。

施工升降机安装作业前,安装单位应编制施工升降机安装、拆卸工程专项施工方案,由安装单位技术负责人批准后,报送施工总承包单位或使用单位、监理单位审核,并告知工程所在地县级以上建设行政主管部门。施工升降机的类型、型号和数量应能满足施工现场货物尺寸、运载重量、运载频率和使用高度等方面的要求。当利用辅助起重设备安装、拆卸施工升降机时,应对辅助起重设备的设置位置、锚固方法和基础承载能力等进行设计和验算。施工升降机安装、拆卸工程专项施工方案应根据使用说明书的要求、作业场地及周边环境的实际情况、施工升降机使用要求等编制。当安装、拆卸过程中专项施工方案发生变更时,应按程序重新对方案进行审批,未经审批不得继续进行安装、拆卸作业。

施工升降机安装、拆卸工程专项施工方案应包括下列主要内容:工程概况,编制依据,作业人员组织和职责,施工升降机安装位置平面、立面图和安装作业范围平面图,施工升降机技术参数、主要零部件外形尺寸和重量,辅助起重设备的种类、型号、性能及位置安排,吊具、索具的配置、安装与拆卸工具及仪器,安装、拆卸步骤与方法,安全技术措施,安全应急预案。

施工总承包单位进行的工作应包括下列内容。

(1)向安装单位提供拟安装设备位置的基础施工资料,确保施工升降机进场安装所需的施工条件。

(2)审核施工升降机的特种设备制造许可证、产品合格证、起重机械制造监督检验证书、备案证明等文件。

(3)审核施工升降机安装单位、使用单位的资质证书、安全生产许可证和特种作业人员的特种作业操作资格证书。

(4)审核安装单位制定的施工升降机安装、拆卸工程专项施工方案。

(5)审核使用单位制定的施工升降机安全应急预案。

(6)指定专职安全生产管理人员监督检查施工升降机安装、使用、拆卸情况。

监理单位进行的工作应包括下列内容。

(1)审核施工升降机特种设备制造许可证、产品合格证、起重机械制造监督检验证书、备案证明等文件。

(2)审核施工升降机安装单位、使用单位的资质证书、安全生产许可证和特种作业人员的特种作业操作资格证书。

（3）审核施工升降机安装、拆卸工程专项施工方案。

（4）监督安装单位对施工升降机安装、拆卸工程专项施工方案的执行情况。

（5）监督检查施工升降机的使用情况。

（6）发现存在安全事故隐患的，应要求安装单位、使用单位限期整改。对安装单位、使用单位拒不整改的，应及时向建设单位报告。

5.2.4 施工升降机安装、使用、拆卸

1．施工升降机的安装

有下列情况之一的施工升降机不得安装。

（1）属国家明令淘汰或禁止使用的。

（2）超过由安全技术标准或制造厂家规定使用年限的。

（3）经检验达不到安全技术标准规定的。

（4）无完整安全技术档案的。

（5）无齐全有效的安全装置的。

安装作业人员应按施工安全技术交底的内容进行作业。安装单位的专业技术人员、专职安全生产管理人员应进行现场监督。施工升降机的安装作业范围应设置警戒线及明显的警示标志，非作业人员不得进入警戒范围。任何人不得在悬吊物下方行走或停留。进入现场的安装作业人员应佩戴安全防护用品，高处作业人员应系安全带，穿防滑鞋。作业人员严禁酒后作业。

安装时应确保施工升降机运行通道内无障碍物。安装作业时必须将按钮盒或操作盒移至吊笼顶部操作。当导轨架或附墙架上有人员作业时，严禁开动施工升降机。传递工具或器材不得采用投掷的方式。

施工升降机安装完毕且经调试后，安装单位应按《建筑施工升降机安装、使用、拆卸安全技术规程》（JGJ 215—2010）及使用说明书的有关要求对安装质量进行自检，并向使用单位进行安全使用说明。安装单位自检合格后，应由相应资质的检验检测机构进行检验。检验合格后，使用单位应组织租赁单位、安装单位和监理单位等进行验收。实行施工总承包的，应由施工总承包单位组织验收。施工升降机安装验收应按 JGJ 215—2010 的要求进行，严禁使用未经验收或验收不合格的施工升降机。使用单位应自施工升降机安装验收合格之日起 30 日内，将施工升降机安装验收资料、施工升降机安全管理制度、特种作业人员名单等，向工程所在地县级以上建设行政主管部门办理使用备案登记。安装自检表、检测报告和验收记录等应纳入设备档案。

2．施工升降机的使用

施工升降机司机应持有建筑施工特种作业操作资格证书，不得无证操作。使用单位应对施工升降机司机进行书面安全技术交底，交底资料留存备查。使用单位应按使用说明书的要求对需润滑部件进行全面润滑。

使用单位不得使用有故障的施工升降机。严禁施工升降机使用超过有效标定期的防坠安全器。施工升降机标有额定载重量、额定乘员数的标牌应置于吊笼醒目位置。严禁在超过额定载重量或额定乘员数的情况下使用施工升降机，如图5.10所示。当电源电压值与施工升降机额定电压值的偏差超过±5%，或供电总功率小于施工升降机的规定值时，不得使用施工升降机。

应在施工升降机作业范围内设置明显的安全警示标志，在集中作业区做好安全防护措施。

当建筑物超过两层时，施工升降机地面通道上方应搭设防护棚。当建筑物高度超过24m时，应设置双层防护棚。

图 5.10　电梯严禁超载

使用单位应根据不同的施工阶段、周围环境、季节和气候，对施工升降机采取相应的安全防护措施。

使用单位应在现场设置相应的设备管理机构或配备专职的设备管理人员，并指定专职设备管理人员、专职安全生产管理人员进行监督检查。

当遇大雨、大雪、大雾、施工升降机顶部风速大于20m/s或导轨架、电缆表面结有冰层时，不得使用施工升降机。严禁用限位开关作为停止运行的控制开关。

在每天开工前和每次换班前，施工升降机司机应按使用说明书及规程的要求对施工升降机进行检查，并对检查结果进行记录，发现问题及时向使用单位报告。在使用期间，使用单位应每月组织专业技术人员对施工升降机进行检查，并对检查结果进行记录。

当遇到可能影响施工升降机安全技术性能的自然灾害、设备事故或停工6个月以上时，应对施工升降机重新组织检查验收。

应按使用说明书的规定对施工升降机进行保养、维修。保养、维修的时间间隔应根据使用频率、操作环境和施工升降机状况等因素确定。严禁在施工升降机运行中进行保养、维修作业。施工升降机保养过程中，对磨损、破坏程度超过规定的部件，应及时进行维修或更换，并由专业技术人员检查验收。应将各种与施工升降机检查、保养和维修相关的记录纳入安全技术档案，并在施工升降机使用期间内存档。对保养和维修后的施工升降机，经检测确认各部件状态良好后，宜对施工升降机进行额定载重量试验，双吊笼施工升降机应对左右吊笼分别进行额定载重量试验，试验范围应包括施工升降机正常运行的所有方面。

施工升降机使用期间，每3个月应进行不少于一次的额定载重量试验。试验的方法、时间间隔及评定标准应符合使用说明书和现行国家标准《货用施工升降机　第1部分：运载装置可进人的升降机》（GB/T 10054.1—2021）的有关要求。

对施工升降机进行检修时应切断电源，并设置醒目的警示标志。当需通电检修时，应做好防护措施。不得使用未排除安全隐患的施工升降机。

3．施工升降机的拆卸

拆卸前应对施工升降机的关键部件进行检查，当发现问题时，应在问题解决后进行拆卸作业。施工升降机拆卸作业应符合拆卸工程专项施工方案的要求，应有足够的工作面作为拆卸场地，在拆卸场地周围设置警戒线和醒目的安全警示标志，并派专人监护。拆卸施工升降机时，不得在拆卸作业区域内进行与拆卸无关的其他作业。夜间不得进行施工升降机的拆卸作业。拆卸附墙架时施工升降机导轨架的自由端高度应始终满足使用说明书的要求，应确保与基础相连的导轨架在最后一个附墙架拆除后，仍能保持各方向的稳定性。吊笼未拆除之前，非拆卸作业人员不得在地面防护围栏内、施工升降机运行通道内、导轨架内以及附墙架上等区域活动。

4．施工升降机的安全评估

出厂年限超过 8 年（不含 8 年）的 SC 型施工升降机、出厂年限超过 5 年（不含 5 年）的 SS 型施工升降机应进行安全评估。施工升降机的安全评估应以重要结构件及主要零部件、电气系统、安全装置和防护设施等为主要内容。施工升降机的重要结构件包括导轨架（标准节）、吊笼、天轮架、底架及附着装置等。

图 5.11　电梯坠落

案例分析

某年 12 月 14 日某建筑工地发生了电梯坠地事故。据该市安监局官员证实，在当日的事故中死亡人数为 7 人，另 10 名伤员中有 4 人情况危险，至深夜又因抢救无效死亡 4 人。据当时现场目击工人介绍，出事的 17 人中，有两名为女性，其中一人专门负责开电梯。这些外地打工者大多二十岁左右，已经在这个工地上干了两年，彼此都很熟悉。肇事电梯载重为一吨半，内有 3 个刹车可以控制升降。事发时还有一辆板车也在电梯内，占据了一定空间，否则一起坠落的人数还不止 17 人。电梯是在 25 层的位置急速落地，在 17 层的 3 名准备一起搭乘的工人眼睁睁地看着电梯在三四秒时间内随着齿轮链条的巨响急速坠地，如图 5.11 所示，现场腾起一片飞扬的沙尘。工友们认为是电梯长期缺乏保养，超负荷运作导致了惨剧的发生。事发后，该大楼的另一个电梯一直悬在半空，不敢升降。

5.2.5　施工升降机检查评定应用训练

施工升降机检查评定应符合现行国家标准 GB/T 10054.1—2014 和现行行业标准《建筑施工升降机安装、使用、拆卸安全技术规程》（JGJ 215—2010）的规定。施工升降机检查评定保证项目应包括：安全装置、限位装置、防护设施、附墙架、钢丝绳、滑轮与对重、安拆、验收与使用。一般项目应包括：导轨架、基础、电气安全、通信装置。

1．施工升降机保证项目的检查评定应符合下列规定

1）安全装置

（1）应安装起重量限制器，并应灵敏可靠。

(2) 应安装渐进式防坠安全器并应灵敏可靠,应在有效的标定期内使用。

(3) 对重钢丝绳应安装防松绳装置,并应灵敏可靠。

(4) 吊笼的控制装置应安装非自动复位型的急停开关,任何时候均可切断控制电路停止吊笼运行。

(5) 底架应安装吊笼和对重缓冲器,缓冲器应符合规范要求。

(6) SC型施工升降机应安装一对以上安全钩。

2) 限位装置

(1) 应安装非自动复位型极限开关并应灵敏可靠。

(2) 应安装自动复位型上、下限位开关并应灵敏可靠,上、下限位开关安装位置应符合规范要求。

(3) 上极限开关与上限位开关之间的安全越程不应小于0.15m。

(4) 极限开关、限位开关应设置独立的触发元件。

(5) 吊笼门应安装机电联锁装置并应灵敏可靠。

(6) 吊笼顶窗应安装电气安全开关并应灵敏可靠。

3) 防护设施

(1) 吊笼和对重升降通道周围应安装地面防护围栏,防护围栏的安装高度、强度应符合规范要求,围栏门应安装机电联锁装置并应灵敏可靠。

(2) 地面出入通道防护棚的搭设应符合规范要求。

(3) 停层平台两侧应设置防护栏杆、挡脚板,平台脚手板应铺满、铺平。

(4) 层门安装高度、强度应符合规范要求,并应定型化。

4) 附墙架

(1) 附墙架应采用配套标准产品,当附墙架不能满足施工现场要求时,应对附墙架另行设计,附墙架的设计应满足构件刚度、强度、稳定性等要求,制作应满足设计要求。

(2) 附墙架与建筑结构连接方式、角度应符合产品说明书要求。

(3) 附墙架间距、最高附着点以上导轨架的自由高度应符合产品说明书要求。

5) 钢丝绳、滑轮与对重

(1) 对重钢丝绳绳数不得少于两根且应相互独立。

(2) 钢丝绳磨损、变形、锈蚀应在规范允许范围内。

(3) 钢丝绳的规格、固定应符合产品说明书及规范要求。

(4) 滑轮应安装钢丝绳防脱装置并应符合规范要求。

(5) 对重重量、固定应符合产品说明书要求。

(6) 对重除导向轮、滑靴外应设有防脱轨保护装置。

6) 安拆、验收与使用

(1) 安装、拆卸单位应具有起重设备安装工程专业承包资质和安全生产许可证。

(2) 安装、拆卸应制定专项施工方案,并经过审核、审批。

(3) 安装完毕应履行验收程序,验收表格应由责任人签字确认。

(4) 安装、拆卸作业人员及司机应持证上岗。

(5) 施工升降机作业前应按规定进行例行检查,并应填写检查记录。

(6) 实行多班作业,应按规定填写交接班记录。

2. 施工升降机一般项目的检查评定应符合下列规定

1）导轨架

（1）导轨架垂直度应符合规范要求。

（2）标准节的质量应符合产品说明书及规范要求。

（3）对重导轨应符合规范要求。

（4）标准节连接螺栓使用应符合产品说明书及规范要求。

2）基础

（1）基础制作、验收应符合说明书及规范要求。

（2）基础设置在地下室顶板或楼面结构上，应对其支承结构进行承载力验算。

（3）基础应设有排水设施。

3）电气安全

（1）施工升降机与架空线路的安全距离和防护措施应符合规范要求。

（2）电缆导向架设置应符合说明书及规范要求。

（3）施工升降机在其他避雷装置保护范围外应设置避雷装置，并应符合规范要求。

4）通信装置

通信装置应安装楼层信号联络装置，并应清晰有效。

施工升降机检查评分表见表 5-3。

表 5-3 施工升降机检查评分表

序号	检查项目		扣分标准	应得分数	扣减分数	实得分数
1	保证项目	安全装置	未安装起重量限制器或不灵敏扣 10 分 未安装渐进式防坠安全器或不灵敏扣 10 分 防坠安全器超过有效标定期限扣 10 分 对重钢丝绳未安装防松绳装置或不灵敏扣 6 分 未安装急停开关扣 5 分，急停开关不符合规范要求扣 3~5 分 未安装吊笼和对重用的缓冲器扣 5 分 未安装安全钩扣 5 分	10		
2		限位装置	未安装极限开关或极限开关不灵敏扣 10 分 未安装上限位开关或上限位开关不灵敏扣 10 分 未安装下限位开关或下限位开关不灵敏扣 8 分 极限开关与上限位开关安全越程不符合规范要求的扣 5 分 极限限位器与上、下限位开关共用一个触发元件扣 4 分 未安装吊笼门机电联锁装置或不灵敏扣 8 分 未安装吊笼顶窗电气安全开关或不灵敏扣 4 分	10		

第 5 章　垂直运输机械安全技术

续表

序号	检查项目		扣分标准	应得分数	扣减分数	实得分数
3	保证项目	防护设施	未设置防护围栏或设置不符合规范要求扣 8~10 分 未安装防护围栏门联锁保护装置或联锁保护装置不灵敏扣 8 分 未设置出入口防护棚或设置不符合规范要求扣 6~10 分 停层平台搭设不符合规范要求扣 5~8 分 未安装平台门或平台门不起作用每一处扣 4 分，平台门不符合规范要求、未达到定型化每一处扣 2~4 分	10		
4		附墙架	附墙架未采用配套标准产品扣 8~10 分 附墙架与建筑结构连接方式、角度不符合说明书要求扣 6~10 分 附墙架间距、最高附着点以上导轨架的自由高度超过说明书要求扣 8~10 分	10		
5		钢丝绳、滑轮与对重	对重钢丝绳绳数少于两根或未相对独立扣 10 分 钢丝绳磨损、变形、锈蚀达到报废标准扣 6~10 分 钢丝绳的规格、固定、缠绕不符合说明书及规范要求扣 5~8 分 滑轮未安装钢丝绳防脱装置或不符合规范要求扣 4 分 对重重量、固定、导轨不符合说明书及规范要求扣 6~10 分 对重未安装防脱轨保护装置扣 5 分	10		
6		安拆、验收与使用	安装、拆卸单位无资质扣 10 分 未制定安装、拆卸专项方案扣 10 分，方案无审批或内容不符合规范要求扣 5~8 分 未履行验收程序或验收表无责任人签字扣 5~8 分 验收表填写不符合规范要求每一项扣 2~4 分 特种作业人员未持证上岗扣 10 分	10		
		小计		60		
7	一般项目	导轨架	导轨架垂直度不符合规范要求扣 7~10 分 标准节腐蚀、磨损、开焊、变形超过说明书及规范要求扣 7~10 分 标准节结合面偏差不符合规范要求扣 4~6 分 齿条结合面偏差不符合规范要求扣 4~6 分	10		
8		基础	基础制作、验收不符合说明书及规范要求扣 8~10 分 特殊基础未编制作方案及验收扣 8~10 分 基础未设置排水设施扣 4 分	10		

续表

序号	检查项目	扣分标准	应得分数	扣减分数	实得分数
9	一般项目	电气安全	施工升降机与架空线路小于安全距离又未采取防护措施扣 10 分 防护措施不符合要求扣 4~6 分 电缆使用不符合规范要求扣 4~6 分 电缆导向架未按规定设置扣 4 分 防雷保护范围以外未设置避雷装置扣 10 分 避雷装置不符合规范要求扣 5 分	10		
10		通信装置	未安装楼层联络信号扣 10 分 楼层联络信号不灵敏扣 4~6 分	10		
		小计		40		
检查项目合计				100		

5.3　物料提升机

5.3.1　概述

物料提升机和施工电梯有什么区别

物料提升机是建筑施工现场常用的一种输送物料的垂直运输设备。它以卷扬机为动力,以底架、立柱及天梁为架体,以钢丝绳为传动,以吊笼(吊篮)为工作装置。其架体上装设的滑轮、导轨、导靴、吊笼、安全装置等设施和卷扬机配套构成完整的垂直运输体系。物料提升机构造简单,用料品种和数量少,制作容易,安装、拆卸和使用方便,价格低,是一种投资少、见效快的装备机具,因而受到施工企业的欢迎,近几年得到了快速发展。

物料提升机不同的分类方式如下。

(1) 按结构形式的不同,物料提升机可分为龙门架式物料提升机和井架式物料提升机两种。

① 龙门架式物料提升机:以地面卷扬机为动力,由两根立柱与天梁构成门架式架体,吊笼(吊篮)在两立柱间沿轨道作垂直运动的提升机。

② 井架式物料提升机:以地面卷扬机为动力,由型钢组成井字架体,吊笼(吊篮)在井孔内或架体外侧沿轨道作垂直运动的提升机。

(2) 按架设高度的不同,物料提升机可分为低架物料提升机和高架物料提升机两种。

① 架设高度在 30m 及以下的物料提升机为低架物料提升机。

② 架设高度大于 30m 小于 150m 的物料提升机为高架物料提升机。

5.3.2 物料提升机的构造

物料提升机由架体、提升与传动机构、吊笼（吊篮）、稳定机构、安全装置和电气控制系统组成。本节重点介绍物料提升机的架体、提升与传动机构和吊笼（吊篮）等内容。

物料提升机结构的设计和计算应符合《钢结构设计标准》（GB 50017—2017）、《塔式起重机设计规范》（GB/T 13752—2017）和《龙门架及井架物料提升机安全技术规范》（JGJ 88—2010）等标准规范的有关要求。物料提升机结构的设计和计算应提供正式、完整的计算书，结构计算书应包含整体抗倾翻稳定性、基础、立柱、天梁、钢丝绳、制动器、电机、安装抱杆、附墙架等的计算。

1．架体

架体的主要构件有底架、立柱、导轨和天梁。

1）底架

架体的底部设有底架，用于立柱与基础的连接。

2）立柱

立柱由型钢或钢管焊接组成，是用于支承天梁的结构件，可分为单立柱、双立柱或多立柱三种。立柱可由标准节组成，也可以由杆件组成，其截面形状有三角形和方形。

3）导轨

导轨是为吊笼（吊篮）提供导向的部件，可用工字钢或钢管。导轨可固定在立柱上，也可直接用立柱主肢作为吊笼（吊篮）垂直运行的导轨。

4）天梁

天梁是安装在架体顶部的横梁，是主要的受力构件，用于承受吊笼（吊篮）自重及所吊物料重量。天梁应使用型钢，其截面高度应经计算确定，但不得小于两根 14 槽钢。

2．提升与传动机构

提升与传动机构的主要构件有卷扬机、滑轮与钢丝绳和导靴。

1）卷扬机

卷扬机是物料提升机主要的提升机构，按构造形式分为可逆式卷扬机和摩擦式卷扬机两种。卷扬机应符合《建筑卷扬机》（GB/T 1955—2019）的规定，卷扬机的牵引力应满足物料提升机的设计要求。卷扬机上卷筒与钢丝绳直径的比值不应小于30。卷筒两端的凸缘至最外层钢丝绳的距离不应小于钢丝绳直径的 2 倍。钢丝绳在卷筒上应整齐排列，端部应与卷筒压紧装置连接牢固。当吊笼（吊篮）处于最低位置时，卷筒上的钢丝绳不应少于 3 圈。卷扬机应设置防止钢丝绳脱出卷筒的保护装置。物料提升机严禁使用摩擦式卷扬机。

2）滑轮与钢丝绳

装在天梁上的滑轮称为天轮，装在架体底部的滑轮称为地轮。钢丝绳通过天轮、地轮及吊笼（吊篮）上的滑轮穿绕后，一端固定在天梁的销轴上，另一端与卷扬机卷筒锚固。滑轮直径与钢丝绳直径的比值不应小于30。滑轮应设置钢丝绳防脱槽装置。滑轮与吊笼（吊篮）或导轨架，应采用刚性连接。

3）导靴

导靴是安装在吊笼（吊篮）上沿导轨运行的装置，可防止吊笼（吊篮）运行中偏移或摆动，保证吊笼（吊篮）垂直上下运行。

3. 吊笼（吊篮）

吊笼（吊篮）是装载物料沿提升机导轨做上下运行的部件。吊笼（吊篮）的两侧应设置高度不小于100cm的安全挡板或挡网。

5.3.3 物料提升机的稳定性

物料提升机的稳定性主要取决于物料提升机的基础、附墙架、缆风绳及地锚。

1. 基础

物料提升机的基础应能承受最不利工作条件下的全部荷载。安装高度超过30m物料提升机的基础应进行设计计算。安装高度30m及以下物料提升机的基础，当设计无要求时，应符合下列规定。

（1）基础土层的承载力，不应小于80kPa。

（2）基础混凝土强度等级不应低于C20，厚度不应小于300mm。

（3）基础表面应平整，水平度不应大于10mm。

（4）基础周边应有排水设施。

2. 附墙架

附墙架是为增强物料提升机架体的稳定性而连接在物料提升机立柱与建筑结构之间的钢结构。当导轨架的安装高度超过设计的最大独立高度时，必须安装附墙架。宜采用制造商提供的标准附墙架，当标准附墙架结构尺寸不能满足要求时，可采用经设计和计算的非标准附墙架，并符合下列规定。

（1）附墙架的材质应与导轨架相一致。

（2）附墙架与导轨架及建筑结构采用刚性连接，不得与脚手架连接。

（3）附墙架间距、自由端高度不应大于使用说明书的规定值。

3. 缆风绳

缆风绳是为保证架体稳定而在其4个方向设置的拉结绳索，所用材料为钢丝绳。当物料提升机安装条件受到限制不能使用附墙架时，可采用缆风绳，缆风绳的设置应符合说明书的要求，并符合下列规定。

（1）每一组4根缆风绳与导轨架的连接点应在同一水平高度上，且对称设置。缆风绳与导轨架的连接处应采取防止钢丝绳受剪破坏的措施。

（2）缆风绳宜设在导轨架的顶部上。当中间设置缆风绳时，应采取增加导轨架刚度的措施。

（3）缆风绳与水平面夹角宜在 45°～60°之间，并应采用与缆风绳等强度的花篮螺栓将缆风绳与地锚连接。

（4）当物料提升机安装高度超过 30m 时，不得使用缆风绳。

4．地锚

地锚的受力情况、埋设位置都直接影响着缆风绳的作用，缆风绳常常因地锚角度不够或受力达不到要求而发生变形，造成架体歪斜甚至倒塌。在选择缆风绳的锚固点时，要视其土质情况，决定地锚的形式和做法。安装高度在 30m 及以下的物料提升机可采用桩式地锚。当采用钢管（ϕ48.3mm×3.6mm）或角钢（L75mm×6mm）时，不应少于两根，并排设置，间距不小于 0.5m，打入深度不小于 1.7m，并且顶部应设有防止缆风绳滑脱的装置。

5.3.4 物料提升机安全装置

物料提升机安全装置主要包括起重量限制器、防坠安全器、安全停层装置、限位装置、紧急断电开关和通信装置。

1．起重量限制器

当荷载达到额定起重量的 90%时，起重量限制器应发出警示信号。当荷载达到额定起重量的 110%时，起重量限制器应切断上升主电路电源。

2．防坠安全器

当吊笼提升钢丝绳断裂时，防坠安全器应制停带有额定起重量的吊笼，且不应造成结构损坏。自升平台应采用渐进式防坠安全器。

3．安全停层装置

安全停层装置应为刚性机构，吊笼停层时，安全停层装置应能可靠承担吊笼自重、额定荷载及运料人员等全部工作荷载。吊笼停层后底板与停层平台的垂直偏差不应大于 50mm。

4．限位装置

限位装置应符合下列规定。

（1）上限位开关。当吊笼上升至限定位置时，触发限位开关，吊笼被制停，上部越程距离不小于 3m。

（2）下限位开关。当吊笼下降至限定位置时，触发限位开关，吊笼被制停。

5．紧急断电开关

紧急断电开关应为非自动复位型，在任何情况下均可切断主电路停止吊笼运行。紧急断电开关应设在便于司机操作的位置。

6. 通信装置

当司机对吊笼升降运行、停层平台观察视线不清时，必须设置通信装置，通信装置应同时具备语音和影像显示功能。

5.3.5 物料提升机安装与拆卸

物料提升机的安装、拆除单位应具备下列条件：具有起重机械安拆资质及安全生产许可证；安装、拆除作业人员必须经专门培训，并取得特种作业操作资格证书。

物料提升机安装、拆除前，应根据工程实际情况编制安装、拆除专项施工方案，且应经安装、拆除单位技术负责人审批后实施。安装、拆除专项施工方案应具有针对性、可操作性，并包括下列内容。

（1）工程概况。
（2）编制依据。
（3）安装位置及示意图。
（4）专业安装、拆除技术人员的分工及职责。
（5）辅助安装、拆除起重设备的型号、性能参数及位置。
（6）安装、拆除的工艺程序和安全技术措施。
（7）主要安全装置的调试及试验程序。

安装作业前的准备应符合下列规定。

（1）物料提升机安装前，安装负责人应依据专项施工方案对安装作业人员进行安全技术交底。
（2）安装单位应确认物料提升机的结构、零部件和安全装置经出厂检验，并符合要求。
（3）安装单位应确认物料提升机的基础已验收，并符合要求。
（4）安装单位应确认辅助安装起重设备及工具经检验检测，并符合要求。
（5）安装单位应明确作业警戒区，并设专人监护。

1. 物料提升机的安装

物料提升机的安装主要包括卷扬机和导轨架的安装。

卷扬机的安装应符合下列规定。

（1）卷扬机安装位置宜远离危险作业区，且视线良好，操作棚应符合规范规定。
（2）卷扬机卷筒的轴线应与导轨架底部导向轮的中线垂直，垂直度偏差不宜大于2°，其垂直距离不宜小于20倍卷筒宽度。当不能满足条件时，应设排绳器。
（3）卷扬机宜采用地脚螺栓与基础固定牢固，当采用地锚固定时，卷扬机前端应设置固定止挡。

导轨架的安装应按专项施工方案的要求执行，安装精度应符合下列规定。

（1）标准节安装时导轨结合面对接应平直，错位形成的阶差应符合下列规定。
① 吊笼导轨不应大于 1.5m。
② 对重导轨、防坠器导轨不应大于 0.5m。

（2）标准节截面内，两对角线长度偏差不应大于最大边长的 0.3%。

物料提升机安装完毕后应由工程负责人组织安装单位、使用单位、租赁单位和监理单位等对其安装质量进行验收，并填写验收记录。物料提升机验收合格后，应在导轨架明显处悬挂验收合格标志牌。钢丝绳宜设防护槽，槽内应设滚动托架，且采用钢板网将槽口封盖。钢丝绳不得拖地或浸泡在水中。

2．物料提升机的拆除

拆除作业前，应对物料提升机的导轨架、附墙架等部位进行检查，确认无误后方能进行拆除作业。拆除作业应先挂吊具、后拆除附墙架或缆风绳及地脚螺栓。拆除作业中，不得抛掷构件。拆除作业宜在白天进行，夜间作业应有良好的照明。

5.3.6 物料提升机使用管理

使用单位应建立设备档案，档案内容应包括安装检测及验收记录，大修及更换主要零部件记录，设备安全事故记录，累计运转记录。

物料提升机必须由取得特种作业操作资格证书的人员操作，严禁攀爬和载人，如图 5.12～图 5.14 所示。物料在吊笼内应均匀分布，不应过度偏载，不得装载超出吊笼空间的超长物料，不得超载运行。在任何情况下，不得将限位开关代替控制开关使用。物料提升机每班作业前司机应进行检查，确认无误后方可作业，应检查确认下列内容。

图 5.12 提升机使用注意事项

图 5.13 吊笼内严禁乘人

图 5.14 严禁攀爬提升架

（1）制动器可靠有效。
（2）限位器灵敏完好。
（3）安全停层装置动作可靠。
（4）钢丝绳磨损在允许范围内。
（5）吊笼及对重导向装置无异常。
（6）滑轮、卷筒钢丝绳防脱槽装置可靠有效。
（7）吊笼运行通道内无障碍物。

当发生防坠安全器制停吊笼的情况时，应查明制停原因，排除故障，并检查吊笼、导轨架及钢丝绳,确认无误并重新调整防坠安全器后运行。物料提升机夜间施工应有足够照明,照明用电应符合现行行业标准《施工现场临时用电安全技术规范》(JGJ 46—2005)的规定。物料提升机在大雨、大雪、大雾或风速大于 13m/s 的大风等恶劣天气时,必须停止运行。作业结束后,应将吊笼返回最底层停放,控制开关应扳至零位,并切断电源,锁好开关箱。

案例分析

某年 10 月 17 日,位于某市的一大厦装修施工工地内发生事故,正在搭设的物料提升机突然从 13 层高空坠落,站在物料提升机吊盘上的 3 名施工人员随之坠下,全部遇难。据 1 名施工人员讲,该大厦正在实施 4、5 层内装修工程,当时有 5 名施工人员在大厦 13 层搭设物料提升机,其中 2 人站在金属架上,另外 3 人则站在了物料提升机吊盘上。中午 11 时 20 分左右,吊盘及一个标准节突然发生坠落,站在上面的 3 名施工人员还未做出反应,便从高空坠下,大伙儿见状立即拨打了 120,如图 5.15 所示。谈及事故原因,这位施工人员表示,有可能是由物料提升机的抱闸制动发生故障造成的。

图 5.15 物料提升机吊盘坠落现场

5.3.7 物料提升机检查评定应用训练

物料提升机检查评定应符合现行行业标准《龙门架及井架物料提升机安全技术规范》(JGJ 88—2010)的规定。物料提升机检查评定保证项目应包括:安全装置、防护设施、附墙架与缆风绳、钢丝绳、安拆、验收与使用。一般项目应包括:基础与导轨架、动力与传动、通信装置、卷扬机操作棚、避雷装置。

1. 物料提升机保证项目的检查评定应符合下列规定

1)安全装置

(1)应安装起重量限制器、防坠安全器,并应灵敏可靠。

(2)安全停层装置应符合规范要求,并应定型化。

(3)应安装上行程限位并灵敏可靠,安全越程不应小于 3m。

(4)安装高度超过 30m 的物料提升机应安装渐进式防坠安全器及自动停层、语音和影像信号监控装置。

2)防护设施

(1)应在地面进料口安装防护围栏和防护棚,防护围栏、防护棚的安装高度和强度应符合规范要求。

(2)停层平台两侧应设置防护栏杆、挡脚板,平台脚手板应铺满、铺平。

（3）平台门、吊笼门安装高度、强度应符合规范要求，并应定型化。

3）附墙架与缆风绳

（1）附墙架结构、材质、间距应符合产品说明书要求。

（2）附墙架应与建筑结构可靠连接。

（3）缆风绳设置的数量、位置、角度应符合规范要求，并应与地锚可靠连接。

（4）安装高度超过 30m 的物料提升机必须使用附墙架。

（5）地锚设置应符合规范要求。

4）钢丝绳

（1）钢丝绳磨损、断丝、变形、锈蚀量应在规范允许范围内。

（2）钢丝绳夹设置应符合规范要求。

（3）当吊笼处于最低位置时，卷筒上钢丝绳严禁少于 3 圈。

（4）钢丝绳应设置过路保护措施。

5）安拆、验收与使用

（1）安装、拆卸单位应具有起重设备安装工程专业承包资质和安全生产许可证。

（2）安装、拆卸作业应制定专项施工方案，并应按规定进行审核、审批。

（3）安装完毕应履行验收程序，验收表格应由责任人签字确认。

（4）安装、拆卸作业人员及司机应持证上岗。

（5）物料提升机作业前应按规定进行例行检查，并应填写检查记录。

（6）实行多班作业，应按规定填写交接班记录。

2．物料提升机一般项目的检查评定应符合下列规定

1）基础与导轨架

（1）基础的承载力和平整度应符合规范要求。

（2）基础周边应设置排水设施。

（3）导轨架垂直度偏差不应大于导轨架高度 0.15%。

（4）井架停层平台通道处的结构应采取加强措施。

2）动力与传动

（1）卷扬机、曳引机应安装牢固，当卷扬机卷筒与导轨底部导向轮的距离小于 20 倍卷筒宽度时，应设置排绳器。

（2）钢丝绳应在卷筒上排列整齐。

（3）滑轮与导轨架、吊笼应采用刚性连接，并应与钢丝绳相匹配。

（4）卷筒、滑轮应设置防止钢丝绳脱出装置。

（5）当曳引钢丝绳为两根及以上时，应设置曳引力平衡装置。

3）通信装置

（1）应按规范要求设置通信装置。

（2）通信装置应具有语音和影像显示功能。

4）卷扬机操作棚

（1）应按规范要求设置卷扬机操作棚。

（2）卷扬机操作棚强度、操作空间应符合规范要求。

5）避雷装置

（1）当物料提升机未在其他防雷保护范围内时，应设置避雷装置。

（2）避雷装置设置应符合现行行业标准《施工现场临时用电安全技术规范》（JGJ 46—2005）的规定。

物料提升机检查评分表见表 5-4。

表 5-4 物料提升机检查评分表

序号	检查项目		扣分标准	应得分数	扣减分数	实得分数
1	保证项目	安全装置	未安装起重量限制器、防坠安全器扣 15 分 起重量限制器、防坠安全器不灵敏扣 15 分 安全停层装置不符合规范要求，未达到定型化扣 10 分 未安装上限位开关的扣 15 分 上限位开关不灵敏、安全越程不符合规范要求的扣 10 分 物料提升机安装高度超过 30m，未安装渐进式防坠安全器、自动停层、语音及影像信号装置每项扣 5 分	15		
2		防护设施	未设置防护围栏或设置不符合规范要求扣 5 分 未设置进料口防护棚或设置不符合规范要求扣 5~10 分 停层平台两侧未设置防护栏杆、挡脚板每处扣 5 分，设置不符合规范要求每处扣 2 分 停层平台脚手板铺设不严、不牢每处扣 2 分 未安装平台门或平台门不起作用每处扣 5 分，平台门安装不符合规范要求、未达到定型化每处扣 2 分 吊笼门不符合规范要求扣 10 分	15		
3		附墙架与缆风绳	附墙架结构、材质、间距不符合规范要求扣 10 分 附墙架未与建筑结构连接或附墙架与脚手架连接扣 10 分 缆风绳设置数量、位置不符合规范扣 5 分 缆风绳未使用钢丝绳或未与地锚连接每处扣 10 分 钢丝绳直径小于 8mm 扣 4 分，角度不符合 45°~60°要求每处扣 4 分 安装高度超过 30m 的物料提升机使用缆风绳扣 10 分 地锚设置不符合规范要求每处扣 5 分	10		
4		钢丝绳	钢丝绳磨损、变形、锈蚀达到报废标准扣 10 分 钢丝绳夹设置不符合规范要求每处扣 5 分 吊笼处于最低位置，卷筒上钢丝绳少于 3 圈扣 10 分 未设置钢丝绳过路保护或钢丝绳拖地扣 5 分	10		

续表

序号	检查项目		扣分标准	应得分数	扣减分数	实得分数
5	保证项目	安拆、验收与使用	安装单位未取得相应资质或特种作业人员未持证上岗扣10分 未制定安装（拆卸）安全专项方案扣10分，内容不符合规范要求扣5分 未履行验收程序或验收表未经责任人签字扣5分 验收表填写不符合规范要求每项扣2分	10		
		小计		60		
6	一般项目	基础与导轨架	基础设置不符合规范扣10分 导轨架垂直度偏差大于0.15%扣5分 导轨结合面阶差大于1.5mm扣2分 井架停层平台通道处未进行结构加强的扣5分	10		
7		动力与传动	卷扬机、曳引机安装不牢固扣10分 卷筒与导轨架底部导向轮的距离小于20倍卷筒宽度，未设置排绳器扣5分 钢丝绳在卷筒上排列不整齐扣5分 滑轮与导轨架、吊笼未采用刚性连接扣10分 滑轮与钢丝绳不匹配扣10分 卷筒、滑轮未设置防止钢丝绳脱出装置扣5分 曳引钢丝绳为两根及以上时，未设置曳引力平衡装置扣5分	10		
8		通信装置	未按规范要求设置通信装置扣5分 通信装置未设置语音和影像显示扣3分	5		
9		卷扬机操作棚	卷扬机未设置操作棚的扣10分 操作棚不符合规范要求的扣5~10分	10		
10		避雷装置	防雷保护范围以外未设置避雷装置的扣5分 避雷装置不符合规范要求的扣3分	5		
		小计		40		
检查项目合计				100		

 **特别提示**

物料提升机发生事故的主要原因：一是自己生产自己使用，设计不合理；二是安全装置不能满足规范规定，流于形式；三是缆风绳与建筑结构连接不符合要求，使用中架体晃动大，失稳；四是物料提升机安装后，不经验收，给使用带来隐患。因此，检查中将架体制作、限位保险装置、架体稳定、提升钢丝绳、楼层卸料平台、吊笼及安装验收都列为保证项目，作为检查重点。

本章小结

本章主要介绍了常用的垂直运输机械塔式起重机、施工升降机、物料提升机的概念、构造、基本规定、安装、使用、拆卸、检查评定应用训练等内容。

思考与拓展题

1. 了解施工现场常用的塔式起重机的型号。
2. 塔式起重机的性能参数有哪些？含义是什么？
3. 针对某现场的塔式起重机，说说它的主要机构名称。
4. 塔式起重机有哪些安全装置？
5. 塔式起重机作业前重点检查内容有哪些？
6. 塔式起重机的安装条件是什么？
7. 塔式起重机安全使用要点有哪些？
8. 塔式起重机拆卸注意事项是什么？
9. 塔式起重机如何进行安全检查评定？
10. 请说说施工升降机的构造。
11. 施工升降机的安全基本规定是什么？
12. 施工升降机的安装、使用、拆卸的安全要点各有哪些？
13. 施工升降机的安全检查评定内容有哪些？
14. 物料提升机的种类有哪些？
15. 物料提升机的稳定装置有哪些？
16. 物料提升机如何进行安全检查评定？

第 6 章

其他建筑机械安全技术

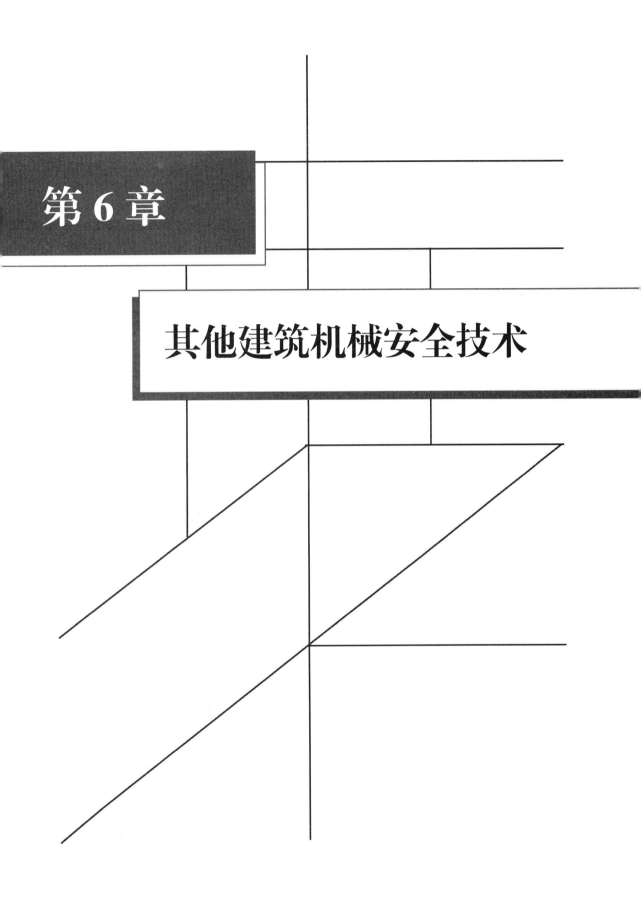

课程标准

课 程 内 容	知 识 要 点	教 学 目 标
建筑机械安全技术与预防控制	起重吊装的一般要求、起重吊装的检查评定，木工机械、钢筋机械、混凝土机械、桩工机械、其他机械等安全技术操作要点，施工机具的检查评定	掌握常用建筑机械的安全操作规程，熟悉起重吊装的相关安全要求，了解其他机械的安全使用要点，会进行起重吊装和施工机具的安全检查评定

章节导读

建筑机械伤害是建筑行业的"五大伤害"之一，它常常给建筑施工带来巨大的人员伤亡和财产损失。在建筑机械化程度很高的国家，由机械设备的原因造成的伤害已占很大比例。随着市场经济的发展，建筑施工已向着大型化、高层化、现代化、快速化的方向迅速发展。建筑机械的大量采用，机械化程度的日益提高，使得伤害事故增多，尤其是重大事故在增多。建筑机械是为建筑施工服务的，建筑机械伤害事故是在建筑施工过程中产生的。

特别提示

由于建筑机械具有以下使用特点，因此发生伤害的概率也就高得多。建筑机械（如混凝土机械）长期露天工作，经受风吹雨打和日晒，恶劣的环境条件对机械的使用寿命、工作可靠性和安全性都有非常不利的影响。建筑机械的作业对象以砂、石、土、混凝土、砂浆及其他建筑材料为主，工作时受力复杂，载荷变化大，腐蚀大，磨损严重，如起重机钢丝绳容易磨损断裂，土方机械工作装置容易磨损破坏等。施工机械场地和操作人员的流动性都比较大，由此引起安装质量、维修质量、操作水平的变化也比较大，直接影响使用的安全性。

6.1 一 般 规 定

对设备操作人员的要求

建筑机械操作人员应体检合格，无妨碍作业的疾病和生理缺陷，并经过专业培训考核合格取得建设行政主管部门颁发的操作证或公安部门颁发的机动车驾驶执照后，方可持证上岗。学员应在专人指导下进行工作。操作人员在作业过程中，应集中精力正确操作，注意机械工况，不得擅自离开工作岗位或将机械交给其他无证人员操作。操作人员应遵守机械有关保养规定，认真及时做好各级保养工作，经常保持机械的完好状态。

在工作中操作人员和配合作业人员必须按规定穿戴劳动防护用品，长发应束紧不得外露，高处作业时必须系安全带。

机械必须按照出厂使用说明书规定的技术性能、承载能力和使用条件，正确操作，合理使用，严禁超载作业或任意扩大使用范围。机械上的各种安全防护装置及监测、指示、仪表、报警等自动报警、信号装置应完好齐全，有缺损时及时修复。安全防护装置不完整或已失效的机械不得使用。机械不得带病运转，运转中发现不正常时，应先停机检查，排除故障后方可使用。对于违反《建筑机械使用安全技术规程》(JGJ 33—2012)的作业命令，操作人员应说明理由，拒绝执行。由发令人强制违章作业而造成事故的，应追究发令人的责任，直至刑事责任。

新机、经过大修或技术改造的机械，必须按出厂使用说明书的要求进行测试和试运转。机械集中停放的场所，应有专人看管，并设置消防器材及工具。大型内燃机械应配备灭火器。机房、操作室及机械四周不得堆放易燃易爆物品。供(配)电所、乙炔站、氧气站、空气压缩机房、发电机房、锅炉房等易于发生危险的场所，应在危险区域界限处，设置围栅和警告标志，非工作人员未经批准不得入内。

挖掘机、起重机、打桩机等重要作业区域，应设立警告标志及采取现场安全措施。在机械产生对人体有害的气体、液体、尘埃、渣滓、放射性射线、振动、噪声等场所，必须配置相应的安全保护设备和三废处理装置。在隧道、沉井基础施工中，应采取措施，使有害物浓度限制在规定的限度内。

使用机械与安全生产发生矛盾时，必须首先服从安全要求。停用一个月以上或封存的机械，应认真做好停用或封存前的保养工作，并采取预防风吹、雨淋、水泡、锈蚀等措施。

机械使用的润滑油(脂)应为出厂使用说明书规定的种类和牌号，并按时、按季、按质更换。

当机械发生重大事故时，企业各级领导必须及时上报和组织抢救，保护现场，查明原因，分清责任，落实及完善安全措施，并按事故性质严肃处理。

6.2 手持式电动工具

手持式电动工具是指便携式的电动工具，可直接用手操作无须其他辅助装置。在潮湿地区或在金属构架、压力容器、管道等导电良好的场所作业时，必须使用双重绝缘或加强绝缘的电动工具。非金属壳体的电动机、电气，在存放和使用时不应受压受潮，并不得接触汽油等溶剂。

手持式电动工具对触电的防护

机具作业前的检查应符合下列要求：外壳、手柄不出现裂缝、破损；电缆软线及插头等完好无损；开关动作正常，保护接零连接正确、牢固、可靠；各部防护罩齐全牢固，电气保护装置可靠。

机具启动后，应空载运转，检查并确认机具联动灵活无阻。

作业时加力应平稳，不得用力过猛，严禁超载使用。作业中应注意音响及温升，发现异常立即停机检查。在作业时间过长，机具温升超过60℃时，应停机，自然冷却后再进行作业。作业中，不得用手触摸刃具、模具和砂轮，发现其有磨钝、破损情况时，应立即停机修整或更换，然后继续进行作业。机具转动时，不能撒手不管。

(1)使用不同的手持式电动工具时应符合下列要求。使用刃具的机具，应保持刃磨锋利，完好无损，安装正确，牢固可靠。使用砂轮的机具应检查砂轮与接盘间的软垫是否安装稳固，螺帽不得过紧。凡受潮、变形、裂纹、破碎、磕边缺口或接触过油、碱类的砂轮均不得使用，并不得将受潮的砂轮片自行烘干使用。

（2）使用冲击电钻或电锤时应符合下列要求。作业时应握住电钻或电锤手柄，打孔时先将钻头抵在工作表面，然后开动，用力适度，避免晃动，转速若急剧下降，应减少用力，防止电机过载，严禁用木杠加压。钻孔时，应注意避开混凝土中的钢筋。电钻或电锤为40%断续工作制，不得长时间连续使用。作业孔径在25mm以上时，应有稳固的作业平台，周围应设护栏。

（3）使用瓷片切割机时应符合下列要求。作业时应防止杂物、泥尘混入电动机内，并随时观察机壳温度。当机壳温度过高及产生炭刷火花时，应立即停机检查处理。切割过程中用力应均匀适当，推进刀片时不得用力过猛。当发生刀片卡死时，应立即停机，慢慢退出刀片，重新对正后方可切割。

（4）使用角向磨光机时应符合下列要求。砂轮应选用增强纤维树脂型，其安全线速度不得小于80m/s。配用的电缆与插头应具有加强绝缘性能，并不得任意更换。磨削作业时，应使砂轮与工件面保持15°～30°的倾斜位置。切削作业时，砂轮不得倾斜，并不得横向摆动。

（5）使用电剪时应符合下列要求。作业前应先根据钢板厚度调节刀头间隙量，作业时不得用力过猛。当刀轴往复次数急剧下降时，应立即减少推力。

（6）使用射钉枪时应符合下列要求。严禁用手掌推压钉管和将枪口对准人。击发时，应将射钉枪垂直压紧在工作面上。当两次扣动扳机，射钉弹均不击发时，应保持原射击位置数秒后，再退出射钉弹。在更换零件或断开射钉枪之前，射枪内均不得装有射钉弹。

（7）使用拉铆枪时应符合下列要求。被铆接物体上的铆钉孔应与铆钉滑配合，过盈量不得太大。铆接时，当铆钉轴未拉断时，可重复扣动扳机，直到拉断为止，不得强行扭断或撬断。作业中，接铆头子或并帽若有松动，应立即拧紧。

6.3　起重吊装机械

6.3.1　基本要求

操作人员在作业前必须对工作现场环境、行驶道路、架空电线、建筑物以及构件重量和分布情况进行全面了解。现场施工负责人应为起重机作业提供足够的工作场地，清除或避开起重臂起落及回转半径内的障碍物。

各类起重机应装有音响清晰的喇叭、电铃或汽笛等信号装置。在起重臂、吊钩、平衡重等转动体上应标以鲜明的色彩标志。

严禁使用起重机斜拉、斜吊和起吊地下埋设或凝固在地面上的重物以及其他不明重量的物体，如图6.1所示。现场浇筑的混凝土构件或模板，必须全部松动后，方可起吊。对易晃动的重物应拴拉绳，重物起升和下降速度应平稳、均匀，不得突然制动，左右回转应平稳。当回转未停稳前不得做反向动作。非重力下降式起重机，不得带载自由下降。

图 6.1 遵守"十不吊"规定

起重机不得靠近架空输电线路作业，起重机的任何部位与架空输电导线的安全距离不得小于表 6-1 的规定。

表 6-1 起重机的任何部位与架空输电导线的安全距离

安全距离	电压/kV				
	<1	1～15	20～40	60～110	220
沿垂直方向/m	1.5	3.0	4.0	5.0	6.0
沿水平方向/m	1.0	1.5	2.0	4.0	6.0

起重机使用的钢丝绳，应有钢丝绳制造厂签发的产品技术性能和质量的证明文件。当无证明文件时，必须经过试验合格后方可使用钢丝绳，其结构形式、规格及强度应符合该型起重机使用说明书的要求。当采用绳卡固接时，与钢丝绳直径匹配的绳卡规格、数量应符合表 6-2 的规定。

表 6-2 与钢丝绳直径匹配的绳卡规格、数量

钢丝绳直径/mm	10 以下	10～20	21～26	28～36	36～40
最少绳卡数/个	3	4	5	6	7
绳卡间距/mm	80	140	160	220	240

最后一个绳卡距绳头的长度不得小于 140mm。绳卡滑鞍（夹板）应在钢丝绳承载受力的一侧，U 形螺栓应在钢丝绳的尾端，不得正反交错。绳卡初次固定后，应待钢丝绳受力后再度紧固，拧紧程度应使两绳直径压扁 1/3。作业中应经常检查绳卡紧固情况。

特别提示

起重伤害是指从事各种起重作业时发生的机械伤害事故，不包括上下驾驶室时发生的坠落伤害、起重设备引起的触电及检修时制动失灵造成的伤害。

6.3.2 履带式起重机

履带式起重机应在平坦坚实的地面上作业、行走和停放，并应与沟渠、基坑保持安全距离。在正常作业时，坡度不得大于 3°。履带式起重机启动前重点检查项目应符合下列要求。

（1）各安全防护装置和指示仪表齐全完好。
（2）钢丝绳及连接部位符合规定。
（3）燃油、润滑油、液压油及冷却水添加充足。
（4）各连接件无松动。

履带式起重机启动前应将主离合器分离，各操纵杆放在空挡位置。内燃机启动后，应检查各仪表指示值，待运转正常接合主离合器，进行空载运转，再按顺序检查各工作机构，确认正常后，方可作业。

图 6.2　起重机起吊过程

作业时，起重臂的最大仰角不得超过出厂规定。当无资料可查时，不得超过 78°。履带式起重机变幅应缓慢平稳，严禁在起重臂未停稳前变换挡位。履带式起重机起吊载荷达到额定起重量的 90% 及以上时，升降动作应慢速进行，并严禁同时进行两种及以上动作。

起吊重物时应先稍离地面试吊，当确认重物已挂牢，起重机的稳定性和制动器的可靠性均良好时，再继续起吊，如图 6.2 所示。

在重物上升过程中，操作人员应把脚放在制动踏板上，密切注意起升重物，防止吊钩冒顶。当履带式起重机停止运转而重物仍悬在空中时，即使制动踏板被固定，也应将脚踩在制动踏板上。

采用双机抬吊作业时，应选用起重性能相似的履带式起重机。抬吊时应统一指挥，动作配合协调，载荷分配合理。单机的起吊载荷不得超过额定起重量的 80%。在吊装过程中，两台履带式起重机的吊钩滑轮组应保持垂直状态。

当履带式起重机需带载行走时，载荷不得超过额定起重量的 70%。行走道路应坚实平整，重物应在起重机正前方。重物离地面不得大于 500mm，并应拴好拉绳，缓慢行驶。严禁长距离带载行驶。

履带式起重机行走时，转弯不应过急。当转弯半径过小时，应分次转弯。当路面凹凸不平时，不得转弯。履带式起重机上下坡道时应无载行走，上坡时应将起重臂仰角适当放小，下坡时将起重臂仰角适当放大。严禁下坡空挡滑行。作业后，起重臂应转至顺风方向，仰角降至 40°～60° 之间，吊钩应提升到接近顶端的位置，关停内燃机，将各操纵杆放在空挡位置，各制动器加保险固定，操纵室和机棚关门加锁。

履带式起重机转移工地，应采用平板拖车运送。特殊情况需自行转移时，应卸去配重，拆短起重臂，主动轮在后面。机身、起重臂、吊钩等必须处于制动位置，并加保险固定。每行驶 500～1000m，对行走机构进行检查和润滑。

6.3.3 汽车、轮胎式起重机

汽车、轮胎式起重机行驶和工作的场地应保持平坦坚实，并应与沟渠、基坑保持安全距离。

桥式起重机

汽车、轮胎式起重机启动前，重点检查项目应符合下列要求。

（1）各安全保护装置和指示仪表齐全完好。

（2）钢丝绳及连接部位符合规定。

（3）燃油、润滑油、液压油及冷却水添加充足。

（4）各连接件无松动。

（5）轮胎气压符合规定。

汽车、轮胎式起重机启动前，应将各操纵杆放在空挡位置，手制动器锁死，并按规定启动内燃机。启动后，应怠速运转，检查各仪表指示值，运转正常后接合液压泵，待压力达到规定值，油温超过 30℃时，方可开始作业。

作业前，起重机应伸出全部支腿，并在起重机的撑脚板下垫方木，调整机体使回转支承面的倾斜度在无载荷时不大于 1/1000（水准泡居中）。支腿有定位销的必须插上。底盘为弹性悬挂的汽车、轮胎式起重机，放支腿前应先收紧稳定器。作业中，严禁扳动支腿操纵阀。调整支腿必须在无载荷时进行，并将起重臂转至正前或正后方，方可再行调整。

行驶前，应检查并确认各支腿的收存无松动，轮胎气压符合规定。行驶时水温应在 80～90℃范围内，水温未达到时，不得高速行驶。行驶时应保持中速，不得紧急制动。倒车时应有人监护。行驶时，严禁人员在底盘走台上站立或蹲坐，并不得堆放物件。

起重臂伸缩时，应按规定程序进行，在伸臂的同时相应下降吊钩。当限制器发出警报时，应立即停止伸臂。起重臂缩回时，仰角不宜太小。起重臂伸出后，出现臂杆前节伸出长度大于后节伸出长度时，必须进行调整，消除不正常情况后，方可作业。起重臂伸出后，或主副臂全部伸出后，变幅不得小于各长度所规定的仰角。

汽车式起重机起吊作业时，汽车驾驶室内不得有人。重物不得越过驾驶室上方，且不得在车的前方起吊。采用自由（重力）下降时，载荷不得超过该工况下额定起重量的 20%，并应使重物有控制地下降，下降停止前应逐渐减速，不得使用紧急制动。

起吊载荷达到额定起重量的 50%及以上时，应使用低速挡。作业中发现起重机倾斜、支腿不稳等异常现象时，应立即使重物下降，落在安全的地方。

重物在空中需要较长时间停留时，应将起升卷筒制动锁住，操作人员不得离开操纵室。

汽车、轮胎式起重机带载回转时，操作应平稳，避免急剧回转或停止，换向应在停稳后进行。

作业后，应将起重臂全部缩回放在支架上，再收回支腿。吊钩应用专用钢丝绳挂牢。车架尾部两撑杆应分别撑在尾部下方的支座内，并用螺母固定。将阻止机身旋转的销式制动器插入销孔，把取力器操纵手柄放在脱开位置，最后锁住起重机操纵室门。

案例分析

某年3月3日下午,大桥建设工地现场负责人程某某安排带班人员李某某,汽车式起重机操作员孙某某等人在桥梁合龙处进行吊装作业。16时许,孙某某在李某某的指挥下驾驶一台汽车式起重机将桥底的8片贝雷架起吊至一定位置停下,3名司索人员刘某某、何某某、颜某某在未穿戴救生衣、保险带等防护用品的情况下站在悬空(与水面距离约5m)的贝雷架上进行司索作业。停顿保持了约1min,汽车式起重机发生侧翻,贝雷架连同3人一起掉入水中。刘某某会游泳,浮出水面,被人救起,何某某、颜某某沉入水中。何某某在20min后被找到,急送当地人民医院抢救,因溺水时间过长,抢救无效死亡。当晚21时,颜某某的尸体被打捞上岸。

事故原因分析:

(1)直接原因。汽车式起重机起重力矩限制器(超载保护装置)失效,吊装时超载(根据鉴定报告,实际起重量为3492kg,是额定起重量2645kg的1.32倍)。

(2)间接原因。①操作人员孙某某取得特种作业操作资格证书即上岗作业,在明知汽车式起重机起重力矩限制器(超载保护装置)失效的前提下仍操作汽车式起重机,违反"作业前检查安全限位装置和指示仪表均应正常"的安全操作规程,违反"超负荷不吊""吊物上站人不吊""安全装置失灵不吊"等起重吊装作业安全技术交底规定;②分包劳务单位未取得安全生产许可证,不具备安全生产条件,未将汽车式起重机向特种设备检验检测机构报审检验检测,没有取得安全检验合格证,未配备安全管理人员,主要负责人、现场负责人不具备相应资质,招用无相应资质人员进行起重指挥、司索作业;③施工总包单位将桥梁建设有关工序分包给不具备安全生产条件的分包劳务单位,且管理不到位,在进行吊装作业时未安排专门人员进行现场安全管理,未教育和督促从业人员严格执行安全生产规章制度和安全操作规程;④监理单位对大桥建设工地的汽车式起重机未进行检测;⑤项目业主未严格按照《建设工程施工合同》规定,督促项目经理认真履行安全管理职责;⑥分包劳务单位主要负责人和施工总包单位项目经理,未有效履行法定职责,未健全本单位的安全生产责任制,未督促、检查本单位的安全生产工作,没有及时消除生产安全隐患;⑦施工总包单位项目经理部安全员未认真履行安全管理责任,发现从业人员违章作业制止不力。分包劳务单位施工现场负责人程某某,无相关资格证书,不具备相应的安全生产知识和管理能力;⑧司索和指挥人员没有经过培训取得相关操作资格证书,且违反安全管理规定,未佩戴救生衣等防护用品。

6.3.4 起重吊装检查评定应用训练

起重吊装检查评定应符合现行国家标准《起重机械安全规程 第1部分:总则》(GB/T 6067.1—2010)的规定。起重吊装检查评定保证项目应包括:施工方案、起重机械、钢丝绳与地锚、索具、作业环境、作业人员。一般项目应包括:起重吊装、高处作业、构件码放、警戒监护。

1. 起重吊装保证项目的检查评定应符合下列规定

1）施工方案
(1) 起重吊装作业应编制专项施工方案，并按规定进行审核、审批。
(2) 超规模的起重吊装作业，应组织专家对专项施工方案进行论证。

2）起重机械
(1) 起重机械应按规定安装荷载限制器及行程限位装置。
(2) 荷载限制器、行程限位装置应灵敏可靠。
(3) 起重拔杆组装应符合设计要求。
(4) 起重拔杆组装后应进行验收，并应由责任人签字确认。

3）钢丝绳与地锚
(1) 钢丝绳磨损、断丝、变形、锈蚀应在规范允许范围内。
(2) 钢丝绳规格应符合起重机产品说明书要求。
(3) 吊钩、卷筒、滑轮磨损应在规范允许范围内。
(4) 吊钩、卷筒、滑轮应安装钢丝绳防脱装置。
(5) 起重拔杆的缆风绳、地锚设置应符合设计要求。

4）索具
(1) 当采用编结连接时，编结长度不应小于15倍的绳径，且不应小于300mm。
(2) 当采用绳夹连接时，绳夹规格应与钢丝绳相匹配，绳夹数量、间距应符合规范要求。
(3) 索具安全系数应符合规范要求。
(4) 吊索规格应互相匹配，机械性能应符合设计要求。

5）作业环境
(1) 起重机行走、作业处地面承载能力应符合产品说明书要求。
(2) 起重机与架空线路安全距离应符合规范要求。

6）作业人员
(1) 起重机司机应持证上岗，操作证应与操作机型相符。
(2) 起重机作业应设专职信号指挥和司索人员，一人不得同时兼顾信号指挥和司索作业。
(3) 作业前应按规定进行技术交底，并应有交底记录。

2. 起重吊装一般项目的检查评定应符合下列规定

1）起重吊装
(1) 当多台起重机同时起吊一个构件时，单台起重机所承受的荷载应符合专项施工方案要求。
(2) 吊索系挂点应符合专项施工方案要求。
(3) 起重机作业时，任何人不应停留在起重臂下方，被吊物不应从人的正上方通过。
(4) 起重机不应采用吊具载运人员。
(5) 当吊运易散落物件时，应使用专用吊笼。

2）高处作业
(1) 应按规定设置高处作业平台。
(2) 平台强度、护栏高度应符合规范要求。

(3) 爬梯的强度、构造应符合规范要求。
(4) 应设置可靠的安全带悬挂点,并应高挂低用。
3) 构件码放
(1) 构件码放荷载应在作业面承载能力允许范围内。
(2) 构件码放高度应在规定允许范围内。
(3) 大型构件码放应有保证稳定的措施。
4) 警戒监护
(1) 应按规定设置作业警戒区。
(2) 警戒区应设专人监护。
构件码放如图 6.3 所示,警戒监护如图 6.4 所示。起重吊装检查评分表见表 6-3。

图 6.3 构件码放

图 6.4 警戒监护

表 6-3 起重吊装检查评分表

序号	检查项目			扣分标准	应得分数	扣减分数	实得分数
1	保证项目	施工方案		未编制专项施工方案或专项施工方案未经审核扣 10 分 采用起重拔杆或起吊重量超过 100kN 及以上专项方案未按规定组织专家论证扣 10 分	10		
2		起重机械	起重机	未安装荷载限制装置或不灵敏扣 20 分 未安装行程限位装置或不灵敏扣 20 分 吊钩未设置钢丝绳防脱钩装置或不符合规范要求扣 8 分	20		
			起重拔杆	未按规定安装荷载、行程限制装置每项扣 10 分 起重拔杆组装不符合设计要求扣 10~20 分 起重拔杆组装后未履行验收程序或验收表无责任人签字扣 10 分			

续表

序号	检查项目		扣分标准	应得分数	扣减分数	实得分数
3	保证项目	钢丝绳与地锚	钢丝绳磨损、断丝、变形、锈蚀达到报废标准扣10分 钢丝绳索具安全系数小于规定值扣10分 卷筒、滑轮磨损、裂纹达到报废标准扣10分 卷筒、滑轮未安装钢丝绳防脱装置扣5分 地锚设置不符合设计要求扣8分	10		
4		作业环境	起重机作业处地面承载能力不符合规定或未采用有效措施扣10分 起重机与架空线路安全距离不符合规范要求扣10分	10		
5		作业人员	起重吊装作业单位未取得相应资质或特种作业人员未持证上岗扣10分 未按规定进行技术交底或技术交底未留有记录扣5分	10		
		小计		60		
6	一般项目	高处作业	未按规定设置高处作业平台扣10分 高处作业平台设置不符合规范要求扣10分 未按规定设置爬梯或爬梯的强度、构造不符合规定扣8分 未按规定设置安全带悬挂点扣10分	10		
7		构件码放	构件码放超过作业面承载能力扣10分 构件堆放高度超过规定要求扣4分 大型构件码放未采取稳定措施扣8分	10		
8		信号指挥	未设置信号指挥人员扣10分 信号传递不清晰、不准确扣10分	10		
9		警戒监护	未按规定设置作业警戒区10分 警戒区未设专人监护扣8分	10		
		小计		40		
检查项目合计				100		

6.4 木工机械

建筑施工现场常用的木工机械为平刨和圆盘锯,具有转速高、刀刃锋利、振动大、噪声大、制动比较慢等特点,其加工的木材又存在质地不均匀的情况,如硬节疤、斜纹或有木钉等,容易发生崩裂、回弹、强烈跳动等现象。如果防护不严、操作不当,就可能造成人身伤害。木工机械最不安全的地方是在刀具与木材的接触处,使用中多为手工送料,易发生伤手、断指事故,同时木屑、刨花极易引起火灾,因此安装后必须有验收手续,方可交付使用。

木工机械设备特点

1. 平刨安装

刨口要设有安全防护罩，对刀口非工作部分进行遮盖。电平刨的使用，必须装设灵敏可靠的安全防护装置。目前，各地使用的防护装置不一，但不管何种形式，都必须灵敏可靠，经试验认定，确实可以起到防护作用。

传动部位必须安装防护罩，主要是防止操作人员不慎将衣、裤绞进去，发生意外伤害，要求"有轮必有罩，有轴必有套"，就是这个道理。

刀片的厚度、重量应均匀一致，刀架夹板必须平整贴紧，刀片紧固螺钉应嵌入刀片槽内，槽端离刀背不得小于10mm，紧固刀片时螺钉不得过紧或过松。

设置"一机一闸一漏一箱"，漏电保护器的选用漏电动作电流不大于30mA，动作时间不大于0.1s，电机绝缘电阻值应大于0.5MΩ。

工作场所必须整洁、干燥、无杂物并配备可靠的消防器材。

不准使用倒顺开关或闸刀开关直接操作机械，可利用接触器、操作按钮等进行控制。

机械的操作规程牌齐全，有维修保养制度。维修保养差是指设备本身状况差，如漏油、污垢多、电线没有保护、乱拉乱接等，另外也是指周围作业环境差，如木料乱堆乱放，刨花、木屑到处都是，不及时清理，没有消防灭火器材等。

2. 电平刨（手压刨）的安全使用要点

（1）应明确规定，除专业木工外，其他工种人员不得操作机械。旋转机械戴手套是最危险的，因为旋转速度快，而手套的毛边、线头很容易与旋转的机械部位绞扭在一起，连同手一起绞进去，所以此类机具是严禁戴手套操作的。

（2）应检查刨刀的安装是否符合要求，包括刀片紧固程度，刨刀的角度，刀口出台面高度等。

（3）设备应安装按钮开关，不得装扳把开关，防止误开机。闸箱距设备距离不大于3m，便于发生故障时，迅速切断电源。

（4）使用前，应空转运行，转速正常无故障时，才可进行操作。刨料时，应双手持料，按料时应使用工具，不要用手直接按料，防止木料移动手按空发生事故。

（5）刨木料小面时，手按在木料的上半部，经过刨口时，用力要轻，防止木料歪倒时手按刨口，伤手。

（6）短于20cm的木料不得使用机械。长度超过2m的木料，应由两人配合操作。

（7）刨料前要仔细检查木料，有铁钉、灰垢等物要先清除，遇木节、逆茬时，要适当减慢推进速度，如图6.5所示。

（8）需调整刨口和检查维修时，必须拉闸断电，待机具完全停止转动后，再进行工作。

（9）台面上刨花，不要用手直接擦抹台面，周围刨花应及时清除。

图6.5 加工旧木料前必须将铁钉、灰垢清除干净

（10）多功能联合木工机具在施工现场使用是不合适的，因为平刨和圆锯作业都较频繁，易发生误操作，而且用一台电机同时控制两台机具，操作面又较小，所以无法起到保护作用。

3．圆盘锯安装

锯片上方必须安装安全防护罩，在锯片后面，离锯齿 10～15mm 处，必须安装弧形楔刀。锯片的安装应保持与轴同心，锯片前面应设置挡网或棘爪等防护倒退装置。锯片必须平整，锯齿尖锐，不得连续缺齿 2 个，裂纹长度不得超过 20mm，末端应冲止裂孔。被锯木料厚度，以锯片能露出木料 10～20mm 为限，夹持锯片的法兰盘的直径应为锯片直径的 1/4。

4．圆盘锯的安全使用要点

（1）设备本身应设按钮开关控制，闸箱距设备距离不大于 3m，以便在发生故障时，迅速切断电源。

（2）安全防护装置要齐全有效。分料器的厚薄适度，位置合适，锯长料时不产生夹锯。防护罩的位置应固定在锯盘上方，不得在使用中随意转动。台面应设防护挡板，防止锯料时遇节疤和铁钉弹回伤人。传动部位必须设置防护罩。

（3）锯盘转动后，应待转速正常时，再锯木料。

（4）木料接近尾端时，要由下手拉料，不要用上手直接推送。如推送时使用短木板顶料，防止推空锯手。

（5）木料较长时，需两人配合操作。操作中，下手必须待木料超过锯片 20cm 以外时，方可接料。接料后不要猛拉，应与送料配合。需要回料时，木料要完全离开锯片后再送回，操作不能过早过快，防止木料碰锯片。

（6）截断木料和锯短料时，使用推棍，不准用手直接进料且进料速度不能过快。下手接料必须用刨钩。木料长度不足 50cm 的短料，禁止上锯。

（7）需要换锯盘和检查维修时，必须拉闸断电，待机具完全停止转动后，再进行工作。

（8）下料应堆放整齐，台面上以及工作范围内的木屑，应及时清除，不要用手直接擦抹台面。

6.5 钢 筋 机 械

钢筋机械是用于加工钢筋和钢筋骨架等作业的机械。按作业方式其可分为钢筋强化机械、钢筋加工机械、钢筋预应力机械、钢筋焊接机械 4 种。

1．钢筋强化机械

钢筋强化机械包括钢筋冷拉机、钢筋冷拔机、钢筋轧扭机等。

钢筋冷拉机是指在常温下对热轧钢筋进行强力拉伸的机械。冷拉是把钢筋拉伸到超过钢材本身的屈服点，然后放松，以使钢筋获得新的屈服点，从而提高钢筋强度（20%～25%）。通过冷拉不但可使钢筋拉直、延伸，而且还可以起到除锈和检验钢材的作用。

钢筋机械连接施工方案

钢筋冷拔机是指在强拉力的作用下使钢筋在常温下通过一个比其直径小 0.5～1.0mm 的孔模，钢筋在拉直力和压直力作用下被强行从孔模中拔过去的机械。冷拔后的钢筋直径缩小，而强度提高 40%～90%，塑性则相应降低，成为冷拔低碳钢丝。

钢筋轧扭机是指由多台钢筋机械组成的冷轧扭生产线，能连续地将直径 6.5～10mm 的普通盘圆钢筋调直、压扁、扭转、定长、切断、落料等，完成钢筋轧扭全过程的机械。

1）钢筋冷拉机安全使用要点

（1）开机前，应对设备各连接部位和安全装置以及冷拉夹具、钢丝绳等进行全面检查，确认符合要求后，方可操作。

（2）冷拉钢筋运行方向的端头应设防护装置，防止在钢筋拉断或夹具失灵时钢筋弹出伤人。

（3）冷拉钢筋时，操作人员应站在冷拉线的侧向，并设联络信号，使操作人员在统一指挥下进行作业。在作业过程中，严禁横向跨越钢丝绳或冷拉线。

（4）电气设备、液压元件必须完好，导线绝缘必须良好，接头处要连接牢固，电动机和启动器的外壳必须接地。

（5）冷拉作业区应设置警示标志和围栏。

2）钢筋冷拔机安全使用要点

（1）各卷筒底座下方与地基的间隙应小于 75mm，作为两次灌浆的填充层。底座下方的垫铁每组不多于 3 块。在各底座初步校准就位后，将各组垫铁点焊连接，垫铁的平面面积应不小于 100mm×100mm。电动机底座下方与地基的间隙应不小于 50mm，作为两次灌浆的填充层。

（2）冷拔机在运转过程中，严禁任何人在拉拔方向站立或停留。拔丝卷筒用链条挂料时，操作人员必须离开链条甩动的区域，出现断丝应立即停机，待机器停稳后方可接料。不允许在机械运转中用手取拔丝卷筒周围的物品。

3）钢筋轧扭机安全使用要点

（1）在控制台上的操作人员必须注意力集中，发现钢筋乱盘或打结时，要立即停机，待处理完毕后，方可开机。

（2）运转过程中，任何人不得靠近旋转部件。机械周围不准乱堆异物，以防意外。

2．钢筋加工机械

常用的钢筋加工机械包括钢筋切断机、钢筋调直机、钢筋弯曲机、钢筋镦头机等。

钢筋切断机是指把钢筋原材和已矫直的钢筋切断成所需长度的机械。

钢筋调直机是指将成盘的钢筋和经冷拔的低碳钢丝调直的机械。其具有一机多用功能，能在一次操作中完成钢筋的调直、输送、切断，并兼有清除表面氧化皮和污迹的作用。

钢筋弯曲机（又称冷弯机）是指将经过调直、切断后的钢筋，加工成构件中需要配置形状的机械。

钢筋镦头机是指便于预应力混凝土钢筋的拉伸，将其两端镦粗的机械。

1）钢筋切断机安全使用要点

（1）接送料工作台面和切刀下部保持水平，工作台的长度可根据加工材料长度确定。

（2）启动前，必须检查切刀无裂纹，刀架螺栓紧固，防护罩牢靠，然后检查齿轮啮合间隙，调整切刀间隙。

（3）启动后先空载运转，检查各转动部分及轴承运转正常，方可操作。

（4）机械未达到正常转速时不得切料，切料时必须使用切刀的中下部，握紧钢筋，对准刀口迅速送入。

（5）不得剪切直径及强度超过机械铭牌规定的钢筋和烧红的钢筋。一次切断多根钢筋时，总截面面积应在规定范围内。

（6）切断短料时，送料的手和刀片的距离应保持在 150mm 以上，如手握送料端与刀片的距离小于 400mm 时，应用套管或夹具将钢筋短头夹住或夹牢，如图 6.6 所示。

（7）运转中严禁用手直接清除附近的短头和杂物，操作人员不得在钢筋摆动周围和刀口附近停留。

图 6.6 切断短料应用套管或夹具送料

（8）发现故障或维修保养必须停机，切断电源后再行操作。作业后用钢筋清除刀件的杂物，切断电源，锁好箱门。

2）钢筋调直机安全使用要点

（1）在调直块未固定、防护罩未盖好前不得送料。作业中严禁打开各部位防护罩及调整间隙。

（2）当钢筋送入后，手与曳轮必须保持一定的距离，不得接近。

（3）送料前，应将不直的料头切除，导向筒前应装一根 1m 长的钢管，钢筋必须先穿过钢管再送入导向筒前端的导孔内。

3）钢筋弯曲机安全使用要点

（1）芯轴、挡铁轴、转盘等应无裂纹和损伤，防护罩坚固可靠，经空载运转确认正常后，方可作业。

（2）作业时，钢筋一端需弯曲插入转盘固定销的间隙内，另一端紧靠机身固定销，并用手压紧，检查机身固定销确实安放在挡住钢筋的一侧，方可开动机器。

（3）作业中，严禁更换轴芯、销子和变换角度以及调速等作业，也不得进行清扫和加油。

（4）严禁在弯曲钢筋的作业半径内和机身不设固定销的一侧站人。弯曲好的半成品应堆放整齐，弯钩不得朝上。

钢筋镦头机安全使用要点不再叙述。

3. 钢筋预应力机械

钢筋预应力机械是指在预应力混凝土结构中，用于对钢筋施加张拉力的专用设备，分为机械式、液压式和电热式 3 种。常用的是液压式拉伸机。

液压式拉伸机由液压千斤顶、高压油泵及连接两者之间的高压油管组成。

1）液压千斤顶安全使用要点

(1) 千斤顶不允许在任何情况下超载和超过行程范围使用。

(2) 千斤顶在张拉过程中，应使顶压油缸全部回油；在顶压过程中，张拉油缸应予持荷，以保证恒定的张拉力，待顶压锚固完成后，张拉油缸再回油。

2）高压油泵安全使用要点

(1) 油泵不宜在超负荷状态下工作，安全阀应按额定油压调整，严禁任意调整。

(2) 油泵运转前，应将各油路调节阀松开，然后开动油泵，待空载运转正常后，再紧闭回油阀，逐渐旋拧进油阀杆，增大载荷，并注意观察压力表指针是否正常。

4. 钢筋焊接机械

1）钢筋焊接机械的类型

钢筋焊接机械类型繁多，主要有对焊机、点焊机、手工弧焊机和电焊机等。

(1) 对焊机。对焊机有 UN、UN1、UN5、UN8 等系列，钢筋对焊常用的是 UN1 系列。UN1 系列对焊机专用于电阻焊接、闪光焊接低碳钢、有色金属等，按其额定功率不同，有 UN1－25、UN1－75、UN1－100 型杠杆加压式对焊机和 UN1－150 型气压自动加压式对焊机等。

(2) 点焊机。点焊机按照用途分为万能式（通用式）、专用式；按照同时焊接的焊点数目分为单点式、双点式、多点式；按照导电方式分为单侧、双侧；按照加压机构的传动方式分为脚踏式、电动机-凸轮式、气压式、液压式、复合式（气液压合式）；等等。

(3) 手工弧焊机。手工弧焊机可分为交流弧焊机（又称焊接变压器）和直流弧焊机两大类，直流弧焊机又有旋转式直流弧焊机（又称焊接发电机）和弧焊整流器两种类型。

(4) 电焊机。电焊机可分为直流电焊机和交流电焊机两种。

2）焊接相关要求

(1) 焊接场地安全检查的内容。

在进行焊接施工前，必须对作业场地及周边的情况进行严格的安全检查，否则禁止焊接作业。焊接场地安全检查的内容有以下几个。

① 检查作业场地的设备、工具、材料等排列是否符合要求。

② 检查焊接场地是否有畅通的通道。

③ 检查所有电缆线或其他管线是否按要求排列。

④ 检查是否有足够的焊接作业面和良好的通风条件。

⑤ 检查是否有良好的自然采光或局部照明。

⑥ 检查焊接场地周围 10m 范围内，各类易燃易爆物品是否清除干净。

⑦ 检查焊接场地是否按要求采取了有效的安全防护措施。

⑧ 检查需焊接的焊件是否安全或按要求采取了安全措施。

针对焊接场地安全检查要做到"仔细观察环境，区别不同情况，认真加强防护"。

(2) 焊接的安全基本要求。

电焊、气焊工均为特种作业人员，身体应检查合格，并经专业安全技术学习、训练和考试合格，领取特种作业操作资格证书后，方能独立操作。

工作时(包括打渣),所有工作人员必须穿好工作服,戴好防护眼镜或面罩。不准赤身操作,仰面焊接应扣紧衣领、扎紧袖口、戴好防火帽,电焊作业时不得戴潮湿手套。

在对受压容器、密闭容器、管道、沾有可燃气体和溶液的工件等进行操作时,必须事先检查,确认冲除掉有毒有害和易燃易爆物质,解除容器及管道压力,消除容器密闭状态(敞开口或旋开盖)后,再进行工作。

在焊接、切割密闭空心工件时,必须留有出气孔。在容器内焊接,外面必须设专人监护,并有良好的通风措施,照明电压采用 12V 以下的安全电压。禁止在已涂抹油漆或喷涂过塑料的容器内焊接。

电焊机地、零线及电焊工作回线均不准搭在易燃易爆的物品上,也不准接在管道和机床设备上。工作回线应绝缘良好,机壳接地必须符合安全规定。

在有易燃易爆物品的车间、场所或管道附近动火焊接时,必须办理危险作业申请单。消防和安全等部门应到现场监督,采取严密安全措施后,方可进行操作。

高处作业应系好安全带,并采取防护设施,地面应有人员监护,严禁将工作回线缠在身上。

焊件必须放置平稳牢固才能施焊,不准在吊车吊起或叉车铲起的工件上施焊,各种机械设备的焊接,必须停机进行,作业地点应有足够的活动空间。

操作者必须注意助手的安全,助手应懂得电焊、气焊的安全常识,禁止使用未经批准的乙炔发生器进行气焊作业,严格遵守电焊、气焊的"十不烧"规定。

(3)电焊机的使用。

电焊机在接入电网时必须电压相符,多台电焊机同时使用应分别接在三相电网上,并尽量使三相负载平衡。

直流电焊机与交流电焊机

电焊机应空载合闸启动,直流电焊机应按规定的方向旋转,带有风机的要注意风机旋转方向的正确性。

电焊机需要并联使用时,应将一次侧并联接入同一相位电路,二次侧也需同相,若二次侧空载电压不等,则需要调整相等后方可使用。

多台电焊机同时使用,当需要拆除某台时,应先断电后在其一侧验电,确认无电后方可进行拆除工作。

电焊机二次侧把线、地线不仅要有良好的绝缘特性,还要有柔性好的特点,而且导电能力要与焊接电流相匹配,宜使用 YHS 型橡皮护套铜芯多股软电缆,长度不大于 30m,操作时电缆不宜成盘状,否则将影响焊接电流。

所有电焊机的金属外壳,都必须采取保护接地或接零。接地、接零电阻值应不小于 4Ω。焊接的金属设备、容器本身有接地、接零保护时,电焊机的二次绕组禁止设有保护接地或接零。

每台电焊机须设专用断路开关,并有与电焊机相匹配的过流保护装置。一次线与电源点不宜用插销连接,其长度不得大于 5m,且须双层绝缘。

多台电焊机的地、零线不得串接接入接地体,每台电焊机应设独立的接地、接零线,其接点应用螺钉压紧。

电焊机的一次、二次接线端应有防护罩,且一次接线端须用绝缘胶带包裹严密,二次接线端必须使用线卡子压接牢固。

图 6.7 焊工持证上岗，要戴好防护眼罩

电焊机二次侧把线、地线需要接长使用时，应保证搭接面积，接点处用绝缘胶带包裹好，接点不宜超过两处。严禁将管道、轨道及建筑物的金属结构或其他金属物体串接起来作为地线使用。

电焊机应放置在干燥和通风的地方（水冷式除外），露天使用时其下方应防潮且高于周围地面，上方应设防雨篷和防砸措施。焊工要持证上岗，并戴好防护眼罩，如图 6.7 所示。

特别提示

机械伤害是指被机械设备或工具绞、碾、碰、割、戳等造成的人身伤害，不包括车辆、起重设备引起的伤害。

6.6 混凝土机械

混凝土机械是用机器取代人工把水泥、河砂、碎石、水按照一定的配合比进行搅拌，生产出建设工程等生产作业活动所需材料的设备，常用的有混凝土搅拌机、混凝土振动器、混凝土泵及泵车、灰浆搅拌机等几种。

1. 混凝土搅拌机的安全使用

（1）新机使用前应按使用说明书的要求，对系统和部件进行检验及必要的试运转。

（2）移动式搅拌机的停放位置必须选择平整坚实的场地，周围应有良好的排水措施。

（3）搅拌机就位后，放下支腿将机架顶起，使轮胎离地。在作业时间较长的地区使用时，应用垫木将机器架起，卸下轮胎和牵引杆，并将机器调平。

（4）料斗放到最低位置时，在料斗与地面之间应加一层缓冲垫木。

（5）接线前检查电源电压，电压升降幅度不得超过搅拌机电气设备规定的 5%。

（6）作业前应先进行空载试验，观察搅拌筒内叶片旋转方向是否与箭头所示方向一致。如方向相反，则应改变电机接线。反转出料的搅拌机，应将搅拌筒正反转运转数分钟，察看有无冲击抖动现象。如有异常噪声应停机检查。

（7）搅拌筒或叶片运转正常后，进行料斗提升试验，观察离合器、制动器是否灵活可靠。

（8）检查供水系统的指示水量与实际水量是否一致，如误差超过 2%，应检查管路是否漏水。

（9）每次加入的混合料，不得超过搅拌机额定值的 10%。为减少粘罐，加料的次序应为粗骨料—水泥—砂子，或砂子—水泥—粗骨料。

（10）料斗提升时，严禁任何人在料斗下停留或通过。如必须在料斗下检修时，应将料斗提升，在挂好保险钩或采取有效措施将其固定后再行操作，如图6.8所示。

（11）作业中不得进行检修、调整和加油，并防止砂、石等物料落入机器的传动系统内。

（12）搅拌过程不宜停机，如因故必须停机，再次启动前应卸除载荷，不得带载启动。

（13）以内燃机为动力的搅拌机，在停机前应先脱开离合器，停机后再合上离合器。

（14）如遇冰冻天气，停机后应将供水系统的积水放尽。内燃机的冷却水也应放尽。

（15）搅拌机在场内移动或远距离运输时，应将料斗提升到上止点，挂好保险钩或采取有效措施将其固定。

（16）固定式搅拌机安装时，主机与辅机都应用水平尺校正水平。有气动装置的搅拌机，风源气压应稳定在0.6MPa左右，作业时不得打开检修孔、入孔，检修时必须先把空气开关关闭，并派专人监护。

（17）混凝土搅拌机的操作工必须经过专业安全培训，考试合格，持证上岗，严禁非司机操作。

（18）进料时，严禁将头伸入料斗与机架之间察看或用手摸探进料情况。作业中如发生故障不能继续运转时，应立即切断电源将筒内的料清除干净，然后进行维修。运转中不准用工具伸入搅拌筒内扒料，下班后将搅拌机内外刷洗干净。维修保养搅拌机，必须拉闸断电，锁好电闸箱，挂好"有人工作严禁合闸"牌，并派专人监护，如图6.9所示。

图6.8 搅拌机安全操作

图6.9 挂好"有人工作严禁合闸"牌

 案例分析

某年5月20日，项目部施工员曾某某打电话给工人赵某某，告知生活区路面损坏，需要浇捣混凝土，口头约定工资1600元。5月21日上午，赵某某带冯某某等5人到工地，在曾某某口头交底下，8时开始搅拌混凝土，赵某某操作搅拌机，搅拌机是在一年前项目部购进的，由项目部机修工负责日常维护和检修，冯某某在后斗入料。料斗提升是依靠电动机带动轮盘上的钢丝绳做圆弧运动来实现的。10时许，搅拌第12包水泥时，因连接料斗钢丝绳上的马鞍扣松懈，致使钢丝绳滑出，料斗在重力作用下坠落，砸中在料斗下搬运水泥的冯某某，冯某某头部被压在料斗下，在场的人用钢管撬和人力提拉料斗，由于配料过重未能提升起料斗，随后调用塔式起重机吊起料斗，将伤者抬出后立即送往当地医院救治，经抢救无效死亡。

事故原因分析：

（1）直接原因。①料斗提升时由于配料过重，大轮钢丝绳上一只马鞍扣开始脱落，料斗向一边偏离，砸到正在搬运水泥的冯某某头部致其死亡，是该事故发生的直接原因；②冯某某违反劳动作业安全规定，擅自进入正在运行的料斗底下搬运水泥，也是该起事故发生的直接原因。

（2）间接原因。①发生事故的混凝土搅拌机是项目部一年前购进的，日常维护和检验都是由项目部机修工负责的，钢丝绳上紧固用的马鞍扣缺失使搅拌机存在缺陷，是项目部对机械日常检查未落实所致。未能及时发现和排除设备存在的安全隐患，是该事故发生的间接原因；②项目部管理人员随意雇用民工，未持证上岗，未进行有效的管理和安全教育，班前交底、工作交接制度未真正落实，是该事故发生的另一间接原因。

2．混凝土振动器的安全使用

1）插入式振动器的安全使用要点

（1）使用前应检查各部件是否完好，各连接处是否紧固，电动机绝缘是否良好，电源电压和频率是否符合铭牌规定。检查合格后，方可接通电源进行试运转。

（2）作业时，要使振动棒自然沉入混凝土，不可用力猛往下推。一般应垂直插入，并插到下层尚未初凝层中50～100mm，以促使上下层相互结合。

（3）振动棒各插点间距应均匀，一般间距不应超过振动棒抽出有效作用半径的1.5倍。

（4）振动器操作人员应掌握安全用电知识，如图6.10和图6.11所示，作业时须穿绝缘鞋、戴绝缘手套。

图6.10　注意振动器电线破皮漏电

图6.11　请使用耐候型橡皮护套铜芯电缆

（5）振动器停止工作时，应立即使电动机停止转动。搬动振动器时，应切断电源。

（6）电缆不得有裸露导电之处和破损老化现象。电缆线必须敷设在干燥、明亮处，不得在电缆线上堆放其他物品，以及车辆碾压，更不能用电缆线吊挂振动器等。

2）附着式振动器的安全使用要点

（1）在一个模板上同时使用多台附着式振动器时，各振动器的频率应保持一致，相对面的振动器应错开安装。

（2）使用时，引出电缆线不能拉得过紧，以防断裂。作业时，必须随时注意电气设备的安全，熔断器和保护接零装置必须合格。

3）振动台的安全使用要点

（1）振动台是一种强力振动成型设备，应安装在牢固的基础上，地脚螺栓应有足够强支并拧紧。同时在基础中间必须留有地下坑道，以便调整和维修。

（2）使用前要进行检查和试运转，检查机件是否完好。

（3）齿轮因承受高速重负荷，故需要有良好的润滑和冷却。齿轮箱内油面应保持在规定的水平面上，工作时温升不得超过70℃。

3. 混凝土泵及泵车的安全使用

（1）泵送设备放置应与基坑边沿保持一定距离。

（2）水平泵送的管道敷设线路应合理，管道与管道支撑必须紧固可靠，管道接头处应密封可靠。

（3）严禁将垂直管道直接装接在泵的输出口上，应在垂直管道的前端装接长度不少于10m的水平管，水平管近泵处应装逆止阀。敷设向下倾斜的管道时，下端也应装接一段水平管，其长度至少是倾斜高低差的5倍，否则应采用弯管等方法，增大阻力。如倾斜度较大，必要时，可以在坡道上端装置排气活阀，以利排气。

（4）砂石粒径、水泥标号及配合比应满足泵机可泵性要求。泵送时，料斗内的物料应高于吸入口高度，防止吸入空气伤人。

（5）风力大于6级时，泵车不得使用布料杆。天气炎热时应用湿麻袋、湿草包等遮盖管路。

（6）泵送设备的停车制动和锁紧制动应同时使用，轮胎楔紧。料斗内无杂物，各润滑点润滑正常。

（7）泵送设备的各部位螺栓应紧闭，防护装置齐全可靠。

（8）作业前，各部位操纵开关、调整手柄、手轮、控制杆、旋塞等均应在正确位置。液压系统应正常无泄漏。

（9）准备好清洗管、清洗用品、接球器及有关装置。作业前，必须先用按规定配制的水泥砂浆润滑管道。无关人员必须离开管道。

（10）支腿应全部伸出并支固，未支固前不得启动布料杆。布料杆升离支架后方可回转，布料杆伸出时应按顺序进行。严禁用布料杆起吊或拖拉物件。

（11）当布料杆处于全伸状态时，严禁移动车身。作业中需要移动时，应将上段布料杆折叠固定，移动速度不超过10km/h。布料杆不得使用超过规定直径的配管，装接的软管应系防脱安全绳（带）。

（12）应随时监视各种仪表和指示灯，发现不正常及时调整或处理。如出现输送管道堵塞情况应进行反泵，使混凝土返回料斗，必要时应拆管排除堵塞。

（13）泵送工作应连续作业，必须暂停时应隔5~10min（冬季3~5min）泵送一次。若停止时间较长，在泵送前应反泵一、二次，然后正泵送料。泵送时料斗内应保持一定量的混凝土，不得吸空。

（14）水箱内应储满清水，发现水质混浊并有较多砂粒时及时检查处理。

（15）泵送系统受压时不得开启任何输送管道和液压管道。液压系统的安全阀不得任意调整，蓄能器只能充入氮气。

（16）作业后，必须将料斗内和管道内的混凝土全部输出，然后对泵机、料斗、管道进行冲洗。用压缩空气冲洗管道时，管道出口端前方 10m 内不得站人，并应用金属网等收集冲出的泡沫橡胶及砂石粒。

（17）严禁用压缩空气冲洗布料杆配管。布料杆的折叠收缩应按顺序进行。

（18）作业后，将两侧活塞运转到清洗室，并涂上润滑油。

（19）作业后，各部位操纵开关、调整手柄、手轮、控制杆、旋塞等均应复位。液压系统卸荷。

4．灰浆搅拌机的安全使用

开机前检查各部件是否正常，防护装置是否齐全有效，确认无异常，方可试运转。运转中严禁把工具伸进搅拌筒内扒料，严禁维修保养，发现异常必须先停机，拉闸断电，锁好电闸箱后再排除故障。作业后，应做好搅拌机内外的清洗、保养及场地的清洁工作，切断电源，锁好箱门。

6.7 气　　瓶

气瓶颜色标志

用于气焊和气割的氧气瓶属于压缩气瓶，乙炔气瓶属于溶解气瓶，液化石油气钢瓶属于液化气瓶，应根据各类气瓶的不同特点，采取相应的安全措施。施工现场经常使用的为氧气瓶和乙炔气瓶，各种气瓶应有明显标志，在使用时便于区别，不致发生差误、事故。氧气瓶涂有天蓝色漆，有黑色"氧气"字样，乙炔气瓶涂有白色漆，有红色横写"乙炔"，竖写"不可近火"字样。

1．氧气瓶的安全使用

（1）气割与气焊用的压缩纯氧是强氧化剂，矿物油、油脂或细微分散的可燃物质严禁与纯氧接触。操作时严禁用沾有油脂的工具、手套接触瓶阀、减压器。氧气瓶一旦被油脂类污染，应及时用二氯化烷或四氯化碳去油擦净。

（2）环境温度不得超过 60°，严禁受日光暴晒，不得靠近热源和电气设备。

（3）应避免受到剧烈振动和冲击，严禁从高处滑下或在地面上滚动，禁止用起重设备的吊索直接拴挂氧气瓶。

（4）使用前应检查瓶阀、接管螺栓、减压器及胶管是否完好，发现瓶体、瓶阀有问题要及时报告。减压器与瓶阀连接的栓扣要拧紧，并不少于 4～5 扣。检查气密性时应用肥皂水，瓶阀开启时，阀口不得朝向人体，且动作要缓慢。

（5）冬季遇有瓶阀冻结或结霜情况，严禁用力敲击和用火烘烤，应用温水解冻化霜。

（6）气瓶内要始终保持正压，不得将气用尽，瓶内至少应留有 0.3MPa 以上的压力。

（7）严禁用于通风换气，严禁用于气动工具的动力气源，严禁用于吹扫容器、设备和各种管道。

（8）运输时，氧气瓶须装有瓶帽和防震圈，防止碰断瓶阀，同时易燃物品、油脂和带有油污的物品，不得与氧气瓶同车装运。

（9）氧气瓶储存处周围10m内，禁止堆放易燃易爆物品和动用明火，同一储存间严禁存放其他可燃气瓶和油脂类物品。

（10）氧气瓶应码放整齐，直立放置时，要有护栏和支架，以防倾倒，并在醒目位置悬挂"严禁烟火""注意安全"的标志牌。

2．乙炔气瓶的安全使用

（1）不得靠近热源和电气设备，夏季要防止暴晒。

（2）瓶阀冻结，严禁用火烘烤，必要时可用40°以下的温水解冻。

（3）严禁放置在通风不良及有放射性射线的场所，且不得放在橡胶等绝缘体上，使用时要固定，防止倾倒，严禁卧放。

（4）乙炔气瓶必须装设专用的减压阀、回火防止器，开启时，操作者应站在阀口的侧后方，动作要轻缓，使用压力不得超过0.15MPa。

（5）瓶内气体严禁用尽，剩余压力必须不低于规定。

（6）乙炔气瓶储存时，一般要保持直立位置，严禁与氧气瓶、力气瓶及易燃物品同间存放。储存间应有良好的通风、降温等措施，还要避免阳光直射，保证运输道路畅通，同时应有专人管理，并在醒目的地方设置"乙炔危险""严禁烟火"的标志。

6.8 机动翻斗车

机动翻斗车是一种方便灵活的水平运输机械，在建筑施工中常用于运输砂浆、混凝土熟料以及散装物料等。

机动翻斗车安全使用要点有以下几个。

（1）机动翻斗车属厂内运输车辆，企业必须遵守《厂内机动车辆安全管理规定》的要求，在用新增及改装的厂内机动车辆时，应由用车单位到所在地区劳动行政部门办理登记，建立车辆档案，经劳动行政部门对车辆进行安全技术检验合格，核发牌照后方可使用。翻斗车牌照由劳动部门统一核发。司机按有关培训考核，持证上岗。

（2）车上除司机外不得带人行驶。此种车辆一般只有驾驶员座位，如其他人乘车，无固定座位，且现场作业路面不好，行驶不安全。驾驶时以一挡起步为宜，严禁三挡起步。下坡时不得脱挡滑行。

（3）向坑槽或混凝土料斗内卸料，要保持安全距离，轮胎应设置防护挡板，防止到槽边自动下溜或卸料时翻车。

（4）翻斗车卸料时应先将车停稳，再抬起锁机构，利用手柄进行卸料，禁止在制动的同时进行翻斗卸料，避免造成惯性移位事故。

(5)翻斗车的料斗内严禁载人。

(6)内燃机运转或翻斗车的料斗内有载荷时,严禁在车底下进行任何作业。

(7)用完后要及时冲洗,司机离车必须将内燃机熄灭,并挂挡拉紧手制动器。

6.9 潜 水 泵

潜水泵主要用于基坑、沟槽及孔桩内抽水,是施工现场应用比较广泛的一种抽水设备,因此潜水泵下水前一定要密封良好,绝缘电阻测试值达到要求并使用 YHS 型防水橡皮护套软电缆,不可受力。

潜水泵安全使用要点有以下几个。

(1)潜水泵宜先装在坚固的篮筐里再放入水中,亦可在水中将泵的四周设立坚固的防护围网。泵应直立于水中,水深不得小于 0.5m,不得在含泥砂的水中使用。

(2)潜水泵放入水中或提出水面时,应切断电源,严禁拉拽电缆或出水管。

(3)潜水泵应装设保护接零和漏电保护装置,工作时泵周围水面 30m 以内不得有人、畜进入。

(4)启动前应认真检查,水管结扎要牢固,放气、放水、注油等螺塞均旋紧,叶轮和进水节无杂物,电缆绝缘良好。

(5)接通电源后,应先试运转,检查并确认旋转方向正确,在水外运转时间不得超过 5min。

(6)应经常观察水位变化,叶轮中心至水面距离应在 0.5~3.0m 之间,泵体不得陷入污泥或露出水面。电缆不得与井壁、池壁相擦。

(7)新泵或新换密封圈,在使用 50h 后,应旋开放水封口塞,检查水、油的泄漏量。当泄漏量超过 5mL 时,应进行 0.2MPa 的气压试验,查出原因,予以排除,以后每月检查一次;当泄漏量不超过 5mL 时,可继续使用。检查后换上规定的润滑油。

(8)经过修理的油浸式潜水泵,应先做 0.2MPa 的气压试验,检查各部位无泄漏现象,然后将润滑油加入上、下壳体内。

(9)气温降到 0℃以下,潜水泵在停止运转后,应从水中提出并将其擦干存放室内。

(10)每周测定一次电动机定子绕组的绝缘电阻,其值应无下降。

6.10 打 桩 机 械

按照有关规定,打桩机械应定期进行年检,并取得上级主管部门核发的准用证。同时安装后要经技术部门验收,符合要求签发合格使用证。施工前应针对作业条件和桩机类型编写专项作业方案并经审核批准。

打桩机械安全使用要点有以下几个。

(1)打桩施工场地应按坡度不大于 3%,地耐力不小于 $8.5N/cm^2$ 的要求进行平实,地下不得有障碍物。在基坑和围堰内打桩,应配备足够的排水设备。

(2)打桩机械周围应有明显的标志或围栏,严禁闲人进入。作业时,操作人员应在距桩锤中心 5m 以外的地方进行监视。

(3)安装时,应将桩锤运到桩架正前方 2m 范围以内,严禁远距离斜吊。

(4)作业中停机时间较长时,应将桩锤落下垫好。除蒸汽打桩机在短时间内可将锤担在机架上外,其他的打桩机均不得悬吊桩锤。

(5)遇有大雨、大雪、大雾和 6 级以上大风等恶劣气候时,应停止作业。当风速超过 7 级时应将打桩机械顺风向停置,并增加缆风绳。

(6)雷电天气无避雷装置的打桩机械,应停止作业。

(7)作业后应将打桩机械停放在坚实平整的地面上,将桩锤落下,切断电源和电路开关,停机制动后人员方可离开。

(8)高压线下两侧 10m 以内不得安装打桩机械。特殊情况必须采取安全技术措施,并经企业技术负责人批准同意,方可安装。

(9)起落机架时,应设专人指挥,哨音准确、清楚,拆装人员互相配合,严禁任何人在机架底下穿行或停留。

(10)打桩作业时,严禁任何人在打桩机械垂直半径范围以内和桩锤或重物底下穿行或停留。

打桩机械

6.11 土方、夯土机械

6.11.1 土方机械

土方机械是工程建设、农田水利和国防建设中常用的一类施工机械,一般包括推土机、铲运机、装载机、挖掘机等。在使用中如果操作不当,极易造成人员伤亡或财产损失等安全事故,因此,作为工程技术人员应当掌握常用土方机械的安全使用知识。土方机械设备应有出厂合格证书,必须按照出厂使用说明书规定的技术性能、承载能力和使用条件等要求,正确操作,合理使用,严禁超载作业或任意扩大使用范围。新购、经过大修或技术改造的土方机械设备,应按有关规定要求进行测试和试运转。土方机械设备应定期维修保养,严禁带故障作业。土方机械设备进场前,应对现场和行进道路进行踏勘,不满足通行要求的地段应采取必要的措施。作业前应检查施工现场,清除危险源。机械作业不宜在有地下电缆或燃气管道等 2m 半径范围内进行。作业时操作人员不得擅自离开岗位或将土方机械设备交给其他无证人员操作,严禁疲劳和酒后作业,严禁无关人员进入作业区和操作室。土方机械设备连续作业时,应遵守交接班制度。配合土方机械设备作业的人员,应在土方机械设备的回转半径以外作业,当在回转半径内作业时,必须有专人协调指挥。遇到下列情况之一应立即停止作业。

(1)填挖区土体不稳定,有坍塌可能。

(2)地面涌水冒浆,出现陷车或因下雨发生坡道打滑。

(3)大雨、雷电、浓雾、水位暴涨及山洪暴发等。

(4)施工标志及防护设施被损坏。

（5）工作面净空高度不足以保证安全作业。

（6）出现其他不能保证作业和运行安全的情况。

土方机械设备运行时，严禁接触转动部位和进行检修。土方机械设备在冬期使用时，应遵守有关规定。冬、雨期施工时，应及时清除场地和道路上的冰雪、积水，并采取有效的防滑措施。爆破工程每次爆破后，现场安全员应向设备操作人员讲明有无盲炮等危险情况。作业结束后，应将土方机械设备停到安全地带。操作人员非作业时间不得停留在土方机械设备内。

1. 推土机

推土机是以履带式或轮胎式拖拉机牵引车为主机，再配置悬式铲刀的自行式铲土运输机械，主要进行短距离推运土方、石渣等作业。推土机作业时，依靠机械的牵引力，完成土壤的切割和推运。推土机配置其他工作装置可完成填土、平整、压实以及松土、除根、清除石块杂物等作业，是土方工程中广泛使用的土方机械。

推土机工作时严禁有人站在履带或刀片的支架上。推土机上下坡时应用低速挡行驶，上坡过程中不得换挡，下坡过程中不得脱挡滑行。下陡坡时，应将推铲放下接触地面。推土机在积水地带行驶或作业前，必须查明水深。推土机向沟槽回填土时应设专人指挥，严禁推铲越出边沿。两台以上推土机在同一区域作业时，两机前后距离不得小于8m，平行时左右距离不得小于1.5m。推土机在Ⅲ、Ⅳ级土或多石土壤地带作业时，应先进行爆破或用松土器翻松；在沼泽地带作业时，应使用有湿地专用履带板的推土机，不得用推土机推石灰、烟灰等粉尘物料和作碾碎石块的工作。推土机牵引其他机械设备时，应有专人负责指挥，钢丝绳的连接应牢固可靠。在坡道上或长距离牵引时，应采用牵引杆连接。推土机后退时，应先换挡，方可提升铲刀进行倒车。在深沟、基坑或陡坡地区作业时，其垂直边坡深度一般不超过2m，否则应放出安全边坡。

2. 铲运机

铲运机也是一种挖土兼运土的机械设备，它可以在一个工作循环中独立完成挖土、装土、运土和卸土等工作，还兼有一定的压实和平整土地作用。铲运机运土距离较远，铲斗容量较大，是土方工程中应用最广泛的重要机种之一，主要用于大土方量的填挖和运输作业。

铲运机作业前应将行车道整修好，路面宽度宜大于机身宽度2m。自行式铲运机沿沟边或填方边坡作业时，轮胎离路肩不得小于0.7m，并应放低铲斗，低速缓行。两台以上铲运机在同一区域作业时，自行式铲运机前后距离不得小于20m（铲土时不得小于10m），拖式铲运机前后距离不得小于10m（铲土时不得小于5m），平行时左右距离均不得小于2m。作业前应检查钢丝绳、轮胎气压、铲斗及卸土板回位弹簧、拖杆方向接头、撑架和固定钢丝绳部分以及各部位滑轮等是否正常。液压式铲运机铲斗与拖拉机连接的叉座和牵引连接块应锁定，液压管路连接可靠，确认正常后，方可启动。开动前，应使铲斗离开地面，机械周围无障碍物，确认安全后，方可开动。作业中严禁任何人上下机械，传递物件，以及在铲斗内、拖把或机架上坐立。行驶中，铲运机应遵守"下坡让上坡、空载让重载、支线让干线"的原则。铲运机上下坡道时，应低速行驶，不得中途换挡，下坡时不得空挡滑行。行驶的横向坡度不得超过6°。

3. 装载机

装载机是一种作业效率较高的铲装机械,可用来装载松散物料,同时还能用于清理、平整场地,短距离装运物料,牵引和配合运输车辆做装土机使用。如更换相应的工作装置后,还可以完成推土、挖土、松土、起重等多种工作,且有较好的机动性,被广泛用于建筑、修路、矿山、港口、水利及国防等各种建设工程中。

装载机作业时应使用低速挡,严禁铲斗载人。装载机不得在倾斜度超过规定的场地上工作。装载机向汽车装料时,铲斗不得在汽车驾驶室上方越过,不得偏载、超载。装载机在边坡、壕沟、凹坑卸料时,应有专人指挥,轮胎距沟、坑边沿的距离应大于 1.5m,并应放置挡木阻滑。机械开动前必须先鸣笛,将铲斗提升离地面 50cm 左右。行驶中可用高速挡,但不得进行升降和翻转铲斗动作,铲斗下方严禁有人。装载机作业区内不得有障碍物及无关人员。装卸作业应在平整地面上进行。

4. 挖掘机

挖掘机是以开挖土、石方为主的工程机械,广泛用于各种建设工程的土、石方施工中,如开挖基坑、沟槽和取土等。更换不同工作装置,可进行破碎、打桩、夯土、起重等多种作业。

挖掘前,驾驶员应发出信号,确认安全后方可启动设备。设备操作过程中应平稳,不宜紧急制动。当铲斗未离开工作面时,不得做回转、行走等动作。装车作业应在运输车停稳后进行,铲斗不得撞击运输车任何部位,回转时严禁铲斗从运输车驾驶室上方越过。拉铲或反铲作业时,挖掘机履带到工作面边沿的安全距离不应小于 1.0m。在崖边进行挖掘作业时,应采取安全防护措施。作业面不得留有伞沿状及松动的大块石。挖掘机行驶或作业中,不得用铲斗吊运物料,驾驶室外严禁站人。作业结束后应将挖掘机停放在坚实、平坦、安全的地带,铲斗收回平放在地面上。

夯土机

6.11.2 夯土机械

(1)夯土机械适用于夯实灰土和黄土地基、地坪以及场地平整工作,不得夯实坚硬或软硬不一的地面,更不得夯打坚石或混有砖石碎块的杂土。

(2)夯土机械必须装设防溅型漏电保护器,其额定漏电动作电流不应大于 15mA,额定漏电动作时间应小于 0.1s,并做好接零保护。

(3)夯土机械的负荷线应采用耐候型的四芯橡皮护套铜芯软电缆,电缆线长短应不大于 50m。

(4)操作夯土机械必须戴绝缘手套、穿绝缘鞋,应有专人调整电缆,严禁电缆缠绕、扭结和被夯土机械跨越,如图 6.12 所示。多台夯土机械并列工作时间距不得小于 5m,前后工作时间距不得小于 10m。

图 6.12 操作夯土机械注意事项

（5）夯土机械的操作扶手必须有绝缘措施，在电动机的接线穿入手把的入口处，应套绝缘管。

（6）作业时电缆不可张拉过紧，应保证有3～4m的余量，递线人应戴绝缘手套，穿绝缘鞋，依照夯实路线随时调整电缆。

（7）操作时，不得用力推拉或按压手柄，转弯时不得用力过猛，严禁急转弯。

（8）夯实土方时，应先将边沿以内10～15cm的区域夯实2～3遍后，再夯实边沿。

（9）室内作业时，应防止夯板或偏心块打在墙壁上。

（10）作业后，应切断电源，卷好电缆，如有破损及时修理或更换。

6.12　水　磨　石　机

（1）操作人员必须穿胶靴，戴好绝缘手套。

（2）电气线路必须使用耐候型的绝缘四芯软线，电气开关应使用按钮开关，并安装在水磨石机的手柄上。

（3）水磨石机手柄必须套绝缘管，线路采用接零保护，接点不得少于两处，并安设漏电保护器（漏电动作电流不应大于15mA，漏电动作时间应小于0.1s）。

（4）工作中，发现零件脱落或不正常的声音时，必须立即切断电源，锁好开关箱，然后进行检修，严禁在运行中修理。

（5）磨块必须夹紧，应经常检查夹具，以免磨石飞出伤人。

（6）电气线路、开关等必须由电工安装和检修，其他人员不准随意拆接。

6.13　砂　轮　机

（1）砂轮机应安装在僻静安全的地方，机口禁止对着通道。启动前，应先检查机械各部位螺丝、砂轮夹板、砂轮防护罩、砂轮表面有无裂纹和破损等，确认完整良好后再启动。

（2）工作的托架必须安装牢固，托架面要平整，托架与砂轮架的间隙不得大于3mm，夹持砂轮的法兰盘直径不得小于砂轮直径的1/3，夹合力适中。法兰盘装有平衡块的砂轮机，在装好砂轮后，应先进行平衡测试，合格后方能使用。

（3）砂轮要保持干燥，防止因受潮而强度降低。

（4）砂轮轴头坚固螺丝的转向，应与主轴旋转方向相反，以保持坚固。砂轮启动后，须达到正常转速，方可进行磨件。

（5）严禁两人同时使用一个砂轮打磨工件。

（6）砂轮不圆、厚度不够或者砂轮露出夹板长度不足25mm时，均应更换新砂轮。

（7）磨工件时，不准振动砂轮或打磨露出部件易发生振动的工件。

（8）砂轮只准磨钢、铁等黑色金属，不准磨软质有色金属或非金属。

（9）砂轮禁装倒顺开关，中途停电时，应立即切断电源。

（10）磨工件时，应使工件缓慢接近砂轮，不准用力过猛或冲击，更不准用身体顶着工件在砂轮下面或侧面磨件。

（11）磨小工件时，不应直接用手持工件打磨，应选用合适的夹具夹稳工件进行操作。

（12）安装砂轮片时，不准用铁锤进行敲击。如轮片孔大于轴径，轴径应加套筒不得有空隙，轴端须用两个以上的螺母紧固。根据旋转方向来选择正、反旋转螺纹。

（13）砂轮机转轴发生弯曲后，应立即停用，更新部件后方可继续使用。

6.14　空气压缩机（空压机）

（1）空压机的内燃机和电动机的使用应符合两机的操作规定。

（2）空压机作业前应保持清洁干燥。贮气罐应放在通风良好处，距罐15m以内不得进行焊接和热加工作业。

（3）空压机的进、排气管较长时，应加以固定，管路不得有急弯，对较长管路应设伸缩变形装置。

（4）贮气罐与输气管道每3年应作1次水压试验，试验压力应为额定压力的150%。压力表和安全阀应每年至少校验1次。

（5）空压机作业前重点检查内容应符合下列要求。

① 燃、润油料均添加充足。

② 各连接部位紧固，各运动机构及各部位阀门开闭灵活。

③ 各防护装置齐全良好，贮气罐内无存水。

④ 空压机的电动机及启动器外壳接地良好，接地电阻不大于4Ω。

（6）空压机应在无载状态下启动，启动后低速运转，检查各仪表指示值是否符合要求，运转正常后，逐步进入载荷运转。

（7）输气管道应保持畅通，不得扭曲。开启送气阀前，应看输气管道是否接好，并通知现场有关人员后方可送气。在出气口前方不得有人工作或站立。

（8）作业中贮气罐内压力不得超过铭牌额定压力，安全阀、轴承及其他部件应无异响或过热现象。

（9）每工作2h，应将液化分离器、中间冷却器、后冷却器内的油水排放1次。贮气罐内油水每班应排放1~2次。

（10）发现下列情况之一应立即停机检查，找出原因并排除故障后，方可继续作业。

① 漏水、漏气、漏电或冷却水突然中断。

② 压力表、温度表、电流表指示值超过规定。

③ 排气压力突然升高，排气阀、安全阀失效。

④ 机械有异响或电动机电刷发生强烈火花。

（11）空压机运转中，在缺水而使气缸过热停机时，应待气缸自然降温至600℃以下后，方可加水。

（12）当空压机运转中突然停电，应立即切断电源，待来电后重新在无载荷状态下启动。

（13）停机后，应先卸去载荷，然后分离主离合器，再停止内燃机和电动机的运转。

（14）停机后，应关闭冷却水阀门，打开放气阀，放出各级冷却器和贮气罐内的油水和存气，方可离岗。

（15）在潮湿地区及隧道中施工时，空压机外露摩擦面应定期加注润滑油，电动机应做好防潮保护工作。

6.15 施工机具检查评定应用训练

施工机具检查评定应符合现行行业标准《建筑机械使用安全技术规程》（JGJ 33—2012）和《施工现场机械设备检查技术规范》（JGJ 160—2016）的规定。施工机具检查评定项目应包括：平刨、圆盘锯、手持电动工具、钢筋机械、电焊机、搅拌机、气瓶、翻斗车、潜水泵、振捣器具、桩工机械、泵送机械。施工机具的检查评定应符合下列规定。

1．平刨

（1）平刨安装完毕应按规定履行验收程序，并应经责任人签字确认。

（2）平刨应设置护手及防护罩等安全装置。

（3）保护零线应单独设置，并应安装漏电保护装置。

（4）平刨应按规定设置作业棚，并应具有防雨、防晒等功能。

（5）不得使用同台电机驱动多种刃具、钻具的多功能木工机具。

2．圆盘锯

（1）圆盘锯安装完毕应按规定履行验收程序，并应经责任人签字确认。

（2）圆盘锯应设置防护罩、分料器、防护挡板等安全装置。

（3）保护零线应单独设置，并应安装漏电保护装置。

（4）圆盘锯应按规定设置作业棚，并应具有防雨、防晒等功能。

（5）不得使用同台电机驱动多种刃具、钻具的多功能木工机具。

3．手持电动工具

（1）Ⅰ类手持电动工具应单独设置保护零线，并应安装漏电保护装置。

（2）使用Ⅰ类手持电动工具应按规定穿戴绝缘手套、绝缘鞋。

（3）手持电动工具的电源线应保持出厂状态，不得接长使用。

4．钢筋机械

（1）钢筋机械安装完毕应按规定履行验收程序，并应经责任人签字确认。

（2）保护零线应单独设置，并应安装漏电保护装置。

（3）钢筋加工区应搭设作业棚，并应具有防雨、防晒等功能。

（4）对焊机作业应设置防火花飞溅的隔热设施。

（5）钢筋冷拉作业应按规定设置防护栏。

（6）机械传动部位应设置防护罩。

5. 电焊机

（1）电焊机安装完毕应按规定履行验收程序，并应经责任人签字确认。
（2）保护零线应单独设置，并应安装漏电保护装置。
（3）电焊机应设置二次空载降压保护装置。
（4）电焊机一次线长度不得超过5m，并应穿管保护。
（5）二次线应采用防水橡皮护套铜芯软电缆。
（6）电焊机应设置防雨罩，接线柱应设置防护罩。

6. 搅拌机

（1）搅拌机安装完毕应按规定履行验收程序，并应经责任人签字确认。
（2）保护零线应单独设置，并应安装漏电保护装置。
（3）离合器、制动器应灵敏有效，料斗钢丝绳的磨损、锈蚀、变形量应在规定允许范围内。
（4）料斗应设置安全挂钩或止挡装置，传动部位应设置防护罩。
（5）搅拌机应按规定设置作业棚，并应具有防雨、防晒等功能。

7. 气瓶

（1）气瓶使用时必须安装减压器，乙炔气瓶应安装回火防止器，并应灵敏可靠。
（2）气瓶间安全距离不应小于5m，与明火安全距离不应小于10m。
（3）气瓶应设置防震圈、防护帽，并应按规定存放。

8. 翻斗车

（1）翻斗车制动、转向装置应灵敏可靠。
（2）司机应经专门培训，持证上岗，行车时车斗内不得载人。

9. 潜水泵

（1）保护零线应单独设置，并应安装漏电保护装置。
（2）负荷线应采用专用防水橡皮电缆，不得有接头。

10. 振捣器具

（1）振捣器作业时应使用移动配电箱、电缆线长度不应超过30m。
（2）保护零线应单独设置，并应安装漏电保护装置。
（3）操作人员应按规定穿戴绝缘手套、绝缘鞋。

11. 桩工机械

（1）桩工机械安装完毕应按规定履行验收程序，并应经责任人签字确认。
（2）作业前应编制专项方案，并应对作业人员进行安全技术交底。
（3）桩工机械应按规定安装安全装置，并应灵敏可靠。
（4）机械作业区域地面承载力应符合机械说明书要求。

（5）机械与输电线路安全距离应符合现行行业标准《施工现场临时用电安全技术规范》（JGJ 46—2015）的规定。

施工机具检查评分表见表6-4。

表6-4 施工机具检查评分表

序号	检查项目	扣 分 标 准	应得分数	扣减分数	实得分数
1	平刨	平刨安装后未进行验收合格手续扣3分 未设置护手安全装置扣3分 传动部位未设置防护罩扣3分 未做保护接零、未设置漏电保护器每处扣3分 未设置安全防护棚扣3分 无人操作时未切断电源扣3分 使用平刨和圆盘锯合用一台电机的多功能木工机具，平刨和圆盘锯两项扣12分	12		
2	圆盘锯	电锯安装后未留有验收合格手续扣3分 未设置锯盘护罩、分料器、防护挡板安全装置和传动部位未进行防护每缺一项扣3分 未做保护接零、未设置漏电保护器每处扣3分 未设置安全防护棚扣3分 无人操作时未切断电源扣3分	10		
3	手持电动工具	Ⅰ类手持电动工具未采取保护接零或漏电保护器扣8分 使用Ⅰ类手持电动工具不按规定穿戴绝缘用品扣4分 使用手持电动工具随意接长电源线或更换插头扣4分	8		
4	钢筋机械	机械安装后未留有验收合格手续扣5分 未做保护接零、未设置漏电保护器每处扣5分 钢筋加工区无防护棚，钢筋对焊作业区未采取防止火花飞溅措施，冷拉作业区未设置防护栏每处扣5分 传动部位未设置防护罩或限位失灵每处扣3分	10		
5	电焊机	电焊机安装后未留有验收合格手续扣3分 未做保护接零、未设置漏电保护器每处扣3分 未设置二次空载降压保护器或二次侧漏电保护器每处扣3分 一次线长度超过规定或不穿管保护扣3分 二次线长度超过规定或未采用防水橡皮护套铜芯软电缆扣3分 电源不使用自动开关扣2分 二次线接头超过3处或绝缘层老化每处扣3分 电焊机未设置防雨罩、接线柱未设置防护罩每处扣3分	8		

续表

序号	检查项目	扣 分 标 准	应得分数	扣减分数	实得分数
6	搅拌机	搅拌机安装后未留有验收合格手续扣 4 分 未做保护接零、未设置漏电保护器每处扣 4 分 离合器、制动器、钢丝绳达不到要求每项扣 2 分 操作手柄未设置保险装置扣 3 分 未设置安全防护棚和作业台不安全扣 4 分 上料斗未设置安全挂钩或挂钩不使用扣 3 分 传动部位未设置防护罩扣 4 分 限位不灵敏扣 4 分 作业平台不平稳扣 3 分	8		
7	气瓶	氧气瓶未安装减压器扣 5 分 各种气瓶未标明标准色标扣 2 分 气瓶间距小于 5m,距明火小于 10m 又未采取隔离措施每处扣 2 分 乙炔气瓶使用或存放时平放扣 3 分 气瓶存放不符合要求扣 3 分 气瓶未设置防震圈和防帽每处扣 2 分	8		
8	翻斗车	翻斗车制动装置不灵敏扣 5 分 无证司机驾车扣 5 分 行车载人或违章行车扣 5 分	8		
9	潜水泵	未做保护接零、未设置漏电保护器每处扣 3 分 漏电动作电流大于 15mA、负荷线未使用专用防水橡皮电缆每处扣 3 分	6		
10	振捣器具	未使用移动式配电箱扣 4 分 电缆长度超过 30m 扣 4 分 操作人员未穿戴好绝缘防护用品扣 4 分	8		
11	桩工机械	机械安装后未留有验收合格手续扣 3 分 桩工机械未设置安全保护装置扣 3 分 机械行走路线地耐力不符合说明书要求扣 3 分 施工作业未编制方案扣 3 分 桩工机械作业违反操作规程扣 3 分	6		
12	泵送机械	机械安装后未留有验收合格手续扣 4 分 未做保护接零、未设置漏电保护器每处扣 4 分 固定式混凝土输送泵未制作良好的设备基础扣 4 分 移动式混凝土输送泵车未安装在平坦坚实的地坪上扣 4 分 机械周围排水不通畅的扣 3 分、积灰扣 2 分 机械产生的噪声超过噪声限值扣 3 分 整机不清洁、漏油、漏水每发现一处扣 2 分	8		
检查项目合计			100		

本章小结

本章主要介绍了起重吊装的一般要求、起重吊装的检查评定,木工机械、钢筋机械、混凝土机械、桩工机械、其他机械等安全技术操作要点,施工机具的检查评定等。

思考与拓展题

1. 建筑机械安全一般规定是什么?
2. 起重吊装机械的基本要求有哪些?
3. 起重吊装检查评定项目有哪些?
4. 建筑施工现场常用的木工机械有哪些?它们的安全使用要点有哪些?
5. 钢筋机械按作业方式可分为哪几类?它们的安全使用要点有哪些?
6. 混凝土机械的种类有哪些?它们的安全使用要点有哪些?
7. 氧气瓶的安全使用要点是什么?
8. 乙炔气瓶的安全使用要点是什么?
9. 潜水泵的安全使用要点是什么?
10. 打桩机械的安全使用要点是什么?
11. 水磨石机的安全使用要点有哪些?
12. 施工机具检查评定项目有哪些?
13. 挖土机械有哪些?它们的安全使用要点有哪些?

第 7 章

拆除工程安全技术

课程标准

课程内容	知识要点	教学目标
拆除工程安全管理与预防控制	拆除工程的准备工作、应急处理、人工拆除、机械拆除、爆破拆除、安全防护措施，拆除工程文明施工管理等方面的内容	能做好拆除前的准备工作，会进行拆除工程的安全施工管理，安全检查和安全防护设施的落实，应急情况处理

章节导读

日新月异的城市大建设带来了城市大拆迁，而大拆迁又带来了大量的拆除工程。拆除工程就其施工难度、危险程度、作业条件等方面来看危险度远甚于新建工程，同时也更难以管理，更容易发生安全事故，如图 7.1 所示。因此，安全管理工作在拆除工程中有着至关重要的地位。拆除工程过去主要以拆除砖木、砖混等简易结构为主，现在的拆除工程，不仅有砖木、砖混结构，还有多层框架结构，从房屋拆除发展到烟囱、水塔、桥梁、码头等建（构）筑物的拆除，因而建（构）筑物的拆除施工近年来已形成一种行业。现在的拆除工程还有一个特点是，许多拆除工地都位于人口密度大、房屋密集的市区，周围保留房屋多，周边及地下管线多，情况复杂。这些因素都大大增加了拆除工程难度及危险，同时由于拆除工程往往承包给没有资质的单位或个人，在施工过程中施工人员缺乏基本的安全防护设施和劳动防护用品，因此极易发生事故。而发生事故后施工人员也得不到应有的抚恤和赔偿，给受害者家属造成无法弥补的伤痛和经济损失，给政府和社会带来了不良影响和额外负担。

图 7.1 冒险拆除

知识链接

某年 10 月 11 日，一台凿掘机正在一幢 8 层楼的楼顶上凿掘。这幢位于某市东海大道尚未完工的半拉子大楼因故被拆除。承接拆迁的一家公司竟然将一台凿掘机吊上楼顶从上往下逐层开拆，隆隆的凿掘声方圆两三里地都清晰可闻，令周围市民既惊奇又担忧。

7.1 拆除工程一般规定

拆除工程

（1）项目经理必须对拆除工程的安全生产负全面领导责任。项目经理部应按有关规定设专职安全员，检查落实各项安全技术措施。

（2）施工单位应全面了解拆除工程的图纸和资料，进行现场勘察，编制施工组织设计或安全专项施工方案。

（3）拆除工程施工区域应设置硬质封闭围挡及醒目警示标志，围挡高度不应低于1.8m，非施工人员不得进入施工区。当临街的被拆除建筑与交通道路的安全跨度不能满足要求时，必须采取相应的安全隔离措施。

（4）施工单位应为从事拆除作业的人员办理意外伤害保险。

（5）拆除施工严禁立体交叉作业。

（6）作业人员使用手持机具时，严禁超负荷或带故障运转。

（7）楼层内的施工垃圾，应采用封闭的垃圾道或垃圾袋运下，不得向下抛掷。

（8）根据拆除工程施工现场作业环境，应制定相应的消防安全措施。施工现场应设置消防车通道，保证充足的消防水源，配备足够的灭火器材。

7.2 拆除工程的准备工作

建设单位应负责做好影响拆除工程安全施工的各种管线的切断、迁移工作。当外侧有架空线路或电缆线路时，建设单位应与有关部门取得联系，采取措施，确认安全后方可施工。拆除工程的建设单位与施工单位在签订施工合同时，应签订安全生产管理协议，明确建设单位与施工单位在拆除工程施工中所承担的安全生产管理责任。《建设工程安全生产管理条例》中规定，建设单位、监理单位应对拆除工程施工安全负检查督促责任，施工单位应对拆除工程的安全技术管理负直接责任，同时也明确了建设单位、监理单位、施工单位在拆除工程中的安全生产管理责任。建设单位应当将拆除工程发包给具有相应资质等级的施工单位。建设单位应当在拆除工程施工15日前，将下列资料报送建设工程所在地的县级以上地方人民政府建设行政主管部门或者其他有关部门备案。

（1）施工单位资质等级证明。

（2）拟拆除建筑物、构筑物及可能危及毗邻建筑的说明。

（3）拆除施工组织设计。

（4）堆放、清除废弃物的措施。

建设单位应向施工单位提供下列资料。

（1）拆除工程的有关图纸和资料。

（2）拆除工程涉及区域的地上、地下建筑及设施分布情况资料。

当拆除工程对周围相邻建筑的安全可能产生危险时，必须采取相应的保护措施，对建筑内的人员进行撤离安置。

在拆除作业前，施工单位应检查建筑内各类管线情况，确认全部切断后方可施工。

7.3 拆除工程安全施工管理

建筑拆除工程一般可分为人工拆除、机械拆除、爆破拆除3大类。根据被拆除建筑的高度、面积、结构形式，采用不同的拆除方法。因为人工拆除、机械拆除、爆破拆除的方法不同，其特点也各有不同，所以在安全施工管理上各有侧重点。

1. 人工拆除

人工拆除是指人工采用非动力性（手动）工具进行作业的施工方法。人工拆除的建筑一般为砖木结构，高度不超过 6m（2 层），面积不大于 1000m²。

拆除施工程序应从上至下，按板、非承重墙、梁、承重墙、柱的顺序依次进行或依照先非承重结构后承重结构的原则进行拆除。分层拆除时，作业人员应在脚手架或稳固的结构上操作，被拆除的构件应有安全的放置场所。

人工拆除建筑墙体时，不得采用掏掘或推倒的方法。楼板上严禁多人聚集或集中堆放材料。拆除建筑的栏杆、楼梯、楼板等构件，应与建筑结构整体拆除进度相配合，不得先行拆除。建筑的承重墙、柱，应在其所承载的全部构件拆除后，再进行拆除。作业面的孔洞应封闭。

拆除梁或悬挑构件时，应在采取有效的下落控制措施后，方可切断两端的支撑。

拆除柱子时，应沿柱子底部剔凿出钢筋，使用手动倒链定向牵引，再采用气焊切割柱子三面钢筋，保留牵引方向正面的钢筋。

拆除原用于输送或保存有毒有害、可燃气体的管道及容器时，必须查清其残留物的种类、化学性质及残留量，采取相应措施后，方可进行拆除施工，达到确保拆除施工人员安全的目的。拆除的垃圾严禁向下抛掷。

2. 机械拆除

机械拆除是指以机械为主、人工为辅相配合的拆除施工方法。机械拆除的建筑一般为砖混结构，高度不超过 20m（6 层），面积不大于 5000m²。

当采用机械拆除建筑时，应从上至下，逐层分段进行，先拆除非承重结构，再拆除承重结构。拆除框架结构建筑，必须按楼板、次梁、主梁、柱子的顺序进行施工。对只进行部分拆除的建筑，必须先将保留部分加固，再进行分离拆除。在施工过程中，必须由专门人员负责随时监测被拆除建筑的结构状态，并做好记录。当发现有不稳定状态的趋势时，必须停止作业，采取有效措施，消除隐患。

拆除施工时，应按照施工组织设计选定的机械设备及吊装方案进行施工，供机械设备使用的场地必须保证有足够的承载力。作业中机械不得同时回转、行走。

当进行高处拆除作业时，对较大尺寸的构件或沉重的材料（楼板、屋架、梁、柱、混凝土构件等），必须使用起重机具将其及时吊下。拆卸下来的各种材料应及时清理，分类堆放在指定场所。

采用双机抬吊作业时，每台起重机载荷不得超过额定起重量的 80%，且应对第一吊进行试吊作业，施工中必须保持两台起重机同步作业。

拆除吊装作业的起重机司机，必须严格执行操作规程。信号指挥人员必须按照现行国家标准《起重机 手势信号》（GB/T 5082—2019）的规定作业。

拆除钢屋架时，必须采用绳索将其拴牢，待起重机吊稳后，方可进行气焊切割作业。吊运过程中，应采用辅助措施使被吊物处于稳定状态。

拆除桥梁时应先拆除桥面的附属设施及挂件、护栏等。

3. 爆破拆除

爆破拆除是利用炸药爆炸瞬间产生的巨大能量进行建筑拆除的施工方法。爆破拆除的建筑一般为混凝土结构，高度超过20m（6层），面积大于5000m²。

爆破拆除工程应根据周围环境条件、拆除对象类别、爆破规模的不同要求进行，按照现行国家标准《爆破安全规程》（GB 6722—2014）的规定，可将其分为A、B、C、D 4级。不同级别的爆破拆除工程有相应的设计施工难度，爆破拆除工程设计必须按级别经当地有关部门审核，做出安全评估和审查批准后方可实施。

从事爆破拆除工程的施工单位，必须持有所在地有关部门核发的爆炸物品使用许可证，承担相应等级及以下级别的爆破拆除工程。爆破拆除设计人员应具有承担爆破拆除作业范围和相应级别的爆破工程技术人员作业证。从事爆破拆除施工的作业人员应持证上岗。

运输爆破器材时，施工单位必须向所在地有关部门申请领取爆破物品运输证，并按照规定路线运输，派专人押送。爆破器材临时保管地点，必须经当地有关部门批准，严禁同室保管与爆破器材无关的物品。

爆破拆除的预拆除施工应确保建筑安全和稳定。爆破拆除的预拆除是指爆破实施前有必要进行部分拆除的施工。预拆除施工可以减少钻孔和爆破装药量，清除下层障碍物（如非承重的墙体），有利建筑塌落破碎解体。预拆除施工可采用机械和人工拆除非承重的墙体或不影响结构稳定的构件。

爆破拆除工程施工时，应对爆破部位进行覆盖和遮挡防护，覆盖材料和遮挡设施应选用不易抛散和折断，并能防止碎块穿透的材料，应保证其固定方便、牢固可靠。

爆破作业是一项特种施工方法，爆破拆除工程的设计和施工，必须按照《爆破安全规程》（GB 6722—2014）的有关爆破实施操作的规定执行。

对烟囱、水塔类构筑物采用定向爆破拆除工程时，爆破拆除设计应控制建筑倒塌时的触地振动，必要时应在倒塌范围内铺设缓冲材料或开挖防振沟。

为保护临近建筑和设施的安全，爆破振动强度应符合现行国家标准《爆破安全规程》（GB 6722—2014）的有关规定。建筑基础爆破拆除时，应限制一次同时使用的药量。

爆破拆除应采用电力起爆网路和非电导爆管起爆网路。电力起爆网路的电阻和起爆电源功率，应满足设计要求，非电导爆管起爆网路应采用复式交叉封闭网路。爆破拆除不得采用导爆索网路或导火索起爆方法。

装药前，应对爆破器材进行性能检测。试验爆破和起爆网路模拟试验应在安全场所进行。

爆破拆除工程的实施应在工程所在地有关部门领导成立的爆破指挥部的指挥下进行，并按照施工组织设计确定的安全距离设置警戒。

4. 安全防护措施

拆除工程采用的脚手架、安全网，必须由专业人员搭设，由项目经理（工地负责人）组织技术、安全部门的有关人员验收合格后，方可投入使用。安全防护设施验收时，应按类别逐项查验，并有验收记录。

拆除工程水平作业时，各工位间应有一定的安全距离。作业人员必须配备相应的劳动防护用品（如安全帽、安全带、防护眼镜、防护手套、防护工作服等），并应正确使用。在爆破拆除作业施工现场周边，应按照现行国家标准《安全标志及其使用导则》（GB 2894—2008）的规定，设置相关的安全标志，并设专人巡查。

拆除工程安全技术管理包括以下几个方面。

（1）拆除工程开工前，应根据工程特点、构造情况、工程量及有关资料编制安全施工组织设计或方案。爆破拆除和被拆除建筑面积大于 1000m² 的拆除工程，应编制安全施工组织设计。被拆除建筑面积小于等于 1000m² 的拆除工程，应编制安全技术方案。

（2）拆除工程的安全施工组织设计或方案，应由专业工程技术人员编制，经施工单位技术负责人、总监理工程师审核批准后实施。施工过程中，如需变更安全施工组织设计或方案，应经原审批人批准，方可实施。

（3）拆除工程项目负责人是拆除工程施工现场的安全生产第一责任人。项目经理部应设专职安全员，检查落实各项安全技术措施。

（4）进入施工现场的人员，必须佩戴安全帽。在进行高处作业无可靠防护设施时，必须正确使用安全带。在恶劣的气候条件（如大雨、大雪、大雾、6 级及以上大风等）影响施工安全时，严禁拆除作业。

（5）拆除工程施工现场的安全管理工作由施工单位负责。从业人员应办理相关手续，签订劳动合同，进行安全培训，考试合格后，方可上岗作业。拆除工程施工前，必须由工程技术人员对施工作业人员进行书面安全技术交底，并履行签字手续。特种作业人员必须持有效证件上岗作业。

（6）施工现场临时用电必须按照《施工现场临时用电安全技术规范》（JGJ 46—2005）的有关规定执行。电动机械和电动工具必须装设漏电保护器，其保护零线的电气连接应符合要求。对产生振动的设备，其保护零线的连接点不应少于两处。

（7）拆除工程作业过程中，当发生险情或异常情况时，应立即停止施工，查明原因，及时排除险情。发生生产安全事故时，要立即组织抢救、保护事故现场，并向有关部门报告。

（8）施工单位必须依据拆除工程安全施工组织设计或方案，划定危险区域，施工前应通报施工注意事项，拆除工程有可能影响公共安全和周围居民的正常生活的情况时，应在施工前发出告示，做好宣传工作，并采取可靠的安全防护措施。

5. 应急处理

在拆除工程作业中，当施工单位发现不明物体时，必须停止施工，采取相应的应急措施，保护现场并应及时向有关部门报告。经过有关部门鉴定后，按照国家和政府有关法规妥善处理。拆除工程必须制定生产安全事故应急救援预案，成立组织机构，并配备抢险救援器材，适当时候组织演练。当发生重大事故时，应立即启动应急救援预案排除险情，组织抢救。

 案例分析

某市因道路拓宽工程需要，市城建开发处与该市某拆迁单位签订委托拆迁协议，将某建筑公司大院部分房屋及附属物拆除任务委托给该拆迁单位。同年 9 月 18 日，拆迁单位与建筑公司签订协议，同意由该拆迁单位负责拆除。签完协议后，拆迁单位程某某、邱某某、陈某某等人为了单位创收，与建筑公司副经理杨某、经营科长蒋某口头协议，要将文化中心和实验室拆除另行安排。据此书面和口头协议，建筑公司安排所属工贸公司，将协议范围内的拆除物于年底前拆除完毕，而对拆迁单位口头协议留下的文化中心和实验室未安排队伍拆除。当年10月，拆迁单位陈某某将文化中心和实验室拆除业务安排给了个体户刘某某。刘某某在拆除完文化中心和实验室屋顶后，将剩余的工程又转包给个体户韩某某拆除。过了大半年，即在第二年8月13日上午，文化中心只剩下东墙未拆（高约4m，长约7m），其余的墙已全部拆倒。工人韩某某等3人在东墙西侧约3m的地方清理红砖，约9时40分，东墙突然向西倒塌，将正在清理红砖的3人砸倒，当场死亡。

事故原因分析：

（1）技术原因。拆除人韩某某在未对拆除工程制定施工方案的情况下对房屋进行拆除，采取了错误的分段拆除方法，并没有采取任何安全防护措施，导致墙体失稳，突然倒塌。因此，缺少施工方案和安全技术措施是此次事故的技术原因。

（2）管理原因。①拆迁单位对内部人员失之管理，且工程发包后，对工程未采取监督措施。②建筑公司作为合同中的承包人，执行合同不严，现场管理交接不清。③拆迁单位职工陈某某利用身份和工作便利，弄虚作假、徇私舞弊，违法将拆迁业务安排给无资质的个体户。④承包人个体户无拆除资质，利用非法手段承揽拆迁业务，又非法转包给另一个个体户韩某某，是此次事故的管理原因。

7.4 拆除工程文明施工管理

拆除工程施工现场清运渣土的车辆应在指定地点停放。车辆应封闭或采用苫布覆盖，出入现场时应有专人指挥。清运渣土的作业时间应遵守有关规定。拆除工程施工时，设专人向被拆除的部位洒水降尘，减少对周围环境的扬尘污染。

对地下的各类管线，施工单位应在地面上设置明显标志，对水、电、气的检查井、污水井也应采取相应的保护措施。拆除工程施工时，应有降低噪声的措施。拆除工程完工后，应及时将渣土清运出场。

施工单位必须落实防火安全责任制，建立义务消防组织，明确责任人，负责施工现场的日常防火安全管理工作。

施工现场应建立健全用火管理制度。施工作业用火时，必须履行动火审批手续，经现场防火负责人审查批准，领取用火证后，方可在指定时间、地点作业。作业时应配备专人监护，作业后必须确认无火源危险后方可离开作业地点。

拆除工程施工中，当遇有易燃、可燃物（建筑材料燃烧分级，B_3级为易燃性建筑材料，B_2级为可燃性建筑材料）及保温材料时，严禁明火作业。施工现场应设置不小于3.5m宽的消防车道并保持畅通。

本章小结

本章主要介绍了拆除工程的准备工作、拆除工程安全施工管理、应急处理、安全防护措施、拆除工程文明施工管理等方面的内容。

思考与拓展题

1. 建筑拆除工程的施工方法有哪几种?
2. 建筑拆除工程必须由具备什么资质的单位施工?
3. 拆除工程的建设单位与施工单位安全管理责任是如何规定的?
4. 施工单位应对拆除工程的安全技术管理承担什么责任?
5. 拆除工程施工前,如何对施工作业人员进行书面安全技术交底?
6. 人工拆除安全技术要点是什么?
7. 机械拆除安全技术要点是什么?
8. 爆破拆除安全技术要点是什么?

第8章

施工现场临时用电安全技术

课程标准

课程内容	知识要点	教学目标
安全用电管理能力	施工现场临时用电的原则、施工现场临时用电组织设计、供配电系统、基本保护系统、接地装置、配电装置、配电线路、用电设备、外电防护、现场照明、用电档案	掌握施工用电检查评定项目的相关内容。熟悉施工用电安全技术与管理,施工现场临时用电组织设计的编制

章节导读

党的二十大报告中提出统筹水电开发和生态保护,积极安全有序发展核电,加强能源产供储销体系建设,确保能源安全。电作为经常使用到的能源,如果不注意操作,将产生严重的后果。电流对人体的伤害有 3 种:电击、电伤和电磁场伤害。电击是指电流通过人体,破坏人体心脏、肺及神经系统的正常功能。电伤是指电流的热效应、化学效应和机械效应对人体的伤害,主要是指电弧烧伤、熔化金属溅出烫伤等。电磁场伤害是指在高频磁场的作用下,人体会出现头晕、乏力、记忆力减退、失眠、多梦等神经系统的症状。一般认为,电击对人体造成的危险性比较大,特别是当电流通过心脏时,危险性最大,因此从手到脚的电流途径最为危险。触电还容易因剧烈痉挛而摔倒,导致电流通过全身并造成摔伤、坠落等二次事故。电磁场伤害的防护一般采用电磁屏蔽装置,高频电磁屏蔽装置可由铜、铝或钢制成。金属或金属网可有效地消除电磁场的能量,因此可以将其制成屏蔽室、屏蔽服等来进行防护。屏蔽装置应有良好的接地装置,以提高屏蔽效果。防止触电最为常见的安全措施是绝缘、屏护和间距。

(1)绝缘是利用绝缘材料把带电体封闭起来以防止与人体接触产生触电。瓷、玻璃、云母、橡胶、木材、胶木、塑料、布、纸和矿物油等都是常用的绝缘材料。应当注意的是,很多绝缘材料受潮后会丧失绝缘性能或在强电场作用下结构遭到破坏,丧失绝缘性能。

(2)屏护是采用遮栏、护盖、箱闸等装置把带电体同外界隔绝开来。电器开关的可动部分一般不能使用绝缘,而需要屏护。高压设备不论是否有绝缘,均应采取屏护。

(3)间距就是保证必要的安全距离。间距除用以防止触及或过分接近带电体外,还能起到防止火灾、防止混线、方便操作的作用。在低压工作中,最小检修距离不应小于 0.1m。

特别提示

施工用电检查评定应符合现行国家标准《建设工程施工现场供用电安全规范》(GB 50194—2014)和现行行业标准《施工现场临时用电安全技术规范》(JGJ 46—2005)的规定。建筑施工现场临时用电工程三原则为:①采用三级配电系统;②采用 TN—S 接零保护系统;③采用二级漏电保护系统。

施工用电检查评定的保证项目应包括:外电防护、接地与接零保护系统、配电线路、配电箱与开关箱。一般项目应包括:配电室与配电装置、现场照明、用电档案。

8.1 外电防护

外电线路与在建工程（含脚手架）、高大施工设备、场内机动车道的安全距离达不到要求时，应采取防护措施，如图 8.1 所示。外电防护的技术措施有绝缘、屏护、安全距离、限制放电能量和采用 24V 及以下安全特低电压等。

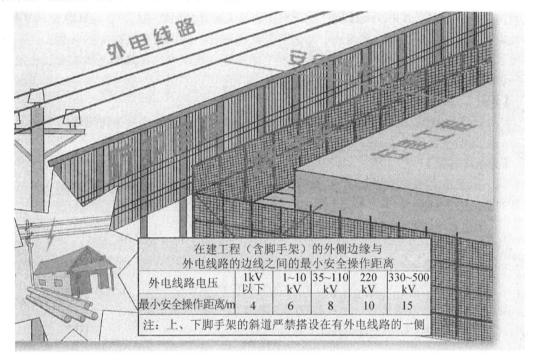

图 8.1 在建工程与外电线路防护

上述 5 项措施具有普遍适用的意义。但是对于施工现场外电防护这种特殊的防护，基本上不存在安全特低电压和限制放电能量的问题。架设安全防护设施是一种绝缘隔离防护措施，宜通过采用木、竹或其他绝缘材料增设屏障、遮栏、围栏、保护网等与外电线路实现强制性绝缘隔离，并须在隔离处悬挂醒目的警示标志牌，如"请勿靠近、高压危险""危险地段、请勿靠近"等，以引起施工人员注意，避免发生意外事故。

外电防护方案

没有达到上述要求的，或做了防护措施但不到位的，在施工前必须编制高压线防护方案，经审核、审批后方可施工。

在建工程不得在外电线路正下方施工、搭设作业棚、建造生活设施或堆放构件、架具、材料及其他杂物等。高压线路是相对于地面高电位的带电体，其周围存在很强的电场，在这个强电场作用下，处于高压线附近导体（包括人的身体）上的正、负电荷将分别集中地分布于导体（包括人的身体）表面上最靠近和最远离输电线路的两端，同时随着线路电压的交替变化，正、负电荷的分布也随之交替变化，这种现象叫做电感应，人体若接触高压线路下方的设施、构件、材料等易感应触电。与导体在电场中的电感应相对应,电介质和绝缘体在电场中将被极化,极化的结果是在其表面出现束缚电荷。

 案例分析

某工程建筑面积约 18 400m^2,地下 2 层,地上 6 层,为框架结构筏板式基础,基槽深约 8.5m。在边坡西侧工地围墙外,离槽边约 8m 有一民用高压线路,高度约为 6m。施工单位考虑到此高压线路距本工程的距离在安全距离之外,又处于土方施工阶段,因此没有搭设护线架子。土方施工开始以后按进度计划将要结束时,发生了一起铲车碰断电线的事故。事故发生在土方收尾阶段,因场地小马道不能做得过长,所以在当天进场一个臂长 7m 的铲运机。铲运机在向运土汽车上装土时碰断了高压线,造成当地建筑大范围断电,也造成了一些施工电器的损坏,没有人员伤亡。

【问题】

(1) 如果你是施工单位本项目经理部负责人,事故发生后,你该如何处理此事?

(2) 这起事故的直接原因是什么?

【分析与答案】

(1) 如果我是施工单位本项目经理部负责人,事故发生后,我认为可以采取以下措施进行补救。

① 保护现场,划分安全区域,保证过往行人的安全。

② 及时通知供电局进行抢修。

③ 向上级主管部门汇报。

④ 成立专门的善后小组,走访受损的居民和用户,进行赔偿,减少负面影响。

⑤ 对现场进行治理整顿,保证后期施工安全。

(2) 这起事故的直接原因是施工方操作不当。

8.2 接地与接零保护系统

根据《建筑施工安全检查标准》(JGJ 59—2011),施工用电保证项目的接地与接零保护系统检查评定应符合下列规定。

(1) 施工现场专用的电源中性点直接接地的低压配电系统应采用 TN-S 接零保护系统。

(2) 施工现场配电系统不得同时采用两种保护系统。

(3) 保护零线应由工作接地线、总配电箱电源侧零线或总漏电保护器电源零线处引出,电气设备的金属外壳必须与保护零线连接。

(4) 保护零线应单独敷设,线路上严禁装设开关或熔断器,严禁通过工作电流。

(5) 保护零线应采用绝缘导线,规格和颜色标记应符合规范要求。

(6) TN 系统的保护零线应在总配电箱处、配电系统的中间处和末端处做重复接地。

(7) 接地装置的接地线应采用两根及以上导体,在不同点与接地体做电气连接。接地体应采用角钢、钢管或光面圆钢。

(8)工作接地电阻不得大于4Ω,重复接地电阻不得大于10Ω。

(9)施工现场起重机、物料提升机、施工升降机、脚手架应按规范要求采取防雷措施,防雷装置的冲击接地电阻值不得大于30Ω。

(10)做防雷接地机械上的电气设备,保护零线必须同时做重复接地。

1. 接地与接零保护

接地装置是构成施工现场用电基本保护系统的主要组成部分之一,是施工现场用电工程的基础性安全装置。在施工现场用电工程中,电力变压器二次侧(低电压)中性点要直接接地,PE线(保护零线)要做重复接地,高大建筑机械和高架金属设施要做防雷接地,产生静电的设备要做防静电接地。

1)接地与接地装置

所谓接地,是指设备与大地做电气连接或金属性连接。电气设备的接地,通常是将金属导体埋入土中,通过导体与设备做电气连接(金属性连接)。这种埋入土中直接与地接触的金属导体称为接地体,而连接设备与金属导体的线称为接地线,接地体与接地线的连接组合就称为接地装置。应当注意,金属燃气管道不能用作自然接地体或接地线,螺纹钢和铝板不能用作人工接地体。

2)接地的分类

接地按其作用可分为保护性接地、工作接地及兼有工作和保护性的重复接地。

(1)保护性接地。保护性接地分为保护接地、防雷接地、防静电接地等。

(2)工作接地。将变压器中性点直接接地称为工作接地,限值应小于4Ω。有了这种接地可以稳定系统电压,防止高压侧电源直接窜入低压侧,造成低压系统的电气设备被摧毁不能正常工作的情况发生。

(3)重复接地。在保护接零设备漏电情况下,若零线发生断线,则断线后的零线和所有保护接地设备金属外壳都变成了与火线相连,它们对地电压为220V,此时人若触及它们将十分危险,保护接零失去保护作用。为此,将电网中的零线在中间和末端多处接地,此时碰壳处故障电流 I 将通过零线接地线和工作接地线与电源组成回路,降低设备外壳接地电压。

这种在PE线上再做接地的方式就叫重复接地,PE线的重复接地不应少于3处,应分别设置于配电系统的首端、中间、末端处,每处重复接地电阻值不应大于10Ω。

重复接地可以起到PE线断线后的补充保护作用,也可以降低漏电设备的对地电压,缩短故障持续时间。

TN 系统

重复接地必须与PE线相连接,严禁与N线(工作零线)相连接,否则,N线中的电流将会分流,同时N线经大地与电源中性点工作接地处形成回路,使PE线对地电位升高而带电。

3)保护接零

如图8.2所示的三相设备,其火线 L_1 同电机外壳碰壳时,电机外部带电,人与设备外壳接触就易发生触电危险。若将用电设备金属与零线相连,发生碰壳漏电时,火线 L_1 就会与零线短接,强大的短路电流将烧断熔断器,切断电源,防止触电事故发生。

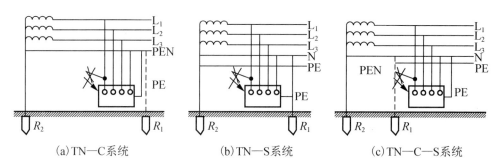

(a) TN—C系统　　　(b) TN—S系统　　　(c) TN—C—S系统

图 8.2　保护接零（TN 系统）

这种将电气设备金属外壳与电网零线的连接称为保护接零。

4）保护零线（PE 线）与工作零线（N 线）

（1）专用 PE 线必须采用绿/黄双色线，不得用铝线金属裸线代替，绿/黄双色线不得作为 N 线和相线使用。

（2）PE 线与 N 线的连接关系。经过总漏电保护器，PE 线与 N 线分开，其后不得再作电气连接。

（3）PE 线与 N 线的应用区别。PE 线只用于连接电气设备外露可导电部分，在正常情况下无电流通过，且与大地保持等电位。N 线作为电源线用于连接单相设备或三相四线设备，在正常情况下会有电流通过，被视为带电部分，且对地呈现电压。因此，在实际使用中不得混用或代用。

 特别提示

《施工现场临时用电安全技术规范》（JGJ 46—2005）中有关接地与防雷的强制性条文如下。

① 在施工现场专用变压器的供电的 TN—S 接零保护系统中，电气设备的金属外壳必须与保护零线连接。保护零线应由工作接地线、配电室（总配电箱）电源侧零线或总漏电保护器电源侧零线处引出。

② 当施工现场与外电线路共用同一供电系统时，电气设备的接地、接零保护应与原系统保持一致。不得一部分设备做保护接零，另一部分设备做保护接地。

采用 TN 系统做保护接零时，工作零线（N 线）必须通过总漏电保护器，保护零线（PE 线）必须由电源进线零线重复接地处或总漏电保护器电源侧零线处引出，形成局部 TN—S 接零保护系统。

③ PE 线上严禁装设开关或熔断器，严禁通过工作电流，且严禁断线。

④ TN 系统中的保护零线除必须在配电室或总配电箱处做重复接地外，还必须在配电系统的中间处和末端处做重复接地。

在 TN 系统中，保护零线每一处重复接地装置的接地电阻值不应大于 10Ω。在工作接地电阻值允许达到 10Ω 的电力系统中，所有重复接地的等效电阻值不应大于 10Ω。

⑤ 做防雷接地机械上的电气设备，所连接的 PE 线必须同时做重复接地，同一台机械电气设备的重复接地和机械的防雷接地可共用同一接地体，但接地电阻应符合重复接地电阻值的要求。

2. TN 系统

我国施工现场临时用电系统一般为中性点直接接地的三相四线制低压电力系统,这个系统的接地、接零保护系统有两种形式,TT 系统和 TN 系统。TN 系统又分为 TN-C 系统、TN-S 系统和 TN-C-S 系统。

TT 系统:第一个字母 T 表示工作接地,第二个字母 T 表示保护接地。

TN 系统:第一个字母 T 表示工作接地,第二个字母 N 表示保护接零。

1)TN-C 系统

TN-C 系统如图 8.2(a)所示。图 8.2(a)中可以看出 PEN 线在接入单相设备如照明灯时,它是灯具与电源组成的电源回路的一部分,没有它灯具不能工作。根据此时它所起的作用,我们称之为 N 线。而在它与三相设备金属外壳相连时,没有它设备能照常工作,只是当设备发生漏电时,将起到保护作用,此时,我们称之为 PE 线。

由此可见,TN-C 系统是 PE 线与 N 线合一的系统(三相四线制)。但是 TN-C 系统存在以下显著缺陷。

(1)当三相负载不平衡时,零线带电。

(2)零线断线时,单相设备的工作电流会导致电气设备外壳带电。

(3)会给安装漏电保护器带来困难。

2)TN-S 系统

将电气设备金属外壳与 PE 线连接,使其同 N 线分开而单独敷设,就可有效排除 TN-C 系统形式缺陷,提高安全保护的可靠性。这种 PE 线与 N 线分离的系统,就是 TN-S 系统,如图 8.3 所示,俗称三相五线制。按《施工现场临时用电安全技术规范》(JGJ 46—2005)要求,建筑施工临时用电必须采用 TN-S 系统。

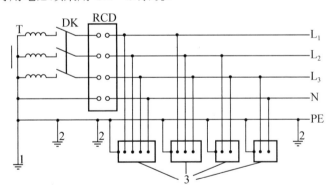

图 8.3 TN—S 系统

1—工作接地;2—PE 线重复接地;3—电气设备金属外壳(正常不带电的外露可导电部分);
L_1、L_2、L_3—相线;N—工作零线;PE—保护零线;DK—总电源隔离开关;
RCD—总漏电保护器(兼有短路、过载、漏电保护功能的漏电断路器);T—变压器

3)TN-C-S 系统

有些施工现场没有自己的变电所,直接使用供电局提供的 TN-C 系统供电,此电源进入施工现场后,需另接 PE 线,使施工现场变为 TN-S 系统。就整个系统而言,其一部分

采用 TN-C 系统，而另一部分采用 TN-S 系统，该系统称为 TN-C-S 系统。

将外部 TN-C 系统变为施工现场 TN-C-S 系统的接线方法是，当三相四线电源进入工地总配电箱后，将零线接地，接地电阻为 10Ω，然后从该零线上引出两条零线，即 N 线和 PE 线，如图 8.2（c）所示。

8.3 配 电 线 路

根据《建筑施工安全检查标准》（JGJ 59—2011），施工用电保证项目的配电线路检查评定应符合下列规定。

（1）线路及接头应保证机械强度和绝缘强度。
（2）线路应设短路、过载保护，导线截面应满足线路负荷电流。
（3）线路的设施、材料及相序排列、档距、与邻近线路或固定物的距离应符合规范要求。
（4）电缆应采用架空或埋地敷设并应符合规范要求，严禁沿地面明设或沿脚手架、树木等敷设。
（5）电缆中必须包含全部工作芯线和用作保护零线的芯线，并应按规定接用。
（6）室内非埋地明敷主干线距地面高度不得小于 2.5m。

8.3.1 配电线路的分类

一般情况下，施工现场的配电线路包括室外配线和室内配线。室外配线主要有绝缘导线或电缆架空敷设和绝缘电缆埋地敷设，架空线路由导线、绝缘子、横担及电杆等组成。安装在室内的导线，以及它们的支持物、固定配件，总称为室内配线。

8.3.2 室外配线安全要求

1. 电线无老化、破皮

目前施工现场使用的大部分为 BV 和 BLV 型铜芯（铝芯）塑料绝缘导线，此种导线为单层绝缘，架设于室外，受风吹雨淋、日晒自然环境的影响，绝缘层很容易损坏，绝缘能力降低，导线发生裂纹变硬。在一般的情况下，架设室外的导线使用期为 1~2 年，有些劣质导线老化情况会更严重些，一般导线受外力绝缘层破损，使用绝缘包带包扎好仍可使用，如导线已老化，绝缘层损坏就不能使用了。

2. 电线不随意拖地、浸水

随意拖地的导线很容易被重物或车辆压坏，破坏其绝缘层，容易浸水，造成线路短路故障，现场工人也易发生触电事故，因此现场不允许各类导线拖地，导线应架设或穿管保护。

3. 电杆、横担、绝缘子

（1）架空线路宜采用钢筋混凝土杆或木杆。钢筋混凝土杆不得有露筋、宽度大于 0.4mm 的裂纹或扭曲，木杆不得腐朽，其梢径应不小于 140mm。

电杆埋设深度宜为杆长的 1/10 加 0.6m，回填土应分层夯实，但在松软土质处应适当加大埋设深度或采用卡盘等加固。

（2）横担材料可采用木质或铁质材料。木横担截面积应为 80mm×80mm，铁横担应选用角钢。低压直线杆角钢横担型号选择方法是，导线截面积在 50mm^2 及以下选 ∠50mm×5mm，导线截面积大于 50mm^2 选∠63mm×5mm。

三线、四线横担长为 1.5m，五线横担长为 1.8m。

（3）绝缘子的选择原则。直线杆采用针式绝缘子，耐张杆采用蝶式绝缘子。

4. 架空线路、档距要求

JGJ 46—2005 明确规定："架空线必须采用绝缘导线。架空线必须架设在专用电杆上，严禁架设在树木、脚手架及其他设施上。"

1）导线的选择

架空导线截面积的选择不仅要通过负荷计算，使其满足导线中的负荷电流不大于其长期连续负荷允许载流量，还必须考虑其机械强度。为保证机械强度，绝缘铜线截面积不小于 10mm^2，绝缘铝线截面积不小于 16mm^2。

跨越铁路、公路、河流、电力线路档距内的铝线截面积不得小于 25mm^2，并不得有接头。

单相线路的零线截面积与相线截面积相同，三相四线制线路的 PE 线和 N 线截面积不小于相线截面积的 50%。

架空导线在一个档距内，每层导线的接头数不得超过该层导线条数的 50%，且一根导线应只有一个接头。

2）架空线路相序排列应符合下列要求

动力、照明线在同一横担上架设时，四线导线的相序排列是，面向负荷从左侧起为 L_1、N、L_2、L_3。

动力、照明线在同一横担上架设时，五线导线的相序排列是，面向负荷从左侧起为 L_1、N、L_2、L_3、PE（五线导线的颜色依次为黄色、淡蓝色、绿色、红色、绿/黄双色），如图 8.4 所示。

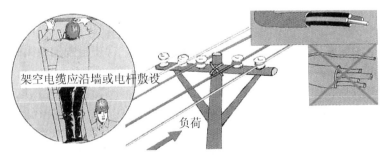

图 8.4 架空线路排列

动力、照明线在二层横担上分别架设时,上层横担面向负荷从左侧起依次为 L_1、L_2、L_3,下层横担面向负荷从左侧起为 L_1(L_2、L_3)、N、PE。

架空线路的线间距不得小于 0.3m,靠近电杆的两导线的间距不得小于 0.5m。

3)架空线路档距及与临近设施的距离

架空线路的档距是指两电杆之间的距离,架空线路的档距不得大于 35m。

架空线路的最大弧垂处(即架空线路上导线的最低点)与地面的最小垂直距离,施工现场、一般场所为 4m,机动车道为 6m,铁路轨道为 7.5m。

架空线路边线与建筑物凸出部分的最小水平距离为 1.0m。架空线摆动最大时至树梢的最小净空距离为 0.5m,与其他线路和设施的距离可参见 JGJ 46—2005。

5. 使用五芯电缆

电缆中必须包含全部工作芯线和用作保护零线或保护线的芯线。需要三相四线制配电的电缆线路必须采用五芯电缆。

五芯电缆必须包含淡蓝、绿/黄两种形式绝缘芯线。淡蓝色芯线必须用作 N 线,绿/黄双色芯线必须用作 PE 线,严禁混用。

TN-S 系统引用 IEC TC 64 制定的国际标准的定义和符号(IEC 为国际电工委员会)。我国在应用 TN-S 系统前主要应用 TT 系统(接地系统)和 TN-C 系统(接地接零合并使用)。TN-S 是一个完整的供电系统,在用电缆供电时,必须使用五芯电缆。在引用 IEC TC 64 国际标准前,我国动力电缆大截面五芯电缆未有生产,只有五芯及以下的控制电缆,随着技术的发展目前市场上已有五芯动力电缆供应。

施工现场的五线线路应采用五芯电缆,不允许在四芯电缆外侧加设一根 PE 线代替五芯电缆。四芯电缆外加一根线,导线的绝缘层受外部环境影响易老化和损坏,使其断线,有的施工单位即使电缆外加一根线,但是无论供电电源多大,外加的线都是 $1.5\sim2.5mm^2$,这显然是不符合要求的。施工现场的配电方式采用动力与照明分别设置时,三相设备线路可采用四芯电缆,单相设备和照明可采用三芯电缆。

6. 线路架设或埋设要求

电缆线路应采用埋地或架空敷设,严禁沿地面明设,并应避免机械损伤和介质腐蚀。埋地电缆路径应设方位标志。

电缆在室外直接埋地时必须采用铠装电缆,埋地深度不小于 0.7m,并应在电缆上、下、左、右侧均匀铺设厚度不小于 50mm 的细砂,然后覆盖砖块等硬质保护层。

橡皮电缆架空架设时,应沿墙壁或电杆设置,并用绝缘子固定,严禁使用金属裸线做绑线。固定点间距应保证电缆能承受自重所带来的荷重。橡皮电缆的最大弧垂距地不得小于 2.5m。

电缆穿越建筑物、构筑物、道路、易受机械损伤、介质腐蚀场所及从地下 0.2m 引出地面至地上 2.0m 处,必须加设防护套管,防护套管内径不应小于电缆外径的 1.5 倍。

电缆接头应牢固可靠,并应做绝缘包扎,保持绝缘强度,不得承受张力。埋地电缆的接头应设在地面的接线盒内,接线盒应能防水、防尘、防机械损伤并应远离易燃易爆、易腐蚀场所。

在建工程的电缆线路必须采用电缆埋地引入，电缆垂直敷设应充分利用在建工程的竖井、垂直孔洞等，并宜靠近电负荷中心，固定点每楼层不得少于一处。电缆水平敷设宜沿墙或门口固定，最大弧垂距地不得小于 2.0m。

不允许将橡皮电缆从室外地面电箱直接引入各楼层使用。其原因一是电缆直接受拉造成导线截面变细过热；二是距控制箱过远，故障不能及时处理；三是线路混乱，不好固定，容易引发事故。

7. 导线按规定绑在绝缘子上

导线在室内或室外敷设固定，都必须绑在绝缘子上。导线在室内沿墙敷设或室外架空敷设如不固定在绝缘子上，导线易受外力，导致线皮绝缘破损形成供电线路短路。另外，因为没有绝缘子固定点，所以导线固定不牢固，易产生较大垂度，影响供电可靠性。根据不同场所和用途，导线可采用瓷（塑料）夹、瓷柱（鼓式绝缘子）、瓷瓶（针式绝缘子）等方式固定。瓷（塑料）夹布线适用于正常环境场所和挑檐下的屋外场所，绝缘子布线适用于屋内场所。

8.3.3 室内配线安全要求

（1）室内配线必须采用绝缘导线，采用瓷瓶、瓷夹等方式固定，距地高度不得小于 2.5m。

（2）室内配线所用导线截面积，应根据用电设备的负荷计算确定，但铝线截面积不应小于 $2.5mm^2$，铜线截面积不应小于 $1.5mm^2$。

（3）钢索配线的吊架间距不宜大于 12m。采用瓷夹固定导线时，导线间距应不小于 35mm，瓷夹间距不应大于 800mm。采用瓷瓶固定导线时，导线间距应不小于 100mm，瓷瓶间距不应大于 1.5m。采用护套绝缘导线时，可直接敷设于钢索上。

（4）进户线过墙处应穿管保护，距地高度不得小于 2.5m，并应采取防雨措施。

（5）潮湿场所或埋地非电缆配线，必须穿管敷设，管口和管接头应密封，采用金属管敷设时必须做保护接零。

（6）配线的线路应减少弯曲而取直。

（7）线路中应尽量减少接头，以减少故障点。

（8）布线位置应便于检查。

8.4 配电箱与开关箱

根据《建筑施工安全检查标准》（JGJ 59—2011），施工用电保证项目的配电箱与开关箱检查评定应符合下列规定。

（1）施工现场配电系统应采用三级配电、两级漏电保护系统，用电设备必须有各自专用的开关箱。

（2）箱体结构、箱内电器设置及使用应符合规范要求。

（3）配电箱必须分设工作零线端子板和保护零线端子板，保护零线、工作零线必须通过各自的端子板连接。

（4）总配电箱与开关箱应安装漏电保护器，漏电保护器参数应匹配并灵敏可靠。

（5）箱体应设置系统接线图和分路标记，并应有门、锁及防雨措施。

（6）箱体安装位置、高度及周边通道应符合规范要求。

（7）分配箱与开关箱间的距离不应超过30m，开关箱与用电设备间的距离不应超过3m。

1. 配电箱与开关箱

在TN−S系统下，为了进一步提高施工现场供电的安全性、可靠性，要求施工现场必须实行"三级配电两级保护"。

所谓"三级配电"，即在总配电箱下设分配电箱，分配电箱下设开关箱，开关箱以下就是用电设备，形成三级配电。这样配电层次清楚，既便于管理又便于查找故障。同时要求照明配电与动力配电最好分别设置，自成独立系统，不致因动力停电影响照明。所有配电箱、开关箱在使用过程中必须按照下述操作顺序。

送电操作顺序为：总配电箱—分配电箱—开关箱。

停电操作顺序为：开关箱—分配电箱—总配电箱。

"三级配电"的目的是，有利于现场电气系统的维护和检修，分级供电使线路布线合理系统化，便于及时处理线路分段设备故障，不扩大停电范围。它的基本结构形式可用一个系统框图来描述，如图8.5所示。

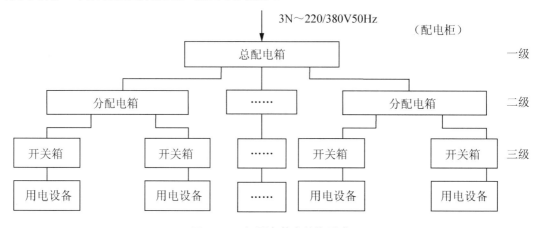

图8.5 三级配电基本结构形式

所谓"两级保护"，主要指采用漏电保护措施，除在末级开关箱内加漏电保护器外，在上一级分配电箱或总配电箱中再加装一级漏电保护器，总体形成两级保护。"两级保护"的目的是，有利于TN−S系统用电设备漏电技术的保证，当第一级漏电保护器失灵，第二级可起到漏电后备保护作用，可以避免施工现场因只有一级漏电保护，如有漏电动作时，停电范围扩大，保证不了安全供电的情况。有的施工现场设置了三级保护，这样其保护范围，按供电系统要求，更合理化。

三级配电系统应遵守4项规则，即分级分路规则，动、照分设规则，压缩配电间距规则和环境安全规则。

1）分级分路规则

（1）从一级总配电箱（配电柜）向二级分配电箱可以分路。即一个总配电箱（配电柜）可以分成若干分路向若干分配电箱配电，每一分路也可以分若干分支支接若干分配电箱。

（2）从二级分配电箱向三级开关箱配电同样也可以分路。即一个分配电箱也可以分若干分路向若干开关箱配电，而其每一分路也可以支接或者链接若干开关箱。

（3）从三级开关箱向用电设备配电实行所谓"一机一闸"制，不存在分路问题。即每一开关箱只能连接控制一台与其相关的用电设备（含插座），包括一组不超过 30A 负荷的照明器，或每一台用电设备必须有其独立专用的开关箱。

按照分级分路规则的要求，在三级配电系统中，任何用电设备均不得越级配电，即其电源线不得直接连接于分配电箱或总配电箱，任何配电装置不得挂接其他临时用电设备。否则，三级配电系统的结构形式和分级分路规则将被破坏。

2）动、照分设规则

（1）动力配电箱与照明配电箱宜分别设置，若动力与照明合置于同一配电箱内共箱配电，则动力与照明应分路配电。

（2）动力开关箱与照明开关箱必须分箱设置，不存在共箱分路设置问题。

3）压缩配电间距规则

压缩配电间距规则是指除总配电箱、配电室（配电柜）外，分配电箱与开关箱之间，开关箱与用电设备之间的空间距离应尽量缩短。按照 JGJ 46—2005 的规定，压缩配电间距规则可以用以下 3 个要点说明。

（1）分配电箱应设在用电设备或负荷相对集中的区域。

（2）分配电箱与开关箱的距离不得超过 30m。

（3）开关箱与其控制的固定式用电设备的水平距离不宜超过 3m。

4）环境安全规则

环境安全规则是指配电系统对其设置和运行环境安全因素的要求。

2．漏电保护器

漏电保护器

在配电系统中，由于受到用电设备负荷电源和启动电流的限制，因此过流保护装置的额定漏电动作电流不能太小，否则用电设备无法启动和运作。在做设备保护接零后，设备碰壳短路故障电路往往不能迅速切断电流（如熔断器烧断需一段时间），此时人体若接触故障设备外壳，则易发生触电危险。有时设备漏电动作电流较小，根本无法使熔断器烧断，但其漏电动作电流却对人体安全造成威胁。因此，在系统做了保护接零、重复接地后，还必须加装漏电保护器。高灵敏度的漏电保护器在漏电动作电流很小时就会在瞬间切断电源，确保用电设备安全。

开关箱是三级配电的末级，可以直接控制用电设备的供电电源，操作也较频繁，因此，必须装设漏电保护器，作为系统的第一级漏电保护。

漏电保护器失灵从外观上检查只能按试验按钮，看自动开关是否跳闸，如不跳闸可能其限流电阻烧坏或者其他控制线路出现问题，这种情况必须及时更换漏电保护器。但动作时间是否符合规定要求，却无法确定，因此必须加强在使用中的定时检查，使用时可选择具有反时限型漏电保护器。

在一般情况下第一级（开关箱）漏电保护器的漏电动作电流应小于30mA，动作时间应小于0.1s，如工作场所比较潮湿或有腐蚀介质或属于人体易接触其外壳的手持式电动工具，第一级漏电保护器的漏电动作电流应小于15mA,动作时间小于0.1s。而作为第二级（分配电箱，如设置三级保护）漏电保护器其值应大于30mA，一般取值为上一级不小于下一级的2倍。其主要考虑上下级漏电保护装置之间的线路存在正常的泄漏电流，即上级漏电保护装置的额度动作电流，必须大于下级漏电保护装置的额定漏电动作电流与正常线路泄漏电流之和，同时漏电保护装置的额定漏电不动作电流应为额定漏电动作电流的1/2。当第一级漏电保护器的漏电动作电流为30mA时，选择50mA、75mA、100mA的第二级漏电保护器的情况如下。

（1）当选用50mA时，其额定漏电不动作电流为25mA，即为第二级漏电保护器允许泄漏电流值。当达到此值时，第二级漏电保护器不应该动作，但当第一级漏电保护器达到漏电动作电流30mA动作时，第二级漏电保护器为25mA+30mA=55mA，也同时动作，显然这样的配合选择性是不佳的。

（2）当选用75mA时，与上述情况相同，第二级漏电保护器为37.5mA+30mA=67.5mA，这样当第一级漏电保护器达到漏电动作电流30mA动作时，第二级漏电保护器不动作，起到分段保护的作用，这样的选择是合理的。

（3）当选用100mA时，动作选择性将会大幅度提高，而上级作为下级的后备保护，灵敏度则会降低，但是如果线路过长，正常泄漏电流过大，也可按此值选择。

当第一级漏电保护器的漏电动作电流大于30～75mA时，漏电动作时间如选择0.1s，则第一级漏电保护器在0.1s内动作，而第二级漏电保护器同时动作；如选择0.2s，可保证第一级正常漏电动作，第二级不动作。一般应取漏电不动作时间为漏电动作时间的1/2。

选择漏电保护器参数时，可按表8-1数值进行参考。

表8-1 漏电保护器参数

保护级别	额定漏电动作电流 $I_{\Delta N}$/mA	额定漏电动作时间 $T_{\Delta N}$/s
第一级保护（开关箱）	30	0.1
第二级保护（分配电箱）	75	0.2
第三级保护（总配电箱）	200	0.4

一般情况是上级漏电保护器宜选择灵敏度较低或稍有延时的漏电保护器，合理匹配的目的是不扩大停电范围，同时使配电系统都处于漏电保护范围之中。施工现场情况较复杂的，如供电线路较长，导线新旧程度不一，其线路泄漏电流大小也会变化，在选择漏电保护器的参数时也可做相关调整。总的要求是使两级保护时其漏电动作电流与漏电动作时间乘积应小于30mA·s。

从用电设备漏电保护讲，开关箱（用电设备）这级应为第一级漏电保护，分配电箱应为第二级漏电保护，总配电箱应为第三级漏电保护。

从供电系统漏电保护讲，总配电箱应为一级漏电保护，分配电箱为二级漏电保护，开关箱（用电设备）为三级漏电保护。

目前，在施工现场因动态变化因素较多，对三级保护的选择动作电流大多数为30mA、50～75mA、100～150mA，动作时间为0.1s。两级或三级同时动作，虽然扩大了停电范围，但是从保证人身安全角度来讲是允许的，我们在检查时，要根据现场具体情况来分析其选择性是否合理，首要是保证人身安全。

《施工现场临时用电安全技术规范》（JGJ 46—2005）第8.2.8条规定："漏电保护器应装设在总配电箱、开关箱靠近负荷的一侧，且不得用于启动电气设备的操作。"在施工现场个别有将漏电保护器装在隔离开关电源侧，这样安装，当漏电保护器在故障状态或更换时，必须切断上一级供电电源且在维修中也不方便，易造成误触电，即使在配电箱或开关箱切断电源后，漏电保护器仍处于带电状态，这是不允许的。电气设备漏电应马上停用，如图8.6所示。

3．隔离开关

隔离开关刀片之间的消弧罩或绝缘隔离板要完好，避免切断时发生意外弧光短路。总隔离开关应装在箱内的左上方，电源进箱处。

JGJ 46—2005第8.1.3条规定："每台用电设备必须有各自专用的开关箱，严禁用同一个开关箱直接控制两台及两台以上用电设备（含插座）。"第8.2.5条规定："开关箱必须装设隔离开关、断路器或熔断器，以及漏电保护器。"这就是"一机一闸一漏一箱"的规定，如图8.7所示。其目的是，保证供电安全可靠，便于现场用电管理和用电设备的维护检修，避免可能发生的误操作。

图8.6 电气设备漏电马上停用

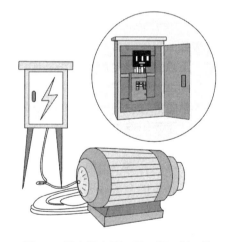

图8.7 用电设备要一机一闸一漏一箱

4．配电箱与开关箱的其他规定

1）安装位置

JGJ 46—2005第8.1.5条规定："配电箱、开关箱应装设在干燥、通风及常温场所，不得装设在有严重损伤作用的瓦斯、烟气、潮气及其他有害介质中，亦不得装设在易受外来固体物撞击、强烈振动、液体浸溅及热源烘烤场所。否则，应予清除或做防护处理。"第 8.1.6 条规定："配电箱、开关箱周围应有足够两人同时工作的空间和通道，不得堆放任何妨碍操作、维修的物品，不得有灌木、杂草。"其目的是，保证配电箱和开关箱及其内的电气设备不受外界多种因素撞击和有害介质腐蚀，确保安全供电，便于维护检修、正常操作以及发生意外事故时，可以迅速使开关箱处切断电源，如图 8.8 所示。

另外，总配电箱、分配电箱和开关箱相对安装位置也必须在布置电气供电中加以考虑，施工现场总配电箱的位置往往受场地的条件、作业环境影响和外电线路供电走向限制，要合理安排，否则就会增加线路电能损耗、电压损失及操作不便。

2）闸具

施工现场使用的胶盖闸刀开关数量较多、方便、经济，但由于日常使用维护不当，造成胶盖缺失、破损较多，这对安全用电是很大的隐患，因为胶盖闸刀开关的胶盖除能防止触电外，还可以防止电弧造成的相间短路，防止电弧及保险丝爆断时伤人，所以不能使用破损和无胶盖的闸刀开关，在使用和检查时应注意以下几点。

图 8.8 配电箱、开关箱周围不准堆放任何妨碍操作、维修的物品

（1）胶盖闸刀开关断流能力有限，只能用来控制 5.5kW 以下的三相笼型电机的直接启动和分断。

（2）一般情况下，动力负荷电流应小于 1/3 闸刀开关额定电流，而照明负荷电流小于闸刀开关额定电流即可。

（3）熔丝的额定电流必须小于闸刀开关的额定电流。

（4）闸刀开关的额定电压必须与线路的电压相适应，380V 的动力线路应采用 500V 的闸刀开关，220V 的照明线路采用 250V 的闸刀开关。

（5）严禁使用胶盖绝缘老化、内表碳化、严重腐蚀、潮湿破损和裸露无盖的闸刀开关。

3）PE 线专用接线端子板

JGJ 46—2005 第 8.1.13 条规定："配电箱、开关箱的金属箱体、金属电器安装板以及电器正常不带电的金属底座、外壳等必须通过 PE 线端子板与 PE 线做电气连接，金属箱门与金属箱体必须通过采用编织软铜线做电气连接。"电箱内的 N 线和 PE 线必须分别设置专用接线端子板，N 线端子板必须与箱体绝缘，PE 线端子板可以直接固定在箱体上。

在检查时应特别注意配电箱的 PE 线连接得不牢，连接螺丝生锈，导线松动，箱内接线零乱，多股铜线大部分没有压接或导线未挂焊锡处理这些问题，否则 PE 线可能连接不好，影响 TN—S 系统正常运行。

4）电箱名称、编号、责任人

（1）电箱无名称，可能引起现场操作人员误操作，从供电系统来讲总配电箱、分配电箱、开关箱分辨不出其作用、功能。

（2）电箱无编号，可能造成现场供电混乱，当检修处理故障、切断电箱时无编号和名称容易造成事故。

（3）电箱无责任人负责，容易造成放任自流，平时的检查、维护、保证安全供电就不能落实。

5）电箱进出线

JGJ 46—2005 第 8.1.15 规定："配电箱、开关箱中导线的进线口和出线口应设在箱体的下底面。"

（1）进、出线口开在箱体的下底面，其开孔处要有防护橡圈，不能将导线直接与开孔处相接触，主要考虑开孔处的刀面割伤导线。严禁直接将电线的金属丝插入插座，如图 8.9 所示。

图 8.9 严禁直接将电线的金属丝插入插座

（2）进、出线较多，可在箱体下底面，开成长条形孔。

（3）不得将同一供电回路的三相（L_1、L_2、L_3）四线或五线，单独穿三个进线口，这是因为每相对配电箱铁板来讲，可造成涡流发热，使箱底板长期处于发热状态，应该将同一供电回路的三相穿入一个孔内，如孔径小穿不进去，可开成长条形孔。

6）配电箱内多路配电标记

配电箱内一般供电回路不少于两个，如供电回路无标记，极易发生误操作，尤其是现场的操作人员记不住本供电开关，可能发生意外触电伤害事故。

7）电箱材质

JGJ 46—2005 第 8.1.7 条规定："配电箱、开关箱应采用冷轧钢板或阻燃绝缘材料制作，钢板厚度应为 1.2～2.0mm，其中开关箱箱体钢板厚度不得小于 1.2mm，配电箱箱体钢板厚度不得小于 1.5mm，箱体表面应做防腐处理。"其理由有以下几个。

（1）箱体铁板材质过薄，在现场作业环境较为复杂的情况下，容易受外界物体撞击后变形，影响箱内设备的安全供电。

（2）由于材质过薄，设置在建筑物外架四周的配电箱易受到上部施工掉落物件、建筑垃圾等打击，可使线路和箱内设备受损，造成短路故障。

目前部分施工企业没有设置合格的配电箱，主要原因为，一是施工单位从外面购买的就是薄铁板的配电箱，二是原有薄配电箱数量较多，一次全部更换费用较大。因此，在一次更换有困难的情况下，应逐步加以更换，对配电箱要加以防护，尤其是靠近外架的配电箱，其防护措施一定要做好。

8）电箱门锁及防雨

（1）配电箱无门则变成敞开式，这对于复杂的施工现场是绝对不允许的，任何人都可以操作开关，而且施工用的材料易触碰，造成触电事故的可能性较大。

（2）无锁也同样存在上述情况，但也存在一旦发生紧急情况，应立即切断电源停止运行，且必须找到电工来开锁，延误时间可能造成更大的人员伤害和机械损坏的问题。较理想的办法是用双层门，里层为电工掌握锁住，外层由操作人员进行控制，将开关把手露在外层间。

（3）无防雨措施主要是怕雨水浸入电箱内造成电气线路短路发生事故。

9）电气装置

闸具熔断器参数与设备容量匹配程度、安装要求必须符合 JGJ 46—2005 的规定，如图 8.10 所示。其他金属丝不能代替熔丝，电气设备的熔丝是经过计算后与其用电设备额定电流值相匹配选择的，当设备或线路发生短路接地故障时，其熔丝熔断，起到保护作用。如果随意使用金属丝，当设备发生短路故障时，金属丝就不会熔断，严重的情况，导线烧掉金属丝也没有熔断，这种情况是非常危险的，轻则烧毁用电设备，重则可引起电线起火，酿成重大火灾，严禁使用金属丝代替熔丝是不能忽视的。

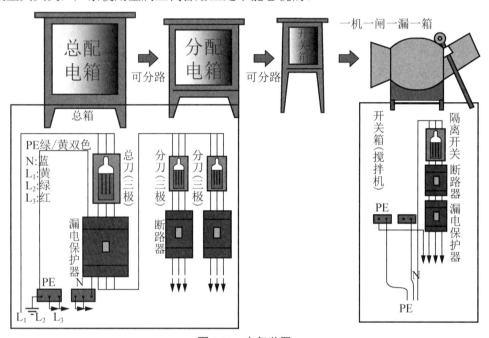

图 8.10 电气装置

8.5 现场照明

根据《建筑施工安全检查标准》（JGJ 59—2011），施工用电一般项目的现场照明检查评定应符合下列规定。

（1）照明用电应与动力用电分设。
（2）特殊场所和手持照明灯应采用安全电压供电。
（3）照明变压器应采用双绕组安全隔离变压器。
（4）灯具金属外壳应接保护零线。
（5）灯具与地面、易燃物间的距离应符合规范要求。
（6）照明线路和安全电压线路的架设应符合规范要求。
（7）施工现场应按规范要求配备应急照明。

1. 照明、动力用电按规定分路设置

照明与动力分设回路,主要是考虑互不影响供电。如果照明回路与动力回路混装,势必在动力回路检修、事故停电时,影响照明回路供电,同时从分配电箱或开关箱三相供电系统中引出单相照明线路,也会造成局部线路三相不平衡,影响动力设备正常运行。照明回路正常的接法是在总配电箱处分路,考虑三相供电每相负荷平衡,单独架线供电。

2. 灯具金属外壳做接零保护

灯具金属外壳做接零保护,主要是保证安全。电工在换灯具灯泡时,可能触及灯具外壳及其固定金属支架,如一旦漏电,在触及外壳时就会触电。设置保护零线,在灯具漏电时就可避免危险,但还必须设置漏电保护器。

3. 照明专用回路设漏电保护

在施工现场的用电设备中,照明装置与人的接触最为经常和普遍,同时往往对照明线路和照明装置采用乱接乱装,马虎从事,不按规定施工的安装方式,导致施工现场的照明装置触电事故经常发生。而且非专业电工人员亦能随意接线装灯,尤其在办公室、食堂、宿舍等人员集中的地方,更有可能发生意外触电伤害,因此照明专用回路,必须装设漏电保护器,作为单独保护系统。

4. 室内线路及灯具安装高度

室内线路一般指宿舍、食堂、办公室及现场建筑物内的工作照明线路,一般情况是人员较多,出入频繁,如果灯具安装高度低于 2.5m(人伸手可能触及的高度),室内人员就可能会因线路破损等原因触电。在施工现场的宿舍照明线路中有的用塑料管穿线保护,这样虽然可以避免直接接触导线,但由于高度过低,人员集中的宿舍等处仍是有触碰、折损的可能性,因此一定要保证其高度要求,如图 8.11 所示。如果其高度低于 2.5m 就必须使用安全电压供电,如图 8.12 所示。

图 8.11 室内电线注意事项

图 8.12 5 级安全电压

5. 照明供电电线

照明供电电线为 RVS 铜芯绞形聚氯乙烯软线(俗称花线),它的截面积一般都较小,

规格为 0.12~2.5mm²。照明一般使用 0.75~1mm² 的导线,太小一受力就容易轧断,用在施工现场中是不合格的,同时室外环境条件差,其绝缘层易老化,产生短路。

6. 手持照明灯、危险或潮湿场所作业使用 36V 以下的安全电压

图 8.13 使用 36V 以下的安全电压

手持照明灯、危险或潮湿场所作业必须使用 36V 以下的安全电压,主要是这些场所触电的危险性大。当在潮湿场所作业时,人员保护措施不全,可能导致人体电阻降低到 500Ω,在 220V 电压下,触电电流 $I=220V/0.5kΩ=440mA$,动作时间 $t=0.1s$,乘积 $It=44mA·s$,这时危险性仍是很大的(须安装漏电保护器)。如果作业场所人体电阻不受影响,一般为 1000Ω 左右,在 220V 电压下,一旦漏电触电,流过人体的电流也达 220mA。在上述场所使用 36V 以下的安全电压,危险就会大大降低,一旦发生漏电可以迅速切断电源,即使在漏电保护器失灵状态下,也不至于危及生命安全,如图 8.13 所示。

7. 使用 36V 安全电压照明线路

照明线路虽然使用了 36V 安全电压,但不能乱接乱拉,线径截面积、降压变压器容量必须满足所用负荷需要,接头处必须认真做绝缘或用端子分接,因为 36V 安全电压也是相对的,不能因使用安全电压而忽视其必要的保护措施,现将工频电流对人体作用的分析情况列于表 8-2 中。

表 8-2 工频电流对人体作用的分析情况

电流范围	电流/mA	通电时间	人的生理反应
0	0~0.5	连续通电	没有感觉
A_1	0.5~5	连续通电	开始有感觉,手指手腕处有痛感,无痉挛,可以摆脱带电体
A_2	5~30	数分钟以内	痉挛,不能摆脱带电体,呼吸困难,血压升高,是可以忍受的极限
A_3	30~50	数秒到数分钟	心脏跳动不规则,昏迷,血压升高,强烈痉挛,时间过长即引起心室颤动
B_1	50~100	低于心脏搏动周期	受强烈冲击,但未发生心室颤动
		超过心脏搏动周期	昏迷,心室颤动,接触部位留有电流通过的痕迹
B_2	超过数百	低于心脏搏动周期	在心脏搏动周期特定的相位触电时,发生心室颤动,昏迷,接触部位留有电流通过的痕迹
		超过心脏搏动周期	心脏停止跳动,昏迷,可能发生致命的电灼伤

注:1. 0 是指没有感觉的范围。
2. A_1、A_2、A_3 是指一般不引起心室颤动,不致产生严重后果的范围。
3. B_1、B_2 是指容易产生严重后果的范围。

8．危险场所、通道口、宿舍等按要求设置照明

危险场所和人员较集中的通道口、宿舍、食堂等场所，必须设置照明，以免人员行走或在昏暗场所作业时，发生意外伤害。

在一般场所宜选用额定电压为 220V 的照明器。

（1）特殊场所对照明器的电压要求如下。

① 隧道、人防工程、有高温、导电灰尘或灯具离地面高度低于 2.5m 场所的照明，电源电压不大于 36V。

② 在潮湿和易触及带电体场所的照明，电源电压不得大于 24V。

③ 在特别潮湿的场所、导电良好的地面、锅炉或金属容器内工作的照明，电源电压不得大于 12V。

（2）临时宿舍、食堂、办公室等场所的照明开关，对插座的要求如下。

① 搬把开关距地面高度一般为 1.2~1.4m，拉线开关一般为 2~3m，开关距门框为 150~200mm。

② 开关位置应与灯位相适应，同一室内，开关方向应一致。

③ 多尘、潮湿和易燃易爆场所，开关应采用密闭型和防爆型的或将其安装在其他处所控制。

④ 不同电压的插座，应有明显的区别，使其不能混用。

⑤ 凡为携带式或移动式电器用的插座，单相应用三眼插座，三相应用四眼插座，N 线和 PE 线不能混接。

⑥ 明装插座距地面高度应不低于 1.8m，暗装和工业用插座距地面高度不低于 30cm。

（3）室内外灯具安装的要求如下。

① 室外路灯距地面高度不得低于 3m，每个灯具都应单独装设熔断器保护，主要考虑当个别路灯短路时，防止施工现场全部路灯熄灭。

② 施工现场经常使用碘钨灯及钠铊铟等金属卤化物灯具，其表面温度较高，易将周围易燃物点燃引起火灾，因此其高度宜安装在距地面 5m 以上，灯具应装置在隔热架或金属架上，不得固定在木、竹等支持架上，灯线应固定在接线柱上，不得靠近灯具表面。

③ 室内安装的荧光灯管应用吊链或管座固定，镇流器不得安装在易燃的结构件上以免发生火灾。

④ 灯具的相线必须经开关控制，不得将相线直接引入灯具，否则，只要照明线路不停电，即使照明灯具不亮，灯头也是带电的，易发生意外触电事故。

⑤ 如用螺口灯头，其中心触头必须与相线连接，螺口部分必须与 N 线连接，否则，在更换或擦拭照明灯具时，易因为意外触及螺口部分而发生触电。

⑥ 灯具内的接线必须牢固，灯具外的接线必须做可靠绝缘包扎，以免漏电触及伤人。

⑦ 灯泡功率在 100W 及以下时，可选用胶质灯头，100W 以上防潮灯具应选用瓷质灯头。

特别提示

《施工现场临时用电安全技术规范》（JGJ 46—2005）中有关照明的强制性条文如下。

10.2.5 照明变压器必须使用双绕组型安全隔离变压器，严禁使用自耦变压器。

10.3.11 对夜间影响飞机或车辆通行的在建工程及机械设备，必须设置醒目的红色信号灯，其电源应设在施工现场总电源开关的前侧，并应设置外电线路停止供电时的应急自备电源。

8.6 配电室与配电装置

根据《建筑施工安全检查标准》（JGJ 59—2011），施工用电一般项目的配电室与配电装置检查评定应符合下列规定。

（1）配电室的建筑耐火等级不应低于三级，配电室应配置适用于电气火灾的灭火器材。
（2）配电室、配电装置的布设应符合规范要求。
（3）配电装置中的仪表、电器元件设置应符合规范要求。
（4）备用发电机组应与外电线路进行联锁。
（5）配电室应采取防止风雨和小动物侵入的措施。
（6）配电室应设置警示标志、工地供电平面图和系统图。

1. 配电室（或发电机房）建筑

配电室建筑基本要求是室内设备搬运、装设、操作和维修方便，以及运行安全可靠。配电室的位置设置如下。

（1）靠近电源。
（2）靠近负荷中心。
（3）进、出线方便。
（4）周边道路畅通。
（5）周围环境灰尘少、潮气少、振动少、无腐蚀介质、无易燃易爆物、无积水。
（6）避开污染源的下风侧和易积水场所的正下方。

2. 配电室内地面

配电室内地面应光滑平整，上面应铺设不小于 20mm 厚的绝缘橡皮板或在 50mm×50mm 木方上铺干燥的木板，主要考虑操作人员的安全，当设备漏电时，操作者可避免触电事故。

3. 配电室内配电装置

配电室内配电装置的布置主要是指配电室内配电柜的空间排列。

（1）配电柜正面的操作通道宽度，单列布置或双列背对背布置时不小于 1.5m，双列面对面布置时不小于 2m。

（2）配电柜后面的维护通道宽度，单列布置或双列面对面布置时不小于 0.8m，双列背对背布置时不小于 1.5m，个别建筑物有结构突出的地方，则此点通道宽度可减少 0.2m。

（3）配电柜侧面的维护通道宽度不小于 1m。

（4）配电室内设值班室或检修室时，该室边缘距配电柜的水平距离应大于 1m，并采取屏障隔离。

（5）配电室内的裸母线与地面通道的垂直距离不小于 2.5m，小于 2.5m 时应采用遮栏隔离，遮栏下面的通道高度不小于 1.9m。

（6）配电室围栏上端与其正上方带电部分的净距不小于 75mm。

（7）配电装置上端（含配电柜顶部与配电母线排）距顶棚不小于 0.5m。

（8）配电室经常保持整洁，无杂物。

4．发电机组装置布设

自备发电机组作为一个接续供电系统，其位置选择应与配电室的位置选择保持基本相同的原则。

（1）发电机组应该设置在靠近负荷中心的地方，并与变电所、配电室的位置相邻。

（2）发电机组设置应安全合理，便于与已设临时用电工程联络。

（3）发电机组一般应设置在室内，以免风、砂、雨、雪以及强烈阳光对其造成侵害。

（4）发电机组及其控制配电系统可以分开设置，也可以合并设置，但都必须保证电气安全距离和防火要求。

（5）变配电室是重要场所也是危险场所，除必须达到建筑上的要求外，其室外或周围还必须标明警示标志以引起有关人员注意，任何人不能随意靠近或进入变配电室，以确保施工工地供电的安全，同时应配备消防措施如沙箱，121 灭火器等绝缘灭火器材等。

5．发电机室严禁存放贮油桶

JGJ 46—2005 第 6.2.2 条规定："发电机组的排烟管道必须伸出室外。发电机组及其控制、配电室内必须配置可用于扑灭电气火灾的灭火器，严禁存放贮油桶。"其主要是考虑当发电机运行时由于滑环与整流子上的电刷接触不良可能发生火花，同时由于油类易挥发也易导致火灾发生。另外贮油桶在室内占据一定空间对于机组的检修、维护也是不方便的。

发电机组

6．发电机组电源之间或与外电源之间的并列运行

自备发电机组是施工现场在外电停电情况下，为保证施工现场用电不间断，而设置的自备供电系统。一般情况下，利用安装在低压配电盘上的双投开关（上、下）进行控制，正常由外电供电，停电由自备发电机组供电，然后由配电盘上的供电母线送到用电设备。这样就可以控制外电源与发电机电源之间的并列运行。但在实际工程中往往使用四极双投开关（L_1、L_2、L_3）控制电源，而 PE 线则直接接到外电的 PE 线上，这样做是不合要求的，五极双投开关产品在安装使用时应用一组三极双投开关（L_1、L_2、L_3）和一组双极双投开关（N，PE）来同时操作控制，严禁使用单投开关单独控制外电源和发电机电源供电。

7. 发电机组设置独立接地系统

为了保障自备发电机组电源的供电系统运行安全、可靠，并且充分利用已设临时供电线路，自备发电机系统也必须采用具有专用保护零线的、中性点直接接地的三相四线制供配电系统。该系统运行时必须与外电线路电源部分在电气上完全隔离，即独立设置。但在实际工程中工作零线和专用保护零线的双投开关并没有断开，与外电线路的 N 线、PE 线仍保持连通状态（或用四极双投开关，但 PE 线仍连通），这是很危险的，因为施工现场用电设备中的不平衡电流经过工作零线流入变压器低压侧，向高压侧反馈，容易使在变压器高压侧检修的人员触电。

特别提示

《施工现场临时用电安全技术规范》（JGJ 46—2005）有关配电室及自备电源的强制性条文如下。

6.1.6 配电柜应装设电源隔离开关及短路、过载、漏电保护电器。电源隔离开关分断时应有明显可见分断点。

6.1.8 配电柜或配电线路停电维修时，应挂接地线，并应悬挂"禁止合闸、有人工作"停电标志牌。停送电必须由专人负责。

6.2.7 发电机组并列运行时，必须装设同期装置，并在机组同步运行后再向负载供电。

8.7 用电档案

根据《建筑施工安全检查标准》（JGJ 59—2011），施工用电一般项目的用电档案检查评定应符合下列规定。

（1）总包单位与分包单位应签订临时用电管理协议，明确各方相关责任。

（2）施工现场应制定专项用电施工组织设计、外电防护专项方案。

（3）专项用电施工组织设计、外电防护专项方案应履行审批程序，实施后应由相关部门组织验收。

（4）用电各项记录应按规定填写，记录应真实有效。

（5）用电档案资料应齐全，并应设专人管理。

1. 临时用电组织设计

按照《施工现场临时用电安全技术规范》（JGJ 46—2005）的规定："施工现场临时用电设备在 5 台及以上或设备总容量在 50kW 及以上者，应编制用电组织设计。"编制临时用电组织设计是施工现场临时用电管理应遵循的第一项技术性原则。

施工现场临时用电组织设计的内容如下。

（1）现场勘测。

（2）确定电源进线、变电所或配电室、配电装置、用电设备位置及线路走向。要依据现场勘测资料提供的技术条件综合确定。

（3）进行负荷计算。负荷计算是电力负荷的简称，是指电气设备（例如变压器、发电机、配电装置、配电线路、用电设备等）中的电流和功率。

（4）选择变压器。施工现场变压器的选择主要是指为施工现场用电提供电力的变压器的形式和容量的选择。

（5）设计配电系统。配电系统主要由配电线路、配电装置和接地装置三部分组成。其中配电装置是整个配电系统的枢纽，经过配电线路、接地装置的连接，形成一个分层次的配电网络，这就是配电系统。设计配电系统的主要内容有以下几个。

① 设计配电线路，选择导线或电缆。

② 设计配电装置，选择电器。

③ 设计接地装置。

④ 绘制临时用电工程图纸，主要包括用电工程总平面图、配电装置布置图、配电系统接线图、接地装置设计图。

（6）设计防雷装置。施工现场的防雷主要是指防直击雷，对于施工现场专设的临时变压器还要考虑防感应雷的问题。

施工现场的设计防雷装置的主要内容是选择和确定防雷装置设置的位置、防雷装置的形式、防雷接地的方式和防雷接地电阻值。按照 JGJ 46—2005 规定，所有防雷装置的冲击接地电阻值不得大于 30Ω。

（7）确定防护措施。施工现场在电气领域里的防护主要是指施工现场外电线路和电气设备对易燃易爆物、腐蚀介质、机械损伤、电磁感应、静电等危险环境因素的防护。

（8）制定安全用电措施和电气防火措施。安全用电措施和电气防火措施是指为了正确使用现场用电工程，并保证其安全运行，防止各种触电事故和电气火灾事故发生而制定的技术性和管理性规定。

施工现场临时用电设备在 5 台以下和设备总容量在 50kW 以下者，按照 JGJ 46—2005 的规定，可以不系统编制临时用电组织设计，但仍应制定安全用电措施和电气防火措施，并且要履行与临时用电组织设计相同的"编制、审核、批准"程序。

在编制完临时用电组织设计之后，必须由编制人、审核人和审批人签字，审批单位盖章，完善技术把关和管理程序。

2．施工现场负荷计算

建筑工程施工现场向供电局提出用电申请时，需提供用电量的大小，即负荷容量。它是确定变压器容量的一个最重要的参数。

施工现场用电量由两大部分组成，第一部分是建筑工程施工现场的动力设备用电，第二部分是照明设备用电。负荷的大小不但是选择变压器容量的依据，而且也是供配电线路导线截面积、控制及保护电器选择的依据。负荷计算正确与否，直接影响到变压器、导线截面积和保护电器的选择，关系到供电系统能否经济合理，可靠安全地运行。

较常用的负荷计算方法有需要系数法和二项式法，施工现场还常常采用估算法。在这里仅介绍估算法。

估算法是指根据施工现场用电设备的组成状况及用电量的大小等，进行电力负荷的估算。一般采用下列经验公式。

$$S\textstyle\sum = K_{\sum 1}\frac{\sum P_1}{\eta\cos\phi_1} + K_{\sum 2}S_2 + K_{\sum 3}\frac{\sum P_3}{\cos\phi_3}$$

式中： $S\sum$ ——施工现场电力总负荷，kV·A。

$\sum P_1$ ——所有的动力设备上电动机的额定功率之和，kW。

S_2 ——电焊机的额定功率，kV·A。

$\sum P_3$ ——所有照明电器的总功率，kW。

$\cos\phi_1$、 $\cos\phi_3$ ——分别为电动机及照明负载的平均功率因素，其中 $\cos\phi_1$ 与同时使用的电动机的数量有关， $\cos\phi_3$ 与照明光源的种类有关。在白炽灯占绝大多数时，功率因素 $\cos\phi$ 可取 1.0，具体见表 8-3。

η ——电动机的平均效率，一般为 0.75～0.93。

$K_{\sum 1}$、 $K_{\sum 2}$、 $K_{\sum 3}$ ——同时系数，考虑到各用电设备不同时运行的可能性和不满载运行的可能性所设的系数。

表 8-3 施工现场用电设备的同时系数及功率因素参考值

用电设备名称	数量	同时系数 $K_\sum$	功率因素 $\cos\phi$
电动机	10 台以下	0.7	0.68
	11～30 台	0.6	0.65
	30 台以上	0.5	0.60
电焊机	10 台以下	0.6	交、直流电焊机分别 0.45、0.89
	11 台以上	0.5	交、直流电焊机分别 0.40、0.87
照明电器		0.7～1.0	1.0

在使用上面公式进行建筑工程施工现场负荷计算时，还可参考表 8-4。在施工现场中，往往将动力负荷的 10%作为照明负荷。

表 8-4 施工现场照明用电量估算参考值

序号	用电名称	容量/（W/m²）	序号	用电名称	容量/（W/m²）
1	混凝土及灰浆搅拌站	5	10	混凝土浇灌工程	1.0
2	钢筋加工	8～10	11	砖石工程	1.2
3	木材加工	5～7	12	打桩工程	0.6
4	木材模板加工	3	13	安装和铆焊工程	3.0
5	仓库及棚仓库	2	14	主要干道	2000W/km
6	工地宿舍	3	15	非主要干道	1000W/km
7	变配电所	10	16	夜间运输、夜间不运输	1.0、0.5
8	人工挖土工程	0.8	17	金属结构和机电修配等	12
9	机械挖土工程	1.0	18	警卫照明	1000W/km

第 8 章 施工现场临时用电安全技术

【例 8-1】某建筑工程施工现场动力设备用电情况如下，TQ60/80 塔式起重机一台（55.5kW），JJM－3 型卷扬机两台（7.5kW×2），HW－20 型夯土机三台（1.5kW×3），钢筋调直、弯曲、切断机各一台（5.5kW、3kW、5.5kW），MJ－106 木工圆锯一台（5.5kW），BX3－500－2 交流电焊机一台（38.6kV·A），AX5－500 直流电焊机一台（26kW）。试求该施工现场的总用电负荷。

解：（1）首先根据各施工机械用电设备的型号，求出各施工机械用电设备的总功率。

$$\sum P_1 = P_{11} + P_{12} + P_{13} + P_{14} + P_{15} + P_{16}$$
$$= 55.5 + 7.5 \times 2 + 1.5 \times 3 + 5.5 + 3 + 5.5 + 5.5$$
$$= 94.5 \text{ (kW)}$$

合计 10 台电动机，取平均效率为 0.85 计算，查表 8-3，得同时系数 $K_{\sum 1} = 0.7$，功率因素 $\cos\phi_1 = 0.68$，因此

$$S_1 = K_{\sum 1} \frac{\sum P_1}{\eta \cos\phi_1} = 0.7 \times \frac{94.5}{0.85 \times 0.68} \approx 114.45 \text{ (kV·A)}$$

（2）电焊设备的总容量。

查表 8-3，电焊设备的同时系数 $K_{\sum 2} = 0.6$，$\cos\phi_1 = 0.45$，$\cos\phi_2 = 0.89$，所以电焊设备的总容量为

$$K_{\sum 2} S_2 = 0.6 \times \left(\frac{38.6}{0.45} + \frac{26}{0.89} \right) \approx 68.99 \text{ (kV·A)}$$

（3）照明设备和电热设备的总功率。

由于题中没有给出照明设备和电热设备的有关资料，所以按前两项总负荷的 10%进行计算。

$$S_3 = (114.45 + 68.99) \times 10\% = 18.34 \text{ (kV·A)}$$

（4）施工现场的总用电负荷 $S_{\sum}$。

$$S_{\sum} = 114.45 + 68.99 + 18.34 = 201.78 \text{ (kV·A)}$$

3．地极阻值摇测记录

在施工现场用电线路中对接地电阻值的要求如下。

（1）变压器和发电机的工作接地电阻值不大于 4Ω，单台变压器容量不超过 100kV·A 或使用同一接地装置并联运行且总容量不超过 100kV·A 的变压器或发电机的工作接地电阻值不大于 10Ω。

（2）保护接零每一重复接地装置的接地电阻值不大于 10Ω。

施工工地各接地点每年要测试一次，宜在每年干燥季节进行测量，测量前要把被测的接地体从电网上脱开。在测量接地电阻值时应使用地摇表，不能使用万能表和绝缘摇表来测量。

4．电工巡视维修记录

（1）电工必须经过现行国家标准考核合格后，持证上岗工作。其他用电人员必须通过相关安全培训教育和技术交底，考核合格后方可上岗工作。

（2）安装、巡检、维修或拆除临时用电设备和线路，必须由电工完成，并应有人监护，如图 8.14 所示。电工等级应同工程的难易程度和技术复杂性相适应。

（3）各类用电人员应掌握安全用电基本知识和所用设备的性能，并应符合下列规定。

① 使用电气设备前必须按规定穿戴和配备好相应的劳动防护用品，并应检查电气装置和保护设施，如图 8.15 所示，严禁设备带"缺陷"运转。

图 8.14　电工维修　　　　　　　　图 8.15　使用电气设备注意事项

② 保管和维护所用设备，发现问题及时报告解决。

③ 设备暂时停用的，其开关箱必须分断电源隔离开关，并应关门上锁。

④ 移动电气设备时，必须经电工切断电源并做妥善处理后进行。

电工要每天进行巡视检查，并做好记录，其目的是及时发现施工现场用电设备、供电线路的问题和存在的隐患，便于及时更换和维修。做好记录和填写真实使之在制定和更换电气设备计划时有针对性，不致影响正常安全供电。另外施工单位要对施工用电供电系统定期进行检查，一般情况施工现场由项目部每月检查一次，公司每季度检查一次并复查接地电阻值。

5．档案内容齐全，专人管理

施工现场临时用电必须建立安全技术档案，并应包括下列内容。

（1）临时用电组织设计的全部资料。

（2）修改临时用电组织设计的资料。

（3）用电技术交底资料。

（4）用电工程检查验收表。

（5）电气设备的试、检验凭单和调试记录。

（6）接地电阻、绝缘电阻和漏电保护器漏电动作参数测定记录表。

（7）定期检（复）查表。

（8）电工安装、巡检、维修、拆除工作记录。

安全技术档案应由主管该现场的电气技术人员负责建立与管理。其中"电工安装、巡检、维修、拆除工作记录"可指定电工代管，每周由项目经理审核认可，并应在临时用电工程拆除后统一归档。

临时用电工程应定期检查。定期检查时，应复查接地电阻值和绝缘电阻值，同时按分部分项工程进行，对安全隐患必须及时处理，并应履行复查验收手续。

安全技术档案是检验施工单位在整个施工现场临时用电过程中，是否实现科学管理、安全供电的依据。

特别提示

从事电气工作的人员为特种作业人员，必须经过专门的安全技术培训和考核，经考试合格取得建设主管部门颁发的特种作业操作资格证书后，才能开始作业。有特种作业操作资格证书的专职电工，负责所管辖工地的电气线路和设备的安装、维修、送电、拆迁等全部工作，电工作业人员要遵守电工作业安全操作规程，坚持维护检修制度。凡从事带电作业的劳动者，必须穿绝缘鞋、戴绝缘手套，防止发生触电事故。严禁电工一人单独操作。

8.8 手持式电动工具安全用电常识

1. 手持式电动工具分类

手持式电动工具可以分为以下三类，如图 8.16 所示。

Ⅰ类手持式电动工具：工具在防止触电的保护方面不仅依靠基本绝缘，而且它还包含一个附加的安全预防措施。

Ⅱ类手持式电动工具：工具在防止触电的保护方面不仅依靠基本绝缘，而且它还提供双重绝缘或加强绝缘的附加安全预防措施和设有保护接地或依赖安全条件的措施。

Ⅲ类手持式电动工具：工具在防止触电的保护方面依靠安全特低电压供电，而且工具内部不会产生比安全特低电压高的电压。

图 8.16 手持式电动工具

2. 操作手持式电动工具注意事项

工具使用前，应经专职电工检验接线是否正确，如图 8.17～图 8.20 所示，防止零线与相线错接造成事故。

图8.17 电工检验接线

图8.18 电线不乱拉、乱接

图8.19 电动工具使用前经专职电工检验

图8.20 手持式电动工具注意事项

长期搁置不用或受潮的工具在使用前，应由电工测量绝缘电阻值是否符合要求。工具自带的软电缆不得接长，当电源与作业场所距离较远时，应采用移动电闸箱解决。工具原有的插头不得随意拆除或更换。发现工具外壳、手柄破裂，应停止使用，进行更换。非专职人员不得擅自拆卸和修理工具。手持式电动工具的旋转部件应有防护装置。电源处必须装有漏电保护器。

3．手持式电动工具安全操作规程

（1）一般场所选用Ⅱ类手持式电动工具并安装额定漏电动作电流不大于15mA，额定漏电动作时间小于0.1s的漏电保护器。若采用Ⅰ类手持式电动工具，还必须做接零保护。

（2）在潮湿场所或金属构架上操作时，必须选用Ⅱ类手持式电动工具，并装设防溅的漏电保护器，严禁使用Ⅰ类手持式电动工具。

（3）狭窄场所（锅炉、金属容器、地沟、管道内等）宜选用带隔离变压器的Ⅲ类手持式电动工具。若选用Ⅱ类手持式电动工具，必须装设防溅的漏电保护器，把隔离变压器或漏电保护器装设在狭窄场所外面，工作时要有专人监护。

（4）手持式电动工具的负荷线必须采用耐候型橡皮护套铜芯软电缆，并不得有接头。禁止使用塑料花线。

（5）手持砂轮机、角向磨光机，必须装有机玻璃罩，操作时加力要平衡，不得用力过猛。

特别提示

《施工现场临时用电安全技术规范》（JGJ 46—2005）中有关电动建筑机械的强制性

条文如下:

9.7.3 对混凝土搅拌机、钢筋加工机械、木工机械、盾构机械等设备进行清理、检查、维修时,必须首先将其开关箱分闸断电,呈现可见电源分断点,并关门上锁。

8.9 临时用电案例分析

案例分析

某年9月3日下午4时许,位于某县某镇某街北段的某大厦建筑工地发生一起死亡一人的触电事故,直接经济损失121.8万元。该大厦建设工程建筑面积为24 760m², 工程总造价2895万元。当天下午才到工地的钢筋工陈某(无电焊工特种作业操作资格证书,未经过建设安装工程公司的新工人三级安全培训教育),被指派到大厦建筑工地地下室底层电梯井机坑51号桩进行钢筋笼接桩工作。当时陈某浑身是汗,未穿戴绝缘鞋和绝缘手套、面罩等防护用品。一开始电焊,在桩坑上方扶住钢筋的工人就觉得被电麻了一下,项目经理叫他去拿手套,并要求陈某停止作业。陈某说:"没关系",又用焊钳点了一下,人就靠在了桩坑边的钢筋上。项目经理发现情况不对,马上叫人关掉电闸,并把陈某救起送往医院。经抢救无效,陈某于当晚死亡。

事故原因分析:

1. 直接原因

(1)焊接设备存在缺陷。经现场检查发现,距焊钳3~4m处,电焊机的软导线有两处明显的绝缘破损,其中一处绝缘胶布已脱落,导线铜线外露,极易和焊接的钢筋接触,引发触电事故。

(2)陈某未按规定穿戴劳动防护用品,在浑身是汗的情况下进入不良的作业环境冒险作业,从而导致触电。

2. 间接原因

(1)现场管理混乱,是导致事故发生的重要原因。

① 大厦工地地下室打桩完成后,接桩施工未编制专项施工方案。

② 陈某未参加建设安装工程公司的三级安全培训教育,在没有取得电焊工特种作业操作资格证书的情况下就进行电焊作业。

③ 进入施工现场的设备没有报验。

④ 现场管理人员对员工违章冒险作业制止不力。

⑤ 监理部人员擅离现场,未按要求进行旁站监管,未能及时发现和制止安全事故隐患。

(2)责任制度不健全,安全生产管理制度落实不严,也是事故发生的重要原因。

① 建设安装工程公司对新来员工没有进行相关的培训教育,未能经常督促、检查本单位的安全生产工作,及时消除安全事故隐患。

② 项目部制度落实不严,管理混乱。

以上案例说明施工现场发生触电事故的原因是多方面的,下面我们从人、环、料、机、法5个方面(简称4M1E)来分析下这些原因,如图8.21所示。经过分析,我们可以抓住重点采取措施以减少触电事故的发生。

避免和消除发生触电事故对策

项目	可能发生事故的因素	采取对策及执行的措施	执行部门或人
人	总包与分包之间安全失控	由建设方、监理牵头协调、督促双方加强安全管理	建设单位
	安全员检查不严、不紧、不细	加强教育、提高责任心、提高安全员自身业务水平	项目经理
	思想麻痹	开会教育、谈心教育、强化安全宣传、提高安全意识	安全员
	照顾亲朋当电工，无证上岗	学习、培训、考核，持证上岗	安全员
	新工人上岗未经三级安全培训教育	补上三级安全培训教育	安全员
	安全技术交底不清	重新交底	技术负责人
	电工操作时不穿戴劳动防护用品	加强劳动防护用品的使用管理，违章严肃处理	安全员
环境	突遇大风、暴雨天气	暂停施工。如实在不能停工，必须加强各方面的安全检查和安全工作	安全员
	与户外高压线距离太近，又未设置保护网	增设保护网	电工
	工作场所有大量蒸汽、粉尘，或有爆炸危险的气体或粉尘	学习安全技术操作规程，分别使用密闭式电气设备或防爆型电气设备	安全员
	冬季使用电热法、张拉用电热张拉的施工场地	在作业区设置围栏，悬挂警告标志，并使用低于50V的安全电压	电工
材料	电气设备、电气材料不符合规范要求，假冒伪劣，以次充好	一律更新，所有电气设备、电气材料必须符合规范要求	材料员
	电线磨损破皮、老化、绝缘不好	更换新线（勤检查）	安全员
	照明线用花线或塑料胶质线	更换规范规定的种类、型号	电工
机具设备	电气设备和装置的金属部分绝缘损坏	勤检查，保持经常性维修	电工
	机电设备的电气开关无防雨、防潮设施	设防雨、防潮设施	电工
	绝缘、检验工具无专人保管，不定期检查、校验，失灵	绝缘、检验工具专人保管，定期检查、校验，失灵一律不准使用	电工
安全技术措施	工地电线架设不当、拖地、与金属物接触、高度不够	学习安全技术操作规程，重新按规定架设临时路线	电工
	电箱刀闸处不加“严禁合闸”安全标题，随意合闸	加设“严禁合闸”安全标牌	电工
	电箱门不装锁、出线混乱，随意加大保险丝（或用铜丝）	电箱门装锁，整理好线路，按规定配置保险丝	电工
	一闸控制多机	改为一机一闸	电工
	电箱安装位置不当，无防雨装置，箱内有杂物	改安电箱位置，增加防雨装置，清理箱内杂物	电工
	随意拉电线，接电气用具（电炉），电线上挂衣物	不准随意拉线。随意拉线，用电炉和电线挂衣物属违章，要严肃处理	安全员
	室外灯具距地面低于3m，室内灯具距地面低于2.4m	学习安全技术操作规程，重新架设线路，达到标准高度	电工
	行灯电压超36V，潮湿处、金属容器内行灯电压超12V	改用安全电压	电工
	临时用电未详细列入施工组织设计	提请技术负责人重新补充施工组织设计，送上级审批	技术负责人
	低压干线电杆上无横担，无绝缘子	学习安全技术操作规程，重新整改架设	电工
	焊机一次侧电源线长大于5m，二次电缆线长大于30m	学习安全技术操作规程，调整焊机电线	电工
	使用振捣器不穿胶鞋，湿手去接触开关	增加自我保护能力，违章施工要批评教育处理	安全员
	相线直接接入灯具、电器	重新接线，接入电器、灯具的相线必须经过开关	电工
	潜水泵、水磨石机无防触电措施，未用防水橡皮护套电缆	增设防触电装置，改用防水橡皮护套电缆	电工
	电动机械设备不按规定接地接零	按规定接地接零	电工
	手持式电动工具无漏电保护器	增设漏电保护开关	电工
	工地上高低压设备及线路不按电气安装技术规范和施工组织设计架设安装	重新按规范和施工组织设计架设线路，安装高低压设备	电工
	触电后不及时切断电源，去碰被触电人	学习安全知识，教育加强自我保护能力	全体职工

图8.21　避免和消除发生触电事故对策

8.10　施工用电检查评定应用训练

（1）要想做好安全工作尤其是安全员必须掌握《施工现场临时用电安全技术规范》（JGJ 46—2005）和《建筑施工安全检查标准》（JGJ 59—2011）的内容，按表 8-5 的要求进行施工用电管理。请结合施工现场对下表进行检查评分。

表 8-5　施工用电检查评分表

序号	检查项目		扣分标准	应得分数	扣减分数	实得分数
1	保证项目	外电防护	外电线路与在建工程（含脚手架）、高大施工设备、场内机动车道之间小于安全距离且未采取防护措施扣 10 分 防护设施和绝缘隔离措施不符合规范扣 5~10 分 在外电架空线路正下方施工、建造临时设施或堆放材料物品扣 10 分	10		
2		接地与接零保护系统	施工现场专用变压器配电系统未采用 TN-S 接零保护方式扣 20 分 配电系统未采用同一保护方式扣 10~20 分 保护零线引出位置不符合规范扣 10~20 分 保护零线装设开关、熔断器或与工作零线混接扣 10~20 分 保护零线材质、规格及颜色标记不符合规范每处扣 3 分 电气设备未接保护零线每处扣 3 分 工作接地与重复接地的设置和安装不符合规范扣 10~20 分 工作接地电阻大于 4Ω，重复接地电阻大于 10Ω 扣 10~20 分 施工现场防雷措施不符合规范扣 5~10 分	20		
3		配电线路	线路老化破损，接头处理不当扣 10 分 线路未设短路、过载保护扣 5~10 分 线路截面不能满足负荷电流每处扣 2 分 线路架设或埋设不符合规范扣 5~10 分 电缆沿地面明敷扣 10 分 使用四芯电缆外加一根线替代五芯电缆扣 10 分 电杆、横担、支架不符合要求每处扣 2 分	10		

续表

序号	检查项目		扣分标准	应得分数	扣减分数	实得分数
4	保证项目	配电箱与开关箱	配电系统未按"三级配电、两级漏电保护"设置扣 10~20 分 用电设备违反"一机一闸一漏一箱"每处扣 5 分 配电箱与开关箱结构设计、电器设置不符合规范扣 10~20 分 总配电箱与开关箱未安装漏电保护器每处扣 5 分 漏电保护器参数不匹配或失灵每处扣 3 分 配电箱与开关箱内闸具损坏每处扣 3 分 配电箱与开关箱进线和出线混乱每处扣 3 分 配电箱与开关箱内未绘制系统接线图和分路标记每处扣 3 分 配电箱与开关箱未设门锁、未采取防雨措施每处扣 3 分 配电箱与开关箱安装位置不当,周围杂物多等不便操作每处扣 3 分 分配电箱与开关箱的距离、开关箱与用电设备的距离不符合规范每处扣 3 分	20		
		小计		60		
5	一般项目	配电室与配电装置	配电室建筑耐火等级低于 3 级扣 15 分 配电室未配备合格的消防器材扣 3~5 分 配电室、配电装置布设不符合规范扣 5~10 分 配电装置中的仪表、电器元件设置不符合规范或损坏、失效扣 5~10 分 备用发电机组未与外电线路进行联锁扣 15 分 配电室未采取防雨雪和小动物侵入的措施扣 10 分 配电室未设警示标志、工地供电平面图和系统图扣 3~5 分	15		
6		现场照明	照明用电与动力用电混用每处扣 3 分 特殊场所未使用 36V 及以下安全电压扣 15 分 手持照明灯未使用 36V 以下电源供电扣 10 分 照明变压器未使用双绕组安全隔离变压器扣 15 分 照明专用回路未安装漏电保护器每处扣 3 分 灯具金属外壳未接保护零线每处扣 3 分 灯具与地面、易燃物之间小于安全距离每处扣 3 分 照明线路接线混乱和安全电压线路接头处未使用绝缘布包扎扣 10 分	15		

续表

序号	检查项目		扣分标准	应得分数	扣减分数	实得分数
7	一般项目	用电档案	未制定专项用电施工组织设计或设计缺乏针对性扣 5~10 分 专项用电施工组织设计未履行审批程序,实施后未组织验收扣 5~10 分 接地电阻、绝缘电阻和漏电保护器检测记录未填写或填写不真实扣 3 分 安全技术交底、设备设施验收记录未填写或填写不真实扣 3 分 定期巡视检查、隐患整改记录未填写或填写不真实扣 3 分 档案资料不齐全、未设专人管理扣 5 分	10		
		小计		40		
检查项目合计				100		

注:1. 每项最多扣减分数不大于该项应得分数。
    2. 保证项目有一项不得分或保证项目小计得分不足 40 分,检查评分表记 0 分。
    3. 该表换算到汇总表后得分 =(10×该表检查项目实得分数合计)/100

(2)施工用电安全技术要求和验收。请根据施工现场实际填写下表。验收前应先验证专项施工方案和电工上岗证,符合要求后,再验收。电工维修记录表 8-6 由电工填写,并按月归档。施工现场其他机械设备的接地电阻测试记录表 8-7 以及电气设备试、检验凭单和调试记录表 8-8 电工也可一并填写。

表 8-6 电工维修记录

施工单位: 工程名称: 验收部位:

序号	验收项目	技术要求	验收结果
1	外电防护	在建工程(含脚手架)的外侧边缘与外电线路的边缘小于安全操作距离时必须编制外电防护方案,可采取增设屏障、遮栏、围栏或防护网,悬挂醒目的标志牌等防护措施,防护屏障应用绝缘材料搭设,距离过近防护措施无法实施时,应迁移外电线路	
2	接地与接零保护系统	采用 TN—S 系统,重复接地不得少于三处,每一处接地电阻不大于 10Ω,接地材料应采用角钢、圆钢,接地线也可与建筑基础接地相连接。保护零线应使用绿/黄双色线,N 线与 PE 线不得混接,同一施工现场电气设备不得一部分做保护接零,一部分做保护接地	
3	配电箱、开关箱	施工现场配电系统实行三级配电、两级漏电保护系统,配电箱内应在电源侧装设明显断开点的隔离开关,漏电保护器装设应符合分级保护的原则,配电箱应采用定型化产品,多路配电应有明显标志。严禁使用倒顺开关	

续表

序号	验收项目	技术要求	验收结果
4	现场照明	施工现场照明用电应设置照明配电箱，照明电线采用三芯橡套电缆线。灯具的金属外壳及金属支架须接 PE 线，灯具安装高度应符合要求，室内线路及灯具低于 2.4m 及潮湿、手持照明灯场所必须使用 36V 及以下安全电压电源供电	
5	配电线路	架空线路必须设在专用电杆（混凝土杆、木杆）上并装设横旦绝缘子，采用绝缘导线。架设高度、线间距离、导线截面积、档距、相序排列、色标应符合要求。电缆线应采用埋地或架空敷设，严禁沿地面明设、随意拖拉或绑架在脚手架上，电缆线穿越建筑物、道路和易受机械损伤的场所必须采取保护措施，严禁使用四芯电缆外加一根电线代表五芯电缆以及老化、破皮电缆	
6	电气装置	设备容量大于 5.5kW 的动力电路必须采用自动开关及降压启动装置，不得采用手动开关控制。各种开关电器、熔断丝的额定值应与其用电设备的额定值相适应，严禁用其他金属丝代表熔丝，电气装置应使用合格产品	
7	变配电装置	配电室内应有足够的操作、维修空间。配电屏（盘）应装计量仪表、电压表、指示灯、短路装置、过负荷装置和漏电保护器。系统标志应明显，禁令标志牌齐全，并设置沙箱等绝缘灭火器材	
验收结论意见		验收人员	项目经理： 技术负责人： 施工员： 安全员： 电工： 验收日期：

表 8-7 接地电阻测试记录

序号	接地装置名称、用途及安装情况	实测值	允许值	结论
测试结果		测试仪型号		
测试人		日 期		

表 8-8 电气设备试、检验凭单和调试记录

序号	名称	检验、调试记录	允许值	结论

检验人员： 日期：

第8章 施工现场临时用电安全技术

本章小结

本章主要介绍了施工现场临时用电的原则、施工现场临时用电组织设计、供配电系统、基本保护系统、接地装置、配电装置、配电线路、用电设备、外电防护、现场照明、用电档案等内容。

思考与拓展题

1. 请你谈谈施工用电检查评定的保证项目和一般项目包括哪些方面？
2. 如外电线路与在建工程（含脚手架）、高大施工设备、场内机动车道的安全距离达不到要求时，应采取哪些防护措施？
3. 根据《建筑施工安全检查标准》（JGJ 59—2011），施工用电保证项目的接地与接零保护系统检查评定有哪些规定？
4. 保护零线（PE 线）与工作零线（N 线）有什么区别？
5. 什么是 TN－S 系统？
6. 请你说说室内和室外配线的安全要求。
7. 请说出"三级配电两级保护"和"一机一闸一漏一箱"的具体含义。
8. 请留意施工现场采用的五芯电缆中五根线的颜色。
9. 试想一下假如漏电保护器失灵，会造成什么后果？
10. 配电箱、开关箱中导线的进线口和出线口应设在箱体的哪一面？
11. 根据《建筑施工安全检查标准》（JGJ 59—2011），施工用电一般项目的现场照明检查评定有哪些规定？
12. 特殊场所对照明器的电压有什么要求？
13. 配电室的位置是如何规定的？
14. 临时用电组织设计的内容有哪些？
15. 施工现场临时用电必须建立安全技术档案，请问安全技术档案包括哪些方面？
16. 手持式电动工具分为哪三类？它们之间有何区别？

第 9 章

文明施工与环境保护

第 9 章 文明施工与环境保护

课程标准

课 程 内 容	知 识 要 点	教 学 目 标
文明施工、环境保护、消防安全技术与管理	文明施工与环境保护的概念、意义，文明施工的组织与管理，文明施工的基本要求，文明施工检查评定内容，施工现场环境污染的防治，职业健康的基本知识	掌握施工现场文明施工检查标准、施工现场环境污染防治。熟悉文明施工管理和环境保护管理，熟悉施工现场消防安全技术与管理。了解职业健康基本知识

章节导读

文明施工是建筑业的"窗口"，是与城市文明建设息息相关的，是一种体现在建筑工地的企业文化，是施工现场的科学管理，同时也是各种因素优化配置的艺术，体现出企业与社会文明相互和谐的精神风貌。文明施工和施工安全是相辅相成的，是一个统一体，加强现场文明施工，可控制物的不安全状态和人的不安全行为。文明施工搞得好坏，是施工管理素质高低和管理水平高低的体现。只有搞好文明施工，才能充分发挥企业施工管理水平和企业职工的群体意识，创造良好的施工环境，树立企业的社会信誉，也才能使建筑企业在日新月异的社会主义市场经济改革浪潮中不断发展，不断创新。

特别提示

建筑施工现场文明施工管理是保障作业人员的身体健康和生命安全，改善作业人员的工作环境与生活条件，保护生态环境，防止施工过程对环境造成污染和各类疾病发生的一项重要管理内容，也是构建和谐社会，贯彻以人为本的重要措施。文明施工是现代化施工的一个重要标志，是建筑施工企业的一项基础性管理工作。施工现场文明施工的管理范围既包括施工作业区的管理，也包括办公区和生活区的管理。由于各地对施工现场文明施工的要求不尽一致，因此项目经理部在进行文明施工管理时还应按照当地的要求进行，并与当地的社区文化、民族特点及风土人情等有机结合起来。

9.1 文明施工与环境保护概述

1. 文明施工与环境保护的概念

（1）文明施工是指保持施工现场良好的作业环境、卫生环境和工作秩序。
文明施工主要包括以下几个方面的工作。
① 规范施工现场的场容，保持作业环境的整洁卫生。
② 科学组织施工，使生产有序进行。
③ 减少施工对周围居民和环境的影响。
④ 保证职工的安全和身体健康。

文明施工

（2）环境保护是指按照法律法规、各级主管部门和企业的要求，保护和改善作业现场的环境，控制现场的各种粉尘、废水、废气、固体废弃物、噪声、振动等对环境的污染和危害。环境保护也是文明施工的重要内容之一。

2．文明施工的意义

（1）文明施工能促进企业综合管理水平的提高。保持良好的作业环境和秩序，对促进安全生产、加快施工进度、保证工程质量、降低工程成本、提高经济和社会效益有较大作用。文明施工涉及人、财、物各个方面，贯穿于施工全过程之中。

（2）文明施工是适应现代化施工的客观要求，也是实现施工优质、高效、低耗、安全、清洁、卫生的有效手段。现代化施工需要采用先进的技术、工艺、材料、设备和科学的施工方案，同时也需要企业的严密组织、严格要求、标准化管理和较好的职工素质等。

（3）文明施工代表企业的形象。良好的施工环境与施工秩序，可以得到社会的支持和信赖，提高企业的知名度和市场竞争力。

（4）文明施工有利于员工的身心健康，有利于培养和提高施工队伍的整体素质。文明施工可以提高职工队伍的文化、技术和思想素质，培养尊重科学、遵守纪律、团结协作的大生产意识，促进企业精神文明建设。

3．环境保护的意义

（1）保护和改善施工环境是保证人们身体健康和社会文明的需要。采取专项措施防止粉尘、噪声和水源污染，保护好作业现场及其周围的环境，是保证职工和相关人员身体健康，体现社会总体文明的一项利国利民的重要工作。

（2）保护和改善施工环境是消除对外干扰，保证施工顺利进行的需要。随着人们的法制观念和自我保护意识的增强，尤其在城市中，施工扰民问题反映突出，应及时采取防治措施，减少对环境的污染和对市民的干扰。

（3）保护和改善施工环境也是现代化施工的客观要求。现代化施工对环境质量要求很高，例如粉尘和振动超标就可能损坏设备，影响功能使用，使设备难以发挥作用。

（4）保护和改善施工环境是节约能源，保护人类生存环境，保证社会和企业可持续发展的需要。人类社会面临环境污染和能源危机的挑战，为了保护子孙后代赖以生存的环境条件，每个公民和企业都有责任和义务来保护环境，同时良好的环境和生存条件，也是企业发展的基础和动力。

9.2　文明施工的组织与管理

1．文明工地管理目标

创建文明工地是建筑施工企业提高企业形象，深入构建和谐社会，贯彻以人为本的重要举措，确定文明工地管理目标也是实现文明工地的先决条件。确定文明工地管理目标时，应考虑的因素有，工程项目自身的危险源与不利环境因素识别、评价和防范措施，相关法规、标准规范和其他规定的选择和确定,可供选择的技术和组织方案,生产经营管理上的要求,社会相关方(社区、居民、毗邻单位等)的意见和要求。

工程项目部创建文明工地,其管理目标一般应该包括以下内容。

1)安全管理目标
(1)伤亡事故控制目标。
(2)火灾、设备、管线以及传染病传播、食物中毒等重大事故控制目标。
(3)标准化管理目标。

2)环境管理目标
(1)重大环境污染事件控制目标。
(2)扬尘污染物控制目标。
(3)废水排放控制目标。
(4)噪声控制目标。
(5)固体废弃物处置目标。
(6)社会相关方投诉的处理情况。

2. 文明工地组织和管理制度

工程项目部要建立以项目经理为第一责任人的文明工地责任体系,建立健全文明工地管理组织机构。

工程项目部文明工地领导小组,由项目经理、项目副经理、项目技术负责人以及安全、技术、施工等主要部门(岗位)负责人组成。分包单位应服从总包单位文明工地管理组织的统一管理,并接受监督检查。各项施工现场管理制度应有文明施工的规定,包括个人岗位责任制、经济责任制、安全检查制度、持证上岗制度、奖惩制度、竞赛制度和各项专业管理制度等。加强和落实现场文明检查、考核及奖惩管理,以促进文明施工管理工作提高。检查范围和内容应全面周到,包括生产区、生活区、场容场貌、环境文明及制度落实等内容。检查中发现的问题应采取整改措施。

文明工地工作小组主要包括综合管理工作小组,安全管理工作小组,质量管理工作小组,环境保护工作小组,卫生防疫工作小组,季节性灾害防范工作小组等。

各地还可以根据当地气候、环境、工程特点等因素建立相关工作小组。

3. 文明工地相关要求

1)规划措施

文明施工规划措施应与施工规划设计同时按规定进行审批。主要规划措施包括施工现场平面划分与布置,环境保护方案,现场预防安全事故措施,卫生防疫措施,现场保安措施,现场防火措施,交通组织方案,综合管理措施,社区服务,应急救援预案等。

2)实施要求

工程项目部在开工后,应严格按照文明施工规划措施组织施工,并对施工现场管理实施控制。工程项目部应将有关文明施工的规划,向社会张榜公示,并告知开、竣工日期,投诉和监督电话,自觉接受社会各界的监督。工程项目部要强化全体员工的教育意识,提高全员安全生产和文明施工的素质,可利用横幅、标语、黑板报等形式,加强有关文明施工的法律法规、规程、标准的宣传工作,使得文明施工深入人心。工程项目部在对施工人员进行安全技术交底时,必须将文明施工的有关要求同时进行交底,并在施工作业中督促其遵守相关规定,高标准、严要求地做好文明工地创建工作。

3)加强创建过程的控制与检查

对创建文明工地的规划措施的执行情况,工程项目部要严格执行日常巡查和定期检查制度,检查工作要从工程开工做起,直至竣工交验为止。工程项目部应依据《建筑施工安全检查标准》(JGJ 59—2011)、地方和企业等有关规定,对施工现场的安全防护措施、环境保护措施、文明施工责任制以及各项管理制度等落实情况进行重点检查。检查中发现的一般安全隐患和违反文明施工的现象,要按"三定"(定人,定期限,定措施)原则予以整改。对各类重大安全隐患和严重违反文明施工的现象,工程项目部必须认真地进行原因分析,制定纠正和预防措施,并对实施情况进行跟踪检查。

4)文明工地的评选

施工企业内部的文明工地评选,应参照有关文明工地检查评分标准以及本企业有关文明工地评选规定进行。参加省、市级文明工地的评选,应根据本行政区域内建设行政主管部门的有关规定,按照预申报与推荐相结合、定期评查与不定期抽查相结合的方式进行。申报文明工地的工程,提交的书面资料应包括上级关于文明施工的标准、规定、法律法规等资料,施工组织设计(方案)中对文明施工的管理规定,各阶段施工现场文明施工的措施,文明施工自检资料,文明施工教育、培训、考核计划的资料和文明施工活动各项记录资料等。

4．加强文明施工的宣传和教育

(1)在坚持岗位练兵基础上,要采取派出去、请进来、短期培训、上技术课、登黑板报、听广播、看录像、看电视等方法狠抓教育工作。

(2)要特别注意对临时工的岗前教育。

(3)专业管理人员应熟练掌握文明施工的规定。

9.3 现场文明施工的基本要求

(1)施工现场必须设置明显的标牌,标明工程项目名称、建设单位、设计单位、施工单位、项目经理和施工现场总代表人的姓名、开工日期、竣工日期、施工许可证批准文号等。施工单位负责施工现场标牌的保护工作。

(2)施工现场的管理人员在施工现场中应当佩戴证明其身份的有关证件。

(3)施工现场应当按照施工总平面图设置各项临时设施。现场堆放的大宗材料、成品、半成品和机具设备不得侵占场内道路及安全防护等设施。

(4)施工现场的用电线路、用电设施的安装和使用必须符合安装规范和安全操作规程,并按照施工组织设计进行架设,严禁随意拉线接电。施工现场必须设有保证施工安全要求的夜间照明,危险潮湿场所的照明以及手持照明灯具,必须采用符合安全要求的电压。

(5）施工机械进场须经过安全检查，经检查合格的方能使用。施工机械操作人员必须建立机组责任制，并依照有关规定持证上岗，禁止无证人员操作。

（6）施工现场应保证道路畅通，排水系统处于良好的使用状态，保持场容场貌的整洁，随时清理建筑垃圾。在车辆、行人通行的地方施工时，应当设置施工标志，并对沟井坎穴进行覆盖。

（7）施工现场的各种安全设施和劳动保护器具，必须定期进行检查和维护，及时消除隐患，保证其安全有效。

（8）施工现场应当设置各类必要的职工生活设施，并符合卫生、通风、照明等要求。职工的膳食、饮水供应等应符合卫生要求。

（9）施工现场应当做好安全保卫工作，采取必要的防盗措施，在现场周边设立围护设施。

（10）施工现场应当严格依照《中华人民共和国消防法》的规定，建立和执行防火管理制度，设置符合消防要求的消防设施，并保持完好的备用状态。在容易发生火灾的地区施工，或者储存、使用易燃易爆器材时，应当采取特殊的消防安全措施。

（11）施工现场对建设工程重大事故的处理，依照《生产安全事故报告和调查处理条例》执行。

9.4　文明施工检查

文明施工检查评定应符合现行国家标准《建设工程施工现场消防安全技术规范》（GB 50720—2011）和现行行业标准《建设工程施工现场环境与卫生标准》（JGJ 146—2013）、《施工现场临时建筑物技术规范》（JGJ/T 188—2009）的规定。文明施工检查评定保证项目应包括：现场围挡、封闭管理、施工场地、材料管理、现场办公与住宿、现场防火。一般项目应包括：综合治理、公示标牌、生活设施、社区服务。

1．现场围挡

（1）市区主要路段的工地应设置高度不小于 2.5m 的封闭围挡。

（2）一般路段的工地应设置高度不小于 1.8m 的封闭围挡。

（3）围挡应坚固、稳定、整洁、美观。

《中华人民共和国建筑法》第三十九条规定："建筑施工企业应当在施工现场采取维护安全、防范危险、预防火灾等措施；有条件的，应当对施工现场实行封闭管理。施工现场对毗邻的建筑物、构筑物和特殊作业环境可能造成损害的，建筑施工企业应当采取安全防护措施。"第四十条规定："建设单位应当向建筑施工企业提供与施工现场相关的地下管线资料，建筑施工企业应当采取措施加以保护。"《建设工程安全生产管理条例》第三十条规定："在城市市区内的建设工程，施工单位应当对施工现场实行封闭围挡。"按以上要求，施工单位应做到以下内容。

① 施工现场要按照国土部门审批的征地红线，沿其周边设置连续密闭的围墙。

② 围墙使用材料应为砌筑材料（红砖、灰砖、砌块等），不得使用铁皮瓦、石棉瓦、彩条布、竹笆、安全网等易变形材料。红、灰砖砌围墙如基础较好可用 3/4 砖，每隔 4～5m 设

一加强垛,每隔 20m 留一伸缩缝,基础不好和人员来往甚多的临街围墙必须用 1 砖(24cm 宽),每隔 6~8m 设一加强垛,每隔 25m 留一伸缩缝,同时墙内防止堆积废土、废料挤压墙根。

③ 在业主院内施工时,现场和场内人行道及建筑物可用钢管安全网、竹片板、铁丝网、木板围隔。其原则是要保证围墙、围挡稳固、牢靠,不易倒塌、变形。砌筑的围墙应讲究造型,做简易装饰、抹灰刷白,色彩要与周围环境相协调,墙上可书写工程概况或广告、标语,图案美、字体工整,保证墙体清洁、美观。对建筑物周围的市政管网、线路要采取保护措施,对地下的立桩要标志警示,防止误损。

2. 封闭管理

(1) 施工现场进出口应设置大门,并应设置门卫值班室。
(2) 应建立门卫职守管理制度,并应配备门卫职守人员。
(3) 施工人员进入施工现场应佩戴工作卡。
(4) 施工现场出入口应标有企业名称或标识,并应设置车辆冲洗设施。

3. 施工场地

(1) 施工现场的主要道路及材料加工区地面应进行硬化处理。
(2) 施工现场道路应畅通,路面应平整坚实。
(3) 施工现场应有防止扬尘措施。
(4) 施工现场应设置排水设施,且排水通畅无积水。
(5) 施工现场应有防止泥浆、污水、废水污染环境的措施。
(6) 施工现场应设置专门的吸烟处,严禁随意吸烟。
(7) 温暖季节应有绿化布置。

4. 材料管理

(1) 建筑材料、构件、料具应按总平面布局进行码放。
(2) 材料应码放整齐,并应标明名称、规格等。
(3) 施工现场材料码放应采取防火、防锈蚀、防雨等措施。
(4) 建筑物内施工垃圾的清运,应采用器具或管道运输,严禁随意抛掷。
(5) 易燃易爆物品应分类储藏在专用库房内,并应制定防火措施。

5. 现场办公与住宿

(1) 施工作业、材料存放区与办公、生活区应划分清晰,并应采取相应的隔离措施。
(2) 在施工程、伙房、库房不得兼做宿舍。
(3) 宿舍、办公用房的防火等级应符合规范要求。
(4) 宿舍应设置可开启式窗户,床铺不得超过 2 层,通道宽度不应小于 0.9m。
(5) 宿舍内住宿人员人均面积不应小于 $2.5m^2$,且不得超过 16 人。
(6) 冬季宿舍内应有采暖和防一氧化碳中毒措施。
(7) 夏季宿舍内应有防暑降温和防蚊蝇措施。
(8) 生活用品应摆放整齐,环境卫生应良好。

6. 现场防火

（1）施工现场应建立消防安全管理制度、制定消防措施。
（2）施工现场临时用房和作业场所的防火设计应符合规范要求。
（3）施工现场应设置消防通道、消防水源，并应符合规范要求。
（4）施工现场灭火器材应保证可靠有效，布局配置应符合规范要求。
（5）明火作业应履行动火审批手续，配备动火监护人员。

 **特别提示**

《建设工程安全生产管理条例》第三十一条规定："施工单位应当在施工现场建立消防安全责任制度，确定消防安全责任人，制定用火、用电、使用易燃易爆材料等各项消防安全管理制度和操作规程，设置消防通道、消防水源，配备消防设施和灭火器材，并在施工现场入口处设置明显标志。"

起火必须具备3个条件。
（1）存在能燃烧的物质。凡是能与空气中的氧或其他氧化剂起剧烈反应的物质，一般都称为可燃物质，如木材、纸张、汽油、酒精等。
（2）要有助燃物。凡能帮助和支持燃烧的物质都叫助燃物，如空气、氧气等。
（3）有能使可燃物燃烧的着火源，如明火焰、火星和电火花等。
只有上述3个条件同时具备，且相互作用才能起火。

1）动火区域划分

根据建筑工程选址位置、施工周围环境、施工现场平面布置、施工工艺、施工部位的不同，动火区域分为一、二、三级。

（1）一级动火区域也称为禁火区域。
① 在生产或储存易燃易爆物品场所，进行新建、扩建、改建工程的施工现场。
② 建筑工程周围存在生产或储存易燃易爆物品的场所，施工部位位于防火安全距离范围内。
③ 施工现场内储存易燃易爆危险物品的仓库、库区。
④ 施工现场木工作业处和半成品加工区。
⑤ 在比较密封的室内、容器内、地下室等场所，进行配制或者调和易燃易爆液体和涂刷油漆作业。

（2）二级动火区域。
① 在禁火区域周围的动火作业区。
② 登高焊接或者气割作业区。
③ 砖木结构临时食堂炉灶处。

（3）三级动火区域。
① 无易燃易爆危险物品处的动火作业。
② 施工现场燃煤茶炉处。
③ 冬季燃煤取暖的办公室、宿舍等生活区。

在一、二级动火区域内施工，施工单位必须认真遵守消防法律法规，严格按照相关规定，建立防火安全规章制度。在生产或者储存易燃易爆物品的场所施工，施工单位应当与相关单位建立动火信息通报制度，自觉遵守相关单位消防管理制度，共同防范火灾。做到动火作业先申请，后作业，不批准，不动火。

在施工现场禁火区域内施工，应当教育施工人员严格遵守消防安全管理规定，动火作业前必须申请办理动火证，动火证必须注明动火地点、动火时间、动火人、现场监护人、批准人和防火措施。动火证的管理是消防安全的重要管理内容，由工程项目部负责人审批，其管理由安全生产管理部门负责。动火作业没经过审批的，一律不得实施动火作业。

2）易燃易爆物品仓库的设置

（1）对易引起火灾的仓库，应将库房内、外按 $500m^2$ 的区域分段设立防火墙，把建筑平面划分为若干个防火单元，以便考虑失火后能阻止火势的扩散。仓库应设在水源充足、消防车能驶到的地方，同时，根据季节风向的变化，设在下风方向。

（2）储量大的易燃仓库，应将生活区、生活辅助区和堆场分开布置，仓库应设两个以上的大门，大门向外开启。固体易燃物品应与易燃易爆的液体分库存放，不得在一个仓库内混合储存不同性质的物品。

（3）几种常用易燃材料的存储。

① 石灰。生石灰能与水发生化学反应，并产生大量热，足以引燃燃点较低的材料，如木材、稻草、席子等。因此，存储石灰的房间不宜用可燃材料搭设，最好用砖石砌筑。石灰表面不得存放易燃材料，并且要有良好的通风条件。

② 亚硝酸钠。亚硝酸钠作为混凝土的早强剂、防冻剂，广泛使用在建筑工程的冬期施工中。

亚硝酸钠这种化学材料与硫、磷及有机物混合时，经摩擦、撞击有引起燃烧或爆炸的危险，因此在存储使用时，要特别注意严禁与硫、磷、木炭等易燃物混放、混运。其要与有机物及还原剂分库存放，库房要干燥通风。装运亚硝酸钠的车辆，如有散漏，应清理干净。搬运时要轻拿轻放，远离高温与明火，设置灭火剂，灭火剂使用雾状水和沙子。

③ 几种防腐材料的储存。环氧树脂、呋喃、酚醛树脂、乙二胺等是建筑工程中常用的树脂类防腐材料，都是易燃液体。它们都具有燃点和闪点低、易挥发的特性，遇火种、高温、氧化剂都有引起燃烧或爆炸的危险。其与氨水、盐酸、氟化氢、硝酸、硫酸等反应强烈，也有爆炸的危险。因此，在储存、使用、运输时，都要注意远离火种，严禁吸烟，温度不能过高，防止阳光直射。这些材料应与氧化剂、酸类分库存放，库内要保持阴凉通风。搬运时要轻拿轻放，防止包装破坏外流。

④ 油漆和稀释剂临时存放。建筑工程施工使用的稀释剂，都是挥发性强、闪点低的一级易燃易爆化学材料，如汽油、松香水等易燃材料。

油漆工在休息室内不得存放油漆和稀释剂，油漆和稀释剂必须设库存放，容器必须加盖。刷油漆时刷子残留的稀释剂不能放在休息室内，也不能明露放在库内，应当及时妥善处理掉。

⑤ 电石。电石本身不会燃烧，但遇水或受潮会迅速分解出乙炔气体。严禁雨天运输电

石，途中遇雨或必须在雨中运输应采取可靠的防雨措施。搬运电石时，发现桶盖密封不严，要在室外开盖放气后，再将盖盖严搬运。要轻搬轻放，严禁用滑板运输或在地上滚动、碰撞或敲打电石桶。电石桶不要放在潮湿的地方，库房必须是耐火建筑，有良好的通风条件，库房周围 10m 内严禁明火。库内不准设气、水管道，以防室内潮湿。库内照明设备应用防爆灯，开关采用封闭式并安装在库房外。严禁用铁制工具开启电石桶，应用铜制工具开启，开启时人站在侧面。空电石桶未经处理，不许接触明火。小颗粒精粉末电石要随时处理，集中倒在指定坑内，坑上不准加盖，上面不许有架空线路。电石不要与易燃易爆物品混合存放在一个库内。禁止穿带钉子的鞋进入库内，以防摩擦产生火花。

（4）注意事项。

① 易燃仓库或堆料场与其他建筑物、铁路、道路、高压线的防火间距，应按《建筑设计防火规范（2018 年版）》（GB 50016—2014）的有关规定执行。

② 易燃仓库或堆料场的物品应当分类、分堆、分组和分垛存放，每个堆垛面积为木材（板材）不得大于 $300m^2$，稻草不得大于 $150m^2$，锯末不得大于 $200m^2$，堆垛与堆垛之间应留 3.5m 宽的消防通道。

③ 易燃露天仓库的四周，应有不小于 6m 的平坦空地作为消防通道，通道上禁止堆放障碍物。

④ 有明火的生产辅助区和生活用房与易燃堆垛之间，至少应保持 30m 的防火间距。有飞火的烟囱应布置在仓库的下风地带。

⑤ 储存稻草、锯末、煤炭等堆垛的仓库，应保持良好通风，注意堆垛内的温湿度变化。发现温度超过 38℃，或水分过低时，应及时采取措施，防止其自燃起火。

⑥ 在建的建筑物内不得存放易燃易爆物品，尤其是不能将木工加工区设在建筑物内。

⑦ 仓库保管员应当熟悉储存物品的分类、性质、保管业务知识和防火安全制度，掌握消防器材的操作使用和维护保养方法，做好本岗位的防火工作。

3）易燃仓库或堆料场的用电管理

（1）易燃仓库或堆料场一般应使用地下电缆，如果有困难需设置架空电力线路，架空电力线与露天易燃堆垛的最小水平距离，不应小于电线杆高度的 1.5 倍。库房内设的配电线路，需穿金属管或用非燃硬塑料管保护。

（2）易燃仓库或堆料场严禁使用碘钨灯和超过 60W 以上的白炽灯等高温照明灯具。当使用日光灯等低温照明灯具时，应对镇流器采取隔热、散热等防火保护措施。照明灯具与易燃堆垛间至少保持 1m 的距离。安装的开关箱、接线盒，应距离堆垛外边缘不小于 1.5m，不准乱拉临时电气线路。储存大量易燃物品的仓库场地应设置独立的避雷装置。

（3）库房内不准设置移动式照明灯具。照明灯具下方不准堆放物品，其垂点下方与储存物品水平距离不得小于 0.5m。

（4）库房内不准使用电炉、电烙铁、电熨斗等电热器具和电视机、电冰箱等家用电器。

（5）库区的每个库房应当在库房外单独安装开关箱，保管人员离库时，必须拉闸断电。禁止使用不合格的电气保险装置。

4）电气火灾的防止

电气、照明设备、手持式电动工具以及采用单相电源供电的小型电器，有时会引起火灾，其原因通常是电气设备选用不当或线路年久失修、绝缘层老化，线路用电量增加超负荷运行，维修不善，电气积尘、受潮、接近易燃物和通风散热失效等。其防护措施主要是合理选用电气装置。例如，在干燥少尘的环境中，可采用开启式或封闭式的电气设备；在潮湿和多尘的环境中，应采用封闭式的电气设备；在易燃易爆的危险环境中，必须采用防爆式的电气设备。防止电气火灾，还要注意线路电气负荷不能过高，电气设备安装位置距易燃可燃物不能太近，电气设备运行是否异常以及防潮等。

5）高层建筑施工现场防火要求

各种防火器材的布置要合理，并保证性能良好，安全有效。20 层（含 20 层）以上的高级宾馆、饭店、办公楼等高层建筑施工，应设置灭火专用的高压水泵，每个楼层要安装消火栓，配置消防水管，并保证消防用水和水压。高压水泵、消防水管应专用，并设专人管理、维修保养，保证消防设施随时正常运转。高层建筑施工应按楼层面积配备灭火器，每 100m² 设两个灭火器，灭火器应布局合理，使用方便。

高层建筑施工现场防火注意事项有以下几个。

（1）已建成的建筑物楼梯不得封堵。施工脚手架内的作业层应畅通，并搭设不少于两处与主体建筑内相衔接的通道口。建筑施工脚手架外挂的密目式安全立网，必须符合阻燃标准要求，严禁使用不阻燃的安全网。

（2）30m 以上的高层建筑施工，应当设置加压水泵和消防水源管道，管道的立管直径不得小于 50mm，每层应设出水管，并配备一定长度的消防水管。

（3）高层建筑施工临时用电线路应使用绝缘良好的橡胶电缆，严禁将线路绑在脚手架上。施工用电机具和照明灯具的电气连接处应当绝缘良好，保证用电安全。

（4）高层焊接作业，要根据作业高度、风力、风力传递的次数，确定出火灾危险区域并将区域内的易燃易爆物品移到安全地方，无法移动的要采取切实的防护措施。高层焊接作业应当办理动火证，动火区应当配备灭火器，并设专人监护，发现险情，立即停止作业，采取措施，及时扑灭火源。

（5）大雾天气和 6 级风以上时应当停止焊接作业。

（6）高层建筑应设立防火警示标志。楼层内不得堆放易燃可燃物品。在易燃处施工的人员不得吸烟和随便焚烧废弃物。

6）施工现场灭火器的配备

（1）一般临时设施区，每 100m² 配备两个 10L 灭火器，总面积超过 1200m² 的大型临时设施区，应备有专供消防用的太平桶、积水桶（池）、黄沙池等器材设施。

（2）木工间、油漆间、机具间等每 25m² 应配置一个合适的灭火器。油库、危险品仓库应配备足够数量、种类的灭火器。

（3）易燃仓库或堆料场，应根据灭火对象的特性，分组布置酸碱、泡沫、清水、二氧化碳等灭火器。每组灭火器不少于四个，每组灭火器之间的距离不大于 30m。

第9章 文明施工与环境保护

 案例分析

某装饰装修公司为了降低施工现场的临时设施费,把现场材料仓库兼作值班室,值班人员在库房内用煤炉做饭,不小心将燃烧后的煤球扔在一旁垃圾中,夜里有风,煤球中的余火引燃了垃圾中的易燃物引起大火,仓库及材料全部烧光。这是一起施工现场没有按照要求做好防火措施而引发的事故,幸好未造成人员伤亡。分析事故发生的原因主要为,值班室设在库房内,库房内有火源,值班人员无证上岗、防火安全意识差、责任心不强。

7. 综合治理

(1) 生活区内应设置供作业人员学习和娱乐的场所。
(2) 施工现场应建立治安保卫制度、责任分解落实到人。
(3) 施工现场应制定治安防范措施。

8. 公示标牌

(1) 大门口处应设置公示标牌,主要内容应包括:工程概况牌、安全生产牌、管理人员名单及监督电话牌、消防保卫牌、文明施工牌、施工现场总平面图。
(2) 标牌应规范、整齐、统一。
(3) 施工现场应有安全标语。
(4) 应有宣传栏、读报栏、黑板报。

施工现场入口处的醒目位置,应当公示"五牌一图"(工程概况牌、安全生产牌、管理人员名单及监督电话牌、消防保卫牌、文明施工牌、施工现场总平面图),标牌书写字迹要工整规范,内容要简明实用。标牌规格为宽 1.2m,高 0.9m,标牌底边距地高为 1.2m。色彩字体为蓝底白字,仿宋体。《建筑施工安全检查标准》(JGJ 59—2011)对"五牌"的内容未做具体规定,各企业可结合本地区、本工程的特点进行设置,也可以增加应急程序牌、卫生须知牌、卫生包干图、管理程序图、施工的安民告示牌等内容。在施工现场的明显处,应有必要的安全内容的标语,标语尽可能考虑人性化的内容。施工现场应设置"两栏一报"(宣传栏、读报栏和黑板报),及时反映工地内外相关动态情况。按文明施工的要求,宣传教育用字须规范,不得使用繁体字和不规范的词句。

(1) 工程概况牌见表 9-1。

表 9-1 工程概况牌

工程名称			
建设单位		施工单位	
设计单位		质监单位	
监理单位		安监单位	
结构层数		建筑总高度	
建筑面积		工程总造价	
开工日期		竣工日期	
施工许可证批准文号		联系电话	

(2) 安全生产牌包含内容如下。

① 进入现场必须戴好安全帽,系好帽带,并正确使用个人劳动防护用品。

② 凡悬空的高处作业无安全防护设施时,必须系好安全带,扣好保险钩。

③ 高处作业时不准往下或向上乱抛材料和工具等物件。

④ 各种电动机械设备,必须有漏电保护装置和可靠的保护接零,方能开动使用。

⑤ 工人未经三级安全培训教育不得上岗作业,无证不能操作,非操作人员严禁进入危险区域。

⑥ 井字架吊篮、料斗不准乘人。

⑦ 酒后不准上岗作业。

⑧ 未经有关人员批准,不准任意拆除安全设施和安全装置。

⑨ 穿拖鞋或高跟鞋、赤脚或赤膊者,不准进入施工现场。

⑩ 穿硬底鞋不准进行登高作业。

(3) 管理人员名单及监督电话牌,如图9.1所示。

职 务	姓 名	电话号码
项目经理		
项目副经理		
技术负责人		
施工员		
质检员		
安全员		
安全员		
安全员		
材料员		
资料员		
预算员		
监督电话		
项目部电话		

图 9.1 管理人员名单及监督电话牌

(4) 消防保卫牌包含内容如下。

① 不准在宿舍和施工现场内明火燃烧杂物和废物,现场熬制沥青时应有防火措施,并指定专人负责。

② 不准在宿舍、仓库、办公室内开小灶。不准使用电饭煲、电水壶、电炉、电热杯等,如需使用应由行政办公室统一地点,但严禁使用电炉。

③ 不准在宿舍、办公室内乱抛烟头、火柴棒。不准躺在床上吸烟,吸烟者应自备烟缸,烟头和火柴棒必须丢进烟缸。

④ 不准在宿舍、办公室内乱接电源,非专职电工不准私接。

⑤ 宿舍内照明不准使用60W以上灯泡，灯泡距地面高度不低于2.5m，距蚊帐等物品不少于50cm。

⑥ 不准将易燃易爆物品带进宿舍。

⑦ 食堂、浴室、炉灶的烧火人员不得擅自离开岗位，不准将清理后的炉灶余灰随便乱倒。

⑧ 不准将火种带进仓库、施工危险区域、木工间及木制品堆放场地。

⑨ 不准在宿舍、施工现场和公安部门规定的禁区内燃放鞭炮和烟火。

⑩ 电焊、气焊人员应严格执行操作规程，执行动火证制度，不准在易燃易爆物品附近进行电焊、气焊工作。

（5）文明施工牌包含内容如下。

① 严格管理和实施施工现场总平面图，必须做到有序定置。

② 施工现场设置的标牌要做到尺寸规格、色彩字体标准化。

③ 施工现场封闭管理，要设置连续密闭的围墙（挡、栏），并做到标准、稳固、整齐、美观。

④ 施工现场临时建筑物、构筑物设施应符合标准要求，严禁使用石棉瓦、油毡搭建。施工作业区与生活区应采取隔离措施。

⑤ 施工现场设置卫生间时应便槽贴面砖，墙刷白，并有水源冲洗，每日有专人负责打扫，高层作业设便桶。

⑥ 食堂必须申领卫生许可证，厨工须持有健康证上岗，生熟食应分开，设有防蝇间或防蝇罩，食堂炉台贴瓷面砖，施工现场设茶水桶，工地设有保健药箱。

⑦ 现场设置足够的垃圾池和垃圾桶，定期搞好环境卫生，建立区域卫生负责制。

⑧ 现场场地及道路硬地化，要排水畅通，不得有污泥、扬尘。

⑨ 在市区内禁止中午和夜间会产生噪声的建筑施工作业。

⑩ 建立施工现场文明施工管理组织机构，成立领导小组，健全安全保卫制度，落实治安、防火管理责任人。

（6）施工现场总平面图包含内容如下。

① 单位工程施工现场总平面图应表示的内容包含以下方面。

a. 拟建的永久性工程以及已建的永久性房屋、构筑物、地下管线、地下设施，应布置在平面的中心位置。

b. 施工用机械设备的固定位置，如塔式起重机、混凝土搅拌设备、井字架、卷扬机等。

c. 塔式起重机轨道、运行路线及其回转半径。

d. 施工用运输道路、临时供水、排水管线、消防设施的位置。

e. 临时供电线路及变配电设施（干线、变压器、配电箱等）的位置。

f. 施工用生产性、生活性临时设施的位置，如各种加工棚、操作棚、材料仓库、材料（砂、石、钢筋、水泥、白灰、模板、木撑、架管等）工地办公室、工人宿舍、厨房饭堂、洗浴室、厕所等。

② 单位工程施工现场总平面图确定后，必须按总平面图所定位置搭设临时设施。

③ 临时设施周边排水要畅通，场地不得有积水。

④ 废浆、淤泥、食堂污水等必须经处理（渣子过滤）后才可排放到市政管网。

⑤ 材料堆放要成堆成方，并按品种、名称、规格等标牌堆积。

a．各种材料、成品、半成品、机械设备的堆放位置应与施工现场总平面图相符。

b．现场的砂、砾石、碎石要分类，并砌围墙隔断堆放。其他管材、竹料、树干、架板、模板、石料、红砖、散材等要分类码好成堆。

c．水泥库内挂有产品标志牌，内容包括名称、品种、规格、数量、产地、使用性能、出厂日期、材料合格证号，水泥按不同种类和强度等级分别堆放整齐。堆放高度应不超过15包，同时有防潮、防雨水处理措施。水泥袋子及时打捆归库，不可散乱到处丢弃。

d．钢材按规格分别搁放整齐，并挂设产品标志牌（内容同上）。

e．现场材料、工具应设货架，分类摆好，设置标签。库内整洁，走道畅通。

f．施工机械（如搅拌机、卷扬机、电焊机、钢筋机械）应设操作棚，挂操作规程牌，稳固清洁，每天用后要清洗干净，做好日常保养。

⑥ 建筑垃圾堆放整齐，标出名称、品种。

操作面及楼层的落地灰、砖渣废料，必须做到随落随清，物尽其用。严禁楼层超载乱堆物料，建筑物四周（包括脚手架下面）要工完料清。各操作面、楼层的建筑垃圾必须用废旧塑料袋装好清运，严禁从高处向下抛撒，严禁将有毒有害废弃物作土方回填。

⑦ 易燃易爆物品应分类存放，不得混放。

9．生活设施

（1）应建立卫生责任制度并落实到人。

（2）食堂与厕所、垃圾站、有毒有害场所等污染源的距离应符合规范要求。

（3）食堂必须有卫生许可证，炊事人员必须持身体健康证上岗。

（4）食堂使用的燃气罐应单独设置存放间，存放间应通风良好，并严禁存放其他物品。

（5）食堂的卫生环境应良好，且应配备必要的排风、冷藏、消毒、防鼠、防蚊蝇等设施。

（6）厕所内的设施数量和布局应符合规范要求。

（7）厕所必须符合卫生要求。

（8）必须保证现场人员卫生饮水。

（9）应设置淋浴室，且能满足现场人员需求。

（10）生活垃圾应装入密闭式容器内，并应及时清理。

10．社区服务

（1）夜间施工前，必须经批准后方可进行施工。

（2）施工现场严禁焚烧各类废弃物。

（3）施工现场应制定防粉尘、防噪声、防光污染等措施。

（4）应制定施工不扰民措施。

文明施工检查评分表见表9-2。

第9章 文明施工与环境保护

表9-2 文明施工检查评分表

序号	检查项目		扣分标准	应得分数	扣减分数	实得分数
1	保证项目	现场围挡	在市区主要路段的工地周围未设置高于2.5m的封闭围挡扣10分 一般路段的工地周围未设置高于1.8m的封闭围挡扣10分 围挡材料不坚固、不稳定、不整洁、不美观扣5~7分 围挡没有沿工地四周连续设置扣3~5分	10		
2		封闭管理	施工现场出入口未设置大门扣3分 未设置门卫室扣2分 未设门卫或未建立门卫制度扣3分 进入施工现场不佩戴工作卡扣3分 施工现场出入口未标有企业名称或标识,且未设置车辆冲洗设施扣3分	10		
3		施工场地	现场主要道路未进行硬化处理扣5分 现场道路不畅通、路面不平整坚实扣5分 现场作业、运输、存放材料等采取的防尘措施不齐全、不合理扣5分 排水设施不齐全或排水不通畅、有积水扣4分 未采取防止泥浆、污水、废水外流或堵塞下水道和排水河道措施扣3分 未设置吸烟处、随意吸烟扣2分 温暖季节未进行绿化布置扣3分	10		
4		现场材料	建筑材料、构件、料具不按总平面布局码放扣4分 材料布局不合理、堆放不整齐、未标明名称、规格扣2分 建筑物内施工垃圾的清运,未采用合理器具或随意凌空抛掷扣5分 未做到工完场地清扣3分 易燃易爆物品未采取防护措施或未进行分类存放扣4分	10		
5		现场住宿	在建工程、伙房、库房兼做住宿扣8分 施工作业区、材料存放区与办公区、生活区不能明显划分扣6分 宿舍未设置可开启式窗户扣4分 未设置床铺、床铺超过两层、使用通铺、未设置通道或人员超编扣6分 宿舍未采取保暖和防煤气中毒措施扣5分 宿舍未采取消暑和防蚊蝇措施扣5分 生活用品摆放混乱、环境不卫生扣3分	10		

续表

序号	检查项目		扣分标准	应得分数	扣减分数	实得分数
6	保证项目	现场防火	未制定消防措施、制度或未配备灭火器材扣10分 现场临时设施的材质和选址不符合环保、消防要求扣8分 易燃材料随意码放,灭火器材布局、配置不合理或灭火器材失效扣5分 未设置消防水源(高层建筑)或不能满足消防要求扣8分 未办理动火审批手续或无动火监护人员扣5分	10		
		小计		60		
7		治安综合治理	生活区未给作业人员设置学习和娱乐场所扣4分 未建立治安保卫制度,责任未分解到人扣3~5分 治安防范措施不利,常发生失盗事件扣3~5分	8		
8		施工现场标牌	大门口处设置的"五牌一图"内容不全,缺一项扣2分 标牌不规范、不整齐扣3分 未张挂安全标语扣5分 未设置宣传栏、读报栏、黑板报扣4分	8		
9	一般项目	生活设施	食堂与厕所、垃圾站、有毒有害场所距离较近扣6分 食堂未办理卫生许可证或未办理炊事人员健康证扣5分 食堂使用的燃气罐未单独设置存放间或存放间通风条件不好扣4分 食堂的卫生环境差,未配备排风、冷藏、隔油池、防鼠等设施扣4分 厕所的数量或布局不满足现场人员需求扣6分 厕所不符合卫生要求扣4分 不能保证现场人员卫生饮水扣8分 未设置淋浴室或淋浴室不能满足现场人员需求扣4分 未建立卫生责任制度、生活垃圾未装容器或未及时清理扣3~5分	8		
10		保健急救	现场未制定相应的应急预案,或预案实际操作性差扣6分 未设置经培训的急救人员或未设置急救器材扣4分 未开展卫生防病宣传教育,或未提供必备防护用品扣4分 未设置保健医药箱扣5分	8		
11		社区服务	夜间未经许可施工扣8分 施工现场焚烧各类废弃物扣8分 未采取防粉尘、防噪音、防光污染措施扣5分 未建立施工不扰民措施扣5分	8		
		小计		40		
检查项目合计				100		

第 9 章 文明施工与环境保护

9.5 施工现场环境保护

为加强建设工程施工现场管理,保障建设工程施工顺利进行,施工单位应当遵守国家有关环境保护的法律规定。

特别提示

党的二十大报告中提出深入推进环境污染防治。建设工程在施工时为了减少对环境的污染,制定了若干法律法规对污染物的防治做了规定。《中华人民共和国大气污染防治法》第八十条规定:"企业事业单位和其他生产经营者在生产经营活动中产生恶臭气体的,应当科学选址,设置合理的防护距离,并安装净化装置或者采取其他措施,防止排放恶臭气体。"《中华人民共和国建筑法》第四十一条规定:"建筑施工企业应当遵守有关环境保护和安全生产的法律、法规的规定,采取控制和处理施工现场的各种粉尘、废气、废水、固体废物以及噪声、振动对环境的污染和危害的措施。"《建设工程安全生产管理条例》第三十条规定:"施工单位应当遵守有关环境保护法律、法规的规定,在施工现场采取措施,防止或者减少粉尘、废气、废水、固体废物、噪声、振动和施工照明对人和环境的危害和污染。"

9.5.1 大气污染的防治

1. 产生大气污染的施工环节

1)引起扬尘污染的施工环节
(1)土方施工及土方堆放过程中的扬尘。
(2)搅拌桩、灌注桩施工过程中的水泥扬尘。
(3)建筑材料(如砂、石、水泥等)堆场的扬尘。
(4)混凝土、砂浆拌制过程中的扬尘。
(5)脚手架和模板安装、清理和拆除过程中的扬尘。
(6)木工机械作业的扬尘。
(7)钢筋加工、除锈过程中的扬尘。
(8)运输车辆造成的扬尘。
(9)砖块、砌块、石块等切割加工作业的扬尘。
(10)道路清扫的扬尘。
(11)建筑材料装卸过程中的扬尘。
(12)建筑和生活垃圾清扫的扬尘。

2)引起空气污染的施工环节
(1)某些防水涂料施工过程中的污染。
(2)有毒化工原料使用过程中的污染。
(3)油漆涂料施工过程中的污染。

(4) 施工现场的机械设备、车辆的尾气排放的污染。

(5) 工地擅自焚烧废弃物对空气的污染。

2. 防止大气污染的主要措施

(1) 施工现场的渣土要及时清出现场。

(2) 施工现场作业场所内建筑垃圾的清理,必须采用相应容器、管道运输或其他有效措施,严禁凌空抛掷。

(3) 施工现场的主要道路必须进行硬化处理,并指定专人定期洒水清扫,形成制度,严格控制道路扬尘。

(4) 裸露的场地和集中堆放的土方应采取覆盖、固化或绿化等措施。

(5) 渣土和施工垃圾运输时,应采用密闭式运输车辆或采取有效的覆盖措施,施工现场出入口处应采取保证车辆清洁的措施。

(6) 应使用密目式安全立网对施工现场进行封闭,防止施工过程中扬尘。

(7) 应对细粒散状材料(如水泥、粉煤灰等)进行遮盖、密闭,防止和减少尘土飞扬。

(8) 应对进出现场的车辆采取必要的措施,消除扬尘、抛撒和夹带现象。

(9) 许多城市已不允许现场搅拌混凝土。但在允许搅拌混凝土或砂浆的现场,应将搅拌站封闭严密,并在进料仓上方安装除尘装置,采取可靠措施控制现场粉尘污染。

(10) 拆除已建建筑物时,应采用隔离、洒水等措施防止扬尘,并在规定期限内将废弃物清理干净。

(11) 施工现场应根据风力和大气湿度的具体情况,确定合适的作业时间及内容。

(12) 施工现场应设置密闭式垃圾站,施工垃圾、生活垃圾应分类存放,并及时清运。

(13) 施工现场的机械设备、车辆的尾气排放应符合国家环保排放标准要求。

(14) 城区、旅游景点、疗养区、重点文物保护地及人口密集区的施工现场应使用清洁的能源。

(15) 施工人员在施工时遇到有毒化工原料,除要做好安全防护外,还应按相关要求做好环境保护工作。

(16) 除设有符合要求的装置外,否则严禁施工人员在施工现场焚烧各类废弃物以及其他会产生有毒有害烟尘和恶臭的物质。

9.5.2 噪声污染的防治

1. 引起噪声污染的施工环节

(1) 施工现场人员大声的喧哗。

(2) 各种施工机具的运行和使用。

(3) 安装及拆卸脚手架、钢筋、模板等。

(4) 爆破作业。

(5) 运输车辆的往返及装卸。

2. 防止噪声污染的措施

施工现场噪声的控制技术可从以下几方面考虑。

1）声源控制

从声源上降低噪声，这是防止噪声污染的根本措施。具体要求有以下几个。

（1）尽量采用低噪声设备和工艺替代高噪声设备和工艺，如低噪声振动器、电动空气压缩机、电锯等。

（2）在声源处安装消声器消声，如在通风机、鼓风机、压缩机以及各类排气装置等进、出风管的适当位置安装消声器。

2）传播途径控制

在传播途径上控制噪声的方法主要有以下几个。

（1）吸声。吸声是指利用吸声材料或吸声结构形成的共振结构吸收声能，降低噪声。

（2）隔声。隔声是指应用隔声结构，阻止噪声向空间传播，将接收者与噪声声源分隔。隔声结构包括隔声室、隔声罩、隔声屏障、隔声墙等。

（3）消声。消声是指利用消声器阻止声音传播，如空气压缩机、内燃机等。

（4）减振降噪。对由振动引起的噪声，可通过降低机械振动来减少噪声，如将阻尼材料涂在振动源上，或改变振动源与其他刚性结构的连接方式等。

3）接收者防护控制

让处于噪声环境下的人员使用耳塞、耳罩等防护用品，减少相关人员在噪声环境中的暴露时间，以减轻噪声对人体的危害。

4）严格控制人为噪声

进入施工现场的人员不得高声叫喊、无故打砸模板、乱吹口哨，限制高音喇叭的使用，最大限度地减少噪声扰民。

5）控制强噪声作业时间

凡在人口稠密区进行强噪声作业时，必须严格控制作业时间，一般在22时至次日6时期间停止强噪声作业。确系特殊情况必须昼夜施工时，建设单位和施工单位应于15日前，到环境保护部门和建设行政主管部门提出申请，经批准后方可进行夜间施工，并会同居民小区居委会或村委会，张贴公告告知附近居民，做好周围群众的安抚工作。

3. 施工现场噪声的限值

根据国家标准《建筑施工场界环境噪声排放标准》（GB 12523—2011）的要求，建筑施工场界环境噪声排放限值见表9-3。在工程施工中，要特别注意不得超过国家规定的限值，尤其是夜间禁止打桩作业。

表 9-3 建筑施工场界环境噪声排放限值　　　　　　单位：dB

昼间	夜间
70	55

由于该噪声排放限值是指与敏感区相对应的建筑施工场地边界处的限值，所以实际需要控制的是噪声在边界处的声值。噪声的具体测量方法参见《建筑施工场界环境噪声排放标准》（GB 12523—2011）。施工单位应对施工现场的噪声值进行监控和记录。

案例分析

某市一大型住宅项目位于四环路以内，一期工程建筑面积 300 000m^2，框架剪力墙结构箱形基础。施工现场设置混凝土集中搅拌站。由于工期紧迫，混凝土需要量大，施工单位实行"三班倒"连续进行混凝土的搅拌生产。附近居民对此意见极大，纷纷到有关管理单位反映此事，有关部门也做出了罚款等相应的处理决定。

【问题】（1）什么是噪声？（2）噪声污染会产生哪些危害？（3）施工现场可以采取哪些措施控制噪声的影响？

9.5.3　水污染的防治

1．引起水污染的施工环节

（1）桩基础施工、基坑护壁施工过程中的泥浆。
（2）混凝土（砂浆）搅拌机械、模板、工具的清洗产生的泥浆、污水。
（3）现场制作水磨石施工的泥浆。
（4）油料、化学溶剂泄漏。
（5）生活污水。
（6）将有毒废弃物掩埋于土中。

2．防止水污染的主要措施

（1）回填土应过筛处理，严禁将有害物质掩埋于土中。
（2）施工现场应设置排水沟和沉淀池，现场废水严禁直接排入市政管网和河流。
（3）现场存放的油料、化学溶剂等应设有专门的库房，地面应进行防渗漏处理。使用时，还应采取防止油料和化学溶剂跑、冒、滴、漏的措施。
（4）卫生间的地面、化粪池等应进行抗渗处理。
（5）食堂、盥洗室、淋浴间的下水管线应设置隔离网，并与市政管网连接，保证排水通畅。
（6）食堂应设置隔油池，并及时清理。

案例分析

某高校学生宿舍楼建筑面积 15 260.6m^2，框架剪力墙结构箱形基础。地下防水和卫生间、厨房防水采用聚氨酯防水涂膜。聚氨酯底胶的配制采用甲料：乙料：二甲苯＝1：1.5：2 的比例，待其均匀后进行涂布施工。地下防水施工完毕，操作工人甲见稀释剂二甲苯虽有剩余但并不多，觉得没有必要再退回给仓库保管员，于是就随手将剩余不多的二甲苯倒在了基坑坡顶上。

【问题】操作工人甲的这种行为正确吗？为什么？

9.5.4 固体废弃物污染的防治

固体废弃物是指生产活动、建设活动、日常生活和其他活动中产生的固态、半固态废弃物质。固体废弃物是一个极其复杂的废物体系。其按化学组成可分为有机废弃物和无机废弃物,按对环境和人类的危害程度可分为一般废弃物和危险废弃物。固体废弃物对环境的危害是全方位的,主要会侵占土地、污染土壤、污染水体、污染大气、影响环境卫生等。

1. 建筑施工现场常见的固体废弃物

(1) 建筑渣土,包括砖瓦、碎石、混凝土碎块、废钢铁、废屑、废弃装饰材料等。
(2) 废弃材料,包括废弃的水泥、石灰等。
(3) 生活垃圾,包括炊厨废物、丢弃食品、废纸、废弃生活用品等。
(4) 设备、材料等的废弃包装材料等。

2. 固体废弃物的处置

固体废弃物处理的基本原则是采取资源化、减量化和无害化处理,对固体废弃物产生的全过程进行控制。固体废弃物的主要处理方法如下。

(1) 回收利用。回收利用是对固体废弃物进行资源化、减量化的重要手段之一。建筑渣土可视具体情况加以利用,如废钢铁可按需要做成金属原材料,废电池等废弃物应分散回收,集中处理。

(2) 减量化处理。减量化处理是对已经产生的固体废弃物进行分选、破碎、压实浓缩、脱水等程序以减少其最终处置量,降低处理成本,减少对环境的污染。在减量化处理的过程中,也包括和其他处理技术相关的工艺方法,如焚烧、解热、堆肥等。

(3) 焚烧技术。焚烧用于不适合再利用且不宜直接予以填埋处置的固体废弃物,尤其是受到病菌、病毒污染的物品,可以用焚烧进行无害化处理。焚烧处理应使用符合环境要求的处理装置,注意避免对大气的二次污染。

(4) 稳定和固化技术。稳定和固化技术是指利用水泥、沥青等胶结材料,将松散的固体废弃物包裹起来,减小废弃物的毒性和可迁移性,使得污染减少的技术。

(5) 填埋。填埋是固体废弃物处理的最终补救措施,将经过无害化、减量化处理的固体废弃物残渣集中到填埋场进行处置。填埋场应利用天然或人工屏障,尽量使需处理的废弃物与周围的生态环境隔离,并注意废弃物的稳定性和长期安全性。

案例分析

某商厦建筑面积7 780m²,钢筋混凝土框架结构,地上6层,地下2层,由市建筑设计院设计,江汉区建筑工程公司施工。在清运建筑垃圾时,施工单位心存侥幸心理,认为晚上清运垃圾,沿途人员活动较白天少,不会对周围居民产生多大影响,便没有采取覆盖措施,结果造成一路上渣土有少量遗撒现象发生。经市民举报受到有关部门罚款处理。后经整改,采用密闭车辆运输建筑垃圾,未再发生此类投诉事件。

【问题】（1）施工工地上常见的固体废弃物有哪些？主要处理方法是什么？（2）什么是文明施工？文明施工主要包括哪几方面的工作？（3）文明施工对现场周围环境和居民服务方面有何要求？

9.5.5 照明污染的防治

夜间施工应当严格按照建设行政主管部门和有关部门的规定，对施工照明器具的种类、灯光亮度加以严格控制，特别是在城市市区、居民居住区内，必须采取有效的措施，减少施工照明对附近城市居民的危害。

9.6 职业健康基本知识

1．毒物进入人体的3个途径

（1）消化道。这种途径极少见，大多是由不遵守卫生制度引起的，如工人在有毒的地方进食或用污染了毒物的手取食，或者误食所致。

（2）呼吸道。呼吸道是生产性毒物进入人体的主要途径，整个呼吸道都能吸收毒物，尤其肺泡的吸收能力最大，因为肺泡壁表面被含碳酸的液体所湿润，并有丰富的微血管，所以对毒物的吸收极其迅速。在锅炉房里吸烟不仅存在火灾隐患，还会吸食大量粉尘，一定要避免。

（3）皮肤。经皮肤吸收毒物的方式有3种，即表皮屏障、皮囊和汗腺（此方式极少）。

2．影响毒物危害程度的因素

（1）毒物本身毒性的大小。
（2）毒物的含量和浓度。
（3）与毒物的接触时间。
（4）作业环境条件与劳动强度。
（5）个体的年龄、性别和体质差异。

3．预防职业病的一般要求

（1）凡是接触及从事粉尘、有毒有害工种作业的人员，必须经过体检合格，并建立健康档案，定期进行体检检查和职业病普查。

（2）从事粉尘、有毒作业的人员，要严格按照安全技术交底要求的安全措施进行施工。

（3）按照安全技术交底要求正确使用个人安全防护用品和用具。

（4）下班后不在可能污染的环境中用餐、饮水和吸烟。

（5）下班后用温水、肥皂洗手或洗澡。

（6）换下的工作服应放在固定位置，不要和非工作服混放。

4．有毒有害物品搬运的要求

（1）装卸、搬运时尽量使用机械以及适当的搬运工具，如夹具、钩具等。

（2）作业前要仔细检查防护用品、用具穿戴使用是否合理、妥当。作业后及时清洗消毒。

（3）搬运时不要肩扛、背负、双手抱揽，应该做到轻拿轻放。

（4）两种性能互相抵触的物品，不得同地装卸、同车运输，如氧气瓶和乙炔气瓶。

（5）对忌热、忌潮、忌颠倒的物品，要采取隔热、防潮和防止倾倒措施。

5．有毒有害物品储存的要求

（1）要分类、分堆储存，并挂出标签，标示名称、危险性和预防措施。

（2）剧毒物品必须放在专用库内存放，专人保管。

（3）严禁与无机氧化物同库存放。

（4）不得与硫酸、硝酸等强酸同库存放。

（5）苯类与醇类物质不能同处存放。

6．有毒有害物品使用的要求

（1）凡是使用和接触有毒有害物品的人员，必须使用能对皮肤、眼睛、呼吸道、消化道起到防护作用的个人安全防护用品，尽可能避免与这些物品的不必要接触。

（2）现场使用的有毒有害物品，要储存在安全可靠的容器内，防止泄漏。

（3）溢出的化学物品要及时装进容器内，溢出场所要立即清理干净以防止进一步污染。

（4）在容器内、室内和其他没有适当通风的场所，从事有毒有害物质作业时，施工人员要使用呼吸器具或者加强通风。

7．粉尘作业者应该多吃的食物

如果人在含有粉尘浓度高的场所作业，吸入肺部的粉尘含量就多，当尘粒达到一定数量时，就会引起肺部组织发生纤维化病变，使肺部组织逐渐硬化，失去正常的呼吸功能，称为尘肺病。从事粉尘作业的人员，可多吃猪血。

8．噪声作业者应该多吃的食物

噪声不仅损害人的听觉系统，造成职业性耳聋、爆炸性耳聋，而且严重的还可使鼓膜出血，造成神经功能、胃肠功能紊乱等。从事噪声作业的人员应该要多补充维生素类营养，尤其是维生素 B 类。

9．苯作业者应该多吃的食物

接触油漆、香料制造、橡胶、染料及鞋类等行业的工作人员常常接触苯及其化合物，因此这些作业人员应该要多吃些高蛋白、高糖、低脂肪及富含维生素 C、维生素 B 的食物（如鸡、鱼、乳类、动物肝脏、糖类、豆制品、西红柿、橘子等）。

案例分析

某市广场工程项目建筑面积 81 174m², 框架结构,主楼高 19 层。工程项目部将防水处理工程分包给个体涂料经营户(无施工资质)。施工中所用的非焦油聚氨酯防水涂料系某省某防水工程有限公司(企业具有相应的生产、施工资质)的产品,该涂料含苯 359g/kg、甲苯 82g/kg、二甲苯 25g/kg,属危险化学品。7 月 2 日防水涂料进场,7 月 4 日做样板并陆续施工。7 月 14 日,民工戴某等 5 人进行该工地地下室外墙防水涂料涂刷作业,其中 1 人在地面上拌、送料,其余 4 人下到基坑作业。至下午 3 时许,在基坑下约 8m 深处作业的民工突然晕倒跌落坑底(当时基坑底部有深约 0.7m 的积水),在地面上作业的民工发现后立即喊叫救人。在基坑下约 4m 处作业的另外 3 人见状急忙去抢救,结果也相继晕倒并跌落坑底积水中。周围人员听到呼救声,迅速赶来救人,在抢救过程中,营救人员也出现胸闷、头晕、意识模糊等症状。先后有 12 人被送往医院救治,有 2 人在现场经医生确认死亡,2 人经医院抢救无效死亡,10 人因接触作业环境引起身体过敏性反应需住院观察治疗。事发后经空气中有毒物质的测定,发现作业场所含苯 57mg/m³。经鉴定,4 人的死亡是由苯、甲苯等中毒引起的中枢神经系统、心肌抑制,导致呼吸循环功能衰竭。

事故原因分析:

1. 直接原因

(1)涂刷作业使用的非焦油聚氯酯防水涂料,其中含有严重超标的苯系物质。

(2)施工现场为槽形基坑,作业空间狭小,在气温高(事发当时气温在 37.6℃)、通风不良、连续作业的情况下,作业现场空气中有毒物质浓度大量超标。

(3)作业人员没有相应的上岗资格,缺乏安全防范和自我保护意识,不懂安全操作规程,不具备职业防毒知识和事故应急能力,在具有危险、危害的作业环境中盲目作业。

2. 间接原因

(1)防水工程承包人员严重违反有关建设工程法律法规和技术规范、标准的要求,自称是具有施工资质的单位代理人承揽工程业务,在组织施工过程中,采用苯系物质严重超标的防水涂料,没有施工技术资料、安全生产管理制度、安全技术操作规程和安全生产责任制。操作场所没有安全的防毒设施和必要的个人防护装备,所有操作人员没有经过规范的安全培训教育。现场管理混乱,施工作业无序是该起事故的主要原因。

(2)施工单位项目部违反国家有关建设工程法律法规的规定,将防水工程发包给不具有相应资质的个体经营者施工,且在未取得防水涂料检验结果、未经监理单位签字的情况下允许防水工程施工队伍进场施工,对防水工程的施工过程没有进行严格的安全生产监督和管理。

(3)防水涂料生产单位对产品质量管理不严,产品中的苯系物质含量严重超标,且产品包装标志不符合有关规定要求,没有安全技术说明书。

(4)监理单位对防水涂料工程项目监理工作缺位,该工地地下室外墙防水涂料涂刷作业违规施工已达十多天,未予及时检查、制止。

(5)施工单位对其项目部存在的不符合规范要求的发包合同协议、现场管理无序、事故隐患严重等问题,监督查处不力。

第 9 章 文明施工与环境保护

本 章 小 结

本章主要介绍了文明施工与环境保护的概念、意义，文明施工的组织与管理，文明施工的基本要求以及施工现场环境污染的防治等内容。

思考与拓展题

1. 什么是文明施工？
2. 谈谈你对环境保护的认识。
3. 搞好文明施工，意义何在？
4. 环境保护对施工现场有何影响？
5. 现场文明施工有哪些基本要求？
6. 根据《建筑施工安全检查标准》（JGJ 59—2011）的规定，文明施工检查评定项目包括哪些？
7. 根据《建筑施工安全检查标准》（JGJ 59—2011）的规定，现场围挡应满足哪些要求？
8. 根据《建筑施工安全检查标准》（JGJ 59—2011）的规定，封闭管理应满足哪些要求？
9. 根据《建筑施工安全检查标准》（JGJ 59—2011）的规定，现场办公与住宿应满足哪些要求？
10. 起火必须具备哪 3 个条件？
11. 我国消防工作的方针是什么？
12. 请你说说施工现场哪些区域属于禁火区域。
13. 请你谈谈高层建筑施工防火注意事项。
14. 大门口处应设置"五牌一图"，这"五牌一图"指什么？结合你实习的施工现场，除了"五牌一图"，还有哪些图牌？
15. 施工现场大气污染如何防治？
16. 防止施工现场噪声污染的措施有哪些？
17. 防止施工现场水污染的措施有哪些？
18. 固体废弃物处理的基本原则是什么？
19. 固体废弃物的主要处理方法有哪些？
20. 如何预防职业病的发生？

第 10 章

季节性施工安全技术

第10章 季节性施工安全技术

课程标准

课 程 内 容	知 识 要 点	教 学 目 标
季节性施工安全控制能力	雷电常识与雷电防护，雨期、夏季、冬期施工安全技术	了解雷电知识，做好雷雨天气的安全防护工作。熟悉夏季防暑降温的安全技术措施。熟悉冬期施工的安全技术措施

章节导读

建设工程施工具有周期长并受各种自然因素影响较大的特点，加之我国幅员辽阔，有严寒地区、寒冷地区、夏热冬冷地区、夏热冬暖地区和温和地区等不同的气候特点。因此，应充分考虑在各种不同自然因素和季节的作用下，采取相应的技术和管理措施，才能保证建筑施工的安全目标的实现。

特别提示

一般来讲，季节性施工主要指雨期施工、夏季施工和冬期施工。雨期施工，应当采取防雨、防雷击措施，组织好排水，同时，注意做好防止触电和坑槽坍塌准备，沿河流域的工地应做好防洪排涝准备，傍山的施工现场还要做好防滑坡、防塌方措施。另外，脚手架、塔式起重机等应做好防强风措施。夏季施工防台抗汛、防高温中暑。冬期施工，由于气温低，施工现场易结露结冰，天气干燥，作业人员操作不灵活，因此作业场所应采取防滑、防冻措施，生活办公场所应采取防火和防煤气中毒措施。此外，春秋季节天气干燥、风大，应注意做好防火、防风措施。秋季还要注意饮食卫生，防止腹泻等流行性疾病。

10.1 雷电常识与雷电防护

1. 雷电常识

1）雷电的产生与雷电的放电

我国最早的雷击记录是《周易》记述的公元前 1068 年一次球形雷袭击周武王的住房。古代的人们由于缺乏科学知识，不能正确解释雷电现象，就把雷电与鬼神联系起来，创造了雷神电母等神话故事。在封建迷信时期，人们将农历 6 月 24 日定为雷神的生日。第一个破除迷信的人是东汉哲学家王充（公元27—约公元97年），他第一次提出了"雷是火"的论断。1749—1751 年美国科学家本杰明·富兰克林经过科学实验，为我们揭开了雷电的神秘面纱，雷电与我们日常所用的电有相同的性质。人类的起源和雷电是密不可分的，如果地球上没有雷电，人类将会灭绝。雷电为远古人类提供了最早的火种，如图 10.1 所示，推动了文明的进程，但同时又

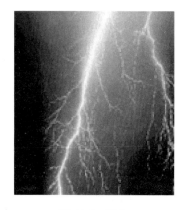

图 10.1 雷电

具有巨大的破坏性，是最严重的自然灾害之一。地球上每秒有100次闪电，95%是云对云的放电（也就是说95%的雷击只会产生电磁脉冲损害），如图10.2所示。

图10.2　云对云的放电

人们通常把发生闪电的云称为雷雨云，一般讲的雷雨云就是指积雨云。云的形成过程是指空气中的水汽经由各种原因达到饱和或过饱和状态而发生凝结的过程，使空气中的水汽达到饱和状态的主要方式是空气降温冷却和增加水汽含量。近地面的大气的温度由于热传导和热辐射而升高，因此体积膨胀，密度减小，压强也随着降低，大气就会上升，而上方的空气层密度相对较大，空气层就会下沉。大气在上升的过程中因膨胀降压，同时与高空低温空气层进行热交换，于是上升气团中的水汽就发生凝结而出现雾滴，从而形成了云。积雨云是气流在强烈垂直对流过程中形成的云。在强对流过程中，云中的雾滴进一步降温，变成过冷水滴、冰晶或雪花，并随高度逐渐增加，过冷水滴大量冻结而释放潜热，使云顶突然向上发展，到达对流层顶附近后向水平方向铺展，形成云砧，这是积雨云的显著特征。积雨云形成过程中，在大气电场及温差起电效应、破碎起电效应的同时作用下，正负电荷分别在云的不同部位积聚。当电荷积聚到一定程度后，就会在云与云之间或云与地之间发生放电，也就是人们平常所说的"闪电"。闪电的形状最常见的是枝状，此外还有球状、片状、带状。闪电的形式有云天闪电、云间闪电、云地闪电，其中云间闪电中云间的摩擦就形成了雷声。

雷电形成于大气运动过程中，因为大气运动中会产生剧烈摩擦生电及云块切割磁力线。在气象学中，常用雷暴日数、年平均雷暴日数、年平均地面落雷密度来表征某个地方雷电活动的频繁程度和强度。此外，也使用年雷闪频数来评价雷电活动，它是指1000km^{2}范围内一年共发生雷闪击的次数。大量观测统计资料表明，一个地区的年雷闪频数与雷暴日数呈线性关系。通常，建筑行业的防雷，更多的是注重雷暴日数的多少。航空、航海、气象、通信等行业越来越关心年雷闪频数的多少。我国一般按年平均雷暴日数将雷电活动区分为少雷区（<15天）、中雷区（15～40天）、多雷区（41～90天）、强雷区（>90天）。我国的雷电活动是夏季最活跃，冬季最少。全球雷电活动是赤道附近最活跃，随纬度升高而减少，极地最少。

2）雷电破坏

雷电破坏可分成直击雷、感应雷和雷电波侵入3种。

（1）直击雷破坏。当雷电直接击在建（构）筑物上，强大的雷电流使建（构）筑物水分受热汽化膨胀，从而产生很大的机械力，导致建（构）筑物燃烧或爆炸。另外，当雷电击中接闪器，电流沿引下线向大地泄放时，这时对地电位升高，有可能向临近的物体跳击，称为雷电"反击"，从而造成火灾或人身伤亡。

（2）感应雷破坏。感应雷破坏也称为二次破坏。它分为静电感应雷和电磁感应雷两种。雷电流变化梯度很大，会产生强大的交变电磁场，使得周围的金属构件产生感应电流，这种电流可能向周围物体放电，如附近有可燃物就会引发火灾和爆炸，如感应到导线上就会对设备产生强烈的破坏性。

① 静电感应雷。带有大量负电荷的雷云所产生的电场将会在金属导线上感应出被电场束缚的正电荷，当雷云对地放电或云间放电时，云层中的负电荷在一瞬间就消失了，那么在线路上感应出的这些被束缚的正电荷也在一瞬间就失去了束缚。在电势能的作用下，这些正电荷将沿着线路产生大电流冲击。

② 电磁感应雷。雷击发生在供电线路附近，或击在避雷针上会产生强大的交变电磁场，此交变电磁场的能量将感应于线路并最终作用到设备上。

（3）雷电波侵入破坏。当雷电接近架空管线时，高压冲击波会沿架空管线侵入室内，造成高电流引入，这样可能引起设备损坏或人身伤亡事故。如果附近有可燃物，容易酿成火灾。雷电波侵入破坏按雷电出现的物理效应可分成电性质破坏、热性质破坏和机械性质破坏3种。

① 电性质破坏。雷电放电产生高达数十万伏的冲击电压，对电气设备、仪表设备、通信设备等的绝缘造成破坏，导致设备损坏，引发火灾、爆炸事故和人员伤亡，产生的接触电压和跨步电压容易使人触电。

② 热性质破坏。当上百千安的强大电流通过导体时，在极短时间内电流产生大量热量，可熔化导线、管线、构架金属物质，引发火灾。

③ 机械性质破坏。雷电的热效应，使木材、水泥等材料中间缝隙的水分、空气及其他物质剧烈膨胀，从而产生强大的机械压力，对材料造成严重破坏。

3）雷灾特点

当人类社会进入电子信息时代后，雷灾的特点与以往有极大的不同。

（1）受灾面大大扩大。从电力、建筑这两个传统领域扩展到几乎所有行业，特别是与高新技术关系最密切的领域，如航天航空、国防、邮电通信、计算机、电子工业、石油化工、金融证券等。

（2）从二维空间入侵变为三维空间入侵。从闪电直击和过电压波沿线传输变为空间闪电的脉冲电磁场，从三维空间入侵到任何角落，无孔不入地造成灾害，因此防雷工程已从防直击雷、感应雷进入防雷电电磁脉冲（LEMP）。

（3）雷灾的经济损失和危害程度大大增加了。它袭击的对象本身直接经济损失有时并不太大，但由此产生的间接经济损失和影响却难以估计。

产生上述特点的根本原因是，雷灾的主要对象已集中在微电子器件设备上。雷电本身的性质并没有变，而是科学技术的发展，使得人类社会的生产、生活状况改变了。微电子技术的应用渗透到各种生产和生活领域，微电子器件极端灵敏这一特点很容易受到无孔不入的 LEMP 的作用，造成微电子设备的失控或者损坏。

2．雷电的防护措施

雷电破坏的防护一般采用避雷针、避雷线、避雷网、避雷带、避雷器等装置将雷电直接导入大地。避雷针主要用来保护露天变配电设备、建筑物和构筑物，避雷线主要用来保护电力线路，避雷网和避雷带主要用来保护建筑物，避雷器主要用来保护电力设备。

10.2　季节性施工安全技术概述

10.2.1　雨期施工

季节性施工安全技术措施

1．雨期施工的准备工作

雨期施工中，由于雨期持续时间较长，而且大雨、大风等恶劣天气具有突然性，因此应认真编制好雨期施工的安全技术措施，做好雨期施工的各项准备工作。根据雨期施工的特点，将不宜在雨期施工的工程提早或延缓安排，对必须在雨期施工的工程制定有效的保护措施。施工现场的大型临时设施，在雨期前应整修完毕，保证不漏、不塌、不倒，周围不积水，严防水冲入设施内。施工选址要合理，应避开滑坡、泥石流、山洪、坍塌等灾害地段。雨期前应清除沟边多余的弃土，减轻坡顶压力。

2．做好施工现场的排水

（1）根据施工总平面图，利用自然地形确定排水方向，按规定坡度挖好排水沟，确保施工工地排水畅通。应严格按防汛要求，设置连续、通畅的排水设施和其他应急设施，防止泥浆、污水、废水外流或堵塞下水道和排水河沟。

（2）若施工现场临近高地，应在高地的边缘（现场的上侧）挖好截水沟，防止洪水。

（3）雨期前应做好傍山的施工现场边缘的危石处理，防止滑坡、塌方威胁工地。

（4）雨期应有专人负责，及时疏导排水系统。

3．运输道路

（1）临时道路应起拱 5%，两侧各做宽 300mm、深 200mm 的排水沟。

（2）应对路基易受冲刷部分铺石块、焦渣、砾石等渗水防滑材料，或者设涵管排泄，以保证路基的稳固。

（3）雨期应指定专人负责维修路面，对路面不平或积水处应及时修好。

（4）施工现场内主要道路应当硬化。

4．雨期施工注意事项

（1）晴天抓紧室外作业，雨天安排室内工作。注意天气预报，做好防汛准备。遇到大雨、大雾、雷击和6级以上大风等恶劣天气时，应当停止露天高处起重吊装、打桩、脚手架的搭设和拆除等作业。

（2）雨期施工中遇到气候突变，如突下暴雨、水位暴涨、山洪暴发或因下雨发生坡道打滑等情况时应当停止土石方机械作业。

（3）大风、大雨后，要组织有关人员检查脚手架是否牢固，如有倾斜、下沉、松扣、崩扣和安全网脱落、开绳等现象，要及时处理；检查临时设施地基和主体结构情况，发现问题及时处理；及时对坑槽、沟边坡和固壁支撑结构进行全面检查，深基坑应当派专人进行认真测量，观察边坡情况，如果发现边坡有裂缝、疏松、支撑结构折断、走动等危险征兆，应立即采取措施；检查起重机械设备的基础、塔身的垂直度、缆风绳和附着结构以及安全装置，确认无异常后方可作业，作业前先试吊。

5．雨期施工的用电与防雷

1）雨期施工的用电

（1）各种露天使用的电气设备应选择在较高的干燥处放置。

（2）机电设备（如配电盘、闸箱、水泵等）应有可靠的防雨措施，电焊机应加防护雨罩。

（3）雨期前应检查照明线和动力线有无混线、漏电，电杆有无腐蚀，埋设是否可靠等，防止触电事故发生。

（4）雨期前还要检查现场电气设备的接零、接地保护措施是否牢靠，漏电保护装置是否灵敏，电线绝缘接头是否良好。

2）雨期施工的防雷

（1）防雷装置的设置范围。施工现场高出建筑物的塔式起重机、外用电梯、井字架、龙门架及较高金属脚手架等高架设施，如果在相邻建（构）筑物的防雷装置保护范围以外，则应当按照规定设防雷装置，并时常进行检查。

（2）防雷装置的构成及操作要求。施工现场的防雷装置一般由避雷针、接地线和接地体三部分组成。避雷针装在高出建筑物的塔式起重机、人货电梯、钢管脚手架等顶端。

10.2.2　夏季施工

炎热地区，夏季施工应有防暑降温措施，防止中暑。

防暑降温应采取的综合性措施有以下几种。

（1）组织措施。合理安排作息时间，实行工间休息制度，早晚干活，延长中午休息时间等。

（2）技术措施。改进施工工艺，减少与热源接触的机会，并尽可能地疏散、隔离热源。

（3）通风降温措施。可采用自然通风、机械通风和遮盖、挡强阳光措施等。宿舍应保持通风、干燥。

（4）卫生保健措施。供给施工人员含盐饮水，来补充高温作业人员因大量出汗而流失的水分和盐分。生活办公设施要有专人管理，要求定期清扫、消毒，保持室内整齐清洁卫生，有防蚊蝇措施，还要及时发放必需的防暑降温品。

 案例分析

某一集酒店、办公、公寓、餐饮、娱乐、购物为一体的 5A 智能化综合建筑群位于城市繁华闹市区，总占地面积 12 790m^2，建筑面积 153 000m^2，工程结构为全现浇框架，剪力墙结构，局部为钢结构，由地下室、酒店、写字楼、公寓和裙房 5 部分组成。该项目土方施工阶段正值夏季。该市夏季经常有 4 级以上的大风，偶尔还有沙尘暴发生。为此承包商采取了积极的措施，如洒水降尘、覆盖坡面等，尽量减少对附近居民的不良影响。但是由于该项目规模庞大，土方施工期较长，仍不可避免地会出现扬尘现象，导致附近居民怨声不断。

【问题】如果你是现场管理人员，你将如何协调此事？

10.2.3 冬期施工

在我国北方及寒冷地区的冬期施工中，长时间的持续低温、温差大、强风、降雪和冰冻等问题，使得施工条件较其他时间艰难得多，加上在严寒环境中作业人员穿戴较多，手脚皆不灵活，所以会对工程进度、工程质量和施工安全产生严重的不良影响。因此必须采取附加或特殊的措施组织施工，才能保证工程建设顺利进行。

根据多年气象资料统计，当室外日平均气温连续 5 天稳定低于 5℃时进入冬期施工，当室外日平均气温连续 5 天高于 5℃时解除冬期施工。

冬期施工与冬季施工是两个不同的概念，不要混淆。例如：在我国海拉尔、黑河等高纬度地区，每年有长达 200 多天需要采取冬期施工措施组织施工；而在我国南方许多低纬度地区常年不存在冬期施工问题。

1. 编制冬期施工组织设计

冬期施工组织设计，一般在入冬前编审完毕。冬期施工组织设计，应包括下列几项内容。

（1）确定冬期施工的方法、工程进度计划、劳动力供应计划、材料供应计划、技术措施计划、能源供应计划等。

（2）冬期施工的总平面图（包括临建、交通、管线布置等）。

（3）防冻、防滑、防火等冬期施工措施。

（4）各项安全技术经济指标和节能措施。

2. 组织好冬期施工安全教育和安全培训

（1）应根据冬期施工的特点，重新调整好机构设置和人员配备，并制定好岗位责任制，加强安全生产管理。

（2）主要应加强保温、测温、冬期施工技术检验、热源等机构的管理，并充实相应的人员。

(3) 安排气象预报人员，了解近期、中长期天气，防止寒流突袭。

(4) 对测温人员、保温人员、能源工（锅炉和电热运行人员）、管理人员组织专门的技术业务培训，学习相关知识，明确岗位责任，经考核合格后方可上岗。

3．物资准备

物资准备的内容有外加剂，保温材料，测量温表计及工器具，劳动防护用品，现场管理和技术管理的表格、记录本，燃料及防冻油料，电热物资等。

4．施工现场的准备

(1) 场地要在土方冻结前平整完工，道路应畅通，并有防止路面结冰的具体措施。

(2) 提前组织有关机具、外加剂、保温材料等实物进场。

(3) 生产上水系统应采取防冻措施，并设专人管理，生产排水系统应畅通。

(4) 搭设加热用的锅炉房、搅拌站和敷设管道，对锅炉房进行试压，对各种加热材料、设备进行检查，确保安全可靠。蒸汽管道应保温良好，保证管路系统不被冻坏。

(5) 按照规划落实职工宿舍、办公室等临时设备的取暖措施。

5．冬期施工的安全措施

(1) 机械挖掘时应当采取措施注意行进和移动过程中的防滑，在坡道和冰雪路面应当缓慢行驶，冰雪路面行驶不得急刹车。发动机应当做好防止水箱冻裂措施。在边坡附近使用、移动机械时应注意边坡可承受的荷载，防止边坡坍塌。

(2) 脚手架、马道要有防滑措施，及时清理积雪，外脚手架要经常检查加固。

(3) 现场的锅炉、火炕等使用焦炭时，应有通风条件，防止煤气中毒。

(4) 防止亚硝酸钠中毒。亚硝酸钠是冬期施工常用的阻锈剂，人体摄入10mg的亚硝酸钠，即可导致死亡。亚硝酸钠由于外观、味道、溶解性等许多特征与食盐极为相似，所以很容易误作食盐食用，导致中毒事故。因此要采取措施，加强使用管理，以防误食。

(5) 遇有大雪、轨道电缆结冰和6级以上大风等恶劣天气时，应当停止垂直运输作业，并将吊笼降到底层（或地面），切断电源。

(6) 风雪过后作业，应当检查安全装置，确认无异常后方可作业，作业前应先试吊。

(7) 井字架、龙门架、塔式起重机等设备的缆风绳地锚应当埋置在冻土层以下，防止春季冻土融化，地锚锚入作用降低，地锚拔出，造成架堤倒塌事故。

6．冬期施工的防火要求

冬期施工现场使用明火较多，管理不善容易发生火灾，因此必须加强用火管理。施工现场临时用火，要建立用火证制度，由工地负责人审批。用火证当日有效，用后收回。用火操作地点要有专人看管。看火人的主要职责有以下几个。

(1) 注意清除火源附近的易燃易爆物品。

(2) 不易清除时，可用水浇湿或用阻燃物覆盖。

(3) 检查高层建筑脚手架上的用火，焊接作业要有石棉防护，或用火盆接住火花。

(4) 检查消防器材的配备和工作状态情况，落实保温防冻措施。

（5）木工棚、库房、喷漆车间、油漆配料车间等场所，不得用火炉取暖，周围15m内不得有明火作业。

（6）施工作业完毕后，对用火地点详细检查，确保无死灰复燃，方可撤离岗位。

7．冬期消防器材的保温防冻

（1）室外消火栓。冬期施工工地，应尽量安装地下消火栓，在入冬前应进行一次试水，加少量润滑油，消火栓用草帘、锯末等覆盖，做好保温工作，以防冻结。冬天下雪时，应及时扫除消火栓上的积雪，以免雪融化后将消火栓井盖冻住。高层临时消防水管应进行保温或将水放空，消防水泵内应考虑采暖措施，以免冻结。

（2）消防水池。入冬前，应做好消防水池保温工作，随时进行检查，发现冻结时应进行破冻处理。一般方法是在水池上盖上木板，木板上再盖上不小于40~50cm厚的稻草、锯末等。

（3）轻便消防器材。入冬前应将泡沫灭火器、清水灭火器等放入有采暖的地方，并套上保温套。

本章小结

本章主要介绍了雷电常识与雷电防护，雨期、夏季、冬期施工安全技术等内容。

思考与拓展题

1．雷电是如何产生的？
2．施工现场雷电防护的措施有哪些？
3．雨期施工有哪些注意事项？
4．结合你所了解的工地，请谈一下工地夏季防暑降温的措施有哪些？
5．冬期施工有哪些安全隐患？如何处理？

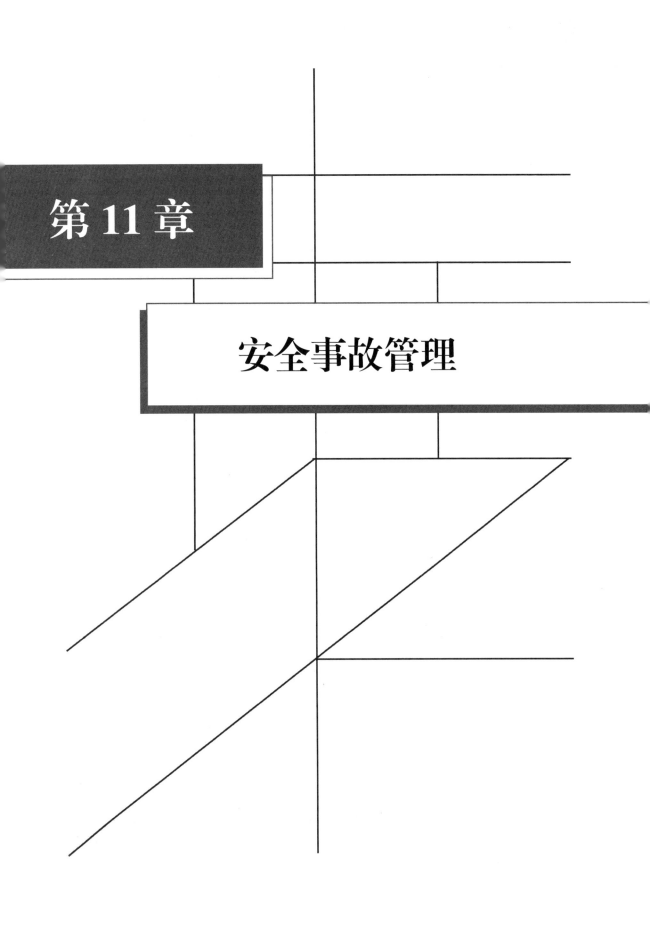

第 11 章

安全事故管理

课程标准

课 程 内 容	知 识 要 点	教 学 目 标
施工安全事故应急救援	事故的概念、分类、报告、处理、应急救援等	掌握施工现场事故概念、分类、报告、应急救援知识。熟悉安全事故处理、应急预案。了解工伤认定和事故统计等内容

章节导读

安全的对立面是事故。事故在这个世界上泛滥猖獗。厂矿企业、建筑工地、交通运输、机场码头、商场学校、家庭住宅等所有生产、生活场所，总能见到事故的魔影。矿难、空难、海难等灾难性的事件总是打碎世界的祥和宁静。建筑伤亡、交通肇事、环境污染、食品卫生、药品安全等问题长期困扰社会，总让世人一筹莫展。事故的背后是哭声，是血泪，是家庭的破碎，是企业的泥潭，是社会无法承受之重。事故的发生一天也没有停止过。人们害怕疾病、害怕战争，但事故同样让我们心惊胆战，让我们失去健康、失去生命、失去财富、失去物质基础。事故是除战争、瘟疫以外的人类大敌。安全事故如同悬顶之剑，随时都有可能落下。不幸的是，我们每个人都会注意到它，但却无法预测它会不会落到自己的头上。在从猿到人的进化中，事故陪伴着人类。原始社会时，人类栖息山林，以狩猎为生，身陷虎口之类事故不断。生产劳动总是与伤亡相伴，人类在安全生产面前是那么的弱小、无力。我国在进入事故高发期后，政府、媒体、社会各界都在关注安全，各方力量共同交汇成一场安全运动。这场有别于唤醒安全意识、突出安全技术的安全运动，被企业界称作是"新安全运动"。"新安全运动"旨在倡导新的安全观：安全是企业经营管理中第一位的大事，安全生产管理部门是企业的第一部门；安全是人力资源、投资管理、运营流程等一切经营管理行为的否决标准；所有事故都可以通过管理预防；事故预防可以产生效益，安全是最大的财富，人的伤害是最大的损失；管理人员对于事故预防有直接责任，所有员工必须对自己的行为负责。

特别提示

安全问题没有国界，它是全人类关注的焦点。安全问题是人类社会和企业经营管理首先要考虑的问题，排在我国党和政府工作的重要位置。

11.1　事故的概念

事故——是一种违背意志、失去控制，不希望发生的意外事件。事故是指个人或集体在为了实现某一意图而在采取行动的过程中，突然发生了与人的意志相反的情况，迫使这种行动暂时或永久停止下来的事件。

事故隐患——未被事先识别或未采取必要的风险控制措施，可能直接或间接导致事故发生的根源。作业场所、设备及设施的不安全状态，人的不安全行为和管理上的缺陷，是引发事故的直接原因。

1. 事故的特征

（1）危险性。任何事故都会在一定程度上给个人、集体和社会带来身体、经济和社会效益方面的损失和危害，威胁企业的生存和影响社会的安定。

（2）意外性。从主观愿望来说，人们都不愿意发生事故，而事故往往发生在人们意想不到的地点和时刻。

（3）紧急性。不少事故从发生到结束的速度很快，允许组织和个人做出反应的时间很短，这就要求人们平时要研究、了解预防对策和紧急对策，届时做出正确的决策，尽量降低事故的损失。

2. 事故发展四阶段

（1）事故的孕育阶段。由于事故基础原因，如社会历史原因、技术教育原因、设备在设计和制造过程中存在缺陷，使其先天潜伏着危险性，潜在危险不一定成为事故，它需要诱发因素。根据事故特点，这一阶段是消灭事故的最好时机，可以将事故消灭在萌芽状态。

（2）事故的成长阶段。由于人的不安全行为和物的不安全状态，再加上管理的失误或缺陷，促使事故隐患的增长，系统危险性增大，这一阶段事故危险性已有征兆，一旦被诱发因素作用，将会发生事故。

（3）事故的爆发阶段。这一阶段必然会对人或物造成伤害或损失，事故发生已不可挽回，具有意外性和紧急性的特点，事故损失跟偶然因素有关。

（4）事故的持续阶段。此阶段事故发生后果仍然存在，且持续时间越长，所造成的危害就越大，要消除后果，需要花费较大的力量。

3. 事故构成要素分析

（1）人要素。人在生产过程中忽视和违反安全操作规程、误操作等不安全行为。

（2）物要素。设备、仪器、工具、原料、燃料等生产资料不安全状态。

（3）环境要素。自然环境、生产环境和社会环境对人的精神、情绪和生理状况的影响，从而导致人的不安全行为和物的不安全状态。

（4）管理要素。管理上的失误或缺陷，可导致技术设计缺陷、操作者接受不良教育、劳动组织不合理、现场缺乏合理的指挥以及没有严格有效执行安全标准规范等。

4. 海因里希法则

美国安全工程师海因里希调查和分析了550000起工业事故，发现其中死亡和重伤事故1666起，轻伤事故48334起，无伤害事故500000起，即构成1∶29∶300的事故发生频率与伤害严重度的重要法则。也就是说，在同一个人身上发生了330起同种事故，只有1起造成严重伤害，29起造成轻微伤害，300起造成无伤害。此法则表明了事故发生频率与伤害严重度之间的普遍规律，即严重伤害的情况是很少的，而轻微伤害及无伤害的情况是很多的。人在受到伤害以前，一般曾遇到过多次同样危险但并不发生事故，事故仅是偶然事件，它以多次隐患为前提，事故发生后伤害的严重度有随机性，一旦发生事故，控制事故的结果和严重度是十分困难的。对于不同事故而言,其无伤害、轻伤、重伤比率并不相同。为了防止事故,必须防止人的不安全行为和物的不安全状态,并且必须对所有事故(包括未遂)予以收集和研究,采取相应安全措施进行防范。

11.2 事故的分类

1. 按照事故造成的人员伤亡或者直接经济损失分类

根据生产安全事故(以下简称事故)造成的人员伤亡或者直接经济损失,事故一般分为以下等级。

(1)特别重大事故,是指造成30人以上死亡,或者100人以上重伤(包括急性工业中毒,下同),或者1亿元以上直接经济损失的事故。

(2)重大事故,是指造成10人以上30人以下死亡,或者50人以上100人以下重伤,或者5000万元以上1亿元以下直接经济损失的事故。

(3)较大事故,是指造成3人以上10人以下死亡,或者10人以上50人以下重伤,或者1000万元以上5000万元以下直接经济损失的事故。

(4)一般事故,是指造成3人以下死亡,或者10人以下重伤,或者1000万元以下直接经济损失的事故。

上述所称的"以上"包括本数,所称的"以下"不包括本数。

2. 按照事故发生的原因分类

按照《企业职工伤亡事故分类》(GB 6441—1986)的规定,职工伤亡事故分为20类,其中与建筑业有关的有以下12类。

(1)物体打击。物体打击是指落物、滚石、锤击、碎裂、崩块、砸伤等造成的人身伤害,不包括因爆炸而引起的物体打击。

(2)车辆伤害。车辆伤害是指被车辆挤、压、撞和车辆倾覆等造成的人身伤害。

(3)机械伤害。机械伤害是指被机械设备或工具绞、碾、碰、割、戳等造成的人身伤害,不包括车辆、起重设备引起的伤害。

(4)起重伤害。起重伤害是指从事各种起重作业时发生的机械伤害事故,不包括上、下驾驶室时发生的坠落伤害,起重设备引起的触电及检修时制动失灵造成的伤害。

(5)触电。触电是指由电流经过人体导致的生理伤害,包括雷击伤害。

(6)灼烫。灼烫是指火焰引起的烧伤、高温物体引起的烫伤、强酸或强碱引起的灼伤、放射线引起的皮肤损伤,不包括电烧伤及火灾事故引起的烧伤。

(7)火灾。火灾是指在火灾过程中造成的人体烧伤、窒息、中毒等。

(8)高处坠落。高处坠落是指由危险势能差引起的伤害,包括从架子、屋架上坠落以及平地坠入坑内等。

(9)坍塌。坍塌是指建筑物、堆置物倒塌及土石方倒塌等引起的事故伤害。

（10）火药爆炸。火药爆炸是指在火药的生产、运输、储藏过程中发生的爆炸事故。

（11）中毒和窒息。中毒和窒息是指煤气、油气、沥青、化学、一氧化碳中毒等。

（12）其他伤害。其他伤害包括扭伤、跌伤、冻伤、野兽咬伤等。

在建筑施工中发生的安全事故类型很多，常见建筑施工安全事故类型见表11-1。

表11-1　常见建筑施工安全事故类型

序次	类型	部分常见形式
1	物体打击	空中落物、崩块和滚动物体的砸伤
2		触及固定或运动中的硬物、反弹物的碰伤、撞伤
3		器具、硬物的击伤
4		碎屑、破片的飞溅伤害
5	高处坠落	从脚手架或垂直运输设施上坠落
6		从洞口、楼梯口、电梯口、天井口和坑口处坠落
7		从楼面、屋顶、高台边缘处坠落
8		从施工安装中的工程结构上坠落
9		从机械设备上坠落
10		其他因滑跌、踩空、拖带、碰撞、翘翻、失衡等引起的坠落
11	机械伤害	机械转动部分的绞入、碾压和拖带伤害
12		机械工作部分的钻、刨、削、锯、击、撞、挤、砸、轧等的伤害
13		滑入、误入机械容器和运转部分的伤害
14		机械部件的飞出伤害
15		机械失稳和倾翻事故的伤害
16		其他因机械安全保护设施欠缺、失灵和违章操作引起的伤害
17	起重伤害	起重机械设备的折臂、断绳、失稳、倾翻事故的伤害
18		吊物失衡、脱钩、倾翻、变形和折断事故的伤害
19		操作失控、违章操作和载人事故的伤害
20		加固、翻身、支承、临时固定等措施不当事故的伤害
21		其他起重作业中出现的砸、碰、撞、挤、压、拖作用伤害
22	触电	起重机械臂杆或其他导电物体搭碰高压线事故伤害
23		带电电线（缆）断头、破口的触电伤害
24		挖掘作业损坏埋地电缆的触电伤害
25		电动设备漏电伤害
26		雷击伤害
27		拖带电线机具电线绞断、破皮伤害
28		电闸箱、控制箱漏电和误触伤害
29		强力自然因素致断电线伤害

续表

序次	类型	部分常见形式
30	坍塌	沟壁、坑壁、边坡、洞室等的土石方坍塌
31		因基础掏空、沉降、滑移或地基不牢等引起其上墙体和建（构）筑物的坍塌
32		施工中建（构）筑物的坍塌
33		施工临时设施的坍塌
34		堆置物的坍塌
35		脚手架、井架、支撑架的倾倒和坍塌
36		强力自然因素引起的坍塌
37		支承物不牢引起其上物体的坍塌
38	火灾	电气和电线着火引起的火灾
39		违章用火和乱扔烟头引起的火灾
40		电、气焊作业时引燃易燃物
41		爆炸引起的火灾
42		雷击引起的火灾
43		自然和其他因素引起的火灾
44	火药爆炸	工程爆破措施不当引起的爆破伤害
45		雷管、火药和其他易燃易爆物资保管不当引起的爆炸事故
46		施工中电火花和其他明火引燃易燃物
47		瞎炮处理中的伤害事故
48		工厂在施工中出现的爆炸事故
49		高压作业中的爆炸事故
50		乙炔罐回火爆炸伤害
51	中毒和窒息	一氧化碳中毒、窒息
52		亚硝酸钠中毒
53		沥青中毒
54		在空气不流通场所施工，导致中毒、窒息
55		炎夏和高温场所作业中暑
56		其他化学品中毒
57	其他伤害	钉子扎脚和其他扎伤、刺伤
58		拉伤、扭伤、跌伤、碰伤
59		烫伤、灼伤、冻伤、干裂伤害
60		溺水和涉水作业伤害
61		高压（水、气）作业伤害
62		从事身体机能不适宜作业的伤害
63		在恶劣环境下从事不适宜作业的伤害
64		疲劳作业和其他自持力变弱情况下进行作业的伤害
65		其他意外事故伤害

从最近几年的事故统计来看,排在前三位的建筑工程施工现场职工伤亡事故类型有高处坠落、坍塌和物体打击,这 3 种类型值得引起高度重视。

 案例分析

某建筑物为 5A 智能型写字楼,总建筑面积 71 678m², 框筒结构箱形基础,基坑深约 13m。5 名建筑工人在做地下防水时,由于通风不良,导致作业面苯和汽油浓度急剧增高,从而使工人中毒。较重的人员出现意识模糊、呼吸困难的现象,呈现出明显的躁动不安情绪,经紧急抢救后,逐渐恢复健康。

【问题】本次事故是由中毒引起的安全事故,请问涉及哪些建筑业事故类型?

11.3 事 故 报 告

《生产安全事故报告和调查处理条例》已于 2007 年 3 月 28 日国务院第 172 次常务会议通过,自 2007 年 6 月 1 日起施行。该条例是为了规范生产安全事故的报告和调查处理,落实生产安全事故责任追究制度,防治和减少生产安全事故的发生而制定的。该条例明确了生产安全事故报告的对象、内容和要求。

事故报告应当及时、准确、完整,任何单位和个人对事故不得迟报、漏报、谎报或者瞒报。

事故发生后,事故现场有关人员应当立即向本单位负责人报告。单位负责人接到报告后,应当于 1h 内向事故发生地县级以上人民政府安全生产监督管理部门和负有安全生产监督管理职责的有关部门报告。情况紧急时,事故现场有关人员可以直接向事故发生地县级以上人民政府安全生产监督管理部门和负有安全生产监督管理职责的有关部门报告。安全生产监督管理部门和负有安全生产监督管理职责的有关部门接到事故报告后,应当依照下列规定上报事故情况,并通知公安机关、劳动保障行政部门、工会和人民检察院。

(1)特别重大事故、重大事故逐级上报至国务院安全生产监督管理部门和负有安全生产监督管理职责的有关部门。

(2)较大事故逐级上报至省、自治区、直辖市人民政府安全生产监督管理部门和负有安全生产监督管理职责的有关部门。

(3)一般事故上报至设区的市级人民政府安全生产监督管理部门和负有安全生产监督管理职责的有关部门。

安全生产监督管理部门和负有安全生产监督管理职责的有关部门依照前款规定上报事故情况,应当同时报告本级人民政府。国务院安全生产监督管理部门和负有安全生产监督管理职责的有关部门以及省级人民政府接到发生特别重大事故、重大事故的报告后,应当立即报告国务院。必要时,安全生产监督管理部门和负有安全生产监督管理职责的有关部门可以越级上报事故情况。

安全生产监督管理部门和负有安全生产监督管理职责的有关部门逐级上报事故情况,每级上报的时间不得超过 2h。

报告事故应当包括下列内容。

（1）事故发生单位概况。

（2）事故发生的时间、地点以及事故现场情况。

（3）事故的简要经过。

（4）事故已经造成或者可能造成的伤亡人数（包括下落不明的人数）和初步估计的直接经济损失。

（5）已经采取的措施。

（6）其他应当报告的情况。

事故报告后出现新情况的，应当及时补报。自事故发生之日起 30 日内，事故造成的伤亡人数发生变化的，应当及时补报。道路交通事故、火灾事故自发生之日起 7 日内，事故造成的伤亡人数发生变化的，应当及时补报。

 特别提示

根据《施工企业安全生产管理规范》（GB 50656—2011）的规定，施工企业生产安全事故管理应包括报告、调查、处理、记录、统计、分析改进等工作内容。

11.4 事故处理

事故处理应实事求是、尊重科学，及时、准确地查清事故经过、事故原因和事故损失，查明事故性质，认定事故责任，总结事故教训，提出整改措施，并对事故责任者依法追究责任。县级以上人民政府应当严格履行职责，及时、准确地完成事故处理工作。事故发生地有关地方人民政府应当支持、配合上级人民政府或者有关部门的事故处理工作，并提供必要的便利条件。参加事故处理的部门和单位应当互相配合，提高事故处理工作的效率。工会依法参加事故处理，有权向有关部门提出处理意见。任何单位和个人不得阻挠和干涉事故报告和调查处理工作。对事故报告和调查处理中的违法行为，任何单位和个人有权向安全生产监督管理部门、监察机关或者其他有关部门举报，接到举报的部门应当依法及时处理。

1. 事故处理的原则

事故处理的原则为"四不放过"原则，其指在调查处理事故时，必须坚持事故原因分析不清不放过，安全防范措施未落实不放过，责任人和相关人员未受到教育不放过，责任人未追究责任不放过的原则。要求事故发生后，必须查明原因，分清责任，教育群众，采取对策，处理责任人，防止同类事故的再次发生。

2. 事故处理程序

（1）报告事故。

（2）迅速抢救伤员并保护好事故现场。

（3）组织调查组。

（4）现场勘察。

（5）分析事故原因，明确责任者。

（6）制定预防措施。

（7）提出处理意见，写出调查报告。

（8）事故的审定和结案。

（9）事故登记记录。

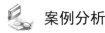 案例分析

某商厦建筑面积 18 800m²，钢筋混凝土框架结构，地上 5 层，地下 2 层，由市建筑设计院设计，江东区建设工程公司施工。某年 4 月 8 日开工，在主体结构施工到地上 2 层时，柱混凝土施工完毕，为使楼梯能跟上主体施工进度，施工单位在地下室楼梯未施工的情况下直接支模施工第一层楼梯混凝土。支模方法是在 ±0.000m 处的地下室楼梯间侧壁混凝土墙板上放置 4 块预应力混凝土空心楼板，在楼梯上面进行一楼楼梯支模。另外在地下室楼梯间采取分层支模的方法对上述 4 块预制楼板进行支撑。-1 层的支撑柱直接顶在预制楼板下面。7 月 30 日中午开始浇筑第一层楼梯混凝土，当混凝土浇筑即将完工时，楼梯整体突然坍塌，致使 7 名现场施工人员坠落并被砸入地下室楼梯间内，造成 4 人死亡，3 人轻伤，直接经济损失 110.5 万元的安全事故。经事后调查发现，第一层楼梯混凝土浇筑的技术交底和安全交底均为施工单位为逃避责任而后补。

【问题】（1）本工程这起安全事故可定为哪种等级的重大事故？依据是什么？

（2）伤亡事故处理的程序是什么？

3. 事故处理规定

1）事故调查

特别重大事故由国务院或者国务院授权有关部门组织事故调查组进行调查。重大事故、较大事故、一般事故分别由事故发生地省级人民政府、设区的市级人民政府、县级人民政府负责调查。省级人民政府、设区的市级人民政府、县级人民政府可以直接组织事故调查组进行调查，也可以授权或者委托有关部门组织事故调查组进行调查。未造成人员伤亡的一般事故，县级人民政府也可以委托事故发生单位组织事故调查组进行调查。上级人民政府认为必要时，可以调查由下级人民政府负责调查的事故。自事故发生之日起 30 日内（道路交通事故、火灾事故自发生之日起 7 日内），因事故伤亡人数变化导致事故等级发生变化，依照《生产安全事故报告和调查处理条例》规定应当由上级人民政府负责调查的，上级人民政府可以另行组织事故调查组进行调查。

事故调查组的组成应当遵循精简、效能的原则。根据事故的具体情况，事故调查组由有关人民政府、安全生产监督管理部门、负有安全生产监督管理职责的有关部门、监察机关、公安机关以及工会派人组成，并应当邀请人民检察院派人参加。事故调查组可以聘请有关专家参与调查。事故调查组成员应当具有事故调查所需要的知识和专长，并与所调查的事故没有直接利害关系。事故调查组组长由负责事故调查的人民政府指定。事故调查组组长主持事故调查组的工作。事故调查组应履行下列职责。

（1）查明事故发生的经过、原因、人员伤亡情况及直接经济损失。
（2）认定事故的性质和事故责任。
（3）提出对事故责任者的处理建议。
（4）总结事故教训，提出防范和整改措施。
（5）提交事故调查报告。

事故调查组有权向有关单位和个人了解与事故有关的情况，并要求其提供相关文件、资料，有关单位和个人不得拒绝。事故发生单位的负责人和有关人员在事故调查期间不得擅离职守，并应当随时接受事故调查组的询问，如实提供有关情况。事故调查中需要进行技术鉴定的，事故调查组应当委托具有国家规定资质的单位进行技术鉴定。必要时，事故调查组可以直接组织专家进行技术鉴定。技术鉴定所需时间不计入事故调查期限。

事故调查组应当自事故发生之日起60日内提交事故调查报告。特殊情况下，经负责事故调查的人民政府批准，提交事故调查报告的期限可以适当延长，但延长的期限最长不超过60日。事故调查报告应当包括下列内容。

（1）事故发生单位概况。
（2）事故发生经过和事故救援情况。
（3）事故造成的人员伤亡和直接经济损失。
（4）事故发生的原因和事故性质。
（5）事故责任的认定以及对事故责任者的处理建议。
（6）事故防范和整改措施。

2）事故处理规定

事故调查组提出的事故处理意见和防范措施建议，由发生事故的企业及其主管部门负责处理。

因忽视安全生产、违章指挥、违章作业、玩忽职守或者发现事故隐患、危害情况而不采取有效措施以致造成伤亡事故的，由企业主管部门或者企业按照国家有关规定，对企业负责人和直接责任人员给予行政处分，构成犯罪的，由司法机关依法追究刑事责任。

在伤亡事故发生后隐瞒不报、谎报、故意迟延不报、故意破坏事故现场，或者以不正当理由，拒绝接受调查以及拒绝提供有关情况和资料的单位，由有关部门按照国家有关规定，对有关单位负责人和直接责任人员给予行政处分，构成犯罪的，由司法机关依法追究刑事责任。

伤亡事故处理工作应当在90日内结案，特殊情况不得超180日。伤亡事故处理结案后，应当公开宣布处理结果。

3）工伤规定

工伤是指职工因工作或在工作时间、工作地点发生意外事故而造成的伤害。
（1）职工有下列情形之一的，应当认定为工伤。
① 在工作时间和工作场所内，因工作原因受到事故伤害的。
② 工作时间前后在工作场所内，从事与工作有关的预备性或者收尾性工作受到事故伤害的。
③ 在工作时间和工作场所内，因履行工作职责受到暴力等意外伤害的。

④ 患职业病的。

⑤ 因工外出期间，由于工作原因受到伤害或者发生事故下落不明的。

⑥ 在上下班途中，受到非本人主要责任的交通事故或者城市轨道交通、客运轮渡、火车事故伤害的。

⑦ 法律、行政法规规定应当认定为工伤的其他情形。

（2）职工有下列情形之一的，视同工伤。

① 在工作时间和工作岗位上，突发疾病死亡或者在 48h 之内经抢救无效死亡的。

② 在抢险救灾等维护国家利益、公共利益活动中受到伤害的。

③ 职工原在军队服役，因战、因公负伤致残，已取得革命伤残军人证，到用人单位后旧伤复发的。

职工有前款①项、②项情形的，按照有关规定享受工伤保险待遇。职工有前款③项情形的，按照有关规定享受除一次性伤残补助金以外的工伤保险待遇。

特别提示

初步认定事件的性质十分重要，一旦认定确系因工伤亡事故，事故单位就应根据国家和本地区的有关规定进行调查处理。如某年××公司一宿舍楼，施工人员最后按甲方要求清洗地面和暖气管线上的污物时，一民工在清理完 3 楼后，返回 4 层推开窗户跳楼而亡。经检察部门清理遗物时发现一本日志，上面清楚地写着："我对不起父母和生病的爱人，上帝在向我招手……。"公安部门经过反复验证，确认为"自杀刑事案件"。因此认定事件的性质十分重要，如已查清因工伤亡事故的原因，还要分析每条原因应由谁负责，可分为直接责任者、主要责任者、领导责任者，并根据具体内容将责任落实到人头上。

直接责任者，指在事故发生中有因果关系的人。如安装电气线路，电工把零线与火线接反，造成他人触电身亡，则电工便是直接责任者。

主要责任者，指在事故发生中属于主要地位和起主要作用的人。如某工地一工人违章从外脚手架爬下时，立体封闭的安全网系绳脱扣，使其摔下致伤，因此绑扎此处安全网的架子工便自然成了主要责任者。

领导责任者，指忽视安全生产，管理混乱，规章制度不健全，违章指挥，对工人不认真进行安全教育，不认真消除事故隐患，出现事故以后仍不采取有力措施，致使同类事故重复发生的单位领导。如某工地领导只重视进度，强行让工人加班加点，工人随意拆除防护设施而视而不见，由此造成事故，此时工地的主要领导和主管安全生产的领导均为领导责任者。

（3）职工有下列情形之一的，不得认定为工伤或者视同工伤。

① 故意犯罪的。

② 醉酒或者吸毒的。

③ 自残或者自杀的。

4）事故统计规定

企业职工伤亡事故统计实行地区考核为主的制度。各级隶属关系的企业和企业主管单位要按当地安全生产行政主管部门规定的时间报送报表。

安全生产行政主管部门对各部门的企业职工伤亡事故情况实行分级考核。企业报送主管部门的数字要与报送当地安全生产行政主管部门的数字一致，各级主管部门应如实向同级安全生产行政主管部门报送报表。

省级安全生产行政主管部门和国务院各有关部门及计划单列的企业集团的职工伤亡事故统计月报表、年报表应按时报到国家安全生产行政主管部门。

案例分析

某年12月29日，某学校在建体育馆时发生坍塌事故。因施工方施工人员违反施工方案施工，致使施工基坑内基础底板上层钢筋网坍塌，造成在此作业的多名工人被挤压在上下层钢筋网间，导致10人死亡、4人受伤。经事后测定，发现施工单位杨某等人在施工中未履行安全生产的管理职责，多处违规操作。

事故原因分析：

1. 主要原因

经相关部门事故调查报告显示，导致本次事故发生的主要原因为：施工人员未按照施工方案要求堆放物料，施工时违反施工方案规定，将整捆钢筋直接堆放在上层钢筋网上，导致马凳立筋失稳，产生过大的水平位移，进而引起立筋上、下端焊接处断裂，致使基础底板钢筋整体坍塌；施工人员未按照方案要求制作和布置马凳，现场制作马凳所用钢筋的直径从施工方案要求的32mm减至25mm或28mm，现场马凳布置间距为0.9~2.1m，与施工方案要求的1m严重不符，且布置不均、平均间距过大，马凳立筋上、下端焊接欠饱满。

施工方法定代表人，未履行安全生产的管理职责，未对工程项目实施安全管理和安全检查，未对作业人员进行安全技术交底，未及时消除安全事故隐患。施工队长，未履行安全生产的管理职责，对阀板基础钢筋体系施工作业现场安全管理缺失，在未接受安全技术交底的情况下，盲目组织作业人员吊运钢筋、制作安放马凳，致使作业现场钢筋码放、马凳的制作和安放均不符合施工方案要求。

2. 次要原因

导致本次事故发生的次要原因为：技术交底缺失；经营管理混乱，致使不具备项目管理资格和能力的杨某成为项目实际负责人，客观导致施工现场缺乏专业知识和能力的人员统一管理的局面；项目经理长期未到岗履职，对项目部安全技术交底和安全培训教育工作监理不到位，致使施工单位使用未经培训的人员实施钢筋作业。

经相关证据证实，被告人杨某等人在项目施工过程中未履行安全生产的管理职责，导致施工现场安全员数量不足、现场安全措施不够，未消除劳务分包单位盲目吊运钢筋且集中码放的安全事故隐患，未督促检查安全生产工作。

法院根据相关的事实及证据认定被告人杨某等15人在生产作业中违反有关安全管理的规定，因而发生重大伤亡事故，情节特别恶劣，其行为已触犯了《中华人民共和国刑法》第一百三十四条的规定，构成重大责任事故罪。公诉机关指控15名被告人犯罪的事实清楚，证据确实充分。根据本案各被告人的认罪态度，同时考虑被告人有揭发他人犯罪并经查证属实的立功表现，案发后被害人的经济损失已经客观上得以赔偿。最后，法院以重大责任事故罪分别判处被告人杨某等15人3年至6年不等的有期徒刑。

11.5 事故应急救援

1. 事故应急救援的基本任务

事故应急救援的总目标是通过有效的应急救援行动,尽可能地降低事故的后果,包括人员伤亡、财产损失和环境破坏等。事故应急救援的基本任务包括下述几个方面。

《生产安全事故应急预案管理办法》

(1) 立即组织营救受害人员,组织撤离或者采取其他措施保护危害区域内的其他人员。

(2) 迅速控制事态,并对事故造成的危害进行检测、监测,测定事故的危害区域、危害性质及危害程度。及时控制住造成事故的危险源是应急救援工作的重要任务。

(3) 消除危害后果,做好现场恢复。

(4) 查清事故原因,评估危害程度。

2. 事故应急救援的特点

应急工作涉及技术事故、自然灾害(引发)、城市生命线、重大工程、公共活动场所、公共交通、公共卫生和人为突发事件等多个公共安全领域,构成一个复杂系统,具有不确定性、突发性、复杂性和后果、影响易猝变、激化、放大的特点。

3. 事故应急救援管理过程

应急救援管理是对重大事故的全过程管理,贯穿于事故发生前、中、后的各个过程,充分体现了"预防为主,常备不懈"的应急思想。应急救援管理是一个动态的过程,包括预防、准备、响应和恢复 4 个阶段。尽管在实际情况中这些阶段往往是交叉的,但每一阶段都有自己明确的目标,而且每一阶段又是构筑在前一阶段的基础之上,因此预防、准备、响应和恢复的相互关联,构成了重大事故应急救援管理的循环过程,如图 11.1 所示。

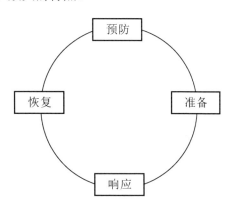

图 11.1 重大事故应急救援管理的循环过程

1) 预防

在应急救援管理中预防有两层含义:一是事故的预防工作,即通过安全管理和安全技术等手段,尽可能地防止事故的发生,实现本质安全;二是在假定事故必然发生的前提下,通过采取预防措施,达到降低或减缓事故的影响或后果的严重程度,如加大建筑物的安全距离、工厂选址的安全规划、减少危险物品的存量、设置防护墙以及开展公众教育等。从长远看,低成本、高效率的预防措施是减少事故损失的关键。

2）准备

准备是应急救援管理过程中一个极其关键的过程。它是针对可能发生的事故，为迅速有效地开展应急行动而预先所做的各种准备，包括应急体系的建立、有关部门和人员职责的落实、预案的编制、应急队伍的建设、应急设备（施）与物资的准备和维护、预案的演练、与外部应急力量的衔接等，其目标是保持重大事故应急救援管理所需的应急能力。

3）响应

响应是在事故发生后立即采取的应急救援行动，包括事故的报警与通报、人员的紧急疏散、急救与医疗、消防和工程抢险措施、信息收集与应急决策和外部求援等。其目标是尽可能地抢救受害人员、控制并消除事故，保护可能受威胁的人群。

4）恢复

恢复工作应在事故发生后立即进行。首先应使事故影响区域恢复到相对安全的基本状态，然后逐步恢复到正常状态。要求立即进行的恢复工作包括事故损失评估、原因调查、清理废墟等。在短期恢复工作中，应注意避免出现新的紧急情况。长期恢复工作包括厂区重建和受影响区域的重新规划和发展。在长期恢复工作中，应汲取事故和应急救援的经验教训，开展进一步的预防工作和减灾行动。

4. 建筑施工企业应急救援管理

建筑施工企业的应急救援管理应包括建立组织机构，预案编制、审批、演练、评价、完善和应急救援响应工作程序及记录等内容。

建筑施工企业应建立应急救援组织机构，明确领导小组，设立专家库，组建救援队伍，并进行日常管理。

建筑施工企业应建立应急物资保障体系，明确应急设备和器材储存、配备的场所、数量，并定期对应急设备和器材进行检查和维护保养。

建筑施工企业应根据施工管理和环境特征，组织各管理层制定事故应急救援预案，内容应包括紧急情况、事故类型及特征分析，应急救援组织机构与人员职责分工，应急设备和器材的调用程序，与企业内部相关职能部门和外部政府、消防、救险、医疗等相关单位与部门的信息报告、联系方法，抢险急救的组织、现场保护、人员撤离及疏散等活动的具体安排。

建筑施工企业各管理层应针对事故应急救援预案，对全体从业人员开展针对性的培训和交底，定期组织专项应急演练，接到相关报告后，及时启动预案等工作。

建筑施工企业应根据事故应急救援预案演练、实战的结果，对事故应急救援预案的适宜性和可操作性进行评价，必要时进行修改和完善。

5. 事故应急救援预案

事故应急救援预案是指在发生事故后，采取有效消除、减少事故危害和防止事故扩大，最大限度降低事故损失的措施。事故应急救援预案在应急系统中起着关键作用，它明确了突发事故在发生之前、发生过程中以及刚刚结束之后，谁负责做什么、何时做，以及相应的策略和资源准备等。它是针对可能发生的重大事故及其后果、影响的严重程度，为应急准备和应急响应的各个方面所预先做出的详细安排，是开展及时、有序和有效事故应急救援工作的行动指南。

1) 事故应急救援预案在应急救援中的重要作用

（1）事故应急救援预案明确了应急救援的范围和体系，使应急准备和应急管理不再是无据可依、无章可循，尤其是培训和演习工作的开展。

（2）制定事故应急救援预案有利于做出及时的应急响应，降低事故的危害程度。

（3）事故应急救援预案成为各类突发重大事故的应急基础。通过编制基本应急救援预案，可保证事故应急救援预案足够灵活，对那些事先无法预料到的突发事件或事故，也可以起到基本的应急指导作用，成为开展应急救援的"底线"。在此基础上，可以针对特定危害编制专项应急救援预案，有针对性地制定应急措施，进行专项应急准备和演习。

（4）当发生超过应急能力的重大事故时，便于与上级应急部门协调。

（5）有利于提高风险防范意识。

事故应急救援预案（又称应急预案、应急方案）是安全管理体系的重要组成部分，也是建筑工程安全管理的重要文件。

事故应急救援预案有3个方面的含义：一是预防事故，通过危险辨识、事故后果分析，采用技术和管理手段降低事故发生的可能性，且使可能发生的事故控制在局部，防止事故蔓延；二是应急处理，当事故（或故障）一旦发生，有应急处理的程序和方法，能快速反应处理故障或将事故消除在萌芽状态；三是抢险救援，采用预定的现场抢险和抢救的方式，控制或减少事故造成的损失。

建筑施工企业建立事故应急救援预案是我国构建安全生产的"六个支撑体系"之一（其余五个分别是，法律法规、信息、技术保障、宣传教育、培训），其具有强制性，它是减少因事故造成的人员伤亡和财产损失的重要措施，也是由建筑工程事故（突发事件）的突发性和复杂性所决定的必要安全管理制度。

按照《中华人民共和国安全生产法》和《安全生产违法行为行政处罚办法》的规定，生产经营单位的主要负责人未组织制定并实施本单位生产安全事故应急救援预案的，责令限期改正，逾期未改正的，责令生产经营单位停产停业整顿；未按照规定如实向从业人员告知作业场所和工作岗位存在的危险因素、防范措施以及事故应急措施的，责令限期改正，逾期未改正的，责令停产停业整顿；危险物品的生产、经营、储存单位以及矿山企业、建筑施工单位未建立应急救援组织的或者未按规定签订救援协议的，未配备必要的应急救援器材、设备，并未进行经常性维护保养，保证正常运转的，责令改正。

 特别提示

有一道推理题，叫"荷花塘之谜"，如果池塘中有一朵荷花，每天的面积扩大1倍，30天后就会占满整个池塘。那么，第28天的时候，荷塘里会有多大面积的荷花呢？解这道推理题，需要一点数学知识。"荷花塘之谜"的"第28天的荷花塘"现象说明了因果之间的一种时滞关系——原因和结果之间的时间延迟。如果不加制止，从1到2、2到4的倍增，说明只要池塘里有1朵荷花，就意味着一定会有荷花占满荷塘的一天。其实，第28天的1/4面积荷花，是前27天累积的结果。安全生产问题就是长期积累的结果。

2) 事故应急救援预案的分级

除生产经营单位应当制定事故应急救援预案外，《中华人民共和国安全生产法》规定县

级以上地方各级人民政府应当组织有关部门制定本行政区域内特大生产安全事故应急救援预案，建立应急救援体系。根据事故应急救援预案的权力机构不同，事故应急救援预案分为5个级别。

（1）Ⅰ级（企业级）。事故的影响仅局限于某个生产经营单位的厂界内，并且可被现场的操作者遏制和控制在该区域内。这类事故可能需要投入整个单位的力量来控制，但预期其影响不会扩大到社区（公共区）。

（2）Ⅱ级（县、市级）。事故的影响可能扩大到公共区，但可被该县（市、区）的力量，加上所涉及的生产经营单位的力量所控制。

（3）Ⅲ级（地区市级）。事故的影响范围大，后果严重，或是发生在两个县或县级市管辖区边界上的事故，应急救援需动用地区力量。

（4）Ⅳ级（省级）。对可能发生的特大火灾、爆炸、毒物泄漏等事故，特大矿山事故及属省级特大事故隐患、重大危险源的设施或场所，应建立省级事故应急救援预案。它可能是一种规模较大的灾难事故，或是一种需要用事故发生地的城市或地区所没有的特殊技术和设备进行处理的特殊事故。这类意外事故需用全省范围内的力量来控制。

（5）Ⅴ级（国家级）。对事故后果超过省、直辖市、自治区边界，以及列为国家级事故隐患、重大危险源的设施或场所，应制定国家级事故应急救援预案。

3）事故应急救援预案的编制

（1）事故应急救援预案的编制宗旨有以下两个。

① 采取有效的预防措施，把事故控制在局部，消除蔓延条件，防止突发性、重大性或连锁事故的发生。

② 能在事故发生后迅速有效地控制和处理事故，尽力减轻事故对人、财产和环境造成的影响。

（2）事故应急救援预案的编制原则。

① 目的性原则。制定的事故应急救援预案必须明确编制的目的，并具有针对性，不能局限于形式。

② 科学性原则。制定的事故应急救援预案应当在全面调查研究的基础上，进行科学的分析和论证，使其具有科学性。

③ 实用性原则。制定的事故应急救援预案必须讲究实效。事故应急救援预案应符合企业、施工现场和环境的实际情况，具有实用性和可行性。

④ 权威性原则。救援工作是一项紧急状态下的应急性工作，所制定的事故应急救援预案应明确救援工作的管理体系，明确救援行动的组织指挥权限和各级救援组织的职责和任务等一系列的行政性管理规定。事故应急救援预案一旦启动，各相关部门和人员必须服从指挥，协调配合，迅速投入到应急救援之中。

⑤ 从重、从大原则。制定的事故应急救援预案要从本单位可能发生的最高级别或重大事故考虑，不能避重就轻、避大就小。

⑥ 分级原则。事故应急救援预案必须分级制定，分级管理和实施。

（3）事故应急救援预案的编制内容。以建筑施工企业为例，事故应急救援预案编制应包括以下主要内容。

① 编制目的及原则。

② 危险性分析（包括工程项目概况和危险源情况等内容）。

③ 应急救援组织机构与职责（包括应急救援领导小组及职责和应急救援下设机构及职责等内容）。

④ 预防与预警（预防应包括土石方坍塌、高处坠落、触电、机械伤害、物体打击、火灾、爆炸等事故的预防措施，预警应包括事故发生后的信息报告程序等内容）。

⑤ 应急响应（包括坍塌事故应急处置、大型脚手架及高处坠落事故应急处置、触电事故应急处置、电焊伤害事故应急处置、车辆火灾事故应急处置、重大交通事故应急处置、火灾和爆炸事故应急处置、机械伤害事故应急处置等内容）。

⑥ 应急物资及装备（包括应急救援所需的物资、资金和技术等）。

⑦ 预案管理（包括培训及演练等）。

⑧ 预案修订与完善。

⑨ 相关附件。

（4）事故应急救援预案的编制程序。

① 编制组织。如在建筑施工项目上，项目经理应是事故应急救援预案编制的责任人，项目技术负责人、施工员、安全员、质检员等技术管理人员应当参与编制工作。

② 编制程序。

a. 成立事故应急救援预案编制小组并进行分工，拟订编制方案，明确职责。

b. 根据需要收集相关资料，包括施工区域的气象、地理、水文、环境、人口、危险源分布情况、社会公用设施和应急救援力量现状等内容。

c. 进行危险辨识与风险评价。

d. 对应急资源（包括软件、硬件）进行评估。

e. 确定指挥机构和人员及职责。

f. 编制事故应急救援预案。

g. 对事故应急救援预案进行评估。

h. 修订完善，形成事故应急救援预案的文件体系。

i. 按规定将事故应急救援预案上报给有关部门和相关单位审核批准。

j. 对事故应急救援预案进行修订和维护。

4）事故应急救援预案的演练

（1）演练的目的。演练是事故应急救援预案管理的重要组成部分，演练的主要目的有以下几个。

① 测试事故应急救援预案和启动程序的完整程度，在事故发生前暴露预案的缺陷，并加以完善。

② 测试紧急装置、设备、机具等资源供应和使用情况，识别出缺乏的资源（包括人力、材料、设备、机具和技术等）。

③ 明确每个人在救援中的岗位和职责，增强应急救援人员的信心和提升熟练程度。

④ 提高整体应急反应能力，以及现场内外应急部门的协同配合能力。

⑤ 提高公众应急意识，在企业应急管理的能力方面获得全员职工的认可和信心。

⑥ 提高各相关部门、机构和人员之间的协调能力，努力协调企业事故应急救援预案与政府、社区和其他外部机构事故应急救援预案之间的合作。

⑦ 通过演练，使全体员工熟练掌握事故预防和急救的业务技能，保障安全生产的顺利进行。

（2）演练的要求与形式。工程项目部按照假设的事故情景，每季度至少组织一次现场实际演练，并将演练方案及经过记录在案。

演练的形式有单项演练、组合演练及综合演练等。

① 单项演练。单项演练是为了熟练掌握某项应急操作或完成某种特定任务所需的应急救援技能而进行的演练。这种单项演练是在完成对基本知识的学习之后才进行的，如报告的程序、坠落急救、火灾扑救等。

② 组合演练。组合演练是一种检查内部应急救援组织之间，以及其与外部应急救援组织之间的相互协调性而进行的应急救援演练，如事故急救与疏散、报警与公众撤离等。

③ 综合演练（又称全面演练）。综合演练是事故应急救援预案规定的所有相关单位或其中绝大多数单位参加的，为全面检查其执行预案状况而进行的演练。其目的是检验各应急救援组织的应急救援反应和急救能力，检查相互之间的协调能力，以及检验各类组织能否充分利用现有的人力、物力等资源减少事故带来的损失，确保公众的安全与健康。这种演练可以综合展示和检验各级、各部门对事故应急救援预案的执行情况。

以上任何一种演练结束后，都应认真总结，肯定成绩，表彰先进，鼓舞士气。同时，对演练过程中发现的事故应急救援预案不足和缺陷，编制小组要及时按程序给予修订和完善。

（3）演练的具体内容。演练的基本内容为，要求应急人员掌握如何识别危险、如何采取必要的应急措施、如何启动紧急警报系统、如何安全疏散人群等基本操作，尤其是坍塌、高处坠落、物体打击、触电、机械伤害和火灾等应急演练，更要加强有关操作的训练，强调危险事故的不同应急方法和注意事项等内容。

① 报警的演练。

a．使应急人员了解并掌握如何利用身边的工具最快、最有效地报警，比如使用移动电话（手机）、固定电话或其他方式（哨声、警报器、钟声）报警。

b．使全体人员熟悉发布紧急情况通告的方法，如使用警笛、警钟、汽笛、电话或广播等。

② 疏散的演练。为避免事故中不必要的人员伤亡，要求作业人员掌握在事故发生后紧急疏散的常识和方法。同时，应培训足够的应急人员以便在事故现场中安全、有序地疏散被困人员或周围群众。

5）事故应急救援预案的实施

事故发生后，应迅速辨别事故的类别、性质、危害程度，适时启动相应的事故应急救援预案，按照预案进行应急救援。实施时不能轻易变更预案，如有预案未考虑到的方面，应冷静分析、果断处置。对事故应急救援预案的实施具体要求如下：

（1）立即组织营救受害人员。抢救受害人员是应急救援的首要任务，在应急救援行动中，快速、有序、有效地实施现场急救与安全转送伤员，是降低事故伤亡率、减少事故损失的关键。

（2）指导群众防护，组织群众撤离。由于一般安全事故都发生突然，特别是重大事故扩散迅速、涉及范围广、危害大，因此，应及时指导和组织群众采取各种措施进行自身防护，并迅速撤离出危险区或可能受到危害的区域。在撤离过程中，应积极组织群众开展自救和互救工作。

（3）迅速控制危险源。及时控制造成事故的危险源是应急救援工作的重要任务，只有及时控制住危险源，防止事故的继续蔓延，才能有效地进行救援，减少各种损失。同时应对事故造成的危害进行监测和评估，确定事故的危害区域、危害性质、损失程度及影响程度。

（4）做好现场隔离和清理，消除危害后果。针对事故对人体、动植物、水源、空气、土壤等造成的现实危害和可能的危害，迅速采取封闭、隔离、消毒等措施。事故外溢的有毒有害物质和可能对人和环境继续造成危害的物质，应及时组织人员予以清除，防止对人和环境继续造成危害。

（5）按规定及时向有关部门进行事故报告。施工发生后，应按照有关规定，及时、如实地向有关人员和部门进行事故报告，否则应承担相应的责任。

（6）保存有关记录及物证，以利于后期事故调查。在应急救援时，应当尽全力保护好事故现场，并及时准确地收集相关物证，为事故调查准备相关资料。

（7）查清事故原因，评估危害程度。事故发生后应及时调查事故的发生原因和事故性质，评估出事故最终的危害范围和危险程度，查明人员伤亡情况，做好事故调查。

6．多发性事故应急救援实施

（1）坍塌事故的应急救援演练与急救。

① 坍塌事故发生后，应迅速安排专人及时切断有关电闸，并立即组织抢险人员尽快到达事故现场。根据具体情况，采取人工和机械相结合的方法，对坍塌现场进行处理。抢救中如遇到坍塌的巨型物体或人工搬运有困难时，可调集大型的机械设施进行急救。在接近被埋人员时，必须停止机械作业，全部改用人工扒物，以防误伤被埋人员。现场抢救中，还要安排专人对边坡、各类支护设施进行监护和观测，防止事故扩大，同时对现场进行声像资料的收集。

② 事故现场周围应设警戒线，并及时将事故情况上报有关部门和人员。

③ 坚持统一指挥、密切协同的原则。坍塌事故发生后，参加的组织和人员较多，现场情况复杂，各种组织和人员需在现场总指挥部的统一指挥下，积极配合、密切协同，共同完成救援任务。

④ 坚持以快制快、行动果断的原则。鉴于坍塌事故有突发性，在短时间内不易处理，因此处置行动必须做到接警调度快、到达快、准备快、疏散救人快，达到以快制快的目的。

⑤ 强调科学施救、稳妥可靠的原则。解决坍塌事故要讲科学，避免急躁行动引发连续坍塌事故的发生。

⑥ 坚持救人第一的原则。当现场遇有人员安全受到威胁时，首要任务是抢救人员。

⑦ 抢救人员时应立即与附近急救中心和医院联系，请求出动急救车辆并做好急救准备，确保伤员得到及时有效的医治。

⑧ 保护物证的原则。事故现场救助行动中，应安排人员同时做好事故调查取证工作，以利于事故后期的调查和处理，防止证据遗失。

⑨ 坚持自我保护原则。在救助行动中，抢救机械设备和救助人员应严格执行安全操作规程，配齐安全设施和防护工具，加强自我保护，确保抢救行动过程中的人身和财产安全。

特别提示

凡事预则立，不预则废。某市正在建设地铁一号线工程，并出台了一份工程突发事故及灾害应急救援预案，同时下发给所有相关单位，预案对发生突发事故后，该如何应对做出了详尽的解释，尤其预案后面列出了一份详细的联系人名单、单位和电话，包括各类专家以及抢险设备、物资的直接负责人。

（2）高处坠落的应急救援演练与急救。

① 救援人员首先根据伤者受伤部位立即组织抢救，并迅速使伤者脱离危险环境，及时送往医院救治，同时妥善保护现场，察看事故现场周围有无其他危险源存在。

② 在抢救伤员的同时迅速向上级报告事故现场情况。

③ 抢救受伤人员时几种情况的处理如下。如确认人员已死亡，立即保护现场。如发生人员昏迷、伤及内脏、骨折及大量失血现象，应立即联系 120 急救车或距现场最近的医院，并说明伤情，以取得最佳抢救效果，还可根据伤情送往专科医院。如外伤大出血，在急救车未到前，应迅速在现场采取有效的止血措施。如发生骨折，应注意搬运时的保护，对昏迷、可能伤及脊椎、内脏或伤情不详的伤员一律用担架或平板运送，禁止用搂、抱、背等方式运送伤员。一般性伤情应及时送往医院检查，注意防止破伤风。

（3）触电事故的应急救援演练与急救。

① 当发现有人触电时，不要惊慌，应根据现场具体条件，果断采取适当的方法和措施切断电源（注意：救护人千万不要用手直接去拉触电的人，防止发生救护人触电事故）。如果开关或按钮距离触电地点很近，应迅速关开关，切断电源。如果够不着插座开关，就关上总开关，切勿关错一些电气用具的开关，因为该开关可能正处于漏电保护状态，并应准备充足照明，以便进行抢救。如果开关或按钮距离触电地点很远，可用绝缘手钳或干燥木柄的斧、刀、铁锹等把电线切断（注意：应切断电源侧即来电侧的电线，且切断的电线不可触及人体）。

② 若无法关上开关，救护人可站在绝缘物上，如厚报纸、塑料布、木板之类，用扫帚或木椅等非导电体将伤者剥离电源，或用绳子、裤子或任何干布条绕过伤者腋下或腿部，把伤者拖离电源。如果触电人的衣服是干燥的，而且不是紧缠在身上时，救护人可站在干燥的木板上，用干衣服、干围巾等把自己一只手做严格绝缘包裹，然后用这一只手拉触电人的衣服，把他拉离带电体（注意：千万不要用两只手、不要触及触电人的皮肤、不可拉他的脚，且只适于低压触电，绝不能用于高压触电的抢救，也不要用潮湿的工具或金属器具把伤者拨开，更不要使用潮湿的物件拖动伤者）。

③ 触电人如意识丧失，应在 10s 内，用看、听、试的方法判断伤员呼吸情况。看伤员的胸部、腹部有无起伏动作，耳贴近伤员的口，听有无呼气声音，试测口鼻有无呼气的气流。再用两手指轻试喉结旁一侧凹陷处的颈动脉有无搏动。若结果为既无呼吸又无动脉搏动，则可判定呼吸、心跳已停止，应立即用心肺复苏法进行抢救。

④ 触电人如神志清醒，应使其就地躺开，严密监视，暂时不要站立或走动。触电人如神志不清，也应使其就地躺开，确保气道通畅，并用 5s 的时间间隔呼叫伤员或轻拍其肩部，

以判断伤员是否意识丧失。禁止摆动伤员头部呼叫伤员。坚持就地正确抢救,并尽快联系医院进行抢救。

⑤ 如果人在较高处触电,必须采取保护措施防止切断电源后触电人从高处摔下。应把伤员抬到附近平坦的地方,立即对伤员进行急救。

⑥ 现场抢救触电人的原则是迅速、就地、准确、坚持。迅速——争分夺秒使触电人脱离电源。就地——必须在现场附近就地抢救,病人有意识后再就近送医院抢救。从触电时算起,1min 内开始抢救,救生率在 90%左右;6min 内及时抢救,救生率在 50%左右;12min 后再开始抢救,此刻救活的希望已甚微。准确——抢救时人工呼吸法的动作必须准确。坚持——只要有百万分之一的希望就要尽百分之百的努力去抢救。

(4) 塔式起重机的应急救援演练与急救。

应急指挥部接到各种机械伤害事故时,应立即召集应急小组成员,分析现场事故情况,明确救援步骤、所需设备、设施及人员,按照事故应急救援预案进行策划、分工,实施救援。需要救援车辆时,应急指挥部应安排专人接车,引领救援车辆迅速施救。具体要求如下。

① 塔式起重机基础下沉、倾斜,应立即停止作业,并将回转机构锁住,限制其转动,根据现场情况设置地锚,尽可能控制塔式起重机的继续倾斜。

② 塔式起重机平衡臂、起重臂折臂,此时塔式起重机不能做任何动作。按照抢险方案,根据情况采用焊接等手段,将塔式起重机结构加固,或用连接方法将塔式起重机结构与其他物体连接,防止塔式起重机倾翻或在拆除过程中发生意外。如用 2~3 台适量吨位的起重机,一台锁住起重臂,一台锁住平衡臂。起重机在拆卸起重臂时起平衡力矩作用,防止因力的突然变化而造成倾翻。按抢险方案规定的顺序,应先将起重臂或平衡臂连接件中变形的连接件取下,用气割割开,再将起重机的臂杆取下。

③ 锚固系统发生险情,应先将平衡臂对应到建筑物,转臂过程要平稳并锁住,然后将塔式起重机锚固系统加固。如需更换锚固系统部件,应先将塔式起重机降至规定高度后,再行更换部件。

④ 塔身结构变形、断裂、开焊,应先将平衡臂对应到变形部位,转臂过程要平稳并锁住。根据情况采用焊接等手段,将塔身结构变形、断裂、开焊部位加固,落塔更换损坏结构。

(5) 小型设备的应急救援演练与急救。

① 发生各种机械伤害时,应先切断电源,再根据伤害部位和伤害性质进行处理。

② 迅速确定事故发生的准确位置、可能波及的范围、设备损坏的程度、人员伤亡等情况,以根据不同情况进行有效的处置。

③ 根据现场人员被伤害的程度,一边通知急救医院,一边对轻伤人员进行现场救护。

④ 对重伤者且不明伤害部位和伤害程度的,救援人员不要盲目进行抢救,以免引起更严重的伤害。

⑤ 划出事故特定区域,非救援人员未经允许不得进入特定区域。迅速核实机械设备上作业人数,如有人员被压在倒塌的设备下面,要立即采取可靠措施加固四周,然后拆除或切割压住伤者的杆件,将伤员移出。

（6）火灾事故的应急救援演练与急救。

① 火灾事故发生后，发现人应立即报警。一旦启动本预案，相关责任人要以处置重大紧急情况为压倒一切的首要任务，绝不能以任何理由推诿拖延。各部门之间、各单位之间必须服从指挥、协调配合，共同做好灭火工作。因工作不到位或玩忽职守造成严重后果的，要追究有关人员的责任。

② 项目部在接到报警后，应立即组织自救队伍，按事先制定的事故应急救援预案进行自救。若事态情况严重，难以控制和处理，项目部应在自救的同时向专业队伍求救，并密切配合救援队伍。

③ 疏通事发现场道路，并疏散人群至安全地带，保证救援工作顺利进行。

④ 在急救过程中，遇有威胁人身安全的情况时，应首先确保人身安全，迅速组织人员脱离危险区域或场所，再采取急救措施。

⑤ 切断电源、可燃气体（液体）的输送，防止事态扩大。

⑥ 安全总监为紧急事务联络员，负责紧急事务的联络工作。

⑦ 紧急事故处理结束后，安全总监应填写记录，并召集相关人员研究防止事故再次发生的对策。

在火灾事故的应急救援演练与急救中还应注意以下要求。

① 做好对施工人员的防火安全教育，帮助施工人员学习防火、灭火、避难、危险品转移等各种安全疏散知识和应对方法，提高施工人员对火灾、爆炸事故发生时的心理承受能力和应变能力。一旦发生突发事件，施工人员不仅可以沉稳自救，还可以冷静地配合外界消防队伍做好灭火工作，把火灾事故损失降到最低。

② 火灾事故发生时，应对安全地带的施工人员做到早期警告，可通过手机、对讲机等方式向施工人员传递火灾发生位置和信息。

③ 高层建筑在发生火灾时，不能使用室内电梯和外用电梯逃生。因为室内电梯井会产生"烟囱效应"，外用电梯会发生电源短路情况，最好通过室内楼梯或室外脚手架马道逃生。如果下行楼梯受阻，施工人员可以在某楼层或楼顶部耐心等待救援，打开窗户或划破安全网保持通风，同时用湿布捂住口鼻，挥舞彩色安全帽表明所处位置，切忌逃生时在马道上拥挤。

④ 灾难发生时，由于人的生理反应和心理反应决定受灾人员的行为具有明显的向光性和盲从性。向光性是指在黑暗中，尤其是辨不清方向、走投无路时，只要有一丝光亮，人们就会迫不及待地向光亮处走去。盲从性是指事件突变、生命受到威胁时，人们由于过分紧张、恐慌，而失去正确的理解和判断能力，只要有人一声招呼，就会导致不少人跟随、拥挤逃生，这会影响人员疏散甚至造成伤亡。

⑤ 恐慌行为是一种过分和不明智的逃离行为，它极易导致各种伤害性情感行动。如绝望、歇斯底里等，这种行为会导致"竞争性"拥挤。

⑥ 受灾人已经撤离或将要撤离火场时，由于某些特殊原因会驱使他们再度进入火场，这也属于一种危险行为，在实际火灾案例中，由于再进火场而导致灾难性后果的占有相当大的比例。

⑦ 要求现场参与扑灭火灾的人员，能够正确合理地选择灭火器材，并能正确使用。

（7）人工呼吸法的应急救援演练与急救。

人工呼吸法是采取人工方法来代替肺部呼吸，及时有效地使气体有节律地进入和排出肺脏，供给体内足够氧气并充分排出二氧化碳，促使呼吸中枢尽早恢复功能的急救方法。各种人工呼吸法中，以口对口呼吸法效果最好，如图 11.2 所示。

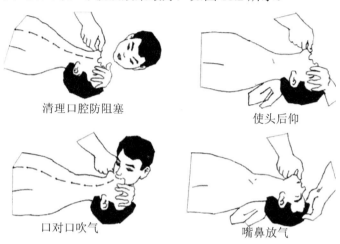

图 11.2　口对口呼吸法

人工呼吸法具体做法是，将伤员平卧，解开衣领、围巾和紧身衣服，放松裤带，在伤员的肩背下方可垫上软物，使伤员的头部充分后仰，呼吸道尽量畅通，用手指清除口腔中的异物，如假牙、分泌物、血块和呕吐物等。注意环境要安静，冬季要保温。

抢救者在伤员的一侧，以近其头部的手紧捏伤员的鼻子（避免漏气），并用手掌外缘压住额部，另一只手托在伤员颈部上，将颈部上抬，使其头部尽量上仰，鼻孔呈朝天状，嘴巴张开准备接受吹气。

抢救者先吸一口气，然后嘴紧贴伤员的嘴大口吹气，同时观察其胸部是否膨胀隆起，以确定吹气是否有效和吹气是否适度。

吹气停止后，抢救者头稍侧转，并立即放开捏鼻子的手，让气体从伤员的鼻孔排除。此时应注意胸部复原情况，倾听呼气声，观察有无呼吸道梗阻情况。

人工呼吸不可中断应为 12~16 次/分钟。进行人工呼吸时要注意口对口的压力要掌握好，开始时可略大些，频率也可稍快些，经过 10~20 次人工吹气后应逐渐减小压力，只要维持胸部轻度升起即可。如遇到伤员嘴巴解不开的情况，可改用口对鼻孔吹气的办法，吹气时压力要稍大些，时间稍长些，效果相仿。采用人工呼吸法，只有当伤员出现自动呼吸时，方可停止，但此时还要密切观察，以防出现再次停止呼吸的情况。

（8）体外心脏按压法的应急救援演练与急救。

体外心脏按压法是指通过人工方法有节律地对心脏进行按压，代替心脏的自然收缩的一种急救方法，如图 11.3 所示，从而达到维持血液循环的目的，进而恢复心脏的自然节律，挽救伤员的生命。

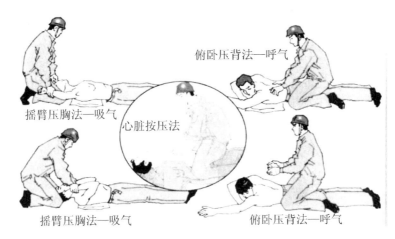

图 11.3 体外心脏按压法

体外心脏按压法具体做法是，使伤员就近仰卧于硬板上或地上，注意保暖，解开伤员衣领，使其头部后仰侧俯。抢救者站在伤员左侧或跪跨在病人的腰部两侧。抢救者一手掌根部置于伤员胸骨下 1/3 处，即中指对准其颈部凹陷的下缘，另一只手掌交叉重叠于该手背上，肘关节伸直。依靠体重、臂和肩部肌肉的力量，向脊柱方向冲击性地用力施压胸骨下段，使胸骨下段与其相连的肋骨下陷 3~4cm，间接压迫心脏，使心脏内血液搏出。

挤压后突然放松（要注意掌根不能离开胸壁），依靠胸廓的弹性，使胸骨复位，心脏舒张，大静脉的血液回流到心脏。

在进行体外心脏按压时，定位要准确，用力要垂直适当，有节奏地反复进行，防止因用力过猛而造成继发性组织器官的损伤或肋骨骨折。挤压频率一般控制在 60~80 次/分钟，有时为了提高效果，可增加挤压频率，达到 100 次/分钟左右。抢救时必须同时兼顾心跳和呼吸。抢救工作一般需要很长时间，在没送到医院之前，抢救工作不能停止。

人工呼吸法和体外心脏按压法的适用范围很广，除适用于触电伤害的急救外，对遭雷击、急性中毒、烧伤、心搏骤停等因素所引起的抑制呼吸或呼吸停止的伤员都可采用，有时两种方法可交替进行。

（9）创伤救护的应急救援演练与急救。

创伤分开放性创伤和闭合性创伤。开放性创伤是指皮肤或黏膜的破损，常见的有摔伤、擦伤、碰伤、切割伤、刺伤、烧伤等。闭合性创伤是指人体内部组织或器官的损伤，常见的有骨折、内脏挤压伤等。

① 开放性创伤的处理。开放性创伤应首先用生理盐水或酒精棉球，对伤口进行清洗，将伤口和周围皮肤上沾染的泥沙、污物等清理干净，并用干净的纱布将水分及渗血吸干，再用碘酒等药物进行初步消毒。在没有消毒条件的情况下，可用清洁水冲洗伤口，最好用流动的自来水冲洗，然后用干净的布或敷料吸干伤口。

出血不止的开放性创伤，首先应考虑的是有效止血，这对伤员的生命安危影响极大。在现场处理时，应根据出血类型和不同部位采用不同的止血方法。具体的方法有，直接压迫法——将洁净的敷料通过手掌直接压在开放性创伤的整个区域；抬高肢体法——对于手臂、腿等处严重出血的开放性创伤，都应尽可能地将其抬高至心脏水平线以上，达到止血的目的；压迫供血动脉法——手臂和腿部伤口的严重出血，如果使用直接压迫法和抬高肢体法仍不能止血，就需要采用压迫点止血技术，即将受伤部位靠近动脉处的血管用绷带或扎带扎牢，阻止血液供应而达到止血目的；包扎法——使用绷带、毛巾、布块等材料，最好再辅以止血药物，包扎受伤部位止血。

烧伤的急救，应先去除烧伤源，将伤员尽快转移到空气流通的地方，用较干净的衣服把创面包裹起来，防止再次污染。在现场，除了化学烧伤可用大量流动清水冲洗创面外，其他对创面一般不做处理，尽量不要弄破水泡，保护表皮，然后及时送医院救治。

② 闭合性创伤的处理。较轻的闭合性创伤，如局部挫伤、皮下出血，可在受伤部位进行冷敷，以防止组织继续肿胀，减少皮下出血。

如发现人员从高处坠落或摔伤等意外事故时，要仔细检查其头部、颈部、胸部、腹部、四肢、背部和脊椎等部位，看看是否有肿胀、青紫、局部压疼、骨摩擦声等其他内部损伤，假如出现上述情况，不能对患者随意搬动，需按照正确的搬运方法进行搬运，否则，可能造成患者神经、血管损伤并加重病情。现场常用的搬运方法有，担架搬运法——用担架搬运时，要使伤员头部向后，以便后面抬担架的人随时观察其变化；单人徒手搬运法——轻伤者可挟着走，重伤者可让其伏在急救者背上，双手绕颈交叉下垂，急救者用双手自伤员大腿下抱住伤员大腿行走搬运。

如怀疑伤员有内伤，应尽早使其得到医疗处理。运送伤员时要采取卧位，小心搬运，注意保持呼吸道通畅，注意防止休克。运送过程中如突然出现呼吸、心搏骤停时，应立即使用人工呼吸法和体外心脏按压法等急救措施。

本 章 小 结

本章主要介绍了事故的概念，事故的分类，安全事故的原因分析，安全事故的一般控制措施，安全事故报告，安全事故处理，事故应急救援等。着重对事故的原因进行了详细的列表分析，强调了控制人的不安全行为的重要性，对发生事故如何进行报告以及事故发生后的处理程序、责任追究等做了阐述。就如何编制事故应急救援预案以及应急措施等方面也做了阐述。

思 考 与 拓 展 题

1. 事故有哪些特征？
2. 事故发展一般经历哪些阶段？事故构成要素有哪些？
3. 按照事故造成的人员伤亡或者直接经济损失分类，事故等级是如何规定的？
4. 事故发生后，事故应该如何报告？
5. 事故报告应当包括哪些内容？
6. 安全事故处理的"四不放过"原则是什么？

7．简述安全事故处理程序。

8．职工在什么情形下，应当认定为工伤事故？

9．应急救援有哪些特点？

10．事故应急救援预案在应急救援中的作用是什么？

11．施工单位向下挖基坑的时候将地下的通信缆线挖断了，主要原因是建设单位提供的图纸中没有标出这里有缆线。请分析相关单位应承担的责任。

第12章

建设工程安全生产法律法规

课程标准

课 程 内 容	知 识 要 点	教 学 目 标
安全生产法律法规体系	安全生产法律法规、规范及标准	熟悉与本岗位相关的法律法规、标准和管理规定

章节导读

全国一年的事故损失，相当于1500万个职工一年的辛勤劳动化为乌有，相当于近亿农民一年颗粒无收。为此我国制定了多部法律法规，然而就是这些法律法规，依然管不住安全生产事故的发生，这一切源于我们缺乏对法律的敬畏之心。

特别提示

不知大家是否留意，一部《中华人民共和国刑法》条款中多处出现"事故"一词，量刑标准一条比一条重，拘役、罚金、判刑3年以下、7年以下、10年以上，甚至无期徒刑。《中华人民共和国安全生产法》中的"追究刑事责任"就是按照《中华人民共和国刑法》处罚。无论在哪个国家，用上了刑律大典就是最严厉的处罚。

12.1 安全生产法律法规体系

安全生产法律法规体系是一个包含多种法律形式和法律层次的综合性系统，从法律规范的形式和特点来讲，其既包括作为整个安全生产法律法规基础的宪法，也包括行政法规、技术性法规、程序性法规等。按地位及效力同等原则，安全生产法律法规体系分为以下7个类别。

1. 宪法

《中华人民共和国宪法》是由我国最高权力机关——全国人民代表大会制定的法律，是安全生产法律法规体系中的最高层次，"加强劳动保护，改善劳动条件"是《中华人民共和国宪法》对安全生产方面最高法律效力的规定。

2. 安全生产法律

我国有关的安全生产法律包括《中华人民共和国安全生产法》基础法律和与其平行的专门法律和相关法律。

（1）《中华人民共和国安全生产法》是安全生产领域的综合性基本法律，也是我国第一部全面规范安全生产的专门法律，是我国安全生产法律法规体系的主体法，是各类生产经营单位及其从业人员实现安全生产所必须遵循的行为准则，是各级人民政府及其有关部门进行监督管理和行政执法的法律依据，是制裁各种安全生产违法犯罪的有力武器。

（2）安全生产专门法律是指规范某一专业领域安全生产的法律。我国在专业领域中的安全生产专门法律有《中华人民共和国矿山安全法》《中华人民共和国海上交通安全法》《中华人民共和国消防法》《中华人民共和国道路交通安全法》等。

（3）安全生产相关法律是指除安全生产基础法律和专门法律以外的其他法律中涵盖安全生产内容的法律，如《中华人民共和国劳动法》《中华人民共和国建筑法》《中华人民共和国煤炭法》《中华人民共和国铁路法》《中华人民共和国民用航空法》《中华人民共和国工会法》《中华人民共和国全民所有制企业法》《中华人民共和国乡镇企业法》《中华人民共和国矿产资源法》等。还有一些与安全生产监督执法工作有关的法律，如《中华人民共和国刑法》《中华人民共和国刑事诉讼法》《中华人民共和国行政处罚法》《中华人民共和国行政复议法》《中华人民共和国国家赔偿法》《中华人民共和国标准化法》等。《中华人民共和国建筑法》是我国第一部规范建筑活动的专门法律，它的颁布施行强化了建筑工程质量和安全的法律保障，该法通篇贯穿了质量和安全问题，具有很强的针对性，对影响建设工程质量和安全的各方面因素做出了较为全面的规范。

3. 安全生产行政法规

安全生产行政法规是指由国务院为实施安全生产法律或规范安全生产监督管理制度，组织制定并颁布的一系列具体规定，是实施安全生产监督、管理和监察工作的重要依据。我国已经颁布了多部安全生产行政法规，如《安全生产许可证条例》《建设工程安全生产管理条例》等。

《安全生产许可证条例》和《建设工程安全生产管理条例》是目前调整建设工程安全生产行为的两个主要行政法规。涉及建设工程安全生产的其他主要行政法规有《生产安全事故报告和调查处理条例》《特种设备安全监察条例》《国务院关于特大安全事故行政责任追究的规定》等。

2004年1月13日施行的《安全生产许可证条例》是建筑企业的一件大事。《安全生产许可证条例》在严格规范安全生产条件，进一步加强安全生产监督管理，防止和减少生产安全事故等方面上，发挥了保障作用。

2004年2月1日开始正式施行的《建设工程安全生产管理条例》是我国真正意义上第一部针对建设工程安全生产的法规，使建设工程安全生产做到了有法可依，建设工程各方责任主体也有了明确的指导和规范。

4. 安全生产地方性法规

安全生产地方性法规是指由省、自治区、直辖市以及省、自治区人民政府所在地的市和经国务院批准的较大的市人民代表大会及其常委会，在其法定权限内制定的安全生产方面的法律规范性文件。目前我国已有多个省、自治区和直辖市人民代表大会制定了《劳动保护条例》和《劳动安全卫生条例》等。

如《浙江省安全生产条例》是浙江省第一部全面规范安全生产的综合性安全生产地方性法规，该法突出以人为本，贯彻"安全第一、预防为主、综合治理"方针，进一步明确了各级人民政府、各有关部门、特别是基层的安全生产监督职责，较完整地构建了浙江省安全生产工作体系。

5. 安全生产行政规章

安全生产行政规章是指由国家行政机关制定的安全生产方面的法律规范性文件，包括部门规章和地方政府规章。

部门规章是由国务院相关部委制定的安全生产方面的法律规范性文件。从行业角度可划分为建筑业、交通运输业、化学工业、石油工业、机械工业、建材工业、电子工业、冶金工业、航空航天业、船舶工业、轻纺工业、煤炭工业、地质勘探业等。部门规章的效力低于法律和行政法规。

地方政府规章是由省、自治区、直辖市以及省、自治区人民政府所在地的市和经国务院批准的较大的市人民政府所制定的安全生产方面的法律规范性文件。地方政府规章的效力低于法律和行政法规，也低于同级或上级地方性法规。

部门规章和地方政府规章作为安全生产法律法规体系的重要补充，在我国安全生产监督管理工作中起着十分重要的作用，如《建筑施工企业安全生产许可证管理规定》等。

6. 安全生产标准

安全生产标准是安全生产法律法规体系中的一个重要组成部分，也是安全生产管理的基础和监督执法工作的技术依据。安全生产标准大致分为设计规范类，安全生产设备、工具类，安全健康类，防护用品类等四类标准。与建设工程安全生产有关的主要标准规范有《建筑施工安全检查标准》（JGJ 59—2011）、《施工企业安全生产评价标准》（JGJ/T 77—2010）、《施工现场临时用电安全技术规范》（JGJ 46—2005）等。

特别提示

按标准发生作用的范围和审批标准级别，可将标准分为国家标准、行业标准、地方标准、企业标准四级。按标准的约束性，可将标准分为强制性标准和推荐性标准两类。强制性标准是保障人身和财产安全的国家标准或行业标准和法律及行政法规规定强制执行的标准，其他标准则为推荐性标准。强制性标准代号为"GB"（"国标"汉语拼音的第一个字母），推荐性标准代号为"GB/T"（"T"为"推"的汉语拼音的第一个字母）。对于强制性标准，国家要求"必须执行"，对于推荐性标准，国家鼓励企业"自愿采用"。

7. 已批准的国际劳动安全公约

国际劳动安全公约是指我国作为国际法主体同外国缔结的双边、多边协议和其他具有条约、协定性质的文件。国际劳工组织自1919年创立以来，通过了多项公约和建议书，这些公约和建议书统称为国际劳工标准，其中70%的国际劳工标准涉及职业健康安全问题。我国政府为国际性安全生产工作已签订了国际公约，当我国安全生产法律法规与国际公约不同时，应优先采用国际公约的规定（除保留条件的条款外）。

12.2 国家相关安全生产法律

《中华人民共和国安全生产法》和《中华人民共和国建筑法》是规范建设工程领域安全生产行为的两个基础法律。在其他法律中也有许多涉及建设工程安全生产的行为,这些法律主要是《中华人民共和国刑法》《中华人民共和国劳动法》《中华人民共和国消防法》《中华人民共和国环境保护法》等。此外,在调整建设行政主管部门与建设工程各方当事人的关系时,还必须遵守《中华人民共和国行政处罚法》《中华人民共和国行政复议法》《中华人民共和国行政诉讼法》中的有关规定。

1.《中华人民共和国安全生产法》的主要内容

(1)《中华人民共和国安全生产法》(以下简称《安全生产法》)中明确规定生产经营单位必须做好安全生产的保证工作,既要在安全生产条件上、技术上符合生产经营的要求,也要在组织管理上建立健全安全生产责任制并进行有效落实。

《中华人民共和国安全生产法》修改

(2)《安全生产法》明确规定从业人员为保证安全生产所应尽的义务及从业人员进行安全生产时所享有的权利。《安全生产法》规定从业人员的安全生产权利义务主要有以下几点。

① 生产经营单位的从业人员有权了解其作业场所和工作岗位存在的危险因素、防范措施及事故应急措施,有权对本单位的安全生产工作提出建议。

② 从业人员有权对本单位安全生产工作中存在的问题提出批评、检举、控告;有权拒绝违章指挥和强令冒险作业。

生产经营单位不得因从业人员对本单位安全生产工作提出批评、检举、控告或者拒绝违章指挥、强令冒险作业而降低其工资、福利等待遇或者解除与其订立的劳动合同。

③ 从业人员发现直接危及人身安全的紧急情况时,有权停止作业或者在采取可能的应急措施后撤离作业场所。

生产经营单位不得因从业人员在前款紧急情况下停止作业或者采取紧急撤离措施而降低其工资、福利等待遇或者解除与其订立的劳动合同。

④ 因生产安全事故受到损害的从业人员,除依法享有工伤保险外,依照有关民事法律尚有获得赔偿的权利的,有权提出赔偿要求。

⑤ 从业人员在作业过程中,应当严格落实岗位安全责任,遵守本单位的安全生产规章制度和操作规程,服从管理,正确佩戴和使用劳动防护用品。

⑥ 从业人员应当接受安全生产教育和培训,掌握本职工作所需的安全生产知识,提高安全生产技能,增强事故预防和应急处理能力。

⑦ 从业人员发现事故隐患或者其他不安全因素,应当立即向现场安全生产管理人员或者本单位负责人报告,接到报告的人员应当及时予以处理。

(3)《安全生产法》明确规定了生产经营单位负责人的安全生产责任。

(4)《安全生产法》明确了对违法单位和个人的法律责任追究制度。

(5)《安全生产法》明确了要建立事故应急救援制度,制定应急预案,形成应急预案体系。

2.《中华人民共和国建筑法》的主要内容

《中华人民共和国建筑法》(以下简称《建筑法》)于 1997 年 11 月 1 日经第八届全国人民代表大会常务委员会第 28 次会议通过,自 1998 年 3 月 1 日起施行,此后进行多次修订。

《建筑法》主要规定了建筑许可、建筑工程发包与承包、建筑工程监理、建筑安全生产管理、建筑工程质量管理及相应法律责任等方面的内容。

(1)《建筑法》确立了安全生产责任制度。

(2)《建筑法》确立了群防群治制度。群防群治制度是职工群众进行预防和治理安全的一种制度。这一制度要求建筑企业职工在施工中遵守有关生产的法律法规和建筑行业安全规章、规程的规定,不得违章作业。

(3)《建筑法》确立了安全生产教育培训制度。

(4)《建筑法》确立了质量体系认证制度。

(5)《建筑法》确立了建筑工程监理制度。

(6)《建筑法》确立了法律责任,规定建设单位、设计单位、施工单位、工程监理单位,由于没有履行职责而造成人员伤亡和事故损失的,视情节给予相应处理。情节严重的,责令停业整顿,降低资质等级或吊销资质证书。构成犯罪的,依法追究刑事责任。

3.《中华人民共和国刑法》中与建设工程安全生产相关的主要内容

《中华人民共和国刑法》(以下简称《刑法》)于 1979 年 7 月 1 日经第五届全国人民代表大会第 2 次会议通过,此后进行多次修订,《刑法》中与建设工程安全生产相关的主要内容包括以下几项。

(1)重大责任事故罪。在生产、作业中违反有关安全管理的规定,因而发生重大伤亡事故或者造成其他严重后果的,处三年以下有期徒刑或者拘役;情节特别恶劣的,处三年以上七年以下有期徒刑。

强令、组织他人违章冒险作业罪。强令他人违章冒险作业,或者明知存在重大事故隐患而不排除,仍冒险组织作业,因而发生重大伤亡事故或者造成其他严重后果的,处五年以下有期徒刑或者拘役;情节特别恶劣的,处五年以上有期徒刑。

(2)重大劳动安全事故罪。安全生产设施或者安全生产条件不符合国家规定,因而发生重大伤亡事故或者造成其他严重后果的,对直接负责的主管人员和其他直接责任人员,处三年以下有期徒刑或者拘役;情节特别恶劣的,处三年以上七年以下有期徒刑。

(3)危险物品肇事罪。违反爆炸性、易燃性、放射性、毒害性、腐蚀性物品的管理规定,在生产、储存、运输、使用中发生重大事故,造成严重后果的,处三年以下有期徒刑或者拘役;后果特别严重的,处三年以上七年以下有期徒刑。

(4)工程重大安全事故罪。建设单位、设计单位、施工单位、工程监理单位违反国家规定,降低工程质量标准,造成重大安全事故的,对直接责任人员,处五年以下有期徒刑或者拘役,并处罚金;后果特别严重的,处五年以上十年以下有期徒刑,并处罚金。

4.《中华人民共和国劳动法》中与建设工程安全生产相关的主要内容

《中华人民共和国劳动法》(以下简称《劳动法》)于 1994 年 7 月 5 日经第八届全国人

民代表大会常务委员会第 8 次会议通过，自 1995 年 1 月 1 日起施行。2018 年 12 月 29 日第十三届全国人民代表大会常务委员会第 7 次会议通过对《劳动法》作出修改，《劳动法》中与建设工程安全生产相关的主要包括以下内容。

（1）劳动安全卫生设施必须符合国家规定的标准。

新建、改建、扩建工程的劳动安全卫生设施必须与主体工程同时设计、同时施工、同时投入生产和使用。

（2）用人单位必须为劳动者提供符合国家规定的劳动安全卫生条件和必要的劳动防护用品，对从事有职业危害作业的劳动者应当定期进行健康检查。

（3）从事特种作业的劳动者必须经过专门培训并取得特种作业资格。

（4）劳动者在劳动过程中必须严格遵守安全操作规程。

（5）劳动者对用人单位管理人员违章指挥、强令冒险作业，有权拒绝执行；对危害生命安全和身体健康的行为，有权提出批评、检举和控告。

（6）国家建立伤亡事故和职业病统计报告和处理制度。

5.《中华人民共和国消防法》中与建设工程安全生产相关的主要内容

《中华人民共和国消防法》（以下简称《消防法》）于 1998 年 4 月 29 日经第九届全国人民代表大会常务委员会第 2 次会议通过。2008 年 10 月 28 日第十一届全国人民代表大会常务委员会第 5 次会议对其进行修订，后经 2019 年、2021 年二次修正，《消防法》中与建设工程安全生产相关的主要内容有以下几个方面。

（1）建筑构件、建筑材料和室内装修、装饰材料的防火性能必须符合国家标准；没有国家标准的，必须符合行业标准。

（2）进入生产、储存易燃易爆危险品的场所，必须执行消防安全规定。禁止非法携带易燃易爆危险品进入公共场所或者乘坐公共交通工具。

（3）禁止在具有火灾、爆炸危险的场所吸烟、使用明火。因施工等特殊情况需要使用明火作业的，应当按照规定事先办理审批手续，采取相应的消防安全措施；作业人员应当遵守消防安全规定。进行电焊、气焊等具有火灾危险作业的人员和自动消防系统的操作人员，必须持证上岗，并遵守消防安全操作规程。

（4）任何单位、个人不得损坏、挪用或者擅自拆除、停用消防设施、器材，不得埋压、圈占、遮挡消火栓或者占用防火间距，不得占用、堵塞、封闭疏散通道、安全出口、消防车通道。

6.《中华人民共和国环境保护法》中与建设工程安全生产相关的主要内容

《中华人民共和国环境保护法》（以下简称《环境保护法》）于 1989 年 12 月 26 日经第七届全国人民代表大会常务委员会第 11 次会议通过并公布施行。2014 年 4 月 24 日第十二届全国人民代表大会常务委员会第 8 次会议对其进行修订，《环境保护法》中与建设工程安全生产相关的主要内容有以下几条。

（1）建设项目中防治污染的设施，应当与主体工程同时设计、同时施工、同时投产使用。防治污染的设施应当符合经批准的环境影响评价文件的要求，不得擅自拆除或者闲置。

（2）排放污染物的企业事业单位和其他生产经营者，应当采取措施，防治在生产建设或者其他活动中产生的废气、废水、废渣、医疗废物、粉尘、恶臭气体、放射性物质以及噪声、振动、光辐射、电磁辐射等对环境的污染和危害。

排放污染物的企业事业单位，应当建立环境保护责任制度，明确单位负责人和相关人员的责任。

重点排污单位应当按照国家有关规定和监测规范安装使用监测设备，保证监测设备正常运行，保存原始监测记录。

严禁通过暗管、渗井、渗坑、灌注或者篡改、伪造监测数据，或者不正常运行防治污染设施等逃避监管的方式违法排放污染物。

（3）排放污染物的企业事业单位和其他生产经营者，应当按照国家有关规定缴纳排污费。排污费应当全部专项用于环境污染防治，任何单位和个人不得截留、挤占或者挪作他用。

依照法律规定征收环境保护税的，不再征收排污费。

12.3 国务院有关建设工程的安全生产行政法规

12.3.1 《建设工程安全生产管理条例》的主要内容

《建设工程安全生产管理条例》（以下简称《安全条例》）于2003年11月12日经国务院第28次常务会议通过，自2004年2月1日起施行。

该条例的颁布，是我国建设工程领域安全生产工作发展历史上具有重要意义的一件大事，也是建设工程领域贯彻落实《建筑法》和《安全生产法》的具体表现，标志着我国建设工程安全生产管理进入法制化、规范化发展的新时期。该条例详细地规定了建设单位、勘察单位、设计单位、工程监理单位、施工单位和其他有关单位的安全责任，以及政府部门对建设工程安全生产实施监督管理的责任等。

1.《安全条例》遵循五大基本原则

1）安全第一、预防为主原则

《安全条例》肯定了安全生产在建设工程中的首要位置和重要性，体现了控制和防范作用。

第三条 建设工程安全生产管理，坚持安全第一、预防为主的方针。

第四条 建设单位、勘察单位、设计单位、施工单位、工程监理单位及其他与建设工程安全生产有关的单位，必须遵守安全生产法律、法规的规定，保证建设工程安全生产，依法承担建设工程安全生产责任。

2）以人为本，维护作业人员合法权益原则

《安全条例》对施工单位在提供安全教育培训、安全防护设施、为施工人员办理意外伤害保险、作业与生活环境标准等方面做了明确规定，具体条款如下。

第二十五条 垂直运输机械作业人员、安装拆卸工、爆破作业人员、起重信号工、登高架设作业人员等特种作业人员，必须按照国家有关规定经过专门的安全作业培训，并取得特种作业操作资格证书后，方可上岗作业。

第二十九条 施工单位应当将施工现场的办公、生活区与作业区分开设置，并保持安全距离；办公、生活区的选址应当符合安全性要求。职工的膳食、饮水、休息场所等应当符合卫生标准。施工单位不得在尚未竣工的建筑物内设置员工集体宿舍。施工现场临时搭建的建筑物应当符合安全使用要求。施工现场使用的装配式活动房屋应当具有产品合格证。

第三十八条 施工单位应当为施工现场从事危险作业的人员办理意外伤害保险。意外伤害保险费由施工单位支付。实行施工总承包的，由总承包单位支付意外伤害保险费。意外伤害保险期限自建设工程开工之日起至竣工验收合格止。

3）实事求是原则

在坚持法律制度统一性的前提下，《安全条例》对重要安全施工方案专家审查制度、专职安全人员配备等方面做了原则性的规定，具体条款如下。

第二十三条 施工单位应当设立安全生产管理机构，配备专职安全生产管理人员。专职安全生产管理人员负责对安全生产进行现场监督检查。发现安全事故隐患，应当及时向项目负责人和安全生产管理机构报告；对违章指挥、违章操作的，应当立即制止。

第二十六条 施工单位应当在施工组织设计中编制安全技术措施和施工现场临时用电方案，对下列达到一定规模的危险性较大的分部分项工程编制专项施工方案，并附具安全验算结果，经施工单位技术负责人、总监理工程师签字后实施，由专职安全生产管理人员进行现场监督。

① 基坑支护与降水工程。
② 土方开挖工程。
③ 模板工程。
④ 起重吊装工程。
⑤ 脚手架工程。
⑥ 拆除、爆破工程。
⑦ 国务院建设行政主管部门或者其他有关部门规定的其他危险性较大的工程。

4）现实性和前瞻性相结合原则

本条例注重保持法规、政策的连续性和稳定性，充分考虑了建设工程安全生产管理的现状，有效结合现代安全生产管理思想和成果，符合建设工程安全生产管理的发展趋势。

5）权责一致原则

《安全条例》明确了国家有关部门和建设行政主管部门对建设工程安全生产管理的主要职能、权限，规定了相应的法律责任；明确了对工作人员不依法履行监督管理职责给予的行政处分及追究刑事责任的范围。

第五十三条 违反本条例的规定，县级以上人民政府建设行政主管部门或者其他有关行政管理部门的工作人员，有下列行为之一的，给予降级或者撤职的行政处分；构成犯罪的，依照刑法有关规定追究刑事责任。

① 对不具备安全生产条件的施工单位颁发资质证书的。

② 对没有安全施工措施的建设工程颁发施工许可证的。
③ 发现违法行为不予查处的。
④ 不依法履行监督管理职责的其他行为。

2．安全生产资质保证

1）施工单位资质

《安全条例》第二十条规定："施工单位从事建设工程的新建、扩建、改建和拆除等活动，应当具备国家规定的注册资本、专业技术人员、技术装备和安全生产等条件，依法取得相应等级的资质证书，并在其资质等级许可的范围内承揽工程。"

2）单位主要负责人、项目负责人资格

《安全条例》第三十六条规定："施工单位的主要负责人、项目负责人、专职安全生产管理人员应当经建设行政主管部门或者其他有关部门考核合格后方可任职。"

3）特殊工种上岗资格

特殊工种上岗资格符合前述《安全条例》第二十五条规定。

3．安全生产技术保证体系

施工单位除遵守前述《安全条例》第二十六条规定外，还要对建筑工程中涉及深基坑、地下暗挖工程、高大模板工程的专项安全施工方案，组织专家进行论证、审查。

4．施工单位内部监管保证

1）安全生产管理机构配备

安全生产管理机构配备应满足前述《安全条例》第二十三条规定。

2）专职安全生产管理人员职责

（1）负责对安全生产现场进行监督检查。

（2）发现安全事故隐患，应当及时向项目负责人和安全生产管理机构报告。

（3）现场监督检查中发现的问题、事故隐患的处理结果和情况应记录在案。

（4）对违章指挥、违章操作的行为，应当立即制止。

（5）专职安全生产管理人员的配备办法由国务院建设行政主管部门会同国务院其他有关部门制定。

5．意外伤害赔偿保证

意外伤害赔偿保证应符合前述《安全条例》第三十八条规定。

6．现场安全生产管理

1）安全标志

《安全条例》第二十八条规定："施工单位应当在施工现场入口处、施工起重机械、临时用电设施、脚手架、出入通道口、楼梯口、电梯井口、孔洞口、桥梁口、隧道口、基坑边沿、爆破物及有害危险气体和液体存放处等危险部位，设置明显的安全警示标志。安全警示标志必须符合国家标准。"

2)毗邻建筑物、构筑物及地下管线防护

施工单位对因建设工程施工可能造成损害的毗邻建筑物、构筑物和地下管线等,应当采取专项防护措施,必要时,应征得管辖部门或有关单位同意。

3)安全设施费用

《安全条例》第二十二条规定:"施工单位对列入建设工程概算的安全作业环境及安全施工措施所需费用,应当用于施工安全防护用具及设施的采购和更新、安全施工措施的落实、安全生产条件的改善,不得挪作他用。"

由于安全效益的滞后性和间接性,在以分包工程或清工形式承包的施工项目中,作业人员的安全防护用品和现场的安全设施,往往得不到有效保障。因此,对这类工程应明确承发包双方的安全责任,落实经费来源,为作业人员提供符合要求的安全防护用品,现场布置完善有效的安全设施。

7. 季节性安全施工措施

施工单位应当根据不同施工阶段和周围环境及季节、气候的变化,在施工现场采取相应的安全施工措施。施工现场暂时停止施工的,施工单位应当做好现场防护,所需费用由责任方承担,或者按照合同约定执行。

8.《安全条例》明确了施工单位相关法律责任

(1)施工起重机械和整体提升脚手架、模板等自升式架设设施安装、拆卸单位有下列行为之一的,责令限期改正,处 5 万元以上 10 万元以下的罚款;情节严重的,责令停业整顿,降低资质等级,直至吊销资质证书;造成损失的,依法承担赔偿责任。

① 未编制拆装方案、制定安全施工措施的。
② 未由专业技术人员现场监督的。
③ 未出具自检合格证明或者出具虚假证明的。
④ 未向施工单位进行安全使用说明,办理移交手续的。

施工起重机械和整体提升脚手架、模板等自升式架设设施安装、拆卸单位有前款规定的第①项、第③项行为,经有关部门或者单位职工提出后,对事故隐患仍不采取措施,因而发生重大伤亡事故或者造成其他严重后果,构成犯罪的,对直接责任人员,依照刑法有关规定追究刑事责任。

(2)施工单位有下列行为之一的,责令限期改正;逾期未改正的,责令停业整顿,依照《中华人民共和国安全生产法》的有关规定处以罚款;造成重大安全事故,构成犯罪的,对直接责任人员,依照刑法有关规定追究刑事责任。

① 未设立安全生产管理机构、配备专职安全生产管理人员或者分部分项工程施工时无专职安全生产管理人员现场监督的。
② 施工单位的主要负责人、项目负责人、专职安全生产管理人员、作业人员或者特种作业人员,未经安全教育培训或者经考核不合格即从事相关工作的。
③ 未在施工现场的危险部位设置明显的安全警示标志,或者未按照国家有关规定在施工现场设置消防通道、消防水源、配备消防设施和灭火器材的。
④ 未向作业人员提供安全防护用具和安全防护服装的。

⑤ 未按照规定在施工起重机械和整体提升脚手架、模板等自升式架设设施验收合格后登记的。

⑥ 使用国家明令淘汰、禁止使用的危及施工安全的工艺、设备、材料的。

（3）施工单位挪用列入建设工程概算的安全生产作业环境及安全施工措施所需费用的，责令限期改正，处挪用费用20%以上50%以下的罚款；造成损失的，依法承担赔偿责任。

（4）施工单位有下列行为之一的，责令限期改正；逾期未改正的，责令停业整顿，并处5万元以上10万元以下的罚款；造成重大安全事故，构成犯罪的，对直接责任人员，依照刑法有关规定追究刑事责任。

① 施工前未对有关安全施工的技术要求作出详细说明的。

② 未根据不同施工阶段和周围环境及季节、气候的变化，在施工现场采取相应的安全施工措施，或者在城市市区内的建设工程的施工现场未实行封闭围挡的。

③ 在尚未竣工的建筑物内设置员工集体宿舍的。

④ 施工现场临时搭建的建筑物不符合安全使用要求的。

⑤ 未对因建设工程施工可能造成损害的毗邻建筑物、构筑物和地下管线等采取专项防护措施的。

施工单位有前款规定第④项、第⑤项行为，造成损失的，依法承担赔偿责任。

（5）施工单位有下列行为之一的，责令限期改正；逾期未改正的，责令停业整顿，并处10万元以上30万元以下的罚款；情节严重的，降低资质等级，直至吊销资质证书；造成重大安全事故，构成犯罪的，对直接责任人员，依照刑法有关规定追究刑事责任；造成损失的，依法承担赔偿责任。

① 安全防护用具、机械设备、施工机具及配件在进入施工现场前未经查验或者查验不合格即投入使用的。

② 使用未经验收或者验收不合格的施工起重机械和整体提升脚手架、模板等自升式架设设施的。

③ 委托不具有相应资质的单位承担施工现场安装、拆卸施工起重机械和整体提升脚手架、模板等自升式架设设施的。

④ 在施工组织设计中未编制安全技术措施、施工现场临时用电方案或者专项施工方案的。

（6）施工单位取得资质证书后，降低安全生产条件的，责令限期改正；经整改仍未达到与其资质等级相适应的安全生产条件的，责令停业整顿，降低其资质等级直至吊销资质证书。

案例分析

某施工现场发生了生产安全事故，工人郑某从拟建工程的3楼向下抛钳子，导致地面的工人黄某受重伤。经过调查，发现施工单位存在下列问题：①郑某从未经过安全教育培训；②该施工单位只设置了安全生产管理机构，而没有配备专职安全生产管理人员；③现场的工人没有一个戴安全帽。

【问题】请根据《安全条例》，分析上述情况存在的安全生产管理问题。

12.3.2 《安全生产许可证条例》的主要内容

《安全生产许可证条例》于 2004 年 1 月 7 日经国务院第 34 次常务会议通过,自 2004 年 1 月 13 日起施行。其主要内容如下。

(1) 国家对矿山企业、建筑施工企业和危险化学品、烟花爆竹、民用爆破物品生产企业(以下统称企业)实行安全生产许可制度。企业未取得安全生产许可证的,不得从事生产活动。

(2) 企业取得安全生产许可证,应当具备下列安全生产条件。

① 建立健全安全生产责任制,制定完备的安全生产规章制度和操作规程。
② 安全投入符合安全生产要求。
③ 设置安全生产管理机构,配备专职安全生产管理人员。
④ 主要负责人和安全生产管理人员经考核合格。
⑤ 特种作业人员经有关业务主管部门考核合格,取得特种作业操作资格证书。
⑥ 从业人员经安全生产教育和培训合格。
⑦ 依法参加工伤保险,为从业人员缴纳保险费。
⑧ 厂房、作业场所和安全设施、设备、工艺符合有关安全生产法律法规、标准和规程的要求。
⑨ 有职业危害防治措施,并为从业人员配备符合国家标准或者行业标准的劳动防护用品。
⑩ 依法进行安全评价。
⑪ 有重大危险源检测、评估、监控措施和应急预案。
⑫ 有生产安全事故应急救援预案、应急救援组织或者应急救援人员、配备必要的应急救援器材、设备。
⑬ 法律法规规定的其他条件。

(3) 企业进行生产前,应当依照本条例的规定向安全生产许可证颁发管理机关申请领取安全生产许可证,并提供上述(2)规定的相关文件、资料。安全生产许可证颁发管理机关应当自收到申请之日起 45 日内审查完毕,经审查符合本条例规定的安全生产条件的,颁发安全生产许可证;不符合本条例规定的安全生产条件的,不予颁发安全生产许可证,书面通知企业并说明理由。

(4) 安全生产许可证的有效期为 3 年。安全生产许可证有效期满需要延期的,企业应当于期满前 3 个月向原安全生产许可证颁发管理机关办理延期手续。企业在安全生产许可证有效期内,严格遵守有关安全生产的法律法规,未发生死亡事故的,安全生产许可证有效期届满时,经原安全生产许可证颁发管理机关同意,不再审查,安全生产许可证有效期延期 3 年。

12.3.3 《建筑施工企业安全生产许可证管理规定》的主要内容

为强化建筑施工企业安全生产许可证动态监管,促进施工企业保持和改善安全生产条件，控制和减少生产安全事故，中华人民共和国住房和城乡建设部于 2004 年 7 月 5 日公布并实施了《建筑施工企业安全生产许可证管理规定》，并于 2015 年 1 月 22 日进行了修订。其中规定了以下内容。

（1）住房城乡建设主管部门在审核发放施工许可证时，应当对已经确定的建筑施工企业是否有安全生产许可证进行审查，对没有取得安全生产许可证的，不得颁发施工许可证。

（2）国务院住房城乡建设主管部门负责对全国建筑施工企业安全生产许可证的颁发和管理工作进行监督指导。

省、自治区、直辖市人民政府住房城乡建设主管部门负责本行政区域内建筑施工企业安全生产许可证的颁发和管理工作。

（3）建筑施工企业从事建筑施工活动前，应当依照本规定向企业注册所在地省、自治区、直辖市人民政府住房城乡建设主管部门申请领取安全生产许可证。

12.3.4 《国务院办公厅关于促进建筑业持续健康发展的意见》（国办发〔2017〕19 号）有关安全要求

（1）加强安全生产管理。全面落实安全生产责任，加强施工现场安全防护，特别要强化对深基坑、高支模、起重机械等危险性较大的分部分项工程的管理，以及对不良地质地区重大工程项目的风险评估或论证。推进信息技术与安全生产深度融合，加快建设建筑施工安全监管信息系统，通过信息化手段加强安全生产管理。建立健全全覆盖、多层次、经常性的安全生产培训制度，提升从业人员安全素质以及各方主体的本质安全水平。

（2）全面提高监管水平。完善工程质量安全法律法规和管理制度，健全企业负责、政府监管、社会监督的工程质量安全保障体系。强化政府对工程质量的监管，明确监管范围，落实监管责任，加大抽查抽测力度，重点加强对涉及公共安全的工程地基基础、主体结构等部位和竣工验收等环节的监督检查。加强工程质量监督队伍建设，监督机构履行职能所需经费由同级财政预算全额保障。政府可采取购买服务的方式，委托具备条件的社会力量进行工程质量监督检查。推进工程质量安全标准化管理，督促各方主体健全质量安全管控机制。强化对工程监理的监管，选择部分地区开展监理单位向政府报告质量监理情况的试点。加强工程质量检测机构管理，严厉打击出具虚假报告等行为。推动发展工程质量保险。

12.4 住房和城乡建设部等部门有关安全的规章条文

1. 《实施工程建设强制性标准监督规定》

《实施工程建设强制性标准监督规定》于 2000 年 8 月 21 日经第 27 次住房和城乡建设部常务会议通过，自 2000 年 8 月 25 日起施行。本规定主要规定了实施工程建设强制性标准的监督管理工作的政府部门，对工程建设各阶段执行强制性标准的情况实施监督的机构以及强制性标准监督检查的内容。

违反工程建设强制性标准的处罚规定为,施工单位违反工程建设强制性标准的,责令改正,处工程合同价款2%以上4%以下的罚款;造成建设工程质量不符合规定的质量标准的,负责返工、修理,并赔偿因此造成的损失;情节严重的,责令停业整顿,降低资质等级或者吊销资质证书。

2.《建筑工程施工发包与承包违法行为认定查处管理办法》

(1)存在下列情形之一的,属于违法发包。

① 建设单位将工程发包给个人的。

② 建设单位将工程发包给不具有相应资质的单位的。

③ 依法应当招标未招标或未按照法定招标程序发包的。

④ 建设单位设置不合理的招标投标条件,限制、排斥潜在投标人或者投标人的。

⑤ 建设单位将一个单位工程的施工分解成若干部分发包给不同的施工总承包或专业承包单位的。

(2)本办法所称转包,是指承包单位承包工程后,不履行合同约定的责任和义务,将其承包的全部工程或者将其承包的全部工程肢解后以分包的名义分别转给其他单位或个人施工的行为。

(3)存在下列情形之一的,应当认定为转包,但有证据证明属于挂靠或者其他违法行为的除外。

① 承包单位将其承包的全部工程转给其他单位(包括母公司承接建筑工程后将所承接工程交由具有独立法人资格的子公司施工的情形)或个人施工的。

② 承包单位将其承包的全部工程肢解以后,以分包的名义分别转给其他单位或个人施工的。

③ 施工总承包单位或专业承包单位未派驻项目负责人、技术负责人、质量管理负责人、安全管理负责人等主要管理人员,或派驻的项目负责人、技术负责人、质量管理负责人、安全管理负责人中一人及以上与施工单位没有订立劳动合同且没有建立劳动工资和社会养老保险关系,或派驻的项目负责人未对该工程的施工活动进行组织管理,又不能进行合理解释并提供相应证明的。

④ 合同约定由承包单位负责采购的主要建筑材料、构配件及工程设备或租赁的施工机械设备,由其他单位或个人采购、租赁,或施工单位不能提供有关采购、租赁合同及发票等证明,又不能进行合理解释并提供相应证明的。

⑤ 专业作业承包人承包的范围是承包单位承包的全部工程,专业作业承包人计取的是除上缴给承包单位"管理费"之外的全部工程价款的。

⑥ 承包单位通过采取合作、联营、个人承包等形式或名义,直接或变相将其承包的全部工程转给其他单位或个人施工的。

⑦ 专业工程的发包单位不是该工程的施工总承包或专业承包单位的,但建设单位依约作为发包单位的除外。

⑧ 专业作业的发包单位不是该工程承包单位的。

⑨ 施工合同主体之间没有工程款收付关系,或者承包单位收到款项后又将款项转拨给其他单位和个人,又不能进行合理解释并提供材料证明的。

两个以上的单位组成联合体承包工程，在联合体分工协议中约定或者在项目实际实施过程中，联合体一方不进行施工也未对施工活动进行组织管理的，并且向联合体其他方收取管理费或者其他类似费用的，视为联合体一方将承包的工程转包给联合体其他方。

（4）本办法所称挂靠，是指单位或个人以其他有资质的施工单位的名义承揽工程的行为。

前款所称承揽工程，包括参与投标、订立合同、办理有关施工手续、从事施工等活动。

（5）存在下列情形之一的，属于挂靠。

① 没有资质的单位或个人借用其他施工单位的资质承揽工程的。

② 有资质的施工单位相互借用资质承揽工程的，包括资质等级低的借用资质等级高的，资质等级高的借用资质等级低的，相同资质等级相互借用的。

③ 本办法第八条第一款第（三）至（九）项规定的情形，有证据证明属于挂靠的。

（6）本办法所称违法分包，是指承包单位承包工程后违反法律法规规定，把单位工程或分部分项工程分包给其他单位或个人施工的行为。

（7）存在下列情形之一的，属于违法分包。

① 承包单位将其承包的工程分包给个人的。

② 施工总承包单位或专业承包单位将工程分包给不具备相应资质单位的。

③ 施工总承包单位将施工总承包合同范围内工程主体结构的施工分包给其他单位的，钢结构工程除外。

④ 专业分包单位将其承包的专业工程中非劳务作业部分再分包的。

⑤ 专业作业承包人将其承包的劳务再分包的。

⑥ 专业作业承包人除计取劳务作业费用外，还计取主要建筑材料款和大中型施工机械设备、主要周转材料费用的。

（8）任何单位和个人发现违法发包、转包、违法分包及挂靠等违法行为的，均可向工程所在地县级以上人民政府住房和城乡建设主管部门进行举报。

接到举报的住房和城乡建设主管部门应当依法受理、调查、认定和处理，除无法告知举报人的情况外，应当及时将查处结果告知举报人。

（9）县级以上地方人民政府住房和城乡建设主管部门如接到人民法院、检察机关、仲裁机构、审计机关、纪检监察等部门转交或移送的涉及本行政区域内建筑工程发包与承包违法行为的建议或相关案件的线索或证据，应当依法受理、调查、认定和处理，并把处理结果及时反馈给转交或移送机构。

3.《建筑施工项目经理质量安全责任十项规定（试行）》

（1）建筑施工项目经理（以下简称项目经理）必须按规定取得相应执业资格和安全生产考核合格证书；合同约定的项目经理必须在岗履职，不得违反规定同时在两个及两个以上的工程项目担任项目经理。

（2）项目经理必须对工程项目施工质量安全负全责，负责建立质量安全管理体系，负责配备专职质量、安全等施工现场管理人员，负责落实质量安全责任制、质量安全管理规章制度和操作规程。

（3）项目经理必须按照工程设计图纸和技术标准组织施工，不得偷工减料；负责组织编制施工组织设计，负责组织制定质量安全技术措施，负责组织编制、论证和实施危险性较大分部分项工程专项施工方案；负责组织质量安全技术交底。

（4）项目经理必须组织对进入现场的建筑材料、构配件、设备、预拌混凝土等进行检验，未经检验或检验不合格，不得使用；必须组织对涉及结构安全的试块、试件以及有关材料进行取样检测，送检试样不得弄虚作假，不得篡改或者伪造检测报告，不得明示或暗示检测机构出具虚假检测报告。

（5）项目经理必须组织做好隐蔽工程的验收工作，参加地基基础、主体结构等分部工程的验收，参加单位工程和工程竣工验收；必须在验收文件上签字，不得签署虚假文件。

（6）项目经理必须在起重机械安装、拆卸，模板支架搭设等危险性较大分部分项工程施工期间现场带班；必须组织起重机械、模板支架等使用前验收，未经验收或验收不合格，不得使用；必须组织起重机械使用过程日常检查，不得使用安全保护装置失效的起重机械。

（7）项目经理必须将安全生产费用足额用于安全防护和安全措施，不得挪作他用；作业人员未配备安全防护用具，不得上岗；严禁使用国家明令淘汰、禁止使用的危及施工质量安全的工艺、设备、材料。

（8）项目经理必须定期组织质量安全隐患排查，及时消除质量安全隐患；必须落实住房城乡建设主管部门和工程建设相关单位提出的质量安全隐患整改要求，在隐患整改报告上签字。

（9）项目经理必须组织对施工现场作业人员进行岗前质量安全教育，组织审核建筑施工特种作业人员操作资格证书，未经质量安全教育和无证人员不得上岗。

（10）项目经理必须按规定报告质量安全事故，立即启动应急预案，保护事故现场，开展应急救援。

建筑施工企业应当定期或不定期对项目经理履职情况进行检查，发现项目经理履职不到位的，及时予以纠正；必要时，按照规定程序更换符合条件的项目经理。

4.《建筑施工企业安全生产管理机构设置及专职安全生产管理人员配备办法》

为进一步规范建筑施工企业安全生产管理机构设置及专职安全生产管理人员配备，全面落实建筑施工企业安全生产主体责任，中华人民共和国住房和城乡建设部组织修订了《建筑施工企业安全生产管理机构设置及专职安全生产管理人员配备办法》（建质〔2008〕91号），于2008年5月13日起施行。

1）建筑施工企业安全生产管理机构

建筑施工企业安全生产管理机构是指建筑施工企业设置的负责安全生产管理工作的独立职能部门。建筑施工企业应当依法设置安全生产管理机构，在企业主要负责人的领导下开展本企业的安全生产管理工作。建筑施工企业安全生产管理机构具有以下职责。

（1）宣传和贯彻国家有关安全生产法律法规和标准。

（2）编制并适时更新安全生产管理制度并监督实施。

（3）组织或参与企业生产安全事故应急救援预案的编制及演练。

（4）组织开展安全教育培训与交流。

（5）协调配备项目专职安全生产管理人员。

（6）制订企业安全生产检查计划并组织实施。

（7）监督在建项目安全生产费用的使用。

（8）参与危险性较大工程安全专项施工方案专家论证会。

（9）通报在建项目违规违章查处情况。

（10）组织开展安全生产评优评先表彰工作。

（11）建立企业在建项目安全生产管理档案。

（12）考核评价分包企业安全生产业绩及项目安全生产管理情况。

（13）参加生产安全事故的调查和处理工作。

（14）企业明确的其他安全生产管理职责。

2）专职安全生产管理人员

专职安全生产管理人员是指经建设主管部门或者其他有关部门安全生产考核合格取得安全生产考核合格证书，并在建筑施工企业及其项目从事安全生产管理工作的专职人员。

（1）建筑施工企业安全生产管理机构专职安全生产管理人员在施工现场检查过程中具有以下职责。

① 查阅在建项目安全生产有关资料、核实有关情况。

② 检查危险性较大工程安全专项施工方案落实情况。

③ 监督项目专职安全生产管理人员履责情况。

④ 监督作业人员安全防护用品的配备及使用情况。

⑤ 对发现的安全生产违章违规行为或安全隐患，有权当场予以纠正或作出处理决定。

⑥ 对不符合安全生产条件的设施、设备、器材，有权当场作出查封的处理决定。

⑦ 对施工现场存在的重大安全隐患有权越级报告或直接向建设主管部门报告。

⑧ 企业明确的其他安全生产管理职责。

（2）建筑施工企业安全生产管理机构专职安全生产管理人员的配备应满足下列要求，并应根据企业经营规模、设备管理和生产需要予以增加。

① 建筑施工总承包资质序列企业：特级资质不少于6人；一级资质不少于4人；二级和二级以下资质企业不少于3人。

② 建筑施工专业承包资质序列企业：一级资质不少于3人；二级和二级以下资质企业不少于2人。

③ 建筑施工劳务分包资质序列企业：不少于2人。

④ 建筑施工企业的分公司、区域公司等较大的分支机构（以下简称分支机构）应依据实际生产情况配备不少于2人的专职安全生产管理人员。

（3）建筑施工企业应当实行建设工程项目专职安全生产管理人员委派制度。建设工程项目的专职安全生产管理人员应当定期将项目安全生产管理情况报告企业安全生产管理机构。建筑施工企业应当在建设工程项目组建安全生产领导小组。建设工程实行施工总承包的，安全生产领导小组由总承包企业、专业承包企业和劳务分包企业项目经理、技术负责人和专职安全生产管理人员组成。安全生产领导小组的主要职责如下。

① 贯彻落实国家有关安全生产法律法规和标准。

② 组织制定项目安全生产管理制度并监督实施。
③ 编制项目生产安全事故应急救援预案并组织演练。
④ 保证项目安全生产费用的有效使用。
⑤ 组织编制危险性较大工程安全专项施工方案。
⑥ 开展项目安全教育培训。
⑦ 组织实施项目安全检查和隐患排查。
⑧ 建立项目安全生产管理档案。
⑨ 及时、如实报告安全生产事故。

（4）项目专职安全生产管理人员具有以下主要职责。
① 负责施工现场安全生产日常检查并做好检查记录。
② 现场监督危险性较大工程安全专项施工方案实施情况。
③ 对作业人员违规违章行为有权予以纠正或查处。
④ 对施工现场存在的安全隐患有权责令立即整改。
⑤ 对于发现的重大安全隐患，有权向企业安全生产管理机构报告。
⑥ 依法报告生产安全事故情况。

（5）总承包单位配备项目专职安全生产管理人员应当满足下列要求。
① 建筑工程、装修工程按照建筑面积配备：1万平方米以下的工程不少于1人；1万～5万平方米的工程不少于2人；5万平方米及以上的工程不少于3人，且按专业配备专职安全生产管理人员。
② 土木工程、线路管道、设备安装工程按照工程合同价配备：5000万元以下的工程不少于1人；5000万～1亿元的工程不少于2人；1亿元及以上的工程不少于3人，且按专业配备专职安全生产管理人员。

（6）分包单位配备项目专职安全生产管理人员应当满足下列要求。
① 专业承包单位应当配置至少1人，并根据所承担的分部分项工程的工程量和施工危险程度增加。
② 劳务分包单位施工人员在50人以下的，应当配备1名专职安全生产管理人员；50～200人的，应当配备2名专职安全生产管理人员；200人及以上的，应当配备3名及以上专职安全生产管理人员，并根据所承担的分部分项工程施工危险实际情况增加，不得少于工程施工人员总人数的5‰。

（7）施工作业班组可以设置兼职安全巡查员，对本班组的作业场所进行安全监督检查。建筑施工企业应当定期对兼职安全巡查员进行安全教育培训。

5.《建筑起重机械安全监督管理规定》

《建筑起重机械安全监督管理规定》于2008年1月8日经第145次住房和城乡建设部常务会议讨论通过，自2008年6月1日起施行。

1) 出租单位的规定

（1）出租单位出租的建筑起重机械和使用单位购置、租赁、使用的建筑起重机械应当具有特种设备制造许可证、产品合格证、制造监督检验证明。

（2）出租单位在建筑起重机械首次出租前，自购建筑起重机械的使用单位在建筑起重机械首次安装前，应当持建筑起重机械特种设备制造许可证、产品合格证和制造监督检验证明到本单位工商注册所在地县级以上地方人民政府建设主管部门办理备案。

（3）出租单位应当在签订的建筑起重机械租赁合同中，明确租赁双方的安全责任，并出具建筑起重机械特种设备制造许可证、产品合格证、制造监督检验证明、备案证明和自检合格证明，提交安装使用说明。

（4）有下列情形之一的建筑起重机械，不得出租、使用。

① 属国家明令淘汰或者禁止使用的。

② 超过安全技术标准或者制造厂家规定的使用年限的。

③ 经检验达不到安全技术标准规定的。

④ 没有完整安全技术档案的。

⑤ 没有齐全有效的安全保护装置的。

（5）出租单位、自购建筑起重机械的使用单位，应当建立建筑起重机械安全技术档案。建筑起重机械安全技术档案应当包括以下资料。

① 购销合同、制造许可证、产品合格证、制造监督检验证明、安装使用说明书、备案证明等原始资料。

② 定期检验报告、定期自行检查记录、定期维护保养记录、维修和技术改造记录、运行故障和生产安全事故记录、累计运转记录等运行资料。

③ 历次安装验收资料。

2）安装单位的规定

（1）从事建筑起重机械安装、拆卸活动的单位（以下简称安装单位）应当依法取得建设主管部门颁发的相应资质和建筑施工企业安全生产许可证，并在其资质许可范围内承揽建筑起重机械安装、拆卸工程。

（2）建筑起重机械使用单位和安装单位应当在签订的建筑起重机械安装、拆卸合同中明确双方的安全生产责任。

实行施工总承包的，施工总承包单位应当与安装单位签订建筑起重机械安装、拆卸工程安全协议书。

（3）安装单位应当履行下列安全职责。

① 按照安全技术标准及建筑起重机械性能要求，编制建筑起重机械安装、拆卸工程专项施工方案，并由本单位技术负责人签字。

② 按照安全技术标准及安装使用说明书等检查建筑起重机械及现场施工条件。

③ 组织安全施工技术交底并签字确认。

④ 制定建筑起重机械安装、拆卸工程生产安全事故应急救援预案。

⑤ 将建筑起重机械安装、拆卸工程专项施工方案，安装、拆卸人员名单，安装、拆卸时间等材料报施工总承包单位和监理单位审核后，告知工程所在地县级以上地方人民政府建设主管部门。

（4）安装单位应当按照建筑起重机械安装、拆卸工程专项施工方案及安全操作规程组织安装、拆卸作业。

安装单位的专业技术人员、专职安全生产管理人员应当进行现场监督,技术负责人应当定期巡查。

(5) 建筑起重机械安装完毕后,安装单位应当按照安全技术标准及安装使用说明书的有关要求对建筑起重机械进行自检、调试和试运转。自检合格的,应当出具自检合格证明,并向使用单位进行安全使用说明。

(6) 安装单位应当建立建筑起重机械安装、拆卸工程档案。

建筑起重机械安装、拆卸工程档案应当包括以下资料。

① 安装、拆卸合同及安全协议书。
② 安装、拆卸工程专项施工方案。
③ 安全施工技术交底的有关资料。
④ 安装工程验收资料。
⑤ 安装、拆卸工程生产安全事故应急救援预案。

3) 使用单位的规定

(1) 使用单位应当履行下列安全职责。

① 根据不同施工阶段、周围环境以及季节、气候的变化,对建筑起重机械采取相应的安全防护措施。
② 制定建筑起重机械生产安全事故应急救援预案。
③ 在建筑起重机械活动范围内设置明显的安全警示标志,对集中作业区做好安全防护。
④ 设置相应的设备管理机构或者配备专职的设备管理人员。
⑤ 指定专职设备管理人员、专职安全生产管理人员进行现场监督检查。
⑥ 建筑起重机械出现故障或者发生异常情况的,立即停止使用,消除故障和事故隐患后,方可重新投入使用。

(2) 使用单位应当对在用的建筑起重机械及其安全保护装置、吊具、索具等进行经常性和定期的检查、维护和保养,并做好记录。

使用单位在建筑起重机械租期结束后,应当将定期检查、维护和保养记录移交出租单位。

建筑起重机械租赁合同对建筑起重机械的检查、维护、保养另有约定的,从其约定。

(3) 建筑起重机械在使用过程中需要附着的,使用单位应当委托原安装单位或者具有相应资质的安装单位按照专项施工方案实施,并按照本规定第十六条规定组织验收。验收合格后方可投入使用。

建筑起重机械在使用过程中需要顶升的,使用单位委托原安装单位或者具有相应资质的安装单位按照专项施工方案实施后,即可投入使用。

禁止擅自在建筑起重机械上安装非原制造厂制造的标准节和附着装置。

(4) 施工总承包单位应当履行下列安全职责。

① 向安装单位提供拟安装设备位置的基础施工资料,确保建筑起重机械进场安装、拆卸所需的施工条件。
② 审核建筑起重机械的特种设备制造许可证、产品合格证、制造监督检验证明、备案证明等文件。

③ 审核安装单位、使用单位的资质证书、安全生产许可证和特种作业人员的特种作业操作资格证书。

④ 审核安装单位制定的建筑起重机械安装、拆卸工程专项施工方案和生产安全事故应急救援预案。

⑤ 审核使用单位制定的建筑起重机械生产安全事故应急救援预案。

⑥ 指定专职安全生产管理人员监督检查建筑起重机械安装、拆卸、使用情况。

⑦ 施工现场有多台塔式起重机作业时，应当组织制定并实施防止塔式起重机相互碰撞的安全措施。

6.《建筑起重机械备案登记办法》

该办法自 2008 年 6 月 1 日起施行。

（1）建筑起重机械出租单位或者自购建筑起重机械使用单位在建筑起重机械首次出租或安装前，应当向本单位工商注册所在地县级以上地方人民政府建设主管部门办理备案。

（2）从事建筑起重机械安装、拆卸活动的单位（以下简称"安装单位"）办理建筑起重机械安装（拆卸）告知手续前，应当将以下资料报送施工总承包单位、监理单位审核。

① 建筑起重机械备案证明。

② 安装单位资质证书、安全生产许可证副本。

③ 安装单位特种作业人员证书。

④ 建筑起重机械安装（拆卸）工程专项施工方案。

⑤ 安装单位与使用单位签订的安装（拆卸）合同及安装单位与施工总承包单位签订的安全协议书。

⑥ 安装单位负责建筑起重机械安装（拆卸）工程专职安全生产管理人员、专业技术人员名单。

⑦ 建筑起重机械安装（拆卸）工程生产安全事故应急救援预案。

⑧ 辅助起重机械资料及其特种作业人员证书。

⑨ 施工总承包单位、监理单位要求的其他资料。

（3）施工总承包单位、监理单位应当在收到安装单位提交的齐全有效的资料之日起 2 个工作日内审核完毕并签署意见。

（4）安装单位应当在建筑起重机械安装（拆卸）前 2 个工作日内通过书面形式、传真或者计算机信息系统告知工程所在地县级以上地方人民政府建设主管部门，同时按规定提交经施工总承包单位、监理单位审核合格的有关资料。

（5）建筑起重机械使用单位在建筑起重机械安装验收合格之日起 30 日内，向工程所在地县级以上地方人民政府建设主管部门办理使用登记。

7.《建设工程高大模板支撑系统施工安全监督管理导则》

为预防建设工程高大模板支撑系统（以下简称高大模板支撑系统）坍塌事故，保证施工安全，依据《建设工程安全生产管理条例》及相关安全生产法律法规、标准、规范，制定本导则。本导则所称高大模板支撑系统是指建设工程施工现场混凝土构件模板支撑高度超过 8m，或搭设跨度超过 18m，或施工总荷载大于 15kN/m^2，或集中线荷载大于 20kN/m

的模板支撑系统。高大模板支撑系统施工应严格遵循安全技术规范和专项方案规定,严密组织,责任落实,确保施工过程的安全。

1)方案编制

(1)施工单位应依据国家现行相关标准规范,由项目技术负责人组织相关专业技术人员,结合工程实际,编制高大模板支撑系统的专项施工方案。

(2)专项施工方案应当包括以下内容。

① 编制说明及依据:相关法律法规、规范性文件、标准规范及图纸(国标图集)、施工组织设计等。

② 工程概况:高大模板工程特点、施工平面及立面布置、施工要求和技术保证条件,具体明确支模区域、支模标高、高度、支模范围内的梁截面尺寸、跨度、板厚、支撑的地基情况等。

③ 施工计划:施工进度计划、材料与设备计划等。

④ 施工工艺技术:高大模板支撑系统的基础处理、主要搭设方法、工艺要求、材料的力学性能指标、构造设置以及检查、验收要求等。

⑤ 施工安全保证措施:模板支撑体系搭设及混凝土浇筑区域管理人员组织机构、施工技术措施、模板安装和拆除的安全技术措施、施工应急救援预案、模板支撑系统在搭设、钢筋安装、混凝土浇捣过程中及混凝土终凝前后模板支撑体系位移的监测监控措施等。

⑥ 劳动力计划:包括专职安全生产管理人员、特种作业人员的配置等。

⑦ 计算书及相关图纸:验算项目及计算内容包括模板、模板支撑系统的主要结构强度和截面特征及各项荷载设计值及荷载组合,梁、板模板支撑系统的强度和刚度计算,梁板下立杆稳定性计算,立杆基础承载力验算,支撑系统支撑层承载力验算,转换层下支撑层承载力验算等。每项计算列出计算简图和截面构造大样图,注明材料尺寸、规格、纵横支撑间距。

附图包括支模区域立杆、纵横水平杆平面布置图,支撑系统立面图、剖面图,水平剪刀撑布置平面图及竖向剪刀撑布置投影图,梁板支模大样图,支撑体系监测平面布置图和连墙件布设位置及节点大样图等。

2)审核论证

(1)高大模板支撑系统专项施工方案,应先由施工单位技术部门组织本单位施工技术、安全、质量等部门的专业技术人员进行审核,经施工单位技术负责人签字后,再按照相关规定组织专家论证。下列人员应参加专家论证会。

① 专家组成员。

② 建设单位项目负责人或技术负责人。

③ 监理单位项目总监理工程师及相关人员。

④ 施工单位分管安全的负责人、技术负责人、项目负责人、项目技术负责人、专项方案编制人员、项目专职安全管理人员。

⑤ 勘察、设计单位项目技术负责人及相关人员。

(2)专家组成员应当由 5 名及以上符合相关专业要求的专家组成。本项目参建各方的人员不得以专家身份参加专家论证会。

(3) 专家论证的主要内容包括:
① 方案是否依据施工现场的实际施工条件编制;方案、构造、计算是否完整、可行。
② 方案计算书、验算依据是否符合有关标准规范。
③ 安全施工的基本条件是否符合现场实际情况。
(4) 施工单位根据专家组的论证报告,对专项施工方案进行修改完善,并经施工单位技术负责人、项目总监理工程师、建设单位项目负责人批准签字后,方可组织实施。

3) 验收管理

(1) 高大模板支撑系统搭设前,应由项目技术负责人组织对需要处理或加固的地基、基础进行验收,并留存记录。

(2) 高大模板支撑系统的结构材料应按以下要求进行验收、抽检和检测,并留存记录、资料。

① 施工单位应对进场的承重杆件、连接件等材料的产品合格证、生产许可证、检测报告进行复核,并对其表面观感、重量等物理指标进行抽检。

② 对承重杆件的外观抽检数量不得低于搭设用量的30%,发现质量不符合标准、情况严重的,要进行100%的检验,并随机抽取外观检验不合格的材料(由监理见证取样)送法定专业检测机构进行检测。

③ 采用钢管扣件搭设高大模板支撑系统时,还应对扣件螺栓的紧固力矩进行抽查,抽查数量应符合《建筑施工扣件式钢管脚手架安全技术规范》(JGJ 130—2011)的规定,对梁底扣件应进行100%检查。

(3) 高大模板支撑系统应在搭设完成后,由项目负责人组织验收,验收人员应包括施工单位和项目两级技术人员,项目安全、质量、施工人员,监理单位的总监和专业监理工程师。验收合格,经施工单位项目技术负责人及项目总监理工程师签字后,方可进入后续工序的施工。

4) 施工管理

(1) 一般规定。

① 高大模板支撑系统应优先选用技术成熟的定型化、工具式支撑体系。

② 搭设高大模板支撑架体的作业人员必须经过培训,取得建筑施工脚手架特种作业操作资格证书后方可上岗。其他相关施工人员应掌握相应的专业知识和技能。

③ 高大模板支撑系统搭设前,项目工程技术负责人或方案编制人员应当根据专项施工方案和有关标准规范的要求,对现场管理人员、操作班组、作业人员进行安全技术交底,并履行签字手续。

安全技术交底的内容应包括模板支撑工程工艺、工序、作业要点和搭设安全技术要求等内容,并保留记录。

④ 作业人员应严格按规范、专项施工方案和安全技术交底书的要求进行操作,并正确佩戴相应的劳动防护用品。

(2) 搭设管理。

① 高大模板支撑系统的地基承载力、沉降等应能满足方案设计要求。如遇松软土、回填土,应根据设计要求进行平整、夯实,并采取防水、排水措施,按规定在模板支撑立柱底部采用具有足够强度和刚度的垫板。

② 对于高大模板支撑体系，其高度与宽度相比大于两倍的独立支撑系统，应加设保证整体稳定的构造措施。

③ 高大模板工程搭设的构造要求应当符合相关技术规范要求，支撑系统立柱接长严禁搭接；应设置扫地杆、纵横向支撑及水平垂直剪刀撑，并与主体结构的墙、柱牢固拉接。

④ 搭设高度2m以上的支撑架体应设置作业人员登高措施。作业面应按有关规定设置安全防护设施。

⑤ 模板支撑系统应为独立的系统，禁止与物料提升机、施工升降机、塔式起重机等起重设备钢结构架体机身及其附着设施相连接；禁止与施工脚手架、物料周转料平台等架体相连接。

（3）使用与检查。

① 模板、钢筋及其他材料等施工荷载应均匀堆置，放平放稳。施工总荷载不得超过模板支撑系统设计荷载要求。

② 模板支撑系统在使用过程中，立柱底部不得松动悬空，不得任意拆除任何杆件，不得松动扣件，也不得用作缆风绳的拉接。

③ 施工过程中检查项目应符合下列要求。

a．立柱底部基础应回填夯实。

b．垫木应满足设计要求。

c．底座位置应正确，顶托螺杆伸出长度应符合规定。

d．立柱的规格尺寸和垂直度应符合要求，不得出现偏心荷载。

e．扫地杆、水平拉杆、剪刀撑等设置应符合规定，固定可靠。

f．安全网和各种安全防护设施符合要求。

（4）混凝土浇筑。

① 混凝土浇筑前，施工单位项目技术负责人、项目总监确认具备混凝土浇筑的安全生产条件后，签署混凝土浇筑令，方可浇筑混凝土。

② 框架结构中，柱和梁板的混凝土浇筑顺序，应按先浇筑柱混凝土，后浇筑梁板混凝土的顺序进行。浇筑过程应符合专项施工方案要求，并确保支撑系统受力均匀，避免引起高大模板支撑系统的失稳倾斜。

③ 浇筑过程应有专人对高大模板支撑系统进行观测，发现有松动、变形等情况，必须立即停止浇筑，撤离作业人员，并采取相应的加固措施。

（5）拆除管理。

① 高大模板支撑系统拆除前，项目技术负责人、项目总监应核查混凝土同条件试块强度报告，浇筑混凝土达到拆模强度后方可拆除，并履行拆模审批签字手续。

② 高大模板支撑系统的拆除作业必须自上而下逐层进行，严禁上下层同时拆除作业，分段拆除的高度不应大于两层。设有附墙连接的模板支撑系统，附墙连接必须随支撑架体逐层拆除，严禁先将附墙连接全部或数层拆除后再拆支撑架体。

③ 高大模板支撑系统拆除时，严禁将拆卸的杆件向地面抛掷，应有专人传递至地面，并按规格分类均匀堆放。

④ 高大模板支撑系统搭设和拆除过程中，地面应设置围栏和警戒标志，并派专人看守，严禁非操作人员进入作业范围。

5）监督管理

施工单位应严格按照专项施工方案组织施工。高大模板支撑系统搭设、拆除及混凝土浇筑过程中，应有专业技术人员进行现场指导，设专人负责安全检查，发现险情，立即停止施工并采取应急措施，排除险情后，方可继续施工。

8.《建筑施工企业负责人及项目负责人施工现场带班暂行办法》

为贯彻落实《国务院关于进一步加强企业安全生产工作的通知》（国发〔2010〕23 号），切实加强建筑施工企业及施工现场质量安全管理工作，住房和城乡建设部制定了《建筑施工企业负责人及项目负责人施工现场带班暂行办法》，于 2011 年 7 月 22 日执行。

（1）本办法所称的建筑施工企业负责人，是指企业的法定代表人、总经理、主管质量安全和生产工作的副总经理、总工程师和副总工程师。本办法所称的项目负责人，是指工程项目的项目经理。本办法所称的施工现场，是指进行房屋建筑和市政工程施工作业活动的场所。

（2）建筑施工企业应当建立企业负责人及项目负责人施工现场带班制度，并严格考核。施工现场带班包括企业负责人带班检查和项目负责人带班生产。

（3）建筑施工企业负责人要定期带班检查，每月检查时间不少于其工作日的 25%。工程项目进行超过一定规模的危险性较大的分部分项工程施工时，建筑施工企业负责人应到施工现场进行带班检查。工程项目出现险情或发现重大隐患时，建筑施工企业负责人应到施工现场带班检查，督促工程项目进行整改，及时消除险情和隐患。

（4）项目负责人是工程项目质量安全管理的第一责任人，应对工程项目落实带班制度负责。项目负责人在同一时期只能承担一个工程项目的管理工作。项目负责人带班生产时，要全面掌握工程项目质量安全生产状况，加强对重点部位、关键环节的控制，及时消除隐患。要认真做好带班生产记录并签字存档备查。项目负责人每月带班生产时间不得少于本月施工时间的 80%。因其他事务需离开施工现场时，应向工程项目的建设单位请假，经批准后方可离开。离开期间应委托项目相关负责人负责其外出时的日常工作。

12.5 安全生产的行业标准及安全技术规范

1.《建筑施工安全检查标准》（JGJ 59—2011）的主要内容

《建筑施工安全检查标准》（JGJ 59—2011）是强制性行业标准，自 2012 年 7 月 1 日起实施。其中，4.0.1、5.0.3 为强制性条文，必须严格执行。原行业标准《建筑施工安全检查标准》（JGJ 59—1999）同时废止。JGJ 59—2011 采用了安全系统工程原理，结合建筑施工中伤亡事故规律，依据国家有关法律法规、标准和规程而编制，适用于建筑施工企业及其主管部门对建筑施工安全工作的检查和评价。

2. 《施工企业安全生产评价标准》(JGJ/T 77—2010) 的主要内容

《施工企业安全生产评价标准》(JGJ/T 77—2010) 是一部推荐性行业标准。制定该标准的目的是加强施工企业安全生产的监督管理,科学地评价施工企业安全生产业绩及相应的安全生产能力,实现施工企业安全生产评价工作的规范化和制度化,促进施工企业安全生产管理水平的提高。

该标准可用于企业自我评价、企业上级主管对企业的评价、政府建设行政主管部门及其委托单位对企业的评价等,目前主要用于企业自我评价。

3. 《施工现场临时用电安全技术规范》(JGJ 46—2005) 的主要内容

该规范自 2005 年 7 月 1 日起实施。

该规范明确规定了施工现场临时用电组织设计的编制、专业人员、技术档案管理要求,接地与防雷、实行 TN-S 三相五线制接零保护系统的要求,外电路防护、配电线路、配电箱及开关箱、电动建筑机械及手持式电动工具、照明等方面的安全管理及安全技术措施的要求。

4. 《建筑施工高处作业安全技术规范》(JGJ 80—2016) 的主要内容

《建筑施工高处作业安全技术规范》(JGJ 80—2016),自 2016 年 12 月 1 日施行。本规范是在《建筑施工高处作业安全技术规范》(JGJ 80—1991) 的基础上修订而成的。为便于在使用本规范时能正确理解和执行条文规定,JGJ 80—2016 编制组按章、节、条的顺序编制了本规范,并对条文规定的目的、依据及执行中需注意的有关事项进行了说明,还着重对强制性条文的强制性理由做了解释。增加的强制性条文如下。

(1) 坠落高度基准面 2m 及以上进行临边作业时,应在临空一侧设置防护栏杆,并应采用密目式安全立网或工具式栏板封闭。

(2) 洞口作业时,应采取防坠落措施,并应符合下列规定。

① 当竖向洞口短边边长小于 500mm 时,应采取封堵措施;当垂直洞口短边边长大于或等于 500mm 时,应在临空一侧设置高度不小于 1.2m 的防护栏杆,并应采用密目式安全立网或工具式栏板封闭,设置挡脚板。

② 当非竖向洞口短边边长为 25~500mm 时,应采用承载力满足使用要求的盖板覆盖,盖板四周搁置应均衡,且应防止盖板移位。

③ 当非竖向洞口短边边长为 500~1500mm 时,应采用盖板覆盖或防护栏杆等措施,并应固定牢固。

④ 当非竖向洞口短边边长大于或等于 1500mm 时,应在洞口作业侧设置高度不小于 1.2m 的防护栏杆,洞口应采用安全平网封闭。

(3) 严禁在未固定、无防护设施的构件及管道上进行作业或通行。

(4) 悬挑式操作平台设置应符合下列规定。

① 操作平台的搁置点、拉结点、支撑点应设置在稳定的主体结构上,且应可靠连接。

② 严禁将操作平台设置在临时设施上。

③ 操作平台的结构应稳定可靠,承载力应符合设计要求。

(5) 采用平网防护时,严禁使用密目式安全立网代替平网。

本章小结

本章主要介绍了安全生产法律法规体系的构成,同时介绍了相关法律法规的主要内容,如《安全生产法》《建筑法》《劳动法》《刑法》《安全条例》《安全生产许可证条例》等,促使广大从事安全管理的专业人员一定要懂法、守法。

思考与拓展题

1．按地位及效力同等原则,安全生产法律法规体系可分为哪7个类别?
2．请说说我国的安全生产法律、安全生产行政法规、安全生产地方性法规、安全生产标准的区别。
3．国家《安全生产法》规定从业人员的基本权利有哪些?
4．国家《安全生产法》规定从业人员的基本义务有哪些?
5．《建筑法》自什么时候起施行?
6．《建筑法》规定,施工现场安全由建筑施工企业负责,这是否意味着参与建筑活动的其他主体不承担安全责任,请大家讨论。
7．《建设工程安全生产管理条例》自什么时候起施行?
8．建设工程施工总承包和分包单位的安全责任是如何规定的?
9．安全生产许可证的有效期为几年?安全生产许可证有效期满后该怎么办?
10．企业取得安全生产许可证,应当具备哪些安全生产条件?
11．《建筑施工安全检查标准》(JGJ 59—2011)是强制性行业标准,自何时起实施?
12．"安全生产、人人有责",请结合你毕业后希望的就业岗位,想一想你的安全责任。然后考虑一下相关方和人员的安全责任。
13．违法分包行为有哪些?
14．建设行政主管部门对工程项目开工前的安全生产条件审查内容是什么?
15．建设行政主管部门对工程项目开工后的安全生产监管的内容是什么?
16．根据《建筑施工企业安全生产管理机构设置及专职安全生产管理人员配备办法》规定,总承包单位承接的建筑工程、装修工程按照建筑面积配备项目专职安全生产管理人员的数量有何要求?
17．建筑起重机械,不得出租、使用的情形有哪些?
18．《建设工程高大模板支撑系统施工安全监督管理导则》所称高大模板支撑系统是指什么?
19．《建筑施工企业负责人及项目负责人施工现场带班暂行办法》所称的建筑施工企业负责人是指哪些人?

第13章

施工现场安全技术资料

建筑工程安全技术与管理实务（第三版）

课程标准

课 程 内 容	知 识 要 点	教 学 目 标
收录施工现场安全技术资料	施工现场安全技术资料包括安全生产管理制度、安全生产责任与目标管理、施工组织设计、分部（分项）工程安全技术交底、安全检查、安全教育、班组安全活动、工伤事故处理、施工安全日志、文明施工、安全管理、安全检查评定等内容	掌握安全技术资料的内容。熟悉专项安全施工方案的内容和编制方法。会编制、收集、整理安全技术资料

章节导读

建筑施工现场安全技术资料是指在建筑施工过程中，相关各方进行安全管理所形成的各种形式的记录和文件，是建筑施工安全生产状况的真实反映。目前安全技术资料还没有得到人们的高度重视，但随着安全管理标准化、规范化、制度化、科学化的进展，安全技术资料作为安全管理的重要组成部分，越来越显示了它的积极作用。安全技术资料是安全管理工作的基础，是施工过程中必不可少的一部分，也是评价施工安全管理水平的重要见证材料。因此，建筑施工企业要高度重视安全技术资料的管理工作，严格控制过程，完善签字制度，加强安全技术资料内容的严肃性。只有这样才能有效地促进建筑施工企业安全管理水平的提高，才能不断提高建筑施工企业的市场综合竞争力，提升建筑施工企业的整体形象。

特别提示

安全台账又称安全管理台账或安全生产台账，是反映一个单位安全生产管理的整体情况的资料记录。加强安全生产台账管理不仅可以反映施工安全生产的真实过程和安全管理的实绩，而且也为解决安全生产中存在的问题，强化安全控制、完善安全制度提供了重要依据，是规范安全管理、夯实安全基础的重要手段。因此，安全生产台账不是一个可有可无的台账，及时、认真、真实地建立安全生产台账，是一个单位整体管理水平和管理人员综合素质的体现。

13.1 安全生产管理制度

1. 各项安全生产管理制度

安全生产管理制度是指企业或项目部必须按"标准"要求所制定并执行的各项制度。
（1）施工组织设计与专项安全施工方案编审制度。

(2）安全技术措施计划执行制度。
(3）安全技术交底制度。
(4）架体、设备安装验收制度。
(5）施工机具进场验收与维修保养制度。
(6）安全检查制度。
(7）安全教育培训制度。
(8）伤亡事故快报制度。
(9）考核奖罚制度。
(10）班组安全活动制度。
(11）门卫值班和治安保卫制度。
(12）消防防火责任制度。
(13）卫生保洁制度。
(14）不扰民措施等。

《建设工程施工现场安全资料管理规程》

2．安全技术操作规程

凡施工现场所涉及的各施工机械、各工种、各分项工程都应制定安全技术操作规程。

13.2 安全生产责任与目标管理

项目部必须制定安全生产责任制、安全目标责任考核规定和办法，并定期做好考核记录。

1．企业主要人员及主要职能部门安全生产责任制

(1）企业主要人员是指法人代表、分管安全的负责人、技术负责人、安全部门负责人。
(2）企业主要职能部门是指安全管理部门、技术部门和提供安全防护用品与施工机械设备及负责专项拆装的部门。

2．项目部管理人员安全生产责任制

项目部管理人员是指项目部管理班子组成人员，还应包括班组长。
项目部管理人员安全生产责任制详见1.5.1节。

3．安全生产目标责任书或经济承包协议书

企业与项目部、总包与分包签订的安全生产目标责任书或经济承包协议书如下。

土方分项工程经济承包协议书

经公司研究指派　　　经理为本单位工程负责人（以下简称甲方），土方分项工程交由　　小组（以下简称乙方）承包，经协商制定本条款，双方务必遵照执行。

一、承包项目

本工程基础土方的开挖、运弃、回填。

二、承包方式

包挖、包运和包回填，自带机械，不得转包他人。

三、承包价格

开挖土方　　　元/m³，运输土方　　　元/m³，回填土方　　　元/m³。

四、工期要求

按图纸要求尺寸进行开挖，自　　月　　日开始施工，在　　天内完成土方的挖、运；在　　天内完成基础回填。

五、质量与施工要求

1．基槽的平面位置、底面尺寸、边坡坡度、标高和持力层等应符合设计图纸的要求，偏差控制在施工规范允许范围内。

2．做好水沟和排水设施。位置、尺寸和标高符合设计要求。

3．回填土时，应清除草皮、杂物和排除积水，并应分层夯实，夯实后的密实度应达到设计要求。

4．土方挖完后须经勘测、设计、建设、监理、施工等各方检查符合要求后，方为合格；否则承担整修、返工费用。

六、安全要求

1．开工前，乙方应做好本工种工人的安全思想教育和安全注意事项并做好交底记录。

2．严格按照土方工程施工技术操作规程中的安全注意事项进行施工。

3．遵守工地规章制度，服从现场管理人员的指挥及上级有关部门的监督管理。

4．开挖的土方应按指定的地点堆放，保证施工道路畅通。

5．雨期施工应注意边坡稳定，加强检查工作，必要时可适当放缓边坡或设置支撑挡土板。

6．发现地下水或预埋管道、电缆线等应及时报告工地负责人并做好排水、防水和其他措施。

七、奖罚办法

1．按时完成奖励　　　元；因劳力不足或机械损坏等影响工期而不能按时完成扣款　　　元。

2．因违反操作规程造成的安全与质量问题，一切损失及受到有关部门的罚款均由乙方负责。

3．严禁出现重伤以上事故，轻伤率经济指标每超过1‰，均按比例倒扣工资1%。

八、结算方式

采用现金支付形式，开挖完成经验收合格后的第 2 天支付　　　%的工程款，余款在 14 天内全部付清。

九、仲裁与调解

如若发生劳动争议和经济纠纷，双方同意由劳动仲裁部门或人民法院进行调解。

十、补充事项

本协议书一经签订双方均应自觉履行合同义务，不得反悔。本协议书一式两份，甲、乙双方各执一份。经双方签字盖章后生效，至工程款结清后自然失效。

单位工程负责人（甲方）：　　　　　　　　　　　承包班组长（乙方）：

联系电话：　　　　　　　　　　　　　　　　　　联系电话：

（项目章）　　　　　　　　　　　　　　　　　　（盖章）

　　　　　　　　　　　　　　　　　　　　　　　签订日期：　　年　　月　　日

4. 项目部安全管理目标责任书

项目部安全管理目标责任书中应包括项目部与各管理人员和项目部与班组签订的目标责任书，并有分解的责任目标。其内容如下。

_____建筑公司_____项目部安全管理目标责任书

工程名称：　　　　　　　　　　项目经理：
结　　构：　　　　　　　　　　面　　积：　　　　m²

一、工程安全目标

按《建筑施工安全检查标准》（JGJ 59—2011）中安全检查评分汇总表的规定，文明施工应达到市容环境卫生，场容场貌的分值在　　分及以上，文明施工检查评分表的分值在 80 分及以上。

无重大伤亡事故，控制一般伤害事故，负伤频率<3‰。

二、责任目标分解

根据公司与项目部签订的经济承包协议中有关安全生产指标内容，明确工程安全管理目标，项目部将安全责任目标分解到各施工管理岗位和各施工班组，使工程项目的安全责任目标层层落实，共同为安全责任目标的实现而努力。

目标分解责任人：　　　　　　　项目治安员：
项目技术负责人：　　　　　　　项目安全员：
项目施工员：　　　　　　　　　项目质量员：
项目材料员：　　　　　　　　　各班组长：

　　　　　　　　　　　　　　　　　　　　　　　年　月　日

---

5. 项目部安全生产组织网络

项目部安全生产组织网络应由项目经理（第一责任人）及有关人员组成，其中安全员（按规定配备）、工地专（兼）职消防员、治安保卫人员、卫生责任人员和保健急救人员必须参加。根据国家"政府统一领导、部门依法监管、企业全面负责、群众参与监督、全社会广泛支持"的安全生产管理格局要求，切实贯彻"安全第一、预防为主、综合治理"的方针，保障职工在劳动中安全与健康，使安全生产监督检查工作进一步规范化、制度化，特制定安全生产管理网络，如图 13.1 所示。

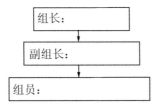

图 13.1　安全生产管理网络

6. 项目部安全生产责任制考核规定及记录

项目经理安全生产责任制考核样表见表 13-1。

表 13-1　项目经理安全生产责任制考核样表

工程名称：　　　　　　　　考核日期：

序号	考核内容	扣分标准	应得分数	扣减分数	实得分数
1	安全生产管理	未制定项目部安全管理各项规章制度扣 15 分；未进行管理人员安全责任制考核扣 10 分；未建立安全管理组织扣 8 分；未按规定配备专（兼）职安全员扣 8 分	15		
2	目标管理	未制定安全管理目标扣 15 分；未进行责任目标分解扣 15 分；无责任目标考核扣 8 分	15		
3	施工组织设计	施工组织设计无安全措施扣 10 分；未组织落实各项安全措施扣 10 分	10		
4	安全检查	未定期组织安全检查扣 10 分；发现施工生产中不安全问题未定时、定人、定措施及时解决扣 10 分	10		
5	安全教育	新进场工人未进行三级安全教育扣 10 分；未对工人安全知识进行书面考试扣 5 分	10		
6	安全设施	生活设施不符合卫生安全扣 10 分；未建立治安防火措施扣 5～10 分	10		
7	文明施工	未抓好安全达标文明施工扣 10 分；场容场貌封闭管理不落实扣 10 分	10		
8	安全验收	未组织各项安全验收检查扣 10 分；施工机具等安装验收无合格手续扣 5～10 分	10		
9	工伤事故处理	工伤事故未按规定报告扣 10 分；工伤事故未按事故调查分析规定处理扣 10 分	10		
	合计		100		
考核结果		被考核人		考核人	

13.3　施工组织设计

1. 工程概况表

施工组织设计中应说明工程概况，见表 13-2。

表 13-2 工程概况表

工程名称			
建设单位			
施工单位		资质等级	
监理单位		资质等级	
设计单位		资质等级	
项目经理		项目经理资质	
施工员		安全员	
建筑面积		结构类型	
层数		工程造价	
开工日期		计划竣工日期	
备注			

2. 施工现场总平面图和安全标志布置总平面图、消防设施布置图

施工现场总平面图和安全标志布置总平面图、消防设施布置图要求布置合理，有针对性、适用性，并且与施工现场情况一一对应。

3. 专项安全施工方案

施工方案（或组织设计）是指导施工具体行动的纲领，安全技术措施是施工方案中的重要组成部分。《建筑法》第三十八条规定："建筑施工企业在编制施工组织设计时，应当根据建筑工程的特点制定相应的安全技术措施。"施工方案要根据工程特点、施工方法、劳动组织、作业环境、新技术、新工艺、新设备等情况在防护、技术、管理上制定针对性的安全技术措施。

工程专业性较强的项目，如打桩、基坑支护、模板工程、脚手架、施工用电、物料提升机、外用电梯、塔式起重机、起重吊装等均要编制专项安全施工方案。专项安全施工方案应分类装订。

专项安全施工方案必须由专业人员编制，编制后由施工企业技术部门的专业技术人员及监理单位专业监理工程师进行审核，审核合格后，由施工企业技术负责人、监理单位总监理工程师签字。对超过一定规模危险性较大工程的专项安全施工方案，施工单位还应当组织专家进行论证、审查。专家论证的主要内容有专项安全施工方案内容是否完整、可行，专项安全施工方案计算书和验算依据是否符合有关标准规范，安全施工的基本条件是否满足现场实际情况。专项安全施工方案经论证后，专家组应当提交论证报告，对论证的内容提出明确的意见，并在论证报告上签字。该报告作为专项安全施工方案修改完善的指导意见。

专项安全施工方案封面应包括编制人、审核人、批准人、批准部门（章）、编制日期，如下所示。

专项安全施工方案

编制人_____
审核人_____
批准人_____
批准部门（章）
编 制 日 期

13.4 分部（分项）工程安全技术交底

（1）项目技术员、施工员、安全员在方案实施前和下道工序施工前，要求对进场所有工种进行交底，如普工、木工、泥工、钢筋工、混凝土工、电焊工、电工、机械工、架子工、塔式起重机司机、指挥信号工、后勤等。安全技术交底必须与下达施工任务同时进行，固定作业场所的工种（包括后勤人员）可定期交底，非固定作业场所的工种可按每一分部（分项）工程或定期进行交底。新进场班组必须先进行安全技术交底再上岗。

（2）交底应有针对性，体现分部（分项）工程的特点，内容包括以下方面。

① 本工程项目施工作业的特点。

② 本工程项目施工作业中的危险点。

③ 针对危险点的具体防范措施。

④ 施工中应注意的安全事项。

⑤ 有关的安全操作规程和标准。
⑥ 一旦发生事故后应及时采取的避险和急救措施。
⑦ 职业健康、环境管理等。

(3) 分部工程的安全技术交底应按施工顺序先后填写，分项工程的安全技术交底按实际作业内容填写。交底次数应按分部（分项）工程施工工艺流程分阶段进行，此外，当出现以下几种情况时也应及时进行安全技术交底。

① 因故改变安全操作程序。
② 实施重大和季节性安全技术措施。
③ 更新仪器、设备和工具，推广新工艺、新技术。
④ 发生因工伤亡事故、机械损坏事故及重大未遂事故。
⑤ 出现其他不安全因素，安全生产环境发生了变化。

(4) 执行逐级安全技术交底制度，履行交底双方书面签名记录。交底内容与签名表要一一对应，统一编号装订。特别注意交底人和被交底人均须签名，被交底人数过多时，可另附签名表。

各分部（分项）工程、各工种及其他安全技术交底记录表见表13-3，表格空白处均须填上。

表13-3 各分部（分项）工程、各工种及其他安全技术交底记录表

单位工程名称		分部（分项）工程及工种名称			
交底时间		交底人		交底单编号	
安全技术交底内容					
项目经理			被交底人签名		

注：本表一式三份，其中一份留台账，一份交被交底人，一份交底人自己保存。

13.5 安 全 检 查

(1) 项目部应按照《建筑施工安全检查标准》(JGJ 59—2011) 进行安全检查。安全生产检查记录表见表13-4。

表13-4 安全生产检查记录表

时间	年 月 日	组织者	
检查人员			
施工进度			

经检查存在如下隐患				
定措施、定人员、定时间整改具体内容				
整改落实人签字		年	月	日
复查结论	复查人签字	年	月	日

（2）工程基础、主体、结项、装饰 4 个阶段要分别进行安全检查评分，并附上评分表。评分表缺项时总分要进行换算。

（3）检查形式分日常巡查、定期检查、专业性检查和节假日安全检查。项目经理要组织本项目管理人员定期检查，班组每天自检，对查出的安全隐患问题，项目部要严格按照"三定"（定人、定时间、定措施）要求及时整改。对直属单位、集团公司及上级有关部门签发的整改通知单中提出的安全隐患问题，项目部也应按照"三定"要求及时整改，并把整改回执单附入安全生产台账。

（4）项目部组织的定期和不定期安全检查均应在检查记录表中反映。检查内容包括脚手架、基坑、模板支架、临时用电、塔式起重机、起重吊装、施工机具、物料提升机、文明施工及安全管理等方面。

（5）行业安全管理部门和企业检查的有关资料（整改通知书、整改回执单等）应附入安全生产台账。

整改通知书、整改回执单如下所示。

整 改 通 知 书　　　　　　　　　　××××（　）字第　　号

＿＿＿＿＿＿＿＿：

　　我处于　年　月　日对你单位＿＿＿＿＿＿＿＿＿＿＿＿＿＿＿＿＿＿＿＿＿

检查，发现存在下列问题：

　　现通知你单位立即进行整改，并限你单位于　　月　　日前将《整改回执单》送达我处，否则由此产生的一切后果由你单位负责。

　　附《整改回执单》

　　整改单位负责人签字

××建筑公司
年　月　日

第13章 施工现场安全技术资料

整 改 回 执 单

××＿＿＿＿＿＿＿＿＿＿＿＿＿＿：

根据你处　年　月　日×××（　　）字第　　　号《整改通知书》通知，现将我单位执行意见报告如下：

报告单位（盖章）

　　　　　　　　　　　　　　　　　　　　　　　　　　　　整改单位负责人（盖章）

经办人（盖章）

13.6 安 全 教 育

1. 安全教育台账

安全教育台账包括以下几方面的内容。

（1）建筑工人实名制。

建筑工人实名制是指建筑施工企业通过单位和施工现场对签订劳动合同的建筑工人按真实身份信息对其从业记录、培训情况、职业技能、工作水平和权益保障等进行综合管理的制度。进入施工现场从事建筑作业的建筑工人应经过基本安全培训，并在建筑工人管理服务信息平台上登记。建筑工人管理服务信息平台，应当包含建筑工人基本信息、从业记录、职业技能培训与鉴定管理、建筑工人变动状态监控、投诉处理、不良行为记录、诚信评价、统计分析等方面的信息。建筑工人实名制基本信息应包括姓名、年龄、身份证号码、籍贯、家庭地址、文化程度、培训信息、技能水平、不良及良好行为记录等。建筑施工企业应规范实名制管理方式，强化现场管理。承包企业应配备实现建筑工人实名制管理所必需的硬件设施设备。有条件实施封闭式管理的工程项目，应设立施工现场进出场门禁系统，并采用生物识别技术进行电子打卡，落实建筑工人实名制考勤制度。建筑工人进场施工前，应录入建筑工人实名制名册。项目用工必须核实建筑工人合法的身份证明，必须签订劳动合同，并明确工资发放方式，可采用银行代发或移动支付等便捷方式支付工资。承包企业应统一管理建筑工人实名制考勤信息，并及时准确地向有关行业主管部门上传相关信息。

(2) 职工花名册见表 13-5。

表 13-5 职工花名册

序号	姓名	性别	年龄	工种	何年何月进单位（工地）	身份证号码	三级教育		
							公司	项目部	班组

(3) 职工三级安全教育登记卡（可另外集中装订成档）见表 13-6。

表 13-6 职工三级安全教育登记卡

姓　名		性别		年龄	
家庭住址				工种	
身份证号码			进公司、工地时间		
三级教育名称	内　容			教育时期及时间	教育者及职务
公司	劳动安全法律法规，企业劳动安全规章制度，安全生产形势和有关事故案例教训等				
项目部	本工程施工特点，项目部规章制度，本工程安全技术操作规程，现场危险部位及安全注意事项，机械设备及电气安全事项和防火、防毒、防爆知识，防护用品使用知识等				
班组	遵章守纪，岗位安全技术操作规程，安全防护装置及劳动防护用品的使用，本岗位易发生事故的不安全因素及其防范对策和作业环境、使用机械设备、工具的安全要求				
备注					

(4) 变换工种教育登记表，见表 13-7。

表 13-7 变换工种教育登记表

序号	姓名	性别	年龄	原工种	新工种	何年何月进单位（工地）	身份证号码	三级教育		
								公司	项目部	班组

(5) 职工安全知识考试（企业统一命题组织考试，可另外装订成档）。
(6) 项目管理人员年度培训记录表（表 13-8）及有关岗位证书复印件。

表 13-8　项目管理人员年度培训记录表

姓名	工作岗位	培训内容	培训时间	成　绩	培训单位

（7）特种作业人员和机械操作人员花名册，见表 13-9。

表 13-9　特种作业人员和机械操作人员花名册

序号	姓名	性别	年龄	工种	操作证号码	培训时间	复审记录

（8）特种作业人员和机械操作人员上岗证复印件。

2. 台账填写说明

（1）项目部应建立职工花名册，认真组织职工开展三级安全教育培训，登记卡、考试卷应按工种分别组织考试。新进场工人须进行公司（15 学时）、项目部（15 学时）、班组（20 学时）的三级安全教育，经考核合格（60 分以上）后方可上岗作业，进工地时间、安全教育时间与安全考试时间表一一对应。项目部待岗、转岗、换岗的职工，在重新上岗前，必须接受一次安全教育培训，时间不少于 20 学时，其中变换工种的应进行新工种的安全教育培训。项目一般管理人员每年接受安全教育培训时间不少于 30 学时，专职安全管理人员不少于 40 学时，项目经理部不少于 30 学时，特种作业人员不少于 20 学时。

（2）采用新技术、新工艺、新设备、新材料和调换（含临时变换）工程须进行新技术操作规程教育和新岗位的安全技术教育。

（3）职工三级安全教育登记卡中应有具体的安全教育内容及时间。项目部一般由劳务公司协助建立职工三级安全教育登记卡、考试卷、花名册。非劳务公司提供劳务的，由项目部上一级安全管理部门负责公司安全教育并盖章。职工三级安全教育登记卡、考试卷、花名册按不同班组分类装订，必须一一对应，统一编号，考试卷要用红笔批阅。

（4）项目部保健急救人员纳入项目管理人员年度培训记录表中。

（5）管理人员、特种作业人员，包括建筑电工、建筑焊工（含焊接工、切割工）、建筑普通脚手架架子工、建筑附着式升降脚手架架子工、建筑起重信号司索工（含指挥）、建筑塔式起重机司机、建筑施工升降机司机、建筑物料提升机司机、建筑塔式起重机安装拆卸工、建筑施工升降机安装拆卸工、建筑物料提升机安装拆卸工、高处作业吊篮安装拆卸工等，必须单独建立花名册，上岗证复印件统一装订，与考试卷、职工三级安全教育登记卡一一对应。炊事员、卫生保洁员也应纳入三级教育花名册。

（6）企业（项目部）应为特种作业人员办理书面聘用证明。特种作业人员上岗证 3 年复审，超过期限视同无证上岗。

13.7　班组安全活动

（1）班组应开展班前"三上岗"（上岗交底、上岗检查、上岗教育）活动和班后下岗检查活动并做好记录。

（2）每月开展的班组安全讲评活动也应记入安全生产台账。

（3）"活动类别"一栏应填写班前、班后或班组安全讲评等内容。

（4）班组安全活动记录表见表13-10。

表13-10　班组安全活动记录表

班组名称：

日期		参加人员	
天气			
施工部位		活动类别	
工作内容			
安全生产活动内容			班组长签字

13.8　工伤事故处理

（1）项目部每月填写安全生产月报表，见表13-11。

表13-11　安全生产月报表

工程名称		项目经理		月份	
工程进度					
安全生产或发生事故情况					
项目经理（签名）		安全员（签名）		月报时间	

（2）伤亡事故报表（表13-12）。发生工伤事故的还应认真填写伤亡事故报表，并附上事故调查报告和有关处理情况（无伤亡事故无须填写）。伤亡事故报表，要求详细记录事件的起因、经过和结果。

表 13-12 伤亡事故报表

工程名称			项目经理				事故发生日期		年　月　日　时　分	
事故情况	姓名	性别	年龄	工种		工龄	伤亡情况	事故类别	是否经过安全培训	
事故性质							直接经济损失			
事故经过及原因										
事故责任者							参加调查人员			
备注	企业单位盖章 项目经理（签名）			安全员（签名）			填表人		月报日期	

13.9　施工安全日志

施工安全日志是从工程开始到竣工，由专职安全员对整个施工过程中的重要生产和技术活动进行连续不断的详实记录，是项目每天安全施工的真实写照，是分析研究施工安全管理的参考资料，也是发生安全生产事故后，可追溯检查的最具可靠性和权威性的原始记录之一和认定责任的重要书证之一。施工安全日志在整个工程档案中具有非常重要的作用。

只有对施工安全日志的理解有一个准确的定位，才能准确地把握施工安全日志的编写思路。

13.9.1　施工安全日志的相关理解

（1）施工安全日志是一种记录。它主要记录的是在施工现场中已经发生的违章操作、违章指挥、安全问题和隐患，以及对发现问题的处理。

（2）施工安全日志是一种证据。它是设备设施是否进行进场验收、安质人员是否对现场安全隐患进行检查的证明。

（3）施工安全日志是工程的记事本，是反映施工安全生产过程的最详尽的第一手资料。它可以准确、真实、细微地反映出施工安全情况。

（4）施工安全日志可以起到文件接口的作用，并可以用于追溯一些其他文件中未能叙述清楚的事情。

（5）施工安全日志作为施工企业自留的施工资料，它所记录的是因各种原因未能在其他工程文件中显露出来的信息，将来有可能成为判别事情真相的依据。

13.9.2 施工安全日志的内容

（1）基本内容，包括日期、星期、天气的填写。

（2）施工内容，包括施工的分部（分项）工程名称、层段位置、工作班组、工作人数及进度情况。

（3）主要记事，包括巡检（查看是否有安全事故隐患、违章指挥、违章操作等）情况，设施用品进场记录（数量、产地、标号、牌号、合格证份数等），设施验收情况，设备设施、施工用电、"三宝、四口"防护情况，违章操作、事故隐患或未遂事故发生的原因、处理意见和处理方法，其他特殊情况。

13.9.3 施工安全日志填写过程中存在的主要问题

（1）未按时填写，为检查而作资料。当天发生的事情没有在当天的日志中记载，出现后补现象。有些记录人员平时不及时填写安全日志，为了迎接公司或者其他上级部门的检查，把自己关在办公室里写"回忆录"。通过检查以往某些项目的施工安全日志不难发现，存在很多信息遗漏的问题，例如今天已经是六月几日，但施工安全日志的填写往往还停留在五月份中旬，更甚者出现三、四月份都没有填写的情况。

（2）记录简单。没有把当天的天气情况、施工的分部（分项）工程名称和简单的施工情况等写清楚，工作班组、工作人数和进度等均没有进行详尽记录。试想一下，连工作班组和工作人数都不能记录清楚，怎能做好现场的安全生产管理工作。

（3）内容不齐全，不真实。例如根据施工安全其他资料显示，某种设施用品是在某月某日进场的，但日志上找不到记录；捏造不存在的施工内容，由于施工安全日志未能及时填写，出现大部分内容空缺，记录者就凭空记录与施工现场不相符的内容。

（4）内容有涂改。一般情况下，施工安全日志是不允许有涂改的。

（5）主要工作内容中还应记载如下情况。

① 停电、停水、停工情况。

② 施工机械故障及处理情况等。

（6）部分项目的施工安全日志用蓝色圆珠笔甚至铅笔填写。作为施工项目重要资料之一，日志应统一使用黑色钢笔及黑色中性笔填写。

（7）"现场存在隐患及整改措施"（如安全事故隐患、违章指挥、违章操作等）一栏记录安全事故隐患，后面应对隐患及时整改消除。

13.9.4 施工安全日志的填写要求及注意细节

（1）应抓住事情的关键问题。例如发生了什么事，事情的严重程度，何时发生的，谁干的，谁领谁干的，谁说的，说什么了，谁决定的，决定了什么，在什么地方（或部位）发生的，要求做什么，要求做多少，要求何时完成，要求谁来完成，已经做了多少，做得合格不合格等。只有围绕这些关键问题进行描述,才能记述清楚,才具备可追溯性。

(2)记述要详简得当。该记的事情一定不要漏掉,事情的要点一定要表述清楚,不能写成"大事记"。

(3)当天发生的事情应在当天的日志中逐日记载,不得后补。

(4)记录时间要连续。从开工到竣工验收时止,逐日记载不许中断。若工程施工期间有间断,应在日志中加以说明,可在停工最后一天或复工第一天里描述。

(5)发生停水、停电情况时一定要清楚记录起止时间,正在进行什么工作,是否造成经济损失,是由哪方面造成的原因等,为以后的工期纠纷及变更理赔留有证据。

(6)施工安全日志的记录不应是流水账,相关检查记录一定要具体详细。施工安全日志见表13-13。

表13-13 施工安全日志

日期		项目经理	
日志内容			记录人:

13.10 施工许可证明和产品合格证

施工现场要收集以下资料。

(1)有关部门批准的施工文件。有关部门批准的施工文件包括安全生产许可证、施工许可证、开工前安全生产条件审查表、夜间施工审批表(环保部门提供)、食堂卫生许可证、分承包资质证书等。

(2)安全防护用品产品合格证及准用证。安全防护用品包括安全帽、安全网、安全带等。安全帽、安全带必须有产品合格证,安全网必须有产品合格证、准用证和检测报告。

(3)机械产品合格证及相关证明。附着式升降脚手架、物料提升机、起重机、翻斗车、打桩机等均应提供购销合同、制造许可证、产品合格证、监督检验证明、安装使用说明书、备案证明等原始资料。各种文件(证书)应列明细表。

(4)人身意外伤害保险证明。

(5)其他产品合格证等。

13.11 文 明 施 工

(1)施工现场必须编制文明施工技术措施,现场施工设施使用和文明施工技术措施执行前必须对设施进行验收。按照文明施工技术要求和验收表进行验收,见表13-14。

表 13-14 文明施工技术要求和验收表

序号	验收项目	技术要求	验收结果
1	现场围墙	围墙应沿工地四周边沿连续设置，要求坚固、稳定、统一、整洁、美观，不得采用彩条布、竹笆等，墙面应美化，市区主要路段及市容观景路段的高度不低于 2.5m，其他工地高度不低于 1.8m	
2	封闭管理	进出口应设置大门，设门卫室，外来人员进出应登记，门头应有企业"形象标志"，大门应采用硬质材料制作，并能上锁，施工现场所有工作人员必须佩戴工作卡	
3	施工场所	施工现场作业区、生活区及其他主次道路应用混凝土硬化，并保持畅通、平坦、整洁、无散落物，设置排水系统，排水畅通不积水，泥浆、污水、废水不得外流。施工现场应设吸烟处，不得随意吸烟，并适当进行绿化布置	
4	材料堆放	建筑材料、构件、料具须按总平面图分门别类堆放，并标明名称、品种、规格、数量等。仓库、工具间材料堆放整齐，易燃易爆物品分类堆放、专人负责。车辆进出场应有防泥带出措施，建筑垃圾及时清运，临时存放应集中堆放整齐、悬挂标牌，不用的施工机具和设备应及时出场	
5	现场住宿	现场作业区与生活区、办公区必须明显划分。宿舍内应有保暖、消暑、防煤气中毒、防蚊虫叮咬措施，宿舍结构应安全，严禁搭设简易工棚，宿舍建立卫生管理制度，生活用品堆放整齐，保持整洁、安全，严禁使用煤气灶、电饭煲及其他电热设备	
6	现场防火	建立消防防火责任制，有专职的消防人员及足够的灭火器材。高层建筑应随层做好消防水源管道，动用明火必须有审批手续和监护人，易燃易爆物品的仓库及重点防火部位必须有专人负责	
7	治安综合治理	建立治安保卫责任制并落实到人，建立学习和娱乐场所	
8	施工现场标牌	现场必须设有"五牌一图"，并固定在主要进出口位置，严禁挂在外脚手架上。主要施工部位、作业点和危险区域以及主要通道口必须针对性地悬挂醒目的安全警示牌和安全生产宣传牌	
9	生活设施	现场应设置食堂及茶水棚（亭），炊事员应持证上岗，食堂内应功能分隔，生熟食分开。设置固定的男、女沐浴室和厕所，天棚、墙面刷白，高 1.5m 墙裙，便槽贴面砖，宜采用水冲式，楼层应设临时便溺设施。生活垃圾必须盛放在容器内	
10	保健急救	现场必须备有保健药箱和急救器材，配备经过卫生部门培训的急救人员。经常开展卫生防病宣传教育，并做好记录	
11	社区服务	制定落实不扰民措施，夜间施工应办理有关手续，现场禁止焚烧有毒有害物质	
验收结论意见		验收人员	项目经理： 有关人员： 日期：

(2) 施工现场做好消防安全管理工作并填写检查记录表,见表13-15。

表 13-15 施工现场消防安全管理检查记录表

工程项目		项目经理	
专(兼)职消防员		检查时间	
检查情况			
整改情况			
落实情况	消防员签名		

(3) 施工现场动用明火必须审批,有动火证方准动火,填写动火审批表,见表13-16。

表 13-16 施工现场动火审批表

施工单位	
工程名称	
用途	
动火部位	
动火人	
监护人	
灭火器材	
动火时间	
审批意见	

审表人:　　　　　　　　　　　　　　　　　批准人:

注:本表一式三份,动火人和监护人各执一份,一份留台账。

13.12 安 全 管 理

安全管理检查评定应符合《建设工程安全生产管理条例》的规定。安全管理检查评定保证项目应包括:安全生产责任制、施工组织设计及专项施工方案、安全技术交底、安全检查、安全教育、应急救援。一般项目应包括:分包单位安全管理、持证上岗、生产安全事故处理、安全标志。

1. 保证项目的检查评定

安全管理保证项目的检查评定应符合下列规定。

1）安全生产责任制

（1）工程项目部应建立以项目经理为第一责任人的各级管理人员安全生产责任制。

（2）安全生产责任制应经责任人签字确认。

（3）工程项目部应有各工种安全技术操作规程。

（4）工程项目部应按规定配备专职安全员。

（5）对实行经济承包的工程项目，承包合同中应有安全生产考核指标。

（6）工程项目部应制定安全生产资金保障制度。

（7）按安全生产资金保障制度，应编制安全资金使用计划，并应按计划实施。

（8）工程项目部应制定以伤亡事故控制、现场安全达标、文明施工为主要内容的安全生产管理目标。

（9）按安全生产管理目标和项目管理人员的安全生产责任制，应进行安全生产责任目标分解。

（10）应建立对安全生产责任制和责任目标的考核制度。

（11）按考核制度，应对项目管理人员定期进行考核。

2）施工组织设计及专项施工方案

（1）工程项目部在施工前应编制施工组织设计，施工组织设计应针对工程特点、施工工艺制定安全技术措施。

（2）危险性较大的分部分项工程应按规定编制安全专项施工方案，专项施工方案应有针对性，并按有关规定进行设计计算。

（3）超过一定规模危险性较大的分部分项工程，施工单位应组织专家对专项施工方案进行论证。

（4）施工组织设计、安全专项施工方案，应由有关部门审核，施工单位技术负责人、监理单位项目总监批准。

（5）工程项目部应按施工组织设计、专项施工方案组织实施。

3）安全技术交底

（1）施工负责人在分派生产任务时，应对相关管理人员、施工作业人员进行书面安全技术交底。

（2）安全技术交底应按施工工序、施工部位、施工栋号分部分项进行。

（3）安全技术交底应结合施工作业场所状况、特点、工序，对危险因素、施工方案、标准规范、操作规程和应急措施进行交底。

（4）安全技术交底应由交底人、被交底人、专职安全员进行签字确认。

4）安全检查

（1）工程项目部应建立安全检查制度。

（2）安全检查应由项目负责人组织，专职安全员及相关专业人员参加，定期进行并填写检查记录。

（3）对检查中发现的事故隐患应下达隐患整改通知单，定人、定时间、定措施进行整改。重大事故隐患整改后，应由相关部门组织复查。

5）安全教育

（1）工程项目部应建立安全教育培训制度。

（2）当施工人员入场时，工程项目部应组织进行以国家安全法律法规、企业安全制度、施工现场安全管理规定及各工种安全技术操作规程为主要内容的三级安全教育培训和考核。

（3）当施工人员变换工种或采用新技术、新工艺、新设备、新材料施工时，应进行安全教育培训。

（4）施工管理人员、专职安全员每年度应进行安全教育培训和考核。

6）应急救援

（1）工程项目部应针对工程特点，进行重大危险源的辨识。应制定防触电、防坍塌、防高处坠落、防起重及机械伤害、防火灾、防物体打击等主要内容的专项应急救援预案，并对施工现场易发生重大安全事故的部位、环节进行监控。

（2）施工现场应建立应急救援组织，培训、配备应急救援人员，定期组织员工进行应急救援演练。

（3）按应急救援预案要求，应配备应急救援器材和设备。

2．一般项目的检查评定

安全管理一般项目的检查评定应符合下列规定。

1）分包单位安全管理

（1）总包单位应对承揽分包工程的分包单位进行资质、安全生产许可证和相关人员安全生产资格的审查。

（2）当总包单位与分包单位签订分包合同时，应签订安全生产协议书，明确双方的安全责任。

（3）分包单位应按规定建立安全机构，配备专职安全员。

2）持证上岗

（1）从事建筑施工的项目经理、专职安全员和特种作业人员，必须经行业主管部门培训考核合格，取得相应资格证书，方可上岗作业。

（2）项目经理、专职安全员和特种作业人员应持证上岗。

3）生产安全事故处理

（1）当施工现场发生生产安全事故时，施工单位应按规定及时报告。

（2）施工单位应按规定对生产安全事故进行调查分析，制定防范措施。

（3）应依法为施工作业人员办理保险。

4）安全标志

（1）施工现场入口处及主要施工区域、危险部位应设置相应的安全警示标志牌。

（2）施工现场应绘制安全标志布置图。

（3）应根据工程部位和现场设施的变化，调整安全标志牌设置。

（4）施工现场应设置重大危险源公示牌。

安全管理检查评分表见表13-17。

表 13-17　安全管理检查评分表

序号	检查项目		扣分标准	应得分数	扣减分数	实得分数
1	保证项目	安全生产责任制	未建立安全生产责任制扣 10 分 安全生产责任制未经责任人签字确认扣 3 分 未制定各工种安全技术操作规程扣 10 分 未按规定配备专职安全员扣 10 分 工程项目部承包合同中未明确安全生产考核指标扣 8 分 未制定安全资金保障制度扣 5 分 未编制安全资金使用计划及实施扣 2～5 分 未制定安全生产管理目标（伤亡控制、安全达标、文明施工）扣 5 分 未进行安全责任目标分解的扣 5 分 未建立安全生产责任制、责任目标考核制度扣 5 分 未按考核制度对管理人员定期考核扣 2～5 分	10		
2		施工组织设计	施工组织设计中未制定安全措施扣 10 分 危险性较大的分部分项工程未编制安全专项施工方案，扣 3～8 分 未按规定对专项方案进行专家论证扣 10 分 施工组织设计、专项方案未经审批扣 10 分 安全措施、专项方案无针对性或缺少设计计算扣 6～8 分 未按方案组织实施扣 5～10 分	10		
3		安全技术交底	未采取书面安全技术交底扣 10 分 交底未做到分部分项 5 分 交底内容针对性不强扣 3～5 分 交底内容不全面扣 4 分 交底未履行签字手续扣 2～4 分	10		
4		安全检查	未建立安全检查（定期、季节性）制度扣 5 分 未留有定期、季节性安全检查记录扣 5 分 事故隐患的整改未做到定人、定时间、定措施扣 2～6 分 对重大事故隐患整改通知书所列项目未按期整改和复查扣 8 分	10		
5		安全教育	未建立安全培训、教育制度扣 10 分 新入场工人未进行三级安全教育和考核扣 10 分 未明确具体安全教育内容扣 6～8 分 变换工种时未进行安全教育扣 10 分 施工管理人员、专职安全员未按规定进行年度培训考核扣 5 分	10		

续表

序号	检查项目		扣分标准	应得分数	扣减分数	实得分数
6	保证项目	应急救援	未制定安全生产应急预案扣10分 未建立应急救援组织、配备救援人员扣3~6分 未配置应急救援器材扣5分 未进行应急救援演练扣5分	10		
		小计		60		
7	一般项目	分包单位安全管理	分包单位资质、资格、分包手续不全或失效扣10分 未签订安全生产协议书扣5分 分包合同、安全协议书,签字盖章手续不全扣2~6分 分包单位未按规定建立安全组织、配备安全员扣3分	10		
8		特种作业持证上岗	一人未经培训从事特种作业扣4分 一人特种作业人员资格证书未延期复核扣4分 一人未持操作证上岗扣2分	10		
9		生产安全事故处理	生产安全事故未按规定报告扣3~5分 生产安全事故未按规定进行调查分析处理,制定防范措施扣10分 未办理工伤保险扣5分	10		
10		安全标志	主要施工区域、危险部位、设施未按规定悬挂安全标志扣5分 未绘制现场安全标志布置总平面图扣5分 未按部位和现场设施的改变调整安全标志设置扣5分	10		
		小计		40		
检查项目合计				100		

13.13 安全检查评分方法

根据《建筑施工安全检查标准》(JGJ 59—2011)的规定,在"安全管理""文明施工""脚手架""基坑支护、土方作业""模板支架""高处作业""施工用电""物料提升机""施工升降机""塔式起重机""起重吊装""施工机具"的分项检查评分表中,设立了保证项目和一般项目。保证项目应是安全检查的重点和关键。各评分表的评分应符合下列要求。

(1)评分表的实得分数应为各检查项目所得分数之和。
(2)评分应采用扣减分数的方法,扣减分数总和不得超过该检查项目的应得分数。
(3)在分项检查评分表评分时,当保证项目中有一项未得分或保证项目小计得分不足40分时,此分项检查评分表不应得分。

（4）汇总表中各分项项目实得分数应按下列公式计算。

$$分项项目实得分数=\frac{汇总表中该项应得满分分数×该项检查评分表实得分数}{100}$$

（5）检查中遇有缺项时，汇总表总得分数应按下式换算。

$$遇有缺项时汇总表总得分数=\frac{实查项目在汇总表中按各对应的实得分数之和}{实查项目在汇总表中应得满分分数之和}×100$$

（6）"脚手架""物料提升机""施工升降机""塔式起重机""起重吊装"项目的检查评分表实得分数，应为所对应专业的检查评分表实得分数的算术平均值。

（7）多人对同一项目检查评分时，应按加权评分方法确定分数。权数的分配原则应为，专职安全人员的权数为0.6，其他人员的权数为0.4。

建筑施工安全检查评分汇总表见表13-18。

表13-18 建筑施工安全检查评分汇总表

企业名称：　　　　　资质等级：　　　　　　　　年　月　日

单位工程（施工现场）名称	建筑面积/m²	结构类型	总计得分（满分100分）	项目名称及分值								
				安全管理（满分10分）	文明施工（满分15分）	脚手架（满分10分）	基坑工程（满分10分）	模板支架（满分10分）	高处作业（满分10分）	施工用电（满分10分）	物料提升机与施工升降机（满分10分）	塔式起重机与起重吊装（满分10分）	施工机具（满分5分）

评语：

检查单位		负责人		受检项目		项目经理	

【例13-1】 安全管理检查评分表实得分为76分，换算到汇总表中分项实得分为多少？

解：

$$分项实得分=\frac{10×76}{100}=7.6（分）$$

【例13-2】 某工地没有塔式起重机，则塔式起重机在汇总表中有缺项，其他各分项检查在汇总表中实得分为84分，计算该工地汇总表总得分为多少？

解：

$$缺项的汇总表总得分=\frac{84}{90}×100≈93.34（分）$$

【例13-3】 安全管理检查评分表中，"安全检查"缺项（该项应得分数为10分），其他各项检查实得分为72分，计算该汇总表总得分为多少？换算到汇总表中分项实得分应为多少？

解：

$$缺项的汇总表总得分=\frac{72}{90}×100=80（分）$$

$$分项实得分=\frac{10×80}{100}=8（分）$$

【例 13-4】施工用电检查评分表中，"外电防护"这一保证项目缺项（该项应得分数为 10 分），另有其他"保证项目"检查实得分合计为 25 分（应得分数为 50 分），则该分项检查评分表是否能得分？

解：$\frac{25}{50}=50\%<66.7\%$，则该分项检查评分表记零分。

【例 13-5】某工地有多种脚手架和多台塔式起重机，落地式脚手架实得分为 86 分、悬挑式脚手架实得分为 80 分、甲塔式起重机实得分为 90 分、乙塔式起重机实得分为 85 分。计算汇总表中脚手架与塔式起重机实得分为多少？

解：（1）脚手架实得分$=\frac{86+80}{2}=83$（分）。

$$换算到汇总表中实得分=\frac{83}{100}×10=8.3（分）$$

（2）塔式起重机实得分$=\frac{90+85}{2}=87.5$（分）

$$换算到汇总表中实得分=\frac{87.5}{100}×10=8.75（分）$$

【例 13-6】模板支架检查评分表实得分为 80 分，换算到汇总表中"施工方案"分项实得分为多少？

解：

$$分项实得分=\frac{15×80}{100}=12（分）$$

13.14 安全检查评定等级

按照汇总表的总得分和分项检查评分表的得分，建筑施工安全检查评定划分为优良、合格、不合格 3 个等级。评定等级的划分应符合以下要求。

（1）优良。分项检查评分表无零分，汇总表得分值应在 80 分及以上。

（2）合格。分项检查评分表无零分，汇总表得分值应在 70 分及以上。

（3）不合格。

① 汇总表得分值不足 70 分。

② 有一分项检查评分表不得分。

【例 13-7】某工程安全检查结果如下：（1）安全管理保证项目得 45 分，一般项目得 35 分；（2）文明施工保证项目得 50 分，一般项目得 34 分；（3）脚手架保证项目得 42 分，一般项目得 36 分；（4）模板支架保证项目得 50 分，一般项目得 35 分；（5）"三宝、四口"防护扣 18 分；（6）施工用电保证项目得 38 分，一般项目得 36 分；（7）物料提升机保证项目得 42 分，一般项目得 36 分；(8) 施工机具得 82 分；(9) 基坑支护、土方作业得 85 分。现场无塔式起重机、起重吊装。

请问：施工用电分项在汇总表中实得分是多少？汇总表总得分是多少？该工程的安全检查评定等级是什么？

解：(1) 施工用电分项在汇总表中实得分是 0。因保证项目得分为 38 分，小于 40 分故得分为 0。

(2) 汇总表总得分 $= \dfrac{8.0+12.6+7.8+8.5+8.2+0+7.8+4.1+8.5}{90} \times 100 \approx 72.8$（分）。

(3) 该工程的安全检查评定等级是不合格。

【例 13-8】某工程安全检查结果如下：(1) 安全管理保证项目得 55 分，一般项目得 35 分；(2) 文明施工保证项目得 50 分，一般项目得 36 分；(3) 脚手架保证项目得 45 分，一般项目得 36 分；(4) "三宝、四口"防护扣 18 分；(5) 施工用电保证项目得 48 分，一般项目得 36 分；(6) 物料提升机保证项目得 42 分，一般项目得 36 分；(7) 施工机具得 82 分；(8) 模板支架得 88 分。现场正在进行主体结构施工，无基坑支护及塔式起重机、起重吊装。

请问：文明施工分项在汇总表中实得分是多少？汇总表总得分是多少？该工程的安全检查评定等级是什么？

解：(1) 换算到汇总表中，文明施工分项实得分 $= 86 \times \dfrac{15}{100} = 12.9$（分）

(2) 汇总表总得分 $= \dfrac{9.0+12.9+8.1+8.2+8.4+7.8+4.1+8.8}{80} \times 100 \approx 84.1$（分）。

(3) 该工程的安全检查评定等级是优良。

本章小结

本章主要介绍了施工现场安全技术资料的相关内容及相应的表格，通过本章内容的学习，掌握施工现场安全技术资料包括的内容，能够在施工现场实际使用中编制和整理出一整套施工现场安全技术资料。

思考与拓展题

1. 请说说安全生产台账的含义。
2. 请列出施工现场一整套安全生产台账的目录。
3. 请编制施工企业及施工现场安全生产管理制度。
4. 结合工地，编制各工种安全技术操作规程和机械操作规程或其他规程。
5. 请编制项目部安全生产责任制。
6. 请制定安全目标责任考核规定和办法。

7. 请做好分部（分项）工程安全技术交底工作，并记录。
8. 根据安全生产检查记录表进行安全检查。
9. 结合工地签发整改通知书。
10. 填写职工三级安全教育登记卡。
11. 建立职工花名册。
12. 收集特殊工种上岗证复印件及其他管理人员资格证书复印件。
13. 做好班组安全活动并记录。
14. 填写工地安全日志。
15. 收集施工现场的各种安全许可文件和有关安全材料合格证。
16. 根据工地填写文明施工技术要求和验收表。
17. 根据《建筑施工安全检查标准》（JGJ 59—2011）的规定，结合工地填写"安全管理""文明施工""脚手架""基坑支护、土方作业""模板支架""高处作业""施工用电""物料提升机""施工升降机""塔式起重机""起重吊装""施工机具"等分项检查评分表，并汇总，进行安全检查评定等级。
18. 安全管理检查评分表实得分为 78 分，换算到汇总表中分项实得分为（　　）。
    A．78 分　　　　B．7 分　　　　C．8 分　　　　D．7.8 分
19. 某工地没有塔式起重机，则塔式起重机在汇总表中有缺项，其他各分项检查在汇总表中实得分为 81 分，计算该工地汇总表总得分为（　　）。
    A．90 分　　　　B．81 分　　　　C．9.0 分　　　　D．8.1 分
20. 施工用电检查评分表中，"外电防护"缺项（该项应得分数为 10 分），其他各项检查实得分为 81 分，计算该表总得分为（　　）。
    A．90 分　　　　B．72 分　　　　C．7.2 分　　　　D．8 分
21. 施工用电检查评分表中，"外电防护"这一保证项目缺项（该项应得分数为 10 分），另有其他"保证项目"检查实得分合计为 28 分（应得分数为 50 分），则该分项检查评分表实得分为（　　）。
    A．28 分　　　　B．10 分　　　　C．50 分　　　　D．0 分
22. 某工地有多台塔式起重机，甲塔式起重机实得分为 90 分、乙塔式起重机实得分为 80 分。计算汇总表中塔式起重机实得分为（　　）。
    A．9 分　　　　B．85 分　　　　C．8 分　　　　D．8.5 分
23. 某工地有多种脚手架，落地式脚手架实得分为 88 分、悬挑式脚手架实得分为 80 分。计算汇总表中脚手架实得分为（　　）。
    A．8.6 分　　　　B．8 分　　　　C．8.3 分　　　　D．8.4 分
24. 文明施工检查评分表实得分为 90 分，换算到汇总表中"文明施工"分项实得分为（　　）。
    A．8 分　　　　B．10 分　　　　C．12 分　　　　D．13.5 分
25. 建筑施工安全检查评定符合以下要求，分项检查评分表无零分，汇总表得分值在 80 分及以上。此等级应为（　　）。
    A．优秀　　　　B．优良　　　　C．及格　　　　D．合格

26．建筑施工安全检查评定符合以下要求，分项检查评分表无零分，汇总表得分值在70分及以上。此等级应为（　　）。
　　　A．不合格　　　　B．优良　　　　C．及格　　　　D．合格

27．建筑施工安全检查评定符合以下要求，汇总表得分值不足70分，有一分项检查评分表不得分。此等级应为（　　）。
　　　A．不合格　　　　B．优良　　　　C．及格　　　　D．合格

28．某工程安全检查结果如下：（1）安全管理保证项目得45分，一般项目得30分；（2）文明施工保证项目得50分，一般项目得34分；（3）脚手架保证项目得42分，一般项目得36分；（4）模板支架保证项目得50分，一般项目得35分；（5）"三宝、四口"防护扣18分；（6）施工用电保证项目得38分，一般项目得36分；（7）物料提升机保证项目得42分，一般项目得36分；（8）施工机具得82分；（9）"基坑支护、土方作业"得85分。现场无塔式起重机、起重吊装。该工程的安全检查评定等级是（　　）。
　　　A．不合格　　　　B．优良　　　　C．及格　　　　D．合格

29．某工程安全检查结果如下：（1）安全管理保证项目得55分，一般项目得36分；（2）文明施工保证项目得50分，一般项目得35分；（3）脚手架保证项目得45分，一般项目得36分；（4）"三宝、四口"防护扣18分；（5）施工用电保证项目得48分，一般项目得38分；（6）物料提升机保证项目得42分，一般项目得36分；（7）施工机具得82分；（8）模板支架得88分。现场正在进行主体结构施工，无基坑支护及塔式起重机、起重吊装。该工程的安全检查评定等级是（　　）。
　　　A．不合格　　　　B．优良　　　　C．及格　　　　D．合格

参 考 文 献

李林，郝会娟，2023．建筑工程安全技术与管理[M]．4版．北京：机械工业出版社．
项建国，2015．建筑工程项目管理[M]．3版．北京：中国建筑工业出版社．
宋功业，2015．建筑工程安全管理[M]．北京：化学工业出版社．